百校土木工程专业"十二五"规划教材

混凝土结构设计

（第 2 版）

主　编　朱彦鹏
副主编　田稳苓　马成松

同济大学出版社
TONGJI UNIVERSITY PRESS

内 容 提 要

  本教材是我国百所高校联合倡议下编写的土木工程系列教材之一,参照土木工程专业本科教学指导委员会的教学大纲,并结合我国新颁布的规范编写,以适应土木工程专业的教学需要。

  本教材主要以建筑结构为主,内容包括:单层工业厂房设计、梁板结构设计和楼梯设计、框架结构设计等。本书的特点是设计实例多,便于学生自学,另外,为便于教学,每章最后都进行了小结,并附有思考题和习题。

  本书可作为本科土木工程专业的教材,也可供土木、水利工程设计、施工等工程技术人员和科技工作者参考。

图书在版编目(CIP)数据

混凝土结构设计/朱彦鹏主编. --2 版. --上海:同济大学出版社,2012.8

百校土木工程专业"十二五"规划教材

ISBN 978-7-5608-4845-7

Ⅰ. ①混… Ⅱ. ①朱… Ⅲ. ①混凝土结构—结构设计—高等学校—教材 Ⅳ. TU370.4

中国版本图书馆 CIP 数据核字(2012)第 068368 号

混凝土结构设计(第 2 版)

主 编 朱彦鹏 副主编 田稳苓 马成松

责任编辑 季 慧 责任校对 徐春莲 封面设计 陈益平

出版发行 同济大学出版社 www.tongjipress.com.cn

   (地址:上海市四平路1239号 邮编:200092 电话:021—65985622)

经 销 全国各地新华书店

印 刷 常熟华顺印刷有限公司

开 本 787mm×1092mm 1/16

印 张 21.25

字 数 530000

版 次 2012 年 8 月第 2 版 2014 年 5 月第 2 次印刷

书 号 ISBN 978-7-5608-4845-7

定 价 45.00 元(附光盘)

编 委 会

前　　言

　　《混凝土结构设计》第一版出版发行已有七年多时间,承蒙读者厚爱,使用情况良好。随着我国土木工程技术的快速发展,《混凝土结构设计规范》(GB 50010—2010)、《建筑结构荷载规范》(GB 5009—2001,2006 年版)、《建筑结构抗震设计规范》(GB 50011—2010)和《高层建筑混凝土结构技术规程》(JGJ 3—2010)颁布以后,原书中很多内容已经不能满足教学要求,特别是例题中构件设计所用的材料和计算方法都有不少变动,另外本书在使用中也发现了一些问题,因此,本书修订就迫在眉睫。在本书即将修订完成之际,《高等学校土木工程本科指导性专业规范》也正式编制完成,修改时也参考了该专业规范,以适应土木工程专业发展和教材更新的需要。

　　我国很多土木工程专业本科院校,在土木工程专业-建筑工程方向教学计划中同时开设了"混凝土结构设计"和"高层建筑结构设计"课程,此次第 2 版修订,将原第 1 版书中与《高层建筑结构设计》重叠的内容,即高层结构设计一章删除,在钢筋混凝土框架结构的设计实例中增加抗震设计内容,另外,根据教学顺序将钢筋混凝土楼盖结构设计和单层工业厂房结构设计章节对调,即将原第 3 章钢筋混凝土楼盖结构设计调至第 2 章,单层工业厂房结构设计由第 2 章调至第 3 章,同时每章都相应地有一些节次改动,以方便教学。

　　本书的修订工作由以下老师共同完成:朱彦鹏编写第 1 章绪论,马天忠编写第 2 章钢筋混凝土楼盖结构设计,周勇编写第 3 章单层工业厂房结构设计,来春景编写第 4 章多层框架结构设计。全书由主编朱彦鹏教授负责全面修改审定。

　　尽管本教材经过了修订,但限于作者的水平,书中难免有不妥甚至错误之处,恳请读者批评指正。

作　者

2012 年 5 月

第 1 版前言

"混凝土结构设计"是"混凝土结构设计原理"的后继课程。本书是为土木工程专业主修建筑工程课程群组的本科学生编写的教材,按照我国现行的各种最新规范,并参照土木工程专业教学指导委员会的教学大纲编写。

本书主要论述混凝土建筑结构的设计。内容涉及单层工业厂房设计、梁板结构设计和楼梯设计、框架结构设计和高层剪力墙结构及框架剪力墙结构设计等。

为适应土木工程专业的教学需要,本书的编写力求做到理论阐述清楚,实践性强,每章中都给出了与阐述内容相应的设计例题,其目的是尽量使学生通过本教材的学习,不但懂得单层工业厂房、梁板结构和楼梯、框架和高层剪力墙及框架剪力墙结构等的设计理论和方法,而且能够实际设计这些结构。

目前,全国设置土木工程专业的高校已普遍按宽口径的模式进行土木工程专业本科生的培养,并取得了一些好的教学经验。在这样的背景下,由同济大学牵头在全国百所高校征集富有教学经验的教师参加本书的编写,希望本书能对众多高校土木工程专业的"混凝土结构"课程的教学起到促进作用。

全书共分五章,编写分工如下:朱彦鹏(第1章,第3章的3.3,3.4,3.5,第5章的5.4)、田稳苓(第2章的2.1,2.2,2.3,2.4)、黄志远(第2章的2.4)、马成松(第5章的5.3)、翁维素(第2章的2.7)、范进(第3章的3.1,3.2)、范涛(第5章的5.2)、郭子雄(第4章的4.5)、李方圆(第4章的4.1,4.2,4.3,4.4)、钱同辉(第3章的3.6,3.7)、申冬健(第2章的2.5,2.6)、张新培(第5章的5.1.1,5.1.2,5.1.3,5.1.8,5.1.9)、李彤梅(第5章的5.1.4,5.1.5,5.1.6,5.1.7)、赵林(第3章的3.8,3.9),周勇、李忠、王卫华参加了部分习题的编写工作,全书由朱彦鹏统稿。

本书可与前修课程的教材——由同济大学出版社出版的"百校土木工程专业通用教材"之《混凝土结构设计原理》配套使用,各校可根据实际的课时安排,对这两本书的内容在教学上进行统筹安排。

由于编写时间仓促,加之编者水平有限,错误之处在所难免,敬请读者批评指正。

作　者
2004 年 5 月

目　　录

前言

第 1 版前言

1 绪论 ……………………………………………………………………………… (1)

　　1.1 混凝土结构体系 ……………………………………………………………… (1)

　　1.2 结构布置原则 ………………………………………………………………… (2)

　　1.3 混凝土结构的设计方法 ……………………………………………………… (3)

　　1.4 混凝土结构的新发展 ………………………………………………………… (8)

　　1.5 本书的主要内容与学习重点 ………………………………………………… (9)

2 钢筋混凝土楼盖结构设计 ……………………………………………………… (11)

　　2.1 楼盖结构分类及布置 ………………………………………………………… (11)

　　　　2.1.1 楼盖分类 ……………………………………………………………… (11)

　　　　2.1.2 楼盖结构布置 ………………………………………………………… (13)

　　　　2.1.3 楼盖设计中的注意事项 ……………………………………………… (14)

　　2.2 单向板肋梁楼盖 ……………………………………………………………… (15)

　　　　2.2.1 连续梁、板按弹性理论计算 ………………………………………… (15)

　　　　2.2.2 连续梁、板考虑塑性内力重分布的计算 …………………………… (19)

　　　　2.2.3 单向肋板梁楼盖的截面设计与配筋构造 …………………………… (22)

　　2.3 单向板肋梁楼盖设计实例 …………………………………………………… (26)

　　　　2.3.1 设计资料 ……………………………………………………………… (26)

　　　　2.3.2 设计内容 ……………………………………………………………… (26)

　　　　2.3.3 结构布置及结构尺寸选择 …………………………………………… (26)

　　　　2.3.4 板的计算 ……………………………………………………………… (28)

　　　　2.3.5 次梁的计算 …………………………………………………………… (30)

　　　　2.3.6 主梁的计算(按弹性理论计算) ……………………………………… (33)

　　　　2.3.7 楼梯设计 ……………………………………………………………… (37)

　　2.4 双向板楼盖 …………………………………………………………………… (43)

　　　　2.4.1 双向板的受力特点与试验结果 ……………………………………… (43)

　　　　2.4.2 按弹性理论计算双向板内力 ………………………………………… (47)

　　　　2.4.3 双向板支承梁的设计 ………………………………………………… (51)

　　　　2.4.4 按塑性铰线法设计双向板 …………………………………………… (53)

　　　　2.4.5 双向板楼盖的截面设计与构造 ……………………………………… (58)

　　2.5 双向板楼盖设计实例 ………………………………………………………… (60)

    2.5.1　设计资料 ……………………………………………（60）

    2.5.2　荷载设计值 …………………………………………（61）

    2.5.3　内力计算 ……………………………………………（62）

    2.5.4　板的配筋 ……………………………………………（64）

  2.6　无梁楼盖 ………………………………………………（65）

    2.6.1　无梁楼盖的受力特点和实验结果 …………………（65）

    2.6.2　无梁楼盖的内力计算 ………………………………（67）

    2.6.3　柱帽设计 ……………………………………………（71）

    2.6.4　无梁楼盖的截面设计与构造 ………………………（73）

  2.7　无梁楼盖实例 …………………………………………（75）

    2.7.1　设计资料 ……………………………………………（75）

    2.7.2　楼盖的结构布置 ……………………………………（75）

    2.7.3　确定各设计参数 ……………………………………（75）

    2.7.4　荷载及总弯矩值计算 ………………………………（75）

    2.7.5　柱帽设计 ……………………………………………（76）

    2.7.6　板的计算 ……………………………………………（76）

  2.8　楼梯设计 ………………………………………………（82）

    2.8.1　现浇板式楼梯的设计与构造 ………………………（82）

    2.8.2　现浇梁式楼梯的设计与构造 ………………………（84）

    2.8.3　折线形楼梯的设计与构造 …………………………（85）

  2.9　楼梯设计实例之一 ……………………………………（86）

    2.9.1　设计资料 ……………………………………………（86）

    2.9.2　楼段板设计 …………………………………………（86）

    2.9.3　平台板设计 …………………………………………（87）

    2.9.4　平台梁设计 …………………………………………（88）

  2.10　楼梯设计实例之二 …………………………………（89）

    2.10.1　设计资料 …………………………………………（89）

    2.10.2　踏步板设计 ………………………………………（89）

    2.10.3　楼段梁设计 ………………………………………（90）

    2.10.4　平台板设计 ………………………………………（91）

    2.10.5　平台梁设计 ………………………………………（92）

本章小结 ………………………………………………………（93）

思考题 …………………………………………………………（94）

习题 ……………………………………………………………（94）

3　单层工业厂房结构设计 …………………………………（96）

  3.1　单层厂房结构的特点和体系 …………………………（96）

    3.1.1　单层厂房结构的特点 ………………………………（96）

    3.1.2　单层厂房结构体系 …………………………………（96）

3.2　单层厂房的结构组成和结构布置 ………………………………………（98）

　　3.2.1　单层厂房结构的组成………………………………………………（98）

　　3.2.2　单层厂房结构布置 …………………………………………………（100）

　　3.2.3　单层厂房主要结构构件选型 ………………………………………（111）

3.3　排架的荷载计算及内力分析…………………………………………………（116）

　　3.3.1　排架结构单层厂房的荷载种类和传力路径 ………………………（116）

　　3.3.2　排架结构的基本假定和计算简图 …………………………………（117）

　　3.3.3　排架结构的荷载计算 ………………………………………………（119）

　　3.3.4　排架结构的内力计算 ………………………………………………（127）

　　3.3.5　排架结构的内力组合 ………………………………………………（133）

　　3.3.6　厂房排架内力分析中的整体空间作用问题 ………………………（137）

　　3.3.7　排架横向变形验算 …………………………………………………（139）

　　3.3.8　纵向柱距不等时的内力分析 ………………………………………（140）

3.4　单层厂房柱的设计……………………………………………………………（141）

　　3.4.1　柱截面几何尺寸的拟定 ……………………………………………（141）

　　3.4.2　矩形及工字型截面柱的配筋计算 …………………………………（143）

　　3.4.3　矩形及工字型截面柱的构造 ………………………………………（145）

　　3.4.4　柱牛腿设计 …………………………………………………………（147）

　　3.4.5　柱连接和预埋件设计 ………………………………………………（150）

　　3.4.6　抗风柱的设计 ………………………………………………………（153）

　　3.4.7　柱的运输和吊装验算 ………………………………………………（154）

3.5　单层厂房屋盖结构及吊车梁的设计…………………………………………（155）

　　3.5.1　屋面板和檩条 ………………………………………………………（155）

　　3.5.2　屋面梁和屋架 ………………………………………………………（156）

　　3.5.3　托架 …………………………………………………………………（161）

　　3.5.4　天窗架 ………………………………………………………………（162）

　　3.5.5　吊车梁的设计 ………………………………………………………（162）

3.6　柱下独立基础及基础梁的设计………………………………………………（173）

　　3.6.1　基础底面积的确定 …………………………………………………（174）

　　3.6.2　基础高度的确定 ……………………………………………………（176）

　　3.6.3　基础配筋计算 ………………………………………………………（178）

　　3.6.4　基础的构造要求 ……………………………………………………（179）

　　3.6.5　带短柱独立基础(高杯口基础)设计要点 …………………………（181）

　　3.6.6　基础梁的内力计算 …………………………………………………（183）

3.7　单层厂房排架设计实例………………………………………………………（183）

　　3.7.1　设计资料 ……………………………………………………………（183）

　　3.7.2　结构方案及主要承重构件 …………………………………………（184）

　　3.7.3　计算简图及柱截面尺寸确定 ………………………………………（185）

　　3.7.4　荷载的计算(标准值) ………………………………………………（186）

　　　　3.7.5　内力分析 ·· (189)

　　　　3.7.6　内力组合 ·· (200)

　　　　3.7.7　柱的截面设计 ·· (203)

　　　　3.7.8　基础设计 ·· (213)

　　本章小结 ·· (218)

　　思考题 ·· (219)

　　习题 ·· (219)

　　附图:单阶柱柱顶反力与位移系数表 ································ (222)

4　多层框架结构设计 ·· (236)

　　4.1　结构布置和梁、柱尺寸及计算简图 ·························· (236)

　　　　4.1.1　框架体系的结构布置 ···································· (236)

　　　　4.1.2　梁、柱截面尺寸及计算简图 ······························ (241)

　　　　4.1.3　框架上的荷载 ·· (244)

　　4.2　框架内力分析 ·· (249)

　　　　4.2.1　在竖向荷载作用下的近似计算——分层法、弯矩二次分配法 ··· (249)

　　　　4.2.2　在水平荷载作用下的近似计算——反弯点法 ·············· (252)

　　　　4.2.3　在水平荷载作用下的近似计算——D 值法 ·············· (256)

　　4.3　在水平荷载作用下框架侧移计算 ······························ (266)

　　4.4　框架内力组合 ·· (269)

　　4.5　框架梁、柱截面设计 ·· (272)

　　　　4.5.1　框架梁截面设计 ·· (273)

　　　　4.5.2　框架柱截面设计 ·· (275)

　　　　4.5.3　框架节点核心区设计 ···································· (278)

　　　　4.5.4　框架梁、柱纵筋及箍筋的构造要求 ························ (279)

　　4.6　框架结构设计实例 ·· (286)

　　　　4.6.1　工程概况 ·· (286)

　　　　4.6.2　结构布置及结构计算简图的确定 ·························· (288)

　　　　4.6.3　荷载计算 ·· (289)

　　　　4.6.4　框架侧移刚度计算 ······································ (295)

　　　　4.6.5　横向水平荷载作用下框架结构的内力和侧移计算 ·········· (296)

　　　　4.6.6　竖向荷载作用下框架结构的内力计算 ······················ (303)

　　　　4.6.7　内力组合 ·· (311)

　　　　4.6.8　截面设计 ·· (319)

　　本章小结 ·· (324)

　　思考题 ·· (325)

　　习题 ·· (325)

参考文献 ·· (327)

1 绪论

1.1 混凝土结构体系

结构是建筑物和构筑物的基本部分,它承担着建筑物和构筑物在施工和使用过程中可能出现的各种作用。为了安全、经济、适用地设计一个建筑物或构筑物中的结构,首先必须弄清它的功能和影响其功能的主要因素。房屋结构是建筑物的基本受力骨架。无论古代人为自己或家庭建造简单的掩蔽物,还是现代人建造可以容纳成百上千人在那里生产、生活、贸易、娱乐的大空间,都必须用一定的材料,建造成具有足够抵抗能力的空间骨架,以抵御可能发生的各种作用力,为人类的生产和生活需要服务,这种骨架就是结构。

1.1.1 结构的主要用途

在土建工程中,结构的主要用途可分为四个方面:

① 形成人类活动的空间:可以用由板(平板、曲面板)、梁(直梁、曲梁)、桁架、网架等这类水平方向的结构构件和柱、墙、框架等这类竖直方向的结构构件组成的建筑结构来获得。

② 为人群和车辆提供跨越障碍的通道:同样可以用以上那些构件组成的桥梁结构来实现。

③ 抵御自然界水、土、岩石等侧向压力的作用:可以用水坝、护堤、挡土墙、柔性支挡结构、隧道等水工结构、土工结构、钢筋混凝土结构、钢结构和其他组合结构来实现。

④ 构成为其他专门用途服务的空间:可以用排除废气的烟囱、储存液体的罐以及水池、贮料仓等特殊结构来获得。

1.1.2 建筑结构的类型

建筑结构主要是指提供人类生产和生活需要的工程结构,它主要包括工业与民用建筑工程结构。建筑结构的类型很多,按组成结构材料和结构形式可作如下划分:

① 以组成建筑结构的主要建筑材料可划分为:钢筋混凝土结构、钢结构、钢-混凝土组合结构、砌体(包括砖、砌块、石等)结构、木结构、塑料结构、充气薄膜结构和膜结构等。

② 以组成建筑结构的主体结构形式可划分为:混合结构、框架结构、剪力墙结构、框架-剪力墙结构、筒体结构、拱结构、网架网壳结构、空间薄壁(包括折板)结构、膜结构、钢索结构、舱体结构等。

1.1.3 结构的功能

本门课程主要研究建筑用钢筋混凝土结构,其中包括混合结构中的楼屋盖结构和楼梯、排架结构、框架结构等。

结构的功能是首先为使结构骨架形成的空间能良好地服务于人类生活、生产的要求和人类对美观的需要,这是结构之所以存在的根本目的。不同的使用和美观需要,要求有不同的建筑空间,以及采用与建筑空间相适应的结构形式;而合理的结构形式又必须与建筑使用和美观需要统一起来。因此,具有良好的工作性能并能为使用和美观的需要服务是结构的第一功能。

结构另一功能应为能抵御自然界各种作用力,如作用于楼屋盖、墙体以及支撑结构上的重力荷载、设备家具、人类的各种活动荷载、风荷载、地震作用和由于温度变化、地基不均匀沉降、混凝土收缩在结构中引起的各种作用力等,因而需要有抵抗力的功能。在正确施工和正常使用条件下,要使结构具有能抵抗各种作用力而不发生破坏,这是结构承载力问题。除承载力问题外,结构还需要其他的一些抵抗功能。例如,结构在各种力作用下不致倾覆、不致失稳、不致产生过大变形、具有很好的耐久性和在偶然事件发生时仍能保持必需的整体稳定等功能。

结构的第三个功能应为充分发挥结构所采用材料的作用。材料是结构之所以存在的根本条件。结构的承载力问题,实质上是组成结构构件的材料的强度问题;结构的变形问题,实质上是组成结构构件的材料的应变问题;结构问题,从某种意义上说,是结构所采用材料的性能以及怎样合理利用材料的问题;合理地利用材料就能使结构在抵御相同作用时所用材料最少或较少,这实质上是一个经济问题。结构的功能特性使得必须考虑它的经济问题。一般说来,如果用最少的钱、最省的劳动力、最短的工期能最大限度地满足前述功能要求的话,当然是人们所期望的。所以,在进行结构设计时,需要对几种不同结构形式的方案比较分析,才能选用较为经济合理的结构形式。

1.2　结构布置原则

1.2.1　结构选型原则

结构一般是由水平承重结构、竖向承重结构和基础结构组成,水平、竖向和基础承重结构都有许多结构形式。水平承重结构包括有梁楼盖体系和无梁楼盖体系,屋盖结构包括有檩屋架的屋面大梁体系和无檩屋架的屋面大梁体系。竖向承重结构包括框架、排架、刚架、剪力墙、框架-剪力墙、筒体等多种体系。基础承重结构包括独立基础、条形基础、筏板基础、桩基础、箱形基础、桩筏基础、桩箱基础等许多基础形式,地基包括天然地基和人工地基等。

进行结构设计时,首先要选择合理的水平、竖向和基础承重结构的形式。结构选型是否合理,不但关系到是否满足使用要求和结构受力是否可靠,而且也关系到是否经济和是否方便施工等问题。结构选型的基本原则是:①满足使用要求;②满足建筑美观要求;③受力性能好;④施工简便;⑤经济合理。

1.2.2　结构布置原则

结构形式选定以后,要进行结构布置,即确定哪里设梁、哪里设柱、哪里设墙等问题。结构布置得是否合理,不但影响到使用,而且影响到受力、影响到施工、影响到造价等。结构布置的基本原则是:①在满足使用要求的前提下,沿结构的平面和竖向应尽可能地简单、规则、均匀、对称,避免发生突变;②荷载传递路线要明确、简捷,结构计算简图简单并易于确定;③结构的整体性好,受力可靠;④施工简便;⑤经济合理。

此外,在平面尺寸较大的建筑中,要考虑是否设置温度伸缩缝的问题。当设置温度伸缩缝时,温度伸缩缝的最大间距要满足设计规范中的有关要求。在地基不均匀,或不同部位的高度或荷载相差较大的房屋中,要考虑沉降缝的设置问题。在地震区,当房屋相距很近,或房屋中设有温度伸缩缝或沉降缝时,为了防止地震时房屋与房屋或同一房屋中不同结构单元之间相互碰撞和不同步振动造成房屋毁坏,应考虑设置防震缝问题。温度伸缩缝、沉降缝和防震缝统称为变形缝。当房屋中需要设置伸缩缝、沉降缝和防震缝时,应尽可能将三者设置在同一位置处,伸缩缝、沉降缝和防震缝的设置规定见表 1-1。

表 1-1　　　　　　　　　　　　钢筋混凝土构件伸缩缝最大间距　　　　　　　　　　　单位:m

结构类型		室内或土中	露天
排架结构	装配式	100	70
框架结构	装配式	75	50
	现浇式	55	35
剪力墙结构	装配式	65	40
	现浇式	45	30
挡土墙、地下室墙壁等类构件	装配式	40	30
	现浇式	30	20

注:① 装配整体式结构的伸缩缝间距,可根据结构的具体情况取表中装配式结构与现浇式结构之间的数值;
　　② 框架-剪力墙结构或框架-核心筒结构房屋的伸缩缝间距,可根据结构的具体情况取表中框架结构与剪力墙结构之间的数值;
　　③ 当屋面无保温或隔热措施时,框架结构、剪力墙结构的伸缩缝间距宜按表中露天栏的数值取用;
　　④ 现浇挑檐、雨罩等外露结构的局部伸缩缝间距不宜大于 12m。

1.3　混凝土结构的设计方法

混凝土结构是由钢筋和混凝土组成的结构。钢筋在屈服前,应力与应变之间基本保持线性关系。钢筋屈服后,在应力不增加的情况下,应变可以继续增大,然后发生强化。混凝土只有在应力很小的情况下,应力与应变之间才接近线性关系。在应力增大时,应力与应变呈非线性关系。由于混凝土材料的非线性原因,使得混凝土结构的受力性能和结构分析十分复杂。我国《混凝土结构设计规范》(GB 50010—2010)、《建筑结构荷载规范》(GB 50009—2001)(2006 版)、《建筑地基基础设计规范》(GB 50007—2002)、《建筑抗震设计规范》(GB 50011—2010)、《高层建筑混凝土技术规程》(JGJ 3—2010,J 186—2010)对混凝土结构分析和设计的基本原则和方法作出了明确规定。

一幢建筑物从设计到落成,需要建筑师、结构工程师、设备工程师和施工工程师共同合作才能完成。建筑物的结构设计由结构工程师负责,它与建筑设计、设备设计、施工等方面的工作是相互关联的。建筑结构设计一般按以下步骤进行。

1.3.1　结构设计准备工作

1. 了解工程背景

了解工程项目的资金来源、投资规模;了解工程项目的建设规模、用途及使用要求;了解项目中建筑、结构、水、暖、电设计与施工的程序、内容与要求;了解与项目建设有关的各单位的相互关系及合作方式等。这些对于结构工程师圆满地完成结构设计是有利的。

结构工程师应尽可能在初步设计阶段就参与对初步设计方案的讨论,并在扩大初步设计阶段发挥积极的作用,为施工图设计奠定良好的基础。

2. 取得结构设计所需要的原始资料

(1) 工程地质条件。建筑物的位置及周围环境,建筑物所在位置的地形、地貌;建筑物范围内的土质构成,土层分布状况,岩土的物理力学性质,地基土的承载力,场地类别等;最高地下水位,水质有无侵蚀性等相关地质资料。

(2)建筑物的使用环境和地震设防烈度。了解和掌握建筑物使用环境的类别,根据建筑物的重要性和本地区地震基本烈度确定本项工程的设防烈度。

(3)气象条件。气温条件,如最高温度、最低温度、季节温差和昼夜温差等;降水,如平均年降雨量、雨量集中期;基本雪压;主导风向、基本风压等。

(4)设备条件。电力、供水、排水、供热系统的情况,电梯设备情况等。

(5)其他技术条件。当地施工队伍的素质、水平,建筑材料、建筑构配件及半成品供应条件,施工机械设备及大型工具供应条件,场地及运输条件,水电动力供应条件,劳动力供应及生活条件,工期要求等。

3. 收集设计参考资料

应收集相关的国家和地方标准,如各种设计规范、规程等,有时甚至要参考国外的标准;常用设计手册、图表;结构设计构造图集,建筑产品定型图集;国内外各种文献;以往相接近工程的经验;为项目开展的一些专题研究获得的理论或试验成果;结构分析所需的计算软件及用户手册,等等。

4. 制定工作计划

制定工作计划,包括结构设计的具体工作内容,工作进度,结构设计统一技术规定、措施等。

1.3.2 确定结构方案

结构方案的确定是结构设计是否合理的关键。结构方案应在确定建筑方案和初步设计阶段即着手考虑,提出初步设想。进入设计阶段后,经分析比较加以确定。

确定结构方案的原则是:在规范的限定条件下,满足使用要求;受力合理,技术上可行;尽可能达到先进的综合经济技术指标。

结构方案的选择包括两方面的内容:结构选材和承重结构体系的选定。在方案阶段,宜先提出多种不同方案作为结构方案的初步设想,然后进行方案的经济技术指标比较,综合考虑优选方案。

混凝土建筑结构设计的方案确定,主要包括以下几个方面:

(1)上部主要承重结构方案与布置。建筑物上部承重结构方案的选择除考虑建筑的重要性、使用功能、环境地质条件外还应满足《混凝土结构设计规范》(GB 50010—2010)中表1-2给出的各种方案的最大高度限制条件。

表1-2　　现浇混凝土房屋结构适用的最大高度　　单位:m

结构体系		设 防 烈 度				
		6	7	8(0.2g)	8(0.3g)	9
框 架 结 构		60	50	40	34	24
框架-剪力墙结构		130	120	100	80	50
剪力墙结构	全部落地剪力墙结构	140	120	100	80	60
	部分框支剪力墙结构	120	100	80	50	不应采用
筒体结构	框架-核心筒结构	150	130	100	90	70
	筒中筒结构	180	150	120	100	80
板柱-抗震墙		80	70	50	40	不应采用

（2）楼（屋）盖结构方案与布置。根据楼（屋）面上作用的荷载大小、跨度和竖向承重结构类型可确定楼（屋）盖结构的方案与布置方式,常用的楼（屋）盖结构有肋梁楼盖和无梁楼盖结构,其中肋梁楼盖中的肋的布置与房间的分格、荷载大小以及跨度有关。

（3）基础方案与布置。根据上部结构形式和工程地质条件确定基础选型。

（4）结构主要构造措施及特殊部位的处理。

1.3.3 结构布置和结构计算简图的确定

结构布置就是在结构方案的基础上,确定各结构构件之间的相关关系,确定结构的传力路径,初步定出结构的全部尺寸。

确定结构的传力路经,就是使所有荷载都有唯一的传递路径。至少,设计者应在结构力学模型（即结构计算简图）这一级上,确定各种荷载的唯一的传递路径。这就要求合理地确定结构的计算简图。计算简图是对实际结构的简化,它抓住了实际结构的主要特点。对混凝土结构进行结构分析时,所采用的计算简图应符合下列要求:①能够反映结构的实际体型、尺度、边界条件、截面尺寸、材料性能及连接方式等;②根据结构的特点及实际受力情况,考虑施工偏差、初始位移即变形、位移状况等对计算简图加以修正。

计算简图确定后,结构所承受的荷载的传力路径就确定了。

结构布置所面临的问题之一是,可供选择的结构的传力路径一般不是唯一的,故需要人为地指定结构的传力路径。例如,框架主梁的布置可以沿房屋的横向,也可以沿房屋的纵向;板的荷载可以单向传递,也可以双向传递等。结构传力路径的确定,对结构性能的影响很大。

结构布置所面临的问题之二是,结构构件的尺寸也不是唯一的,也需要人为地给定。可以用一些方法估算出构件的尺寸,但最后还是要由设计者选定尺寸。

结构布置中所面临的这些选择一般要凭经验确定,有一定的技巧性,在选择时,可参照有关规范、手册和指南;在没有任何经验可供借鉴的情况下,这种选择则依赖于设计者的直觉判断,带有一定的尝试性。

1.3.4 结构分析与设计计算

1. 建筑结构上的作用计算

按照结构尺寸和建筑构造计算恒荷载的标准值和按荷载规范的规定计算活荷载的标准值,一般从结构的上部至下部依次计算。

直接施加于建筑结构的荷载有:结构构件的自身重力荷载以及构件上建筑构造层（地面、顶篷、装饰面层等）的重力荷载,施加在屋面上的雪荷载或施工荷载,施加在楼面上的人群、家具、设备等使用活荷载,施加在外墙墙面上的风荷载,等等。

能使结构产生效应的作用还有:基础间发生的不均匀沉降;在温度变化的环境中,结构构件材料的热胀冷缩;地震造成的地面运动,使结构产生加速度反应和外界变形等。

2. 内力计算

进行混凝土结构分析时,应遵守以下基本原则:

（1）结构按承载能力极限状态计算和按正常使用极限状态验算时:应按国家现行有关规范标准规定的作用（荷载）对结构的整体进行作用（荷载）效应分析。必要时,还应对结构中受力状况特殊的部分进行更详细的结构分析。

（2）当结构在施工和使用期间不同阶段有多种受力状况时:应分别进行结构分析,并按规范规定确定其最不利的作用效应组合。结构可能遭遇火灾、爆炸、撞击等偶然作用时，还应按国家现行有关规范的要求进行相应的结构分析。

（3）当结构分析考虑各种因素时：结构分析所需的各种几何尺寸，以及所采用的计算图形、边界条件、作用的取值与组合、材料性能的计算指标、初始应力和变形状况等，应符合结构的实际工作状况，并应具有相应的构造保证措施。

结构分析中所采用的各种简化和近似假定，应有理论或试验的依据，或经工程实践验证。计算结果的准确程度应符合工程设计的要求。

（4）结构分析应符合下列要求：①结构整体及各部分必须满足力学平衡条件；②在不同程度上符合变形协调及边界约束条件；③采用合理的材料和构件单元的应力－应变本构关系。

（5）结构分析时，宜根据结构类型、构件布置、材料性能和受力特点等选择下列方法：

① 线弹性分析方法。一般情况下，混凝土结构的承载能力极限状态及正常使用极限状态的内力和变形计算都采用线弹性分析方法。对杆系混凝土结构，用线弹性分析方法时，可按下列原则对计算进行简化：

（a）体型规则的空间杆系结构，可分解为若干平面结构分别进行力学分析，然后将相应的效应合成；但宜考虑各平面结构之间的空间协调受力的影响。

（b）杆件的轴线取其截面几何中心的连线。其计算跨度及计算高度按两端支承的中心距或净距并考虑连接的刚性和支承力的位置确定。

（c）现浇结构和装配整体式结构的节点可视为刚性连接；梁、板与支承结构非整浇时，可视为铰支座。

（d）杆件的刚度按毛截面计算。T形截面应考虑翼缘宽度的影响。在不同受力状态的计算时，还应考虑混凝土开裂、混凝土徐变等因素对刚度的影响。

非杆系的二维或三维混凝土结构可采用弹性力学分析方法、有限元分析方法或试验分析方法获得弹性应力分布，再根据其主拉应力方向及数值进行配筋设计，并按多轴应力状态验算混凝土的强度。混凝土在多轴应力状态下的强度准则可见《混凝土结构设计规范》（GB 50010—2010）中的规定。

② 考虑塑性内力重分布的分析方法。考虑钢筋混凝土结构塑性内力重分布的分析方法适用于下列情况：

（a）房屋结构中的连续梁和连续单向板可按弯矩调幅方法进行承载能力极限状态计算，但应满足正常使用极限状态验算并应有专门的构造措施。

（b）框架及框架－剪力墙结构在采取专门的构造措施后，可按弯矩调幅方法进行设计计算。

（c）周边嵌固的双向板可对弹性分析的内力在支座处进行弯矩调幅，并确定相应的跨中弯矩。

（d）对于直接承受动力荷载的结构、要求不出现裂缝的结构、配置延性较差的受力钢筋的结构和处于严重侵蚀环境中的结构，不得采用塑性内力重分布的分析方法。

③ 塑性极限分析方法。周边嵌固且承受均布荷载的双向矩形板可采用塑性铰线法或条带法等塑性极限分析方法计算承载能力极限状态时的内力，但还应对正常使用极限状态进行验算。

承受均布荷载的板柱体系，可根据结构布置形式的不同，采用弯矩系数法或等代框架法计算承载能力极限状态的弯矩值。

④ 非线性分析方法。非线性分析方法适用于对二维、三维结构及重要的、受力特殊的大型杆系结构进行整体或局部的受力全过程分析。非线性分析方法应遵循以下原则：

（a）结构形状、尺寸、边界条件、截面尺寸、材料性能等应根据结构的受力特点事先设定；

（b）材料的本构关系宜由试验测定，也可采用经标定的系数值或已经验证的模式；混凝土的单轴应力-应变关系可按《混凝土结构设计规范》(GB 50010—2010)的规定采用；

（c）非线性分析宜取材料强度和变形模量的平均值进行计算。正常使用极限状态验算时，取荷载效应的标准组合；承载能力极限状态计算时，应对荷载效应的基本组合设计值进行相应的修正。

⑤ 试验分析方法。体形复杂、受力特殊的混凝土结构或构件可采用试验方法对结构的正常使用极限状态和承载能力极限状态进行复核。试验模型应采用能够模拟实际结构受力性能的材料制作。

（6）结构分析所采用的电算程序：应经考核和验证，其技术条件应符合规范和有关标准的要求。对电算结果，应经判断和校核；在确认其合理有效后，方可用于工程设计。对于复杂的工程结构应至少采用两种及以上不同软件进行分析、相互验证。

（7）承载能力极限状态复核和试验：承载能力极限状态进行复核，可采用实验室模拟试验的方法进行。试验模型应采用能够模拟实际结构受力性能的材料制作。

3. 荷载效应组合和最不利的活荷载位置

结构上的恒荷载是一直作用在结构上的，而活荷载则可能出现、也可能不出现；不同类型的活荷载的出现情况有多种不同的组合，根据规范和经验，可确定应计算的不同荷载组合。例如，对于无抗震要求的框架结构，按规范规定应计算的荷载组合为

恒载＋活载；

恒载＋风载；

恒载＋0.85×（活载＋风载）。

由于假定结构是线性弹性的，故荷载组合可通过荷载效应组合来实现。

活荷载除了在出现时间上是变化的，在空间位置上也是变化的。活荷载（如楼面活荷载）在结构上出现的位置不同，在结构中产生的荷载效应亦不同。因此，为得到结构某点处的最不利的荷载效应，应在空间上对活荷载进行多种不同的布置，找出最不利的活荷载布置和相应的荷载效应。

4. 截面设计

根据上面算出的最不利内力对控制截面处进行配筋设计以及必要的尺寸修改。如果尺寸修改较大，则应重新进行上述分析。

5. 构造设计

构造设计主要是指配置除计算所需之外的钢筋（分布钢筋、架立钢筋等）、钢筋的锚固、截断的确定、构件支承条件的正确实现以及腋角等细部尺寸的确定等，这可参考构造手册确定。目前，钢筋混凝土结构设计的相当一部分内容不能通过计算确定，只能通过构造来确定；每项构造措施都有其原理，因此，构造设计也是概念设计的重要内容。

1.3.5 结构设计的成果

结构设计的成果主要有以下形式：

（1）结构方案设计说明书。结构方案设计说明书应对所确定的方案予以说明，并简释

理由。

（2）结构设计计算书。结构设计计算书对结构计算简图的选取、结构所受的荷载、结构内力的分析方法及结果、结构构件主要截面的配筋计算等，都应有明确的说明。如果结构计算是采用商业化软件，应说明具体的软件名称，并应对计算结果作必要的校核。

（3）结构设计图纸。所有设计结果，最后必须以施工图的形式反映出来。在设计的各个阶段，都要进行设计图的绘制。

一部分图纸可按初步设计（或扩大初步设计）的要求绘制，如总平面图，主体工程的平、立、剖面，以及结构布置等；这类图应能反映设计的主要意图，对细部的要求则可放松一些。

另一部分图纸应按施工详图要求绘制，如结构构件施工详图、节点构造、大样等，这部分图纸要求完全反映设计意图，包括正确选用材料、构件具体尺寸规格、各构件之间的相关关系、施工方法和有关采用的标准（或通用）图集编号等，要达到不作任何附加说明即可施工的要求。

在工程实际中，目前一般已能做到结构设计图纸全部采用计算机绘制。

1.4 混凝土结构的新发展

1.4.1 新材料的应用

新材料的应用已从根本上推动了结构设计的发展，首先是混凝土材料本身的不断改进。在混凝土抗压强度有大幅提高的同时，混凝土的抗拉强度也将会有很大的提高。现在，高性能混凝土的研究正方兴未艾，在可持续发展的思想指导下，21世纪将是高性能混凝土（HPC）和绿色高性能混凝土（GHPC）兴起和发展的时代。按照国家住建部"十二五"发展规划，到2015年C60以上混凝土用量要达到10％以上。发展绿色高性能混凝土可充分利用各种工业废物，大力发展复合胶凝材料，最大限度地降低硅酸盐水泥的用量，使混凝土工程技术走上可持续发展之路。

各种纤维混凝土的应用，能大大提高混凝土的抗拉强度和韧性。

钢筋的强度将有新的提高，高强钢筋，首先是HRB400级和HRB500级钢筋将在混凝土结构中得到广泛的应用，到"十二五"末，HRB400级以上钢筋用量将达到45％以上。另外，纤维增强塑料筋已开始得到应用。由此产生了新的问题，如刚度和裂缝控制等，需要进行新的研究等。

混凝土和钢筋强度的不断提高，使预应力混凝土结构成为更合理的结构形式。我国已规划大力推进预应力混凝土的发展，预应力混凝土结构将获得更广泛的应用。

1.4.2 设计理论的发展

1. 从线性到非线性

过去在设计中，对结构一般仅进行线性分析，随着非线性分析理论和计算机技术的发展，对实际结构进行非线性分析已经进入实用阶段。这在新规范中已得到体现。

2. 从侧重于安全到全面地侧重于性能

过去的混凝土结构着重点在于安全，而对于性能则要求较低，从而导致过宽的裂缝和过大的挠度。今后随着业主要求的不断提高，对裂缝和变形的控制将会更严格。不但要对荷载产生的裂缝要控制，对温度和干缩引起的裂缝也要严格控制。这就对我们提出了新的挑战和新的研究课题。

3. 从侧重于使用阶段的结构到房屋"生命"的全过程

一幢混凝土结构房屋从施工、建成、使用、逐渐老化而丧失承载能力，是一个"生命全过程"。过去的设计主要考虑的是正常使用阶段的情况；而对施工过程中和逐渐老化过程中的混凝土结构则研究较少，但在这两个过程中，结构恰恰是最容易出问题的。随着时间的推移，大量的混凝土结构房屋进入老化阶段，从而推动了相关的检测和加固技术的发展。施工中的结构是时变的，要正确地预测其承载力，需要进行相应的检测和分析。这方面的研究已有所进展，其成果将引起设计观念的拓展和更新。

1.4.3 与多学科的交叉和结合

1. 房屋与机械的结合

例如，依靠机械装置可以升降、转动或平移的活动楼板。在舞台表演区中心部位设置的可以水平旋转的活动台板（转台）；体育馆或其他多功能观众厅因比赛或演出的性质和内容的不同、比赛场地或舞台需要改变而设置的活动看台；高层建筑旋转楼层，通称为"旋转餐厅"或"旋转观赏厅"，是 20 世纪 60 年代高层公共建筑中出现的一种新型楼层。

2. 结构与现代控制理论和技术的结合

过去的房屋结构主要是被动地承受荷载，现在已进行了把现代控制理论用于房屋结构的研究，使结构可以根据外荷载的变化，调整自己的承载力特性，从而提高结构承受变化荷载的能力。在地震作用下的结构被动控制、半主动控制和主动控制结构的研究和应用将方兴未艾，随着技术的发展，结构控制的研究成果将会更多地在房屋结构中得到应用。

3. 结构与计算机技术的结合

计算机科学技术的发展使得几乎其向一切领域渗透。在混凝土房屋结构中也是如此，可以直接在房屋中应用计算机技术，如智能大厦。在房屋结构的设计中，越来越多的重复性、机械性的工作正在逐步被计算机取代，如结构分析、配筋、绘图，等等。结构设计程序化的程度越来越高，这使得设计者从繁重的重复性和机械性的工作中解脱出来，可以有更多的时间从事创造性的结构选型和优化等工作。

实际上，混凝土建筑结构学科可以与众多的学科进行交叉和结合，上述几个方面只是一些举例而已。数学、力学、材料学、计算机科学甚至星际航行科学等都为建筑结构的发展带来了空前广阔的发展空间，新一代结构工程师正面临着新的机遇和新的挑战，他们的面前是一条既曲折又辉煌的道路。

1.5 本书的主要内容与学习重点

1.5.1 主要内容

（1）本书作为"百校土木工程专业'十二五'规划教材"的《混凝土结构设计》，介绍了混凝土梁板结构，重点介绍了整体式单向板梁板结构、整体式双向板梁板结构、整体式无梁楼盖以及整体式楼梯和雨篷的设计计算方法。

（2）本书结合单层厂房结构，介绍了排架结构设计。重点介绍了单层厂房的结构类型和结构体系、结构组成及荷载传递、结构布置、构件选型与截面尺寸确定、排架结构内力分析、柱的设计、钢筋混凝土屋架设计要点、吊车梁设计要点等内容,并且给出一个单层厂房排架结构的设计实例。

(3) 本书还介绍了广泛采用的多层与高层框架结构,重点介绍了结构布置方法、截面尺寸估算、计算简图的确定、荷载计算、内力计算、内力组合、侧移验算以及框架结构配筋计算和构造要求等内容,并且给出一个多高层框架结构的设计实例。

考虑到地基与基础有专门的课程和教材介绍,本课程未讨论底部承重结构设计。

1.5.2 学习重点

本课程的学习重点如下:

① 了解各类结构的特性,能够正确进行选用;

② 熟悉结构的平面和竖向布置方法,确保结构的荷载传递路线明确、受力可靠、经济合理、整体性好;

③ 掌握结构计算简图的确定方法及各构件截面尺寸的估算方法;

④ 熟悉各种荷载的计算方法;

⑤ 熟练掌握结构在各种荷载下的内力计算及内力组合方法;

⑥ 熟练掌握结构的配筋计算及构造要求;

⑦ 通过本书的学习应了解结构设计的方法和步骤。

本《混凝土结构设计》课程的先修课是《混凝土结构设计原理》。本课程是主修建筑工程课群组的土木工程专业学生的主干专业课。为了使学生能较好地掌握楼盖结构、排架结构和框架结构等结构的设计计算方法,宜与相应的课程设计、作业、毕业设计作业相配合学习。

2　钢筋混凝土楼盖结构设计

2.1　楼盖结构分类及布置

楼盖是建筑结构重要的组成部分,混凝土楼盖的造价占到整个土建总造价的近 30%,其自重约占到总重量的一半。选择合适的楼盖设计方案,并采用正确的方法,合理地进行设计计算,对于整个建筑结构都具有十分重要地作用。

混凝土楼盖设计对于建筑隔热、隔声和建筑效果有直接的影响,对于保证建筑物的承载力、刚度、耐久性以及抗风、抗震性能起着十分重要的作用。

建筑结构的组成如下:

$$建筑结构\begin{cases}上部结构(\pm0.000\text{ 以上})\begin{cases}水平结构体系(楼盖结构等)\\竖向结构体系(框架结构体系、剪力墙结构体系等)\end{cases}\\下部结构(\pm0.000\text{ 以下})\quad地下室结构、基础结构等\end{cases}$$

楼盖是建筑结构中的水平结构体系,它与竖向构件、抗侧力构件一起组成建筑结构的整体空间结构体系。它将楼面竖向荷载传递至竖向构件,并将水平荷载(风力、地震力)传到抗侧力构件。根据不同的分类方法,可将楼盖分为不同的类别。

2.1.1　楼盖分类

1. 按施工方案来分

按施工方法不同,楼盖可分为现浇楼盖、装配式楼盖、装配整体式楼盖。

现浇楼盖整体性好,具有较好的抗震性能,并且结构布置灵活,适应性强。但现场浇注和养护比较费工,工期也相应加长。我国规范要求在高层建筑中宜采用现浇楼盖。近年来由于商品混凝土、混凝土泵送和工具模板的广泛应用,现浇楼盖的应用逐渐普遍。

装配式楼盖由预制构件装配而成,便于机械化生产和施工,可以缩短工期。但装配式楼盖结构的整体性较差,防水性较差,不便于板上开洞。多用于结构简单、规则的工业建筑。

装配整体式楼盖是由预制构件装配好后,现浇混凝土面层或连接部位以构成整体而成。它兼具现浇楼盖和装配式楼盖的部分优点,但施工较复杂。

2. 按结构形式来分

按结构形式不同,楼盖可分为单向板肋梁楼盖、双向板肋梁楼盖、井式楼盖、无梁楼盖。

(1)单向板肋梁楼盖与双向板肋梁楼盖。最常见的楼盖结构是板肋梁楼盖,它由板及支撑板的梁组成。梁通常双向正交布置,将板划分为矩形区格,形成四边支撑的连续或单块板。受垂直荷载作用的四边支撑板,其两个方向均发生弯曲变形,同时将板上荷载传递给四边的支撑梁。弹性理论的分析结果表明,当四边支撑矩形板的长、短边长的比值较大时,板上荷载主要沿短边方向传递,沿长边方向传递的很少。下面的近似分析可以说明该现象。

图 2-1 为一四边简支的矩形板,受垂直均布荷载 q 的作用。设板的长边为 l_{01},短边为 l_{02}。现沿板跨中的两个方向分别切出单位宽度的板带,得到两根简支梁。根据板跨中的变形协调

条件有：

$$f_A = \alpha_1 \frac{q_1 l_{01}^4}{EI_1} = \alpha_2 \frac{q_2 l_{02}^4}{EI_2} \qquad (2\text{-}1)$$

式中　α_1, α_2——挠度系数，当两端简支时 $\alpha_1 = \alpha_2$

$$= \frac{5}{384};$$

I_1, I_2——l_{01}, l_{02} 方向板带的换算截面惯
性矩。

荷载 q_1, q_2 为 q 在两个方向的分配值，则有

$$q = q_1 + q_2 \qquad (2\text{-}2)$$

如果忽略两个方向配筋不同的影响，取 $I_1 = I_2$；由式（1）和（2）得到

$$q_1 = \frac{l_{02}^4}{l_{01}^4 + l_{02}^4} q, \quad q_2 = \frac{l_{01}^4}{l_{01}^4 + l_{02}^4} q \qquad (2\text{-}3)$$

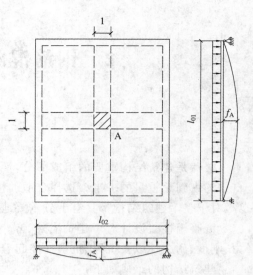

图 2-1　四边支承板上荷载的传递

通过上式我们可以看到，当 $l_{01}/l_{02} \geqslant 2$ 时，分配到长跨方向的荷载不到 5.9%。

为了简化计算，对长、短边比值较大的板，忽略荷载沿长边方向的传递，称其为单向板；而对长、短边比值较小的板，称其为双向板。工程设计中，当 $l_1/l_2 \geqslant 3$ 时，按单向板计算；当 $2 < l_1/l_2 < 3$ 时，宜按双向板计算；当 $l_1/l_2 \leqslant 2$ 时，按双向板计算。

板肋梁楼盖结构布置灵活，施工方便，广泛应用于各类建筑中。

（2）井式楼盖。结构采用方形或近似方形（也有采用三角形或六边形）的板格，两个方向的梁的截面相同，不分主次梁。其特点是跨度较大，具有较强的装饰性，多用于公共建筑的门厅或大厅。

（3）无梁楼盖。不设梁，将板直接支撑在柱上，通常在柱顶设置柱帽以提高柱顶处平板的冲切承载力及降低板中的弯矩。不设梁可以增大建筑的净高，故多用于对空间利用率要求较高的冷库、藏书库等建筑。

3. 按是否预加应力来分

按是否预加应力可将楼盖分为普通钢筋混凝土楼盖和预应力混凝土楼盖。预应力混凝土楼盖具有降低层高和减轻自重；增大楼板的跨度；改善结构的使用功能；节约材料等优点。它成为适应有大开间、大柱网、大空间要求的多、高层及超高层建筑的主要楼盖结构体系之一。预应力混凝土结构分有粘结预应力混凝土和无粘结预应力混凝土结构两种，在预应力混凝土楼盖结构中，多采用无粘结预应力混凝土结构。

4. 新的楼盖结构体系

楼盖结构的自重占整个结构自重的很大比例。发展新的楼盖结构体系，减轻楼盖结构自重，一直是工程技术人员努力的目标之一。随着近年来建筑技术的蓬勃发展以及新材料、新工艺的广泛运用，在传统楼盖体系的基础上又涌现了许多新的楼盖结构体系。如：

（1）密肋楼盖。密肋楼盖又分为单向和双向密肋楼盖。密肋楼盖可视为在实心板中挖凹槽，省去了受拉区混凝土，没有挖空部分就是小梁或称为肋，而柱顶区域一般保持为实心，起到柱帽的作用，也有柱间板带都为实心的，这样在柱网轴线上就形成了暗梁。

（2）扁梁楼盖。为了降低构件的高度,增加建筑的净高或提高建筑的空间利用率,将楼板的水平支承梁做成宽扁的形式,就像放倒的梁。

（3）现浇空心板无梁楼盖。现浇空心无梁楼盖,是一种由采用高强复合薄壁管现浇成孔的空心楼板和暗梁组成的楼盖,它减轻了结构自重,增加了建筑的净高,通风、电器、水道管道的布置也很方便。具有较好的综合效益。

（4）预应力空腹楼盖。预应力空腹楼盖,是一种由上、下薄板和连接于其中用以保证上、下层板共同工作的短柱所组成的结构,上、下层板为预应力混凝土平板或带肋平板。这样的结构具有截面效率高、重量轻等特点。预应力空腹楼盖是一种综合经济指标较好、可以满足大跨度需要的楼盖结构。混合配筋预应力混凝土框架扁梁楼盖利用扁梁和柱形成框架,具有减小结构层高,降低结构自重的特点。

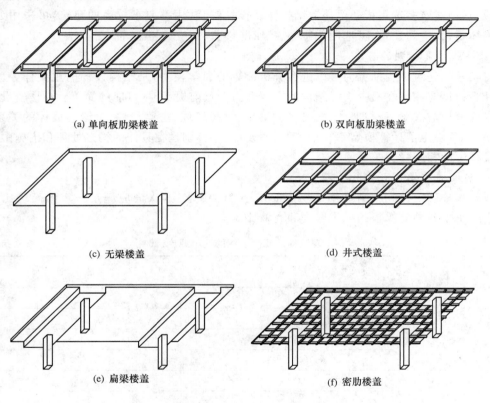

（a）单向板肋梁楼盖   （b）双向板肋梁楼盖

（c）无梁楼盖   （d）井式楼盖

（e）扁梁楼盖   （f）密肋楼盖

图 2-2 常见的楼盖形式

2.1.2 楼盖结构布置

1. 楼盖的组成

楼盖体系由板和支承构件（梁、柱、墙）组成,建筑结构的荷载通过板传给水平支承构件——梁（无梁楼盖直接传给竖向支承构件）,然后传给竖向构件——柱或墙,最后传给基础。传力路径为:板→梁→柱（墙）→基础。

2. 楼层结构布置的基本原则

楼层结构布置时,应对影响布置的各种因素进行分析比较和优化。通常是针对具体的建筑设计来布置结构,因此首先要从建筑效果和使用功能要求上考虑,包括:① 根据房屋的平面尺寸和功能要求合理的布置柱网和梁;② 楼层的净高度要求;③ 楼层顶棚的使用要求;④ 有利于建筑的立面设计及门窗要求;⑤ 提供改变使用功能的可能性和灵活性;⑥ 考虑到其他专业工种的要求。

其次从结构原理上考虑,包括:① 构件的形状和布置尽量规则和均匀;② 受力明确,传力直接;③ 有利于整体结构的刚度均衡、稳定和构件受力协调;④ 荷载分布均衡,要分散而不宜集中;⑤ 结构自重要小;⑥ 保证计算时楼面在自身平面内无限刚性假设的成立。

2.1.3 楼盖设计中的注意事项

1. 楼盖结构体系的选择

建筑物的用途和要求,结构的平面尺寸(柱网布置)是确定楼盖结构体系的主要依据。一般来说,常规建筑多选用板肋梁楼盖结构体系;对空间利用率要求较高的建筑,可采用无梁楼盖结构体系;大空间建筑,可选用井字楼盖、密肋楼盖、预应力楼盖等。

2. 结构计算模型的确定

将实际的建筑结构抽象为可以进行分析计算的力学模型,是结构设计的重要任务。好的力学计算模型应该是在反映实际结构的主要受力特点前提下,尽可能的简单。在楼盖设计中,应正确处理板与次梁、板与墙体、次梁与主梁、次梁与墙体、主梁与柱、主梁与墙体的关系。另一方面,一旦确定了计算模型,则应在后续的设计中,特别是在具体的构造处理和措施中,实现计算模型中的相互受力关系。

3. 梁板构件截面尺寸的确定

板的尺寸确定首先应满足规范规定的最小厚度要求,其次尚应满足一定的高跨比要求。表 2-1 列出了各种支撑板的最小厚度和高跨比。

表 2-1　　　　　　　　　　　现浇钢筋混凝土板的最小厚度　　　　　　　　　　单位:mm

板的类型		最小厚度
单向板	屋面板	60
	民用建筑楼板	60
	工业建筑楼板	70
	行车道下的楼板	80
双向板	80	
密肋楼盖	面板	50
	肋高	250
悬臂板(根部)	悬臂长度不大于 500mm	60
	悬臂长度 1200mm	100
无梁楼盖		150
现浇空心楼盖		200

梁的高度应满足一定的高跨比要求。梁的宽度应与梁高成一定比例,以满足截面稳定性的要求。表 2-2 列出了常见梁的最小高跨比。

表 2-2　　　　　　　　　　　　　**梁截面的常规尺寸**　　　　　　　　　　　　单位：mm

梁类型	高跨比(h/l)	备　注
多跨连续次梁	1/18～1/12	梁高：次梁 $h \geqslant l/25$ 主梁 $h \geqslant l/15$
多跨连续主梁	1/14～1/8	
单跨简支梁	1/14～1/8	

4. 楼盖结构的设计步骤

楼盖结构的设计一般包括以下步骤：① 结构布置；② 建立计算模型，画出计算简图；③ 荷载分析计算；④ 结构及构件内力分析计算；⑤ 构件截面设计；⑥ 施工图设计。

2.2　单向板肋梁楼盖

2.2.1　连续梁、板按弹性理论计算

1. 结构平面布置

单向板肋梁楼盖由板、次梁和主梁所组成。次梁布置决定板的区格大小，主梁间距决定次梁的跨度，主梁的跨度由柱网决定。一般单向板的跨度取为 1.7～2.5m，不宜超过 3m；次梁的跨度 4～6m；主梁的跨度 5～8m。

单向板肋梁楼盖的平面布置应该综合考虑到建筑效果、使用功能及结构原理等多方面的因素。楼盖的主梁一般应布置在结构刚度较弱的方向，这样可以提高承受水平作用力的侧向刚度。常见的单向板肋梁楼盖的结构平面布置方案有：

（1）主梁沿横向布置。其优点是主梁与柱可形成横向框架，侧向刚度较大，而各榀框架间由纵向的次梁连接，房屋的整体性也较好（图 2-3(a)）。

（2）主梁沿纵向布置。当横向柱距大于纵向柱距很多时，也可以采用主梁沿纵向布置的方案。这样可以减小主梁的截面高度，增大了室内的净高（图 2-3(b)）。

（3）有中间走廊，不布置主梁。在中间有走廊的房屋中，可以只布置次梁，利用中间的纵墙承重（图 2-3(c)）。

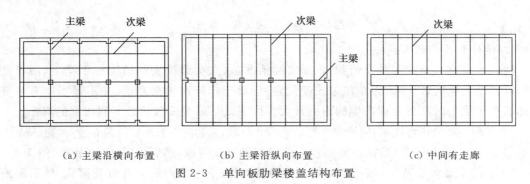

（a）主梁沿横向布置　　　　　（b）主梁沿纵向布置　　　　　（c）中间有走廊

图 2-3　单向板肋梁楼盖结构布置

2. 楼盖上的荷载类型

作用在楼盖上的荷载包括永久荷载和可变荷载，永久荷载指"在结构使用期间，其值不随时间变化，或其变化与平均值相比可以忽略不计，或其变化是单调的，并能趋于某一极限值的荷载。"如构件自重、地面、粉刷及吊顶等。可变荷载指"在结构使用期间，其值随时间变化，且其变

化与平均值相比不可忽略不计的荷载。"如楼(屋)面活荷载、积灰荷载、风荷载和雪荷载等。

设计中,永久荷载的标准值可由构件尺寸和构造等,根据材料单位体积的重量计算。楼面均布活荷载可由《建筑结构荷载规范》(GB 50009—2001)查得。其他可变荷载及其计算方法也在荷载规范中有详细说明。

对楼盖进行承载能力极限状态设计时,其基本组合的分项系数:

永久荷载,当其效应对结构不利时,对于由可变荷载效应控制的组合,取1.2;对于由永久荷载效应控制的组合,取1.35。当其效应对结构有利时,一般情况下取1.0;当进行倾覆、滑移或漂浮验算时,取0.9。

可变荷载,一般情况下取1.4;对于标准值大于$4kN/m^2$的工业房屋结构,取1.3。

对于民用建筑的楼面活荷载,由荷载规范给出的楼面活荷载标准值并不一定是满布于楼面上的,当楼面梁的从属面积较大时,则活荷载的满布程度将减小。因此,规范规定在设计楼面梁、墙、柱及基础时,楼面活荷载标准值应乘规定的折减系数。

在屋面板的设计中还需要考虑到施工和检修荷载。

3. 梁、板的荷载计算模型

图2-4为均布荷载的单向板肋楼盖的板和梁的荷载计算简图,对于板可取1m宽的板带做计算单元。板和次梁都承受均布荷载,主梁主要承受次梁传来的集中荷载。内部主、次梁的截面都是T形截面,楼盖周边的主、次梁是倒L形截面。

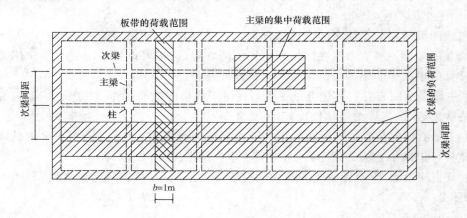

图2-4 梁、板的荷载计算范围

4. 活荷载的不利布置

楼盖承受永久荷载和可变荷载,根据实际情况,永久荷载按实际情况布于梁上,而可变荷载的位置是变化的(以一跨为单位来改变位置)。对于多跨连续梁来说,并不是当所有可变荷载都满布于梁上时在各截面产生的内力最大。以下就是可变荷载的最不利布置的规律:

① 求跨中最大正弯矩时,应该在该跨布置可变荷载,然后向左右两侧隔跨布置(本跨、隔跨)。

② 求支座最大负弯矩,在该支座左右两跨布置可变荷载,然后隔跨布置(邻跨、隔跨)。

③ 求跨中最大负弯矩,该跨不布置可变荷载,而在它左右两跨布置可变荷载,然后隔跨布置(邻跨、隔跨)。

④ 求支座最大剪力时,在该支座左右两跨布置可变荷载,然后隔跨布置(邻跨、隔跨)。

5. 计算简图

按照弹性理论计算混凝土连续梁、板就是将梁、板看成弹性匀质材料构件,其内力的计算可以按结构力学的方法进行。

单向板肋楼盖的板和次梁,不管其支承条件如何,都可化为铰支的连续梁来进行计算。

对于主梁,当它支承于砖柱上时,视为铰支,如果是与钢筋混凝土柱现浇在一起,其内力按框架梁计算,但如果梁的抗弯刚度与柱抗弯刚度之比大于 5,仍然可以将主梁视为铰支于柱上的连续梁来计算。

对于等截面且等跨度的连续梁、板的某一跨来说,作用在与它相隔 2 跨以上的跨上的荷载对该跨的内力的影响很小。因此,对于超过 5 跨的连续梁、板都可按照 5 跨计算。所有中间跨的内力和配筋都按第三跨来处理(图 2-6)。

对于跨数超过 5 跨的连续梁、板,当各跨荷载相同,且跨度相差不超过 10%时,也可按 5 跨的等跨连续梁、板进行计算。

梁、板的计算跨度 l_0 指在内力计算的时候所采用的跨间长度,实际上 l_0 应取为该跨两端支座反力合力作用点之间的距离,按弹性方法确定的梁板计算跨度,见表 2-3。

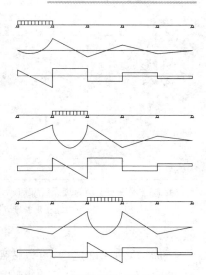

图 2-5　单跨承载时连续梁的内力图

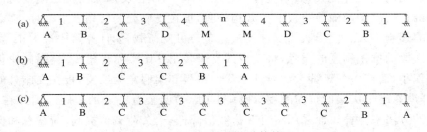

图 2-6　连续梁、板的计算简图

(a)—实际简图;(b)—计算简图;(c)—配筋构造简图

表 2-3　　　　　　　　　　　　　梁、板计算跨度

按弹性理论计算	单跨	两端搁置	$l_0 = l_n + a$ 且　$l_0 \leqslant l_n + h$　(板) $l_0 \leqslant 1.05 l_n$　(梁)
		一端搁置,一端整浇	$l_0 = l_n + a/2$ 且　$l_0 \leqslant l_n + h/2$　(板) $l_0 \leqslant 1.025 l_n$　(梁)
		两端整浇	$l_0 = l_n$
	多跨	边跨	$l_0 = l_n + a/2 + b/2$ 且　$l_0 \leqslant l_n + h/2 + b/2$　(板) $l_0 \leqslant 1.025 l_n + b/2$　(梁)
		中间跨	$l_0 = l_c$ 且　$l_0 \leqslant 1.1 l_n$　(板) $l_0 \leqslant 1.05 l_n$　(梁)

续表

按塑性理论计算	两端搁置	且 $l_0 = l_n + a$ $l_0 \leqslant l_n + h$ （板） $l_0 \leqslant 1.05 l_n$ （梁）
	一端搁置，一端整浇	且 $l_0 = l_n + a/2$ $l_0 \leqslant l_n + h/2$ （板） $l_0 \leqslant 1.025 l_n$ （梁）
	两端整浇	$l_0 = l_n$

注：l_0—梁、板的计算跨度；l_n—梁、板的净跨度；l_c—支座中心线间距离；

h—板厚；a—梁、板的端支承长度；b—中间支座。

6. 内力计算

在计算简图确定后，可以按照结构力学的方法分析内力，如弯矩分配法等。

而实际设计中，为了减小计算的工作量，更为广泛地采用查表法进行计算，对于不同的荷载分布及布置，可以直接从表格中查得内力系数，非常方便。

7. 折算荷载，弯矩和剪力的设计值

如果支承梁的现刚度很大，其垂直位移可以忽略不计，但支承梁的抗扭刚度对内力的影响是不可忽略的。当次梁两侧等跨板上荷载相等时，板在支座处的转角 θ 很小时，次梁的抗扭刚度对板的内力影响不大。但当次梁仅一侧板上布有可变荷载，如计算跨中最大正弯矩时，计算时如不考虑次梁的抗扭刚度的贡献，将使板的支座转角 θ 比实际转角 θ_1 大，因而使板的支座负弯矩计算值偏小，而跨中弯矩偏大。设计中我们将板和梁假定为绞支，板在支座处的转动将是自由的，这样就忽略了次梁的抗扭刚度，计算和实际情况会有一定的差距。因此在设计中，采用折算荷载的方法来弥补。即采用将可变荷载值降低，永久荷载值提高，荷载总和保持不变的方法来修正。

折算荷载取值如下：

连续板 $\qquad g' = g + q/2 \qquad\qquad q' = q/2$ $\qquad\qquad$ (2-4)

连续梁 $\qquad g' = g + q/4 \qquad\qquad q' = 3q/4$ $\qquad\qquad$ (2-5)

式中，g 和 q 为单位长度上永久荷载和可变荷载设计值，g' 和 q' 为单位长度上永久荷载和可变荷载的折算值。

由于计算跨度取支承中心间的距离，忽略了支座的宽度，所以我们所计算的支座截面负弯矩和剪力值都是支座中心处的，而支座边缘才是设计中的控制截面，所以取

弯矩设计值：

$$M = M_c - V_0 \frac{b}{2} \qquad\qquad (2-6)$$

式中 M_c——支座中心处弯矩设计值；

$\qquad V_0$——按简支梁计算的支座中心处的剪力设计值；

$\qquad b$——支座宽度。

剪力设计值：

均布荷载 $$V = V_c - (g + q)\frac{b}{2} \qquad\qquad (2-7)$$

集中荷载 $$V = V_c \qquad\qquad (2\text{-}8)$$

式中,V_c 为支座中心处剪力设计值。

8. 内力包络图

内力包络图由内力图叠和而成,现以弯矩包络图来说明。每跨都可以画出具有跨内最大正弯矩、跨内最小弯矩、支座截面最大负弯矩的四种弯矩图,这些弯矩值是在不同的可变荷载布置下出现的,如图 2-7 所示。如果把这些弯矩图全部叠和起来画在一起,取它的外包络线而作出的图,可以清楚地表达出每个截面可能出现的弯矩值的上、下限,这就是弯矩包络图。用类似的方法还可以画出剪力包络图等。在设计中我们可以利用弯矩包络图来确定纵向钢筋的截断与弯起,利用剪力包络图来了解最大剪力沿跨度变化的情况以明确箍筋的配置。

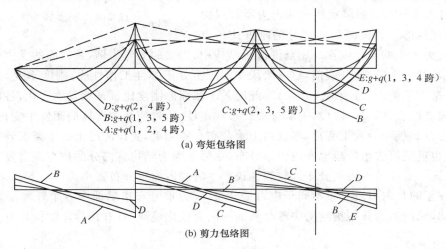

(a) 弯矩包络图

(b) 剪力包络图

图 2-7 内力包络图

2.2.2 连续梁、板考虑塑性内力重分布的计算

在混凝土超静定结构计算中,如内力分析采用弹性的方法,若结构中任一截面的内力达到其极限值,整个结构就达到其承载力极限。实际上对于连续梁、板等超静定结构,即使是其中几个截面的内力达到其极限值时,整个结构依然能保持稳定,钢筋混凝土超静定结构的实际承载能力一般都比按弹性方法分析的要高。并且钢筋混凝土是一种弹塑性的材料,各截面间的内力分布规律是变化的,如果按弹性方法的内力分布规律分析,显然是不相符的。因此在计算连续梁、板结构的内力时,如果不考虑到这些性质,则不能正确反映结构的实际工作性能,也无法做出经济、合理的设计。所以,有必要对连续梁、板进行考虑内力重分布的计算。

1. 关于内力重分布的几个概念

(1) 塑性铰。图 2-8 是一个简化了的钢筋混凝土梁截面的弯矩—曲率图,达到开裂弯矩 M_{cr} 前,一直是线性的,开裂后仍然接近直线,线段略微平缓。在达到屈服弯矩 M_y 后,曲线斜率很快地减小,弯矩的继续增加就引起了转角很大的增长,直至达到极限转角 ϕ_u,此时混凝土压碎而截面破坏。

通过图 2-8 我们可以看到,在钢筋屈服后一直到截面最终破坏的这个阶段里,截面弯矩的增幅很小,但是截面的曲率增值相当大。如果将该曲线理想化,如图 2-8 所示,达到计算极限弯矩 M_u 后,弯矩不变,而曲率持续增加,梁的弹性曲线在该处有一个突变,似乎存在有一个铰。

但这个铰并非真正意义上的无摩擦铰,它具有不变的抵抗转动的能力。

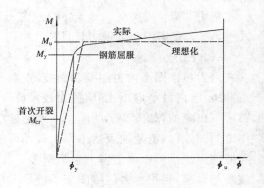

图 2-8　弯矩-曲率图

这种铰具有以下一些特性:① 沿弯矩作用方向,发生单向转动;② 传递一定的弯矩,即截面的极限弯矩 M_u;③这种铰具有一定的长度。

具有以上特性的铰,我们称之为"塑性铰",它是构件塑性变形的结果。塑性铰是分布在一定长度的塑性铰段上的,但为了方便将其理想化为集中于一个截面上。

(2) 内力重分布。超静定结构的内力不仅仅由荷载决定,结构的计算简图和各部分的刚度比值也是决定其内力大小的重要因素。钢筋混凝土结构中,以梁的受弯为例,其截面的受力全过程分为三个阶段:第一个阶段,开裂前,这一阶段中混凝土处于弹性工作性质,刚度不变,内力与荷载成正比;第二个阶段,带裂缝工作阶段,此时各个截面的刚度比就开始发生变化,各截面的内力比值也随之改变;第三个阶段,一部分截面形成塑性铰,致使结构计算简图发生变化,各个截面间的内力分布规律会发生变化,形成内力重分布。实际上,受拉混凝土产生裂缝到在塑性铰形成之前,也就是第二个阶段也有内力重分布,主要是因为结构各部分的抗弯刚度发生变化而产生的,但这一阶段的内力重分布远较塑性铰产生后的内力重分布要小。

需要注意的是内力重分布不同于应力重分布,应力重分布指截面中各个纤维层之间的内力变化规律,而内力重分布指结构中各个截面的内力变化规律,只有超静定结构具有内力重分布的特性。

2. 弯矩调幅法

目前,工程中对连续梁、板考虑内力重分布的通常计算方法是弯矩调幅法。需要注意的是,对于直接承受动力荷载的构件,以及要求不出现裂缝或处于侵蚀环境等情况下的结构,不应采用考虑塑性内力重分布的方法。

所谓弯矩调幅法就是将结构按照弹性方法所求得的弯矩和剪力值进行适当的下调,以考虑内力重分布的影响。即

$$M = (1-\beta)M_e \tag{2-9}$$

式中　M——调幅后的弯矩设计值;

　　　M_e——按弹性方法计算得到的弯矩设计值;

　　　β——截面的弯矩调幅系数。

我国的规范建议用弯矩调幅法来计算钢筋混凝土连续梁、板和框架的内力,有以下原则:

① 钢筋宜用 HRB400 和 HRB500 及 HRBF400 和 HRBF500 级,也可采用 HPB300 和 HRB335 或 HRBF335 及 RRB400,混凝土强度等级宜在 C25～C45 范围;

② 截面的弯矩调幅系数 β 不宜超过 0.25,不等跨连续梁不宜超过 0.2;

③ 弯矩调幅后的截面相对受压区高度应满足 $0.1 \leqslant \xi \leqslant 0.35$;

④ 不等跨连续梁、板各截面的弯矩不宜调整;

⑤ 结构在正常使用阶段不应出现塑性铰,且变形和裂缝宽度应符合规范要求;

⑥ 在可能产生塑性铰的区段,考虑弯矩调幅后,连续梁下列区段:对于集中荷载,支座边至最近一个集中荷载之间的区段;对于均布荷载,取支座边至距支座边 $1.05h_0$ 的区段(h_0 是截

面有效高度),算得的箍筋用量一般应增大 20%;

⑦ 为了防止构件发生斜拉破坏,箍筋的配筋率应满足

$$\rho_{sv} \geqslant 0.03 \frac{f_c}{f_{yv}} \tag{2-10}$$

⑧ 连续梁、板弯矩经调整后,仍应该满足静力平衡条件,梁、板的任一跨调整后的两支座弯矩的平均值和跨中弯矩之和应大于该跨按简支计算的跨中弯矩。

对承受均布荷载的等跨连续梁,可采用表格法。各跨的跨中及支座截面的弯矩和支座边缘的剪力设计值可按公式(2-11)和式(2-12)计算:

$$M = \alpha_M (g+q) l_0^2 \tag{2-11}$$

$$V = \alpha_V (g+q) l_n \tag{2-12}$$

式中 α_M——考虑内力重分布的弯矩系数,见表 2-4;

α_V——考虑内力重分布的剪力系数,见表 2-5;

g——均布永久荷载设计值;

q——均布可变荷载设计值;

l_0——计算跨度;

l_n——净跨度。

对承受等间距等大小集中荷载的等跨连续梁,可采用下面的表格计算。各跨的跨中及支座截面的弯矩和支座边缘的剪力设计值可按式(2-13)和式(2-14)计算:

$$M = \eta \alpha_M (G+Q) l_0 \tag{2-13}$$

$$V = \alpha_V n (G+Q) \tag{2-14}$$

式中 α_M——考虑内力重分布的弯矩系数见表 2-4;

α_V——考虑内力重分布的剪力系数见表 2-5;

η——集中荷载修正系数,见表 2-6;

G——一个集中永久荷载设计值;

Q——一个集中可变荷载设计值;

l_0——计算跨度;

n——跨内集中荷载个数。

表 2-4　　　　　　　　　　　　　　　连续梁、板的弯矩系数 α_M

支承情况		截面位置				
		端支座	边跨跨中	离端第二支座	中间支座	中间跨跨中
搁置在墙上		0	$\dfrac{1}{11}$	两跨连续:$-\dfrac{1}{10}$		
与梁整浇连接	梁	$-\dfrac{1}{24}$	$\dfrac{1}{14}$		$-\dfrac{1}{14}$	$\dfrac{1}{16}$
	板	$-\dfrac{1}{16}$				
梁与柱整浇连接		$-\dfrac{1}{16}$	$\dfrac{1}{14}$	多跨连续:$-\dfrac{1}{11}$		

表 2-5　　　　　　　　　　　　　　　连续梁、板的弯矩系数 α_v

荷载情况	边支座情况	截面				
		边支座内侧	离端第二支座外侧	离端第二支座内侧	中间支座外侧	中间支座内侧
均布荷载	搁置墙上	0.45	0.60	0.55	0.55	0.55
	梁与梁或柱整体连接	0.50	0.55			
集中荷载	搁置墙上	0.42	0.65	0.60	0.55	0.55
	与梁整体连接	0.50	0.60			

表 2-6　　　　　　　　　　　　　　　集中荷载修正系数 η

荷载情况	截面				
	边支座	边跨跨中	离端第二支座	中间跨跨中	中间支座
在跨中点处作用集中荷载	1.5	2.2	1.5	2.7	1.6
在跨中三分点处作用集中荷载	2.7	3.0	2.7	3.0	2.9

2.2.3　单向肋板梁楼盖的截面设计与配筋构造

1. 单向板的截面设计和构造要求

（1）板的截面设计。板支座截面的开裂区在板的上部，板跨中截面的开裂区在板的下部，构件开裂后，在板中形成拱作用，如图 2-9 所示。这种作用提高了板的实际承载能力。

图 2-9　连续板的拱作用

考虑这种有利影响，规范规定，对于四边与梁整浇的单向板，中间跨的跨中弯矩及支座弯矩，可折减 20%。

（2）截面有效高度。单向板截面计算时，h_0 通常取

$$h_0 = h - 20\text{mm}$$

式中，h 为板厚。

板的截面计算取 1m 宽的板带，按照单筋矩形截面进行设计。对于单向板仅计算短跨方向，而长跨方向按构造配筋。板在一般情况下能满足斜截面受剪承载力的要求，在设计中可不进行受剪承载力的计算。

（3）板的配筋构造。

① 板中受力钢筋：通常采用直径为 8mm 或 10mm 的 HRB335 级钢筋。板中受力钢筋的间距，当板厚不大于 150mm 时不宜大于 200mm；当板厚大于 150mm 时不宜大于板厚的 1.5 倍，且不宜大于 250mm。

② 板中构造钢筋：钢筋直径不宜小于 8mm，间距不宜大于 200mm，且单位宽度内的配筋面积不宜小于跨中相应方向板底钢筋截面面积的 1/3。与混凝土梁、混凝土墙整体浇筑单向板的非受力方向，钢筋截面面积尚不宜小于受力方向跨中板底钢筋截面面积的 1/3。钢筋从混凝土梁边、柱边、墙边伸入板内的长度不宜小于计算跨度的 1/4，砌体墙支座处钢筋伸入板边的长度不宜小于计算跨度的 1/7，其中计算跨度对单向板按受力方向考虑，对双向板按短边方向考虑。在楼板角部，宜沿两个方向正交、斜向平行或放射状布置附加钢筋。钢筋应在梁内、墙内或柱内可靠锚固。如图 2-10 所示。

在按单向板设计时,应在垂直于受力的方向布置分布钢筋,单位宽度上的配筋不宜小于单位宽度上的受力钢筋的15%,且配筋率不宜小于0.15%;分布钢筋直径不宜小于6mm,间距不宜大于250mm;当集中荷载较大时,分布钢筋的配筋面积尚应增加,且间距不宜大于200mm。当有实践经验或可靠措施时,预制单向板的分布钢筋可不受本条的限制。

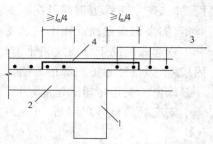

图2-10　现浇板中与梁垂直的构造钢筋
1—主梁;2—次梁;3—板的受力钢筋;
4—上部构造钢筋

在温度、收缩应力较大的现浇板区域,应在板的表面双向配置防裂构造措施。配筋率均不宜小于0.10%,间距不宜大于200mm。防裂构造钢筋可利用原有钢筋贯通布置,也可另行设置钢筋并与原有钢筋按受拉钢筋的要求搭接或在周边构件中锚固。

楼板平面的瓶颈部位宜适当增加板厚和配筋。沿板的洞边、凹角部位宜加配防裂构造钢筋,并采取可靠的锚固措施。

混凝土厚板及卧置于地基上的基础筏板,当板的厚度大于2m时,除应沿板的上、下表面布置纵、横方向钢筋外,尚宜在板厚不超过1m范围内设置与板面平行的构造钢筋网片,网片钢筋直径不宜小于12mm,纵横方向的间距不宜大于300mm。

当混凝土板的厚度不小于150mm时,对板的无支承边的端部,宜设置U形构造钢筋并与板顶、板底的钢筋搭接,搭接长度不宜小于U形构造钢筋直径的15倍且不宜小于200mm;也可采用板面、板底钢筋分别向下、上弯折搭接的形式。

(4)配筋方式。连续板中的受力钢筋可采用弯起式或分离式配筋(图2-11)。采用弯起式

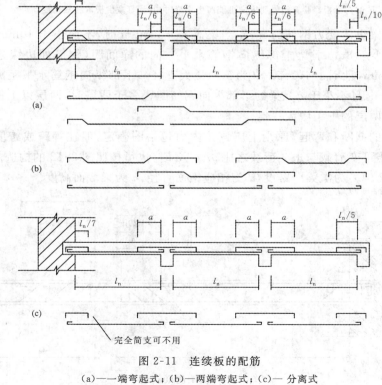

图2-11　连续板的配筋
(a)—一端弯起式;(b)—两端弯起式;(c)—分离式

配筋时,跨中正弯矩钢筋可在距支座边 $l_n/6$(l_n 为板的净跨长)处弯起 $1/3\sim2/3$,以承受支座负弯矩,如果钢筋截面面积不满足支座截面的要求,可另加钢筋补足。

弯起式配筋于分离式相比钢筋的锚固较好,且节约钢材,但施工较复杂;而分离式配筋锚固较差,但设计和施工都很方便,工程中常采用分离式配筋方式。

跨内承受正弯矩的钢筋,当要截断时,截断位置可取在距支座边 $l_n/10$ 处。

支座处的负弯矩钢筋,可在距支座边 a 处截断,a 的取值为

当 $q/g\leqslant3$ 时,$a=l_n/4$;

当 $q/g>3$ 时,$a=l_n/3$。

此处 g,q 为板单位长度的永久荷载、可变荷载;l_n 为板的净跨长。

2. 梁的截面设计和构造要求

对肋梁楼盖中的梁,应进行正截面和斜截面的承载力和配筋计算,承受正弯矩的跨中截面应按照 T 形截面进行计算,其翼缘宽度 b_f' 取表 2-7 中的最小值。

表 2-7 受弯构件受压区有效翼缘计算宽度 b_f'

	情 况	T 形、工形截面		倒 L 形截面
		肋形梁(板)	独立梁	肋形梁(板)
1	按计算跨度 l_0 考虑	$l_0/3$	$l_0/3$	$l_0/6$
2	按梁(肋)净距 s_n 考虑	$b+s_n$	—	$b+s_n/2$
3	按翼缘高度 h_f' 考虑	$b+12h_f'$	b	$b+5h_f'$

注:1. 表中 b 为腹板宽度;

2. 如肋形梁在梁跨内设有间距小于纵筋间距的横肋时,则可不遵循表情况 3 的规定;

3. 对加腋的 T 形、工字形及倒 L 形截面,当受压区加腋的高度 $h_b>h_f'$ 且加腋的宽度 $b_h\leqslant h_f'$ 时,其翼缘计算宽度可按表列情况 3 的规定分别增加 $2b_h$(T 形、工字形截面)和 b_h(倒 L 形截面);

4. 独立梁受压区的翼缘板经验算沿纵肋方向可能产生裂缝时,其计算宽度应取腹板宽度 b。

钢筋混凝土梁纵向受力钢筋的直径,当梁高 $h\geqslant300$mm 时,不应小于 10mm,当梁高 $h<300$mm 时,不应小于 8mm。梁上部纵向钢筋水平方向的净间距(钢筋外边缘之间的最小距离)不应小于 30mm,且不小于 $1.5d$(d 为钢筋最大直径);下部纵向钢筋水平距离方向的净间距不应小于 25mm,且不小于 d。梁的下部纵向钢筋配置多于两层时,两层以上钢筋水平方向的中距应比下面两层的中距增大一倍。

梁受力钢筋的截断和弯起,原则上应该按内力包络图确定,但在等跨或跨度相差不超过 20% 的次梁中,当可变荷载与永久荷载之比 $q/g\leqslant3$ 时,也可按照图 2-12 的构造规定确定截断或弯起。图 2-12 中 l_n 为次梁净跨度,d 为相应钢筋直径,h 为梁截面高度。

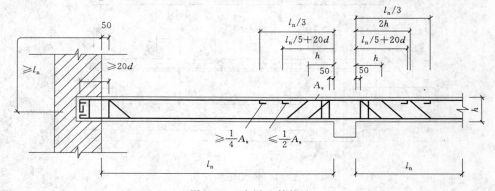

图 2-12 次梁配筋构造

梁内架立钢筋的直径,当梁的跨度小于 4m 时,架力筋的直径不小于 8mm;跨度为 4～6m 时,不宜小于 10mm;跨度大于 6m 时不宜小于 12mm。

在主梁支座处,由于板、次梁和主梁的负弯矩钢筋相互交叉重叠,主梁钢筋一般均在次梁钢筋的下部,使主梁的截面有效高度有所减小(图 2-13)。在进行主梁支座截面承载力计算时,截面的有效高度 h_0 一般取:

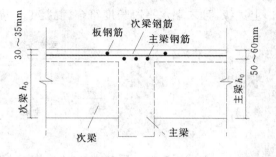

图 2-13 主梁支座截面纵筋位置

单排钢筋 $h_0 = h - (50～60\text{mm})$;

双排钢筋 $h_0 = h - (70～80\text{mm})$,

h 为截面高度。

在混凝土梁中宜采用箍筋作为承受剪力的钢筋。箍筋的形式有封闭式和开口式两种类型,一般采用封闭式。当梁中配有按计算需要的纵向受压钢筋时,箍筋应采用封闭式。

箍筋一般采用 HPB300 级钢筋,对截面高度 $h > 800\text{mm}$ 的梁,其箍筋直径不宜小于 8mm;对截面高度 $h \leqslant 800\text{mm}$ 的梁,其箍筋直径不宜小于 6mm。梁中配有计算需要的纵向受压钢筋时,箍筋直径尚不应小于纵向受压钢筋最大直径的 0.25 倍。

箍筋的肢数常用双肢,遇下列情况时应采用复合箍筋:①梁宽大于 400mm,且纵向受压钢筋在一排中多于 3 根;②梁宽不大于 400mm,但纵向受压钢筋在一排中超过 4 根。

箍筋的间距由斜截面受剪承载力计算决定。箍筋的最大间距应符合表 2-8 的要求。当梁中配有按计算需要的纵向受压钢筋时,箍筋间距不应大于 15d(d 为纵向受压钢筋的最小间距)。箍筋的配筋率 ρ_{sv} 应满足当 $V > 0.7f_t bh_0 + 0.05N_{p0}$ 时,

$$\rho_{sv} = \frac{A_{sv}}{bs} \geqslant 0.24 f_t / f_{yv} \tag{2-15}$$

式中 b—— 梁截面宽度;

s—— 沿构件长度方向箍筋的间距;

A_{sv}—— 箍筋截面面积;

f_t—— 混凝土轴心抗拉强度设计值;

f_{yv}—— 箍筋受拉强度设计值。

表 2-8   梁中箍筋的最大间距   单位:mm

梁 高	$V > 0.7f_t bh_0 + 0.05N_{p0}$	$V \leqslant 0.7f_t bh_0 + 0.05N_{p0}$
$150 < h \leqslant 300$	150	200
$300 < h \leqslant 500$	200	300
$500 < h \leqslant 800$	250	350
$h > 800$	300	400

按计算不需要箍筋的梁,当截面高度 $h > 300\text{mm}$ 时,应沿梁全长设置箍筋;当截面高度 $h = 150～300\text{mm}$ 时,可仅在构件端部各 1/4 跨度范围内设置箍筋;但当在构件中部 1/2 范围内有集中荷载作用时,应沿全长配箍;当截面高度 $h < 150\text{mm}$ 时,可不设置箍筋。

主梁和次梁相交处,在主梁高度范围内受到次梁传来的集中荷载作用,规范规定,位于梁下部或截面高度范围内的集中荷载,应全部由附加横向钢筋(箍筋、吊筋)承担,附加横向钢筋宜采用箍筋。箍筋应布置在 $s = 2h_1 + 3b$(图 2-14)范围内。当采用吊筋时,其弯起段应伸至梁

上边缘,且末端水平段长度符合《混凝土结构设计规范》(GB 50010—2010)的相关要求。

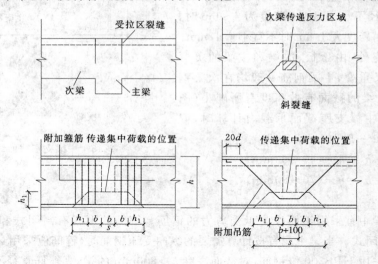

图 2-14 附加横向钢筋

附加横向钢筋的总截面面积应符合:

$$A_{sv} \geq \frac{F}{f_{yv}\sin\alpha} \tag{2-16}$$

式中　A_{sv}——承受集中荷载所需的附加横向钢筋总截面面积;当采用附加吊筋时,A_{sv} 应为左、右弯起段截面面积之和;

　　　F——作用在梁下部或梁截面高度范围内的集中荷载设计值;

　　　f_{yv}——钢筋抗拉强度设计值;

　　　α——附加横向钢筋与梁轴线间的夹角。

2.3　单向板肋梁楼盖设计实例

2.3.1　设计资料

某多层仓库为内框架砖房,建筑平面如图 2-15 所示。层高 4.5m,楼面可变荷载标准值为 5kN/m²,其分项系数为 1.3。楼面面层为 20mm 水泥砂浆抹灰,梁板下面用 15mm 厚水泥石灰抹底。梁板混凝土强度等级为 C25,梁内受力钢筋采用 HRB400 级,其他钢筋采用 HPB300 级。楼梯活荷载为 3kN/m²,其分项系数为 1.4。

2.3.2　设计内容

① 结构布置,按单向板肋梁楼盖布置;

② 计算楼板次梁、主梁内力及配筋;

③ 画板、次梁、主梁配筋图及主梁弯矩包络图、抵抗弯矩图;

④ 计算楼梯,画楼梯配筋图。

2.3.3　结构布置及构件尺寸选择

建筑物的楼盖平面为矩形,轴线尺寸为 30m×19.8m。按肋梁楼盖的板、梁合理跨度,主

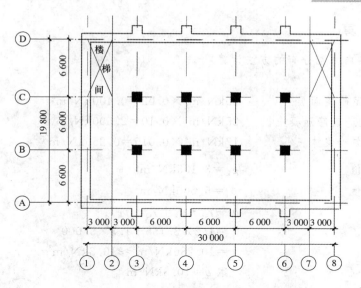

图 2-15　仓库建筑平面图

梁为 6～12m，次梁为 4～6m，单向板为 1.7～3m，由此确定主梁跨度为 6.6m，次梁跨度为 6m，板的跨度为 2.2m。楼梯间上设一小梁，跨度为 2.2m。

根据构造要求，初定截面尺寸如下。

板厚：按 $h>\dfrac{l}{40}$，$l=2\,000$，且 $h\geqslant80$，取 $h=100$mm；

次梁：梁面按 $h>\dfrac{l}{18}\sim\dfrac{l}{25}$ 估算并考虑建筑模数，取梁高 $h=450$mm，梁宽按 $b=\dfrac{h}{3}\sim\dfrac{h}{2}$ 估算，取 $b=200$mm；

主梁：梁高按 $h=\dfrac{l}{8}\sim\dfrac{l}{14}$ 估算，取 $h=700$mm，梁宽取 $b=300$mm。

柱截面为 400mm×400mm。

楼盖的梁板结构平面布置及构件尺寸如图 2-16 所示。

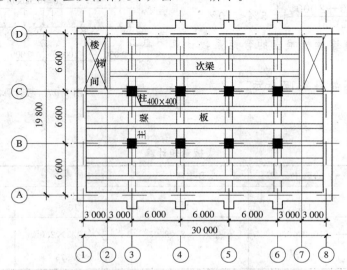

图 2-16　梁板结构平面布置及构件尺寸图

2.3.4 板的计算

（按考虑塑性内力重分布的方法计算）

1. 荷载计算

20mm 厚水泥砂浆面层	$20\text{kN/m}^3 \times 0.02 = 0.400\text{kN/m}^2$
100mm 厚现浇钢筋混凝土板	$25\text{kN/m}^3 \times 0.10 = 2.500\text{kN/m}^2$
15mm 厚石灰砂浆抹底	$17\text{kN/m}^3 \times 0.015 = 0.255\text{kN/m}^2$
恒荷载标准值	$g_k = 3.155\text{kN/m}^2$
活荷载标准值	$p_k = 5.000\text{kN/m}^2$

荷载设计值

$$q = \gamma_G \cdot g_k + \gamma_Q \cdot p_k$$
$$= 1.2 \times 3.155 + 1.3 \times 5.000$$
$$= 10.286\text{kN/m}^2 \approx 10.3\text{kN/m}^2$$

每米板宽　　　　　　　取 $q = 10.3\text{kN/m}$

2. 计算简图

取 1m 板宽作为计算单元,将 9 跨连续板视为 5 跨连续板计算,次梁截面尺寸 $b \times h = 200\text{mm} \times 450\text{mm}$,板厚为 100mm。

板的计算跨度为

边跨　　　　　$l_1 = l_0 + \dfrac{h}{2} = 2200 - 100 - 120 + \dfrac{100}{2} = 2030\text{mm}$

或　　　　　　$l_1 = l_0 + \dfrac{a}{2} = 220 - 100 - 120 + \dfrac{120}{2} = 2040\text{mm}$

取小值　　　　　$l_1 = 2030\text{mm}$

中间跨　$l_2 = l_0 = 2200 - 200 = 2000\text{mm}$

平均跨度为　$l = \dfrac{2030 + 2000}{2} = 2015\text{mm}$

跨度差　$\dfrac{2030 - 2000}{2000} = 1.5\% < 10\%$

可以采用等跨连续板推出的弯矩系数计算板的弯矩。

板的计算简图如图 2-17 所示。

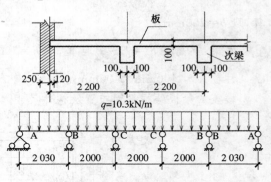

图 2-17　板计算简图

3. 内力计算

板的内力计算见表 2-9。

表 2-9　　　　　　　　　　　　板弯矩计算

截面	边跨中	B 支座	中间跨中	中间支座
弯矩系数 α	$\dfrac{1}{11}$	$-\dfrac{1}{11}$	$\dfrac{1}{16}$	$-\dfrac{1}{14}$
$M = \alpha q l^2$ (kN·m)	$\dfrac{1}{11} \times 10.3 \times 2.03^2$ $= 3.858$	$-\dfrac{1}{11} \times 10.3 \times 2.03^2$ $= -3.858$	$\dfrac{1}{16} \times 10.3 \times 2.0^2$ $= 2.575$	$-\dfrac{1}{14} \times 10.3 \times 2.0^2$ $= -2.943$

4. 正截面强度计算

取 $b=1000\text{mm}$，$h_0=100-20=80\text{mm}$，$f_c=11.9\text{N/mm}^2$，$f_y=360\text{N/mm}^2$。

考虑中间区格板的穹顶作用，其弯矩折减 20%。这是因为板的支座截面在负弯矩作用下上边缘开裂，跨中截面则由于正弯矩作用下边缘开裂，这使板的实际轴线成为拱形。因而在荷载作用下将产生平面内的推力，该推力对板的承载力来说是有利的。为计算简便，在内力计算时，对中间支座及四周与梁整体连接板的中间跨的跨中截面的弯矩值乘以 0.8 的折减系数以考虑此有利影响。对四周与梁整体连接的单向板的边跨跨中截面及支座截面，角区格和边区格的跨中及支座截面弯矩不予折减。

正截面强度计算见表 2-10。

表 2-10   正截面强度计算

截面 在平面图上的位置	边跨中	B 支座	中间跨中		中间支座	
			①～② ⑤～⑥	②～⑤	①～② ⑤～⑥	②～⑤
$M/(\text{kN}\cdot\text{m})$	3.858	-3.858	2.575	2.575×0.8	-2.943	-2.943×0.8
$\alpha_s=\dfrac{M}{\alpha_1 f_c b h_0^2}$	0.051	0.051	0.034	0.027	0.039	0.031
$\gamma_s=\dfrac{1+\sqrt{1-2\alpha_s}}{2}$	0.974	0.974	0.983	0.986	0.980	0.984
$A_s=\dfrac{M}{f_y\gamma_s h_0}$	137.5	137.5	91	72.5	104.2	83.1
选用钢筋	⌀8@200	⌀8@200	⌀8@200	⌀8@200	⌀8@200	⌀8@200
实际配筋 面积/mm²	251	251	251	251	251	251

5. 板的构造配筋

板的构造筋按构造要求配。

板的配筋图见图 2-18。

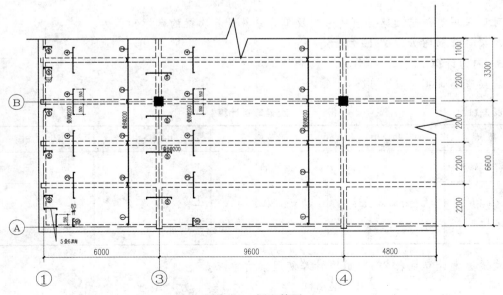

图 2-18 板配筋图

2.3.5 次梁的计算

（按考虑塑性内力重分布的方法计算）

1. 荷载计算

由板传来的恒载	$3.155\text{kN/m}^2 \times 2.2\text{m} = 6.941\text{kN/m}$
次梁自重	$25\text{kN/m}^3 \times 0.2\text{m} \times (0.45-0.1)\text{m} = 1.75\text{kN/m}$
<u>次梁粉刷抹灰（两侧）</u>	$17\text{kN/m}^3 \times 0.015\text{m} \times (0.45-0.1)\text{m} \times 2 = 0.1785\text{kN/m}$
恒荷载标准值	$q_k = 8.8696\text{kN/m}$
活荷载标准值	$p_k = 5 \times 2.2 = 11.000\text{kN/m}$
荷载设计值	$q = 1.2 \times 8.8695 + 1.3 \times 11.000 = 24.94\text{kN/m}$

2. 计算简图

次梁为五跨连续梁，主梁截面尺寸为 $b \times h = 300\text{mm} \times 700\text{mm}$。

计算跨度：

边跨　$l_1 = l_0 + \dfrac{a}{2}$

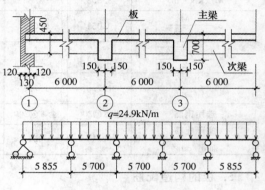

$$= 6000 - 150 - 120 + \frac{250}{2} = 5855\text{mm}$$

$1.025l_0 = 1.025 \times (6000 - 150 - 120)$

$$= 5873.25\text{mm} > l_0$$

取　　　$l_1 = 5855\text{mm}$

中间跨　$l_2 = l_0 = 6000 - 300 = 5700\text{mm}$

跨度差　$\dfrac{5855 - 5700}{5700} = 2.7\% < 10\%$

图 2-19　次梁计算简图

可以采用等跨连续梁推出的弯矩及剪力系数计算次梁的弯矩和剪力。

次梁计算简图如图 2-19 所示。

3. 内力计算

次梁弯矩计算见表 2-11。

表 2-11　　　　　　　　　　　　次梁弯矩计算

截面	边跨中	B支座	中间跨中	中间支座
弯矩系数 α	$\dfrac{1}{11}$	$-\dfrac{1}{11}$	$\dfrac{1}{16}$	$-\dfrac{1}{14}$
$M = \alpha q l^2$ /(kN·m)	$\dfrac{1}{11} \times 24.94 \times 5.855^2$ $= 77.72$	$-\dfrac{1}{11} \times 24.74 \times 5.855^2$ $= -77.72$	$\dfrac{1}{16} \times 24.94 \times 5.7^2$ $= 50.64$	$-\dfrac{1}{14} \times 24.94 \times 5.7^2$ $= -57.88$

次梁剪力计算见表 2-12（剪力计算使用梁的净跨 l_0）。

表 2-12　　　　　　　　　　　　　次梁剪力计算

截面	A 支座	B 支座左	B 支座右	C 支座
弯矩系数 β	0.4	-0.6	0.5	-0.5
$V=\beta q l_0$ /kN	$0.4\times24.94\times5.73$ $=57.16$	$-0.6\times24.94\times5.73$ $=-85.74$	$0.5\times24.94\times5.7$ $=71.08$	$-0.5\times24.94\times5.7$ $=-71.08$

4. 正截面强度计算

(1) 确定翼缘宽度。次梁工作时,板可作为翼缘参与工作。在跨中截面,翼缘受压,可按 T 形梁计算,翼缘的计算宽度取下列值中的小值。

因 $h'_f/h_0=100/415=0.24>0.1$,所以仅按计算跨度 l 和梁(肋)净距 S_n 考虑。

边跨:按计算跨度考虑　　　　$b'_f=\dfrac{1}{3}l=\dfrac{1}{3}\times5.855=1.95$m

　　　按梁(肋)净距考虑　　$b'_f=b+S_n=200+(2200-120-100)=2.18$m

取　$b'_f=1950$mm。

中间跨:按计算跨度考虑　　　$b'_f=\dfrac{1}{3}l=\dfrac{1}{3}\times5.7=1.9$m

　　　按梁(肋)净距考虑　　$b'_f=b+S_n=200+200=2.2$m

取　$b'_f=1900$mm。

支座截面翼缘受拉,仍按矩形梁计算。

(2) 判断次梁的截面类型。

$$\alpha_1 f_c b'_f h'_f\left(h_0-\frac{h'_f}{2}\right)=11.9\times1950\times100\times\left(415-\frac{100}{2}\right)$$

$$=847\text{kN}\cdot\text{m}>77.72\text{kN}\cdot\text{m}(边跨中)$$

$$>50.64\text{kN}\cdot\text{m}(中间跨中)$$

属第一类 T 形截面,按梁宽为 b'_f 的矩形截面计算。

(3) 次梁正截面强度计算。次梁正截面强度计算见表 2-13。

5. 斜截面强度计算

次梁斜截面强度计算见表 2-14。

表 2-13　　　　　　　　　　　　　次梁正截面强度计算

截面	边跨中	B 支座	中间跨中	中间支座
$M/(\text{kN}\cdot\text{m})$	77.72	-77.72	50.64	-57.88
b'_f 或 b(mm)	1950	200	1900	200
$\alpha_s=\dfrac{M}{\alpha_1 f_c b h_0^2}$	0.019	0.190	0.013	0.141
$\gamma_s=\dfrac{1+\sqrt{1-2\alpha_s}}{2}$	0.981	0.810	0.987	0.859
$A_s=\dfrac{M}{f_y\gamma_s h_0}$	530.3	642.2	343.4	415
选用钢筋	2 ⌀ 18(直) 1 ⌀ 18(弯)	2 ⌀ 18(直) 1 ⌀ 18(弯)	2 ⌀ 12(直) 1 ⌀ 18(弯)	2 ⌀ 18(直) 1 ⌀ 18(弯)
实际配筋 面积/mm²	763.4	763.4	427.1	763.4

表 2-14 次梁斜截面强度计算

截面	A 支座	B 支座左	B 支座右	C 支座
V/kN	57.16	-85.74	71.08	-71.08
$0.25\beta_c f_c bh_0/\mathrm{kN}$	$0.25\times11.9\times200\times415=246.9\mathrm{kN}>V$ 满足要求			
$0.7f_t bh_0/\mathrm{kN}$	$73.8>V$ 不要计算配筋	$73.8<V$ 需要计算配筋	$73.8>V$ 不需要计算配筋	$73.8>V$ 不需要计算配筋
箍筋直径和肢数	双肢箍 2 Φ 6			
$s\leqslant\dfrac{f_y\cdot A_{sv}\cdot h_0}{V-0.7f_t bh_0}$	按构造最小配筋	891.5	按构造最小配筋	按构造最小配筋
实际间距/mm	150	150	150	150

6. 次梁构造

次梁的构造应满足：①次梁的构造应符合受弯构件的所有构造要求；②次梁伸入墙内的长度不小于240mm；③当截面尺寸满足高跨比$\left(\dfrac{1}{18}\sim\dfrac{1}{12}\right)$和高宽比$\left(\dfrac{1}{3}\sim\dfrac{1}{2}\right)$要求时，一般可以不做使用阶段的挠度和裂缝宽度验算。次梁配筋图见图 2-20 所示。

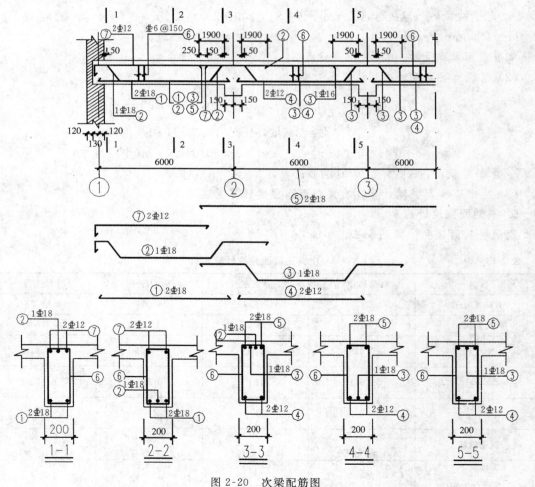

图 2-20 次梁配筋图

2.3.6　主梁的计算(按弹性理论计算)

考虑塑性内力重分布的构件在使用荷载作用下变形较大,应力较高,裂缝较宽。因为主梁是楼盖的重要构件,要求有较大的强度储备,且不宜有较大的挠度,因此不使用考虑塑性内力重分布的方法,采用弹性方法分析内力。

1. 荷载计算

主梁自重为均布荷载,但此荷载值与次梁传来的集中荷载值相比很小。为计算方便,采取就近集中的方法,把集中荷载作用点两边的主梁自重集中到集中荷载作用点,将主梁视为承受集中荷载的梁来计算。

由次梁传来的恒载　$8.8695kN/m×6m=53.217kN$

主梁自重　$25kN/m^3×0.3m×(0.7-0.1)m×2.2m=9.9kN$

主梁粉刷抹灰　$17kN/m^3×0.015m×(0.7-0.1)m×2.2m×2=0.6732kN$

恒荷载标准值　$G_k=63.7902kN$

活荷载标准值　$P_k=11.000kN/m×6m=66kN$

恒荷载设计值　$G=1.2×63.7902=76.548kN$

活荷载设计值　$P=1.3×66=85.8kN$

2. 计算简图

主梁为三跨连续梁,柱截面尺寸为 $b×h=300mm×300mm$。

计算跨度:

边跨　　$l_1=l_0+\dfrac{a}{2}+\dfrac{b}{2}=6\,600-150-120+\dfrac{250}{2}+\dfrac{300}{2}=6\,605mm$

$l_1=1.025l_0+\dfrac{b}{2}=(6\,600-150-120)×1.025+\dfrac{300}{2}=6\,638mm$

取　　　$l_1=6\,605mm$。

中跨　$l_2=l_0+b$

$=6\,600-300+300=6\,600mm$

平均跨度　$\dfrac{6\,605+6\,600}{2}≈6\,603mm$

跨度差　$\dfrac{6\,605-6\,600}{6\,600}=0.076\%$

$<10\%$

可按等跨连续梁计算,计算简图见图 2-21 所示。

3. 内力计算

(1) 弯矩计算。

由弯矩及剪力系数计算主梁弯矩及剪

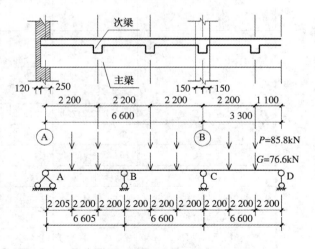

图 2-21　主梁计算简图

力。等截面等跨连续梁在常用荷载作用下的内力系数可以参见相关章节。

$$M=k_1Gl+k_2Pl$$

边跨　　　　　　$Gl=76.548×6.605=505.6kN·m$

$$Pl = 85.8 \times 6.605 = 566.7 \text{kN} \cdot \text{m}$$

中跨 $Gl = 76.548 \times 6.6 = 505.22 \text{kN} \cdot \text{m}$

$$Pl = 85.8 \times 6.6 = 566.28 \text{kN} \cdot \text{m}$$

平均跨 $Gl = 76.548 \times 6.603 = 505.4 \text{kN} \cdot \text{m}$

$$Pl = 85.8 \times 6.603 = 566.6 \text{kN} \cdot \text{m}$$

主梁弯矩计算见表 2-15。

表 2-15   主梁弯矩计算   单位:kN · m

项次	荷载简图	$\dfrac{k}{M_1}$	$\dfrac{k}{M_a}$	$\dfrac{k}{M_B}$	$\dfrac{k}{M_2}$	$\dfrac{k}{M_b}$	$\dfrac{k}{M_c}$	弯矩图
① 恒载		$\dfrac{0.244}{123.4}$	$\dfrac{''}{78.6}$	$\dfrac{-0.267}{-134.9}$	$\dfrac{0.067}{33.8}$	$\dfrac{0.067}{33.8}$	$\dfrac{-0.267}{-134.9}$	
② 活载		$\dfrac{0.289}{163.8}$	$\dfrac{''}{138.5}$	$\dfrac{-0.133}{-75.3}$	$\dfrac{''}{-75.3}$	$\dfrac{''}{-75.3}$	$\dfrac{-0.133}{-75.3}$	
③ 活载		$\dfrac{''}{-25.1}$	$\dfrac{''}{-50.2}$	$\dfrac{-0.133}{-75.3}$	$\dfrac{0.200}{113.3}$	$\dfrac{0.200}{113.3}$	$\dfrac{-0.133}{-75.3}$	
④ 活载		$\dfrac{0.229}{129.8}$	$\dfrac{''}{71.4}$	$\dfrac{-0.311}{-176.2}$	$\dfrac{''}{54.4}$	$\dfrac{0.170}{96.3}$	$\dfrac{-0.080}{-50.4}$	
⑤ 活载		$\dfrac{''}{-16.8}$	$\dfrac{''}{-33.6}$	$\dfrac{-0.809}{-50.4}$	$\dfrac{0.170}{96.3}$	$\dfrac{''}{-54.5}$	$\dfrac{-0.311}{-176.2}$	
内力组合 ①+②		287.2	217.1	−210.2	−41.5	−41.5	−210.2	备 注
内力组合 ①+③		98.2	28.4	−210.2	147.1	147.1	−210.2	
内力组合 ②+④		253.2	150.0	−311.1	88.2	130.1	−185.3	
内力组合 ①+⑤		106.6	45.0	−185.3	130.1	88.3	−311.1	1. "•" 者按梁跨平均值计算。
最不利组合 $M_{\min}$组合项次		①+③	①+③	①+④	①+②	①+②	①+⑤	
最不利组合 $M_{\min}$组合值		98.2	28.4	−311.1	−41.5	−41.5	−311.1	2. " ′′ " 者表示该点弯矩按比例求出。
最不利组合 $M_{\max}$组合项次		①+②	①+②	①+⑤	①+③	①+③	①+④	
最不利组合 $M_{\max}$组合值		287.2	217.1	−185.3	147.1	147.1	−185.3	

(2) 剪力计算。

$$V = k_3 G + k_4 P$$

剪力计算见表 2-16。

表 2-16　　　　　　　　　主梁剪力计算

项次	荷载简图	$\dfrac{k}{V_A}$	$\dfrac{k}{V_{B,左}}$	$\dfrac{k}{V_{B,右}}$	剪力图
①恒载		$\dfrac{0.773}{59.2}$	$\dfrac{-1.267}{-97.0}$	$\dfrac{1.000}{76.5}$	
②活载		$\dfrac{0.866}{74.3}$	$\dfrac{-1.134}{-97.3}$	$\dfrac{0}{0}$	
③活载		$\dfrac{-0.133}{11.4}$	$\dfrac{-0.133}{-11.4}$	$\dfrac{1.000}{85.8}$	
④活载		$\dfrac{0.689}{59.1}$	$\dfrac{-1.311}{-112.5}$	$\dfrac{1.222}{104.8}$	
⑤活载		$\dfrac{-0.089}{-7.6}$	$\dfrac{-0.089}{-7.6}$	$\dfrac{0.778}{66.8}$	
⑥	V_{min}组合项次	①+③	①+④	①+⑤	
⑦	V_{min}组合值(kN)	47.8	-209.5	143.3	备注: 跨中剪力由静力 平衡条件求得
⑧	V_{max}组合项次	①+②	①+⑤	①+④	
⑨	V_{max}组合值(kN)	133.5	-104.6	181.3	

主弯矩包络图见图 2-22，剪力包络图见图 2-23。

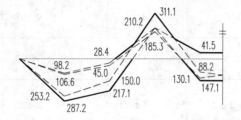
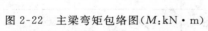

图 2-22　主梁弯矩包络图(M:kN·m)

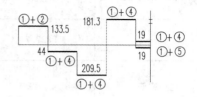

图 2-23　主梁剪力包络图(V:kN)

4. 正截面强度计算

(1) 确定翼缘宽度。主梁跨中按 T 形梁截面计算，翼缘宽度取下列值中的小者。因 $h'_f/h_0=100/640=0.156>0.1$，所以仅按计算跨度 l 和梁(肋)净距 S_n 考虑。

边跨：按计算跨度考虑 $\qquad b'_f=\dfrac{1}{3}l=\dfrac{1}{3}\times 6\,605=2\,201.7\mathrm{mm}$

按梁（肋）净距考虑 $\qquad b'_f=b+S_n=300+5\,730=6\,030\mathrm{mm}$

取 $b'_f=2\,201.7\mathrm{mm}$。

中间跨 按计算跨度考虑 $\qquad b'_f=\dfrac{1}{3}l=\dfrac{1}{3}\times 6\,600=2\,200\mathrm{mm}$

按梁（肋）净距考虑 $\qquad b'_f=b+S_n=6\,000\mathrm{mm}$

取 $b'_f=2\,200\mathrm{mm}$。支座截面翼缘受拉，仍按矩形梁计算。

（2）判断主梁的截面类型。

$$\alpha_1 f_c b'_f h'_f\left(h_0-\frac{h'_f}{2}\right)=11.9\times 2201.7\times 100\times\left(640-\frac{100}{2}\right)$$

$$=1545.8\mathrm{kN\cdot m}>289.8\mathrm{kN\cdot m}（边跨中最大弯矩）$$

$$>147.1\mathrm{kN\cdot m}（中间跨中最大弯矩）$$

属第一类 T 形截面，按梁宽为 b'_f 的矩形截面计算。

（3）正截面强度计算。因支座弯矩较大，考虑布置两排纵筋，次梁纵筋在上面，取 $h_0=700-90=610\mathrm{mm}$。主梁正截面强度计算见表 2-17。

表 2-17　　　　　　　　　　　主梁正截面强度计算

截面	边跨中	中间支座	中间跨中	
$M/(\mathrm{kN\cdot m})$	287.2	−311.1	147.1	−41.5
$V\cdot\dfrac{b_z}{2}/(\mathrm{kN\cdot m})$	—	$181.3\times\dfrac{0.3}{2}=27.2$	—	—
$M-V\cdot\dfrac{b_z}{2}/(\mathrm{kN\cdot m})$	287.2	−283.9	147.1	−41.5
$\alpha_s=\dfrac{M}{f_{cm}bh_0^2}$	0.029	0.214	0.015	0.004
$\gamma_s=\dfrac{1+\sqrt{1-2\alpha_s}}{2}$	0.985	0.878	0.992	0.997
$A_s=\dfrac{M}{f_y\gamma_s h_0}$	1327.7	1472.4	675.3	189.5
选用钢筋	4 ⌀ 22	3 ⌀ 22+2 ⌀ 16	2 ⌀ 22	2 ⌀ 16
实际配筋 面积/mm²	1520	1542	760	402

5. 斜截面强度计算

斜截面强度计算见表 2-18。

表 2-18　　　　　　　　　　　　　　　主梁斜截面强度计算

截面	边支座	B 支座左	B 支座右
V/kN	133.5	209.5	181.3
$0.25\beta_c f_c bh_0/\text{kN}$	\multicolumn{3}{c}{$0.25\times1\times11.9\times300\times610=544.4\text{kN}>V_A$ 及 $V_{B左、右}$ 满足}
$0.7f_t bh_0/\text{kN}$	\multicolumn{3}{c}{$0.7\times1.27\times300\times610=162.7\text{kN}<V_{B左、右}$ 计算配箍}
箍筋直径、间距、肢数	\multicolumn{3}{c}{$\Phi 8@200$，$n=2$}
$V_{cs}=0.7f_t bh_0+f_{yv}\cdot\dfrac{A_{sv1}}{s}\cdot h_0$	\multicolumn{3}{c}{$162.7+\dfrac{360\times2\times50.3\times610}{200\times10^3}=273.16\text{kN}$}
$A_{sb}=\dfrac{V-V_{cs}}{0.8f_y\sin\alpha}$	<0	<0	<0
弯起钢筋	0	0	0
实配面积	0	0	0

6. 主梁构造

主梁构造应满足：①主梁的构造应符合受弯构件的所有构造要求,主梁受力钢筋的弯起和切断应由主梁的抵抗弯矩图确定；②为防止次梁作用处主梁受集中力冲击破坏,应在次梁下设吊筋；③主梁中纵筋的锚固由构造决定。

7. 主梁吊筋计算

由次梁传给主梁的集中荷载为

$$F=53.27\times1.2+66\times1.3=149.7\text{kN}$$

次梁传给主梁的集中荷载 G_k 中应扣除主梁自重。

$$A_s\geqslant\frac{F}{2f_y\sin45°}=\frac{149\,700}{2\times360\times0.707}=294\text{mm}^2$$

选 $2\Phi14(308\text{mm}^2)$。

8. 主梁抵抗弯矩图及配筋图

根据计算结果和构造要求绘出主梁的抵抗弯矩图及配筋图如图 2-24 所示。

2.3.7　楼梯设计

1. 踏步板的计算

假定踏步板的底板厚 $\delta=40\text{mm}$。

(1) 荷载计算。

恒荷载：三角形踏步板自重　　$0.5\times0.28\times0.175\times25=0.6125\text{kN/m}$

　　　　40mm 厚踏步板自重　　$0.04\times\sqrt{0.28^2+0.175^2}\times25=0.330\text{kN/m}$

　　　　20mm 厚踏步板抹面　　$0.02\times(0.28+0.175)\times20=0.182\text{kN/m}$

　　　　板底抹灰　　$0.015\times\sqrt{0.28^2+0.175^2}\times17=0.084\text{kN/m}$

恒荷载标准值　　$g_k=1.2087\text{kN/m}$

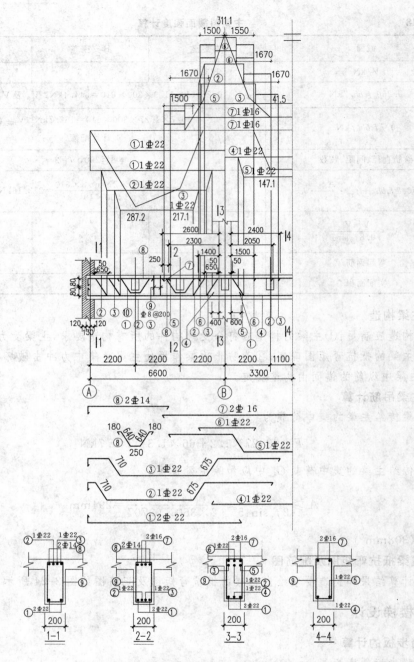

图 2-24 主梁抵抗弯矩图及配筋图

恒荷载设计值 $g_d = 1.2 \times 1.2087 = 1.45 \text{kN/m}$

活荷载设计值 $q_d = 1.4 \times 0.28 \times 3 = 1.176 \text{kN/m}$

总荷载 $q_d' = q_d + g_d = 2.626 \text{kN/m}$

化为垂直于斜板方向的荷载：$q_d'' = q_d' \cos\alpha = 2.626 \times \cos 32° = 2.227 \text{kN/m}$

（2）内力计算。

计算跨度 $l_0 = l_n + b = (1400 - 120 - 2 \times 200) + 200 = 1080 \text{mm}$

$$l_0 = 1.05 l_n = 1.05 \times 880 = 924 \text{mm}$$

取较小者 $l_0 = 0.924 \text{m}$

跨中弯矩 $M = \frac{1}{8} q''_d l_0^2 = \frac{1}{8} \times 2.227 \times 0.924^2 = 0.238 \text{kN} \cdot \text{m}$

（3）截面配筋计算。

踏步截面的平均高度为

$$h_1 = \frac{h}{2} + \frac{\delta}{\cos\alpha} = \frac{175}{2} + \frac{40}{\cos 32°} = 135 \text{mm}$$

$$h_0 = h_1 - 20 = 115 \text{mm}$$

混凝土用 C25，$f_c = 11.9 \text{N/mm}^2$，钢筋采用 HRB400，$f_y = 360 \text{N/mm}^2$，$b = \sqrt{280^2 + 175^2} = 330 \text{mm}$。

$$\alpha_s = \frac{M}{\alpha_1 f_c b h_0^2} = \frac{0.238 \times 10^6}{11.9 \times 330 \times 115^2} = 0.004\,6$$

$$\gamma_s = \frac{1 + \sqrt{1 - 2\alpha_s}}{2} = \frac{1 + \sqrt{1 - 2 \times 0.004\,6}}{2} = 0.995\,4$$

$$A_s = \frac{M}{f_y \gamma_s h_0} = \frac{0.238 \times 10^6}{360 \times 0.995\,4 \times 115} = 5.78 \text{mm}^2$$

按最小配筋率： $A_s = \rho_{\min} b h = 0.0015 \times 330 \times 135 = 67 \text{mm}^2$

每级踏步采用 3 Φ 6（$A_s = 85 \text{mm}^2$），分布钢筋选用 Φ 6@300。

2. 楼梯斜梁的计算

（1）荷载计算（化为沿水平方向分布）。

由踏步板传来的荷载 $\frac{2.626}{0.28} \times \frac{1400 - 120}{2} \times 10^{-3} = 6.00 \text{kN/m}$

梁自重 $1.2 \times 0.2 \times (0.3 - 0.04) \times 25 \times \frac{1}{\cos 32°} = 1.84 \text{kN/m}$

抹灰自重 $2 \times 0.015 \times (0.3 - 0.04) \times 17 \times \frac{1}{\cos 32°} \times 1.2 = 0.186 \text{kN/m}$

沿水平方向荷载总计： $q = 8.026 \text{kN/m}$

（2）内力计算。

计算跨度 $l_0 = l_n + b = 3.36 + 0.2 = 3.56 \text{m}$

$$l_0 = 1.05 l_n = 1.05 \times 3.36 = 3.528 \text{m}$$

取较小者 $l_0 = 3.528 \text{m}$。

跨中弯矩 $M = \frac{1}{8} q l_0^2 = \frac{1}{8} \times 8.026 \times 3.528^2 = 12.49 \text{kN} \cdot \text{m}$

$$V_{\text{斜}} = \frac{1}{2} q l \cos\alpha = \frac{1}{2} \times 8.026 \times 3.528 \times \cos 32° = 12.00 \text{kN}$$

（3）配筋计算（按倒 L 形截面计算）。

翼缘宽度

$$b_\mathrm{f}' = \frac{l_{\text{斜}}}{6} = \frac{3.528 \times 10^3}{6 \times \cos 32°} = 693\mathrm{mm}$$

$$b_\mathrm{f}' = b + \frac{1}{2}S_0 = 200 + \frac{1}{2} \times 980 = 690\mathrm{mm}$$

取小者 $b_\mathrm{f}' = 690\mathrm{mm}$。

$$f_\mathrm{c} = 11.9\mathrm{N/mm^2}, \quad f_\mathrm{y} = 360\mathrm{N/mm^2}$$

$$h_0 = h - 35 = 300 - 35 = 265\mathrm{mm}$$

$$\alpha_1 f_\mathrm{c} b_\mathrm{f}' h_\mathrm{f}' \left(h_0 - \frac{h_\mathrm{f}'}{2}\right) = 11.9 \times 690 \times 40 \times \left(265 - \frac{40}{2}\right) = 80.47\mathrm{kN \cdot m} > 12.49\mathrm{kN \cdot m}$$

故属于第一类 L 形截面,即受压区在翼缘内。

$$\alpha_\mathrm{s} = \frac{M}{\alpha_1 f_\mathrm{c} b_\mathrm{f}' h_0^2} = \frac{12.49 \times 10^6}{11.9 \times 690 \times 265^2} = 0.022$$

$$\gamma_\mathrm{s} = \frac{1 + \sqrt{1 - 2\alpha_\mathrm{s}}}{2} = \frac{1 + \sqrt{1 - 2 \times 0.022}}{2} = 0.978$$

$$A_\mathrm{s} = \frac{M}{f_\mathrm{y} \gamma_\mathrm{s} h_0} = \frac{12.49 \times 10^6}{360 \times 0.978 \times 265} = 133.9\mathrm{mm^2}$$

选用 2 ⌀ 12($A_\mathrm{s} = 226\mathrm{mm^2}$)。

斜截面承载力计算:

$$0.7 f_\mathrm{t} b h_0 = 0.7 \times 1.27 \times 200 \times 265 = 47.12\mathrm{kN} > 11.18\mathrm{kN}$$

故可按构造配置箍筋,选配 ⌀ 6 @250。

3. 平台板的计算

(1) 荷载计算(取 1m 宽板带计算)。

板厚 $h = \frac{l}{35}$,取 $h = \frac{1500}{35} = 43\mathrm{mm}$,按构造取 $h = 80\mathrm{mm}$。

恒荷载 平台板自重: $\quad 0.08 \times 25 = 2\mathrm{kN/m}$

20mm 板面抹灰: $\quad 0.02 \times 20 = 0.4\mathrm{kN/m}$

板底抹灰自重: $\quad 0.015 \times 17 = 0.255\mathrm{kN/m}$

恒荷载标准值 $\quad g_\mathrm{k} = 2.655\mathrm{kN/m}$

恒荷载设计值 $\quad g_\mathrm{d} = 1.2 \times 2.655 = 3.186\mathrm{kN/m}$

活荷载设计值 $\quad q_\mathrm{d} = 1.4 \times 3 \times 1 = 4.2\mathrm{kN/m}$

总荷载设计值 $\quad q_\mathrm{d}' = g_\mathrm{d} + q_\mathrm{d} = 3.186 + 4.2 = 7.386\mathrm{kN/m}$

(2) 内力计算。

计算跨度 $l_0 = l_\mathrm{n} + \frac{h}{2} = (1500 - 120 - 200) + \frac{80}{2} = 1220\mathrm{mm}$

跨中弯矩 $M = \frac{1}{8} q l_0^2 = \frac{1}{8} \times 7.386 \times 1.22^2 = 1.374\mathrm{kN \cdot m}$

4. 配筋计算

$$\alpha_s = \frac{M}{\alpha_1 f_c b h_0^2} = \frac{1.374 \times 10^6}{11.9 \times 1000 \times 60^2} = 0.032$$

$$\gamma_s = \frac{1 + \sqrt{1 - 2\alpha_s}}{2} = \frac{1 + \sqrt{1 - 2 \times 0.032}}{2} = 0.968$$

$$A_s = \frac{M}{f_y \gamma_s h_0} = \frac{1.374 \times 10^6}{360 \times 0.968 \times 60} = 65.7 \text{mm}^2$$

选用 $\Phi 6@200$（$A_s = 141 \text{mm}^2$）。

5. 平台梁计算

确定平台梁的截面尺寸如下：

$$\left.\begin{array}{l} l_0 = l_n + a = 2.76 + 0.24 = 3.00\text{m} \\ l_0 = 1.05 l_n = 1.05 \times 2.76 = 2.90\text{m} \end{array}\right\} \text{ 取 } l_0 = 2.90\text{m}$$

$$\left.\begin{array}{l} h \geqslant \dfrac{l_0}{12} = \dfrac{2.90}{12} = 242\text{mm} \\ h \geqslant 150 + 135 = 285\text{mm} \end{array}\right\} \text{ 取 } h = 400\text{mm}$$

$$b \times h = 200\text{mm} \times 400\text{mm}$$

（1）荷载计算。

由平台板传来的均布荷载　$6.786 \times \dfrac{1.5}{2} = 5.09\text{kN/m}$

由斜梁传来的集中荷载　$8.026 \times \dfrac{3.528}{2} = 14.16\text{kN/m}$

梁自重　　　　　$1.2 \times 0.2 \times (0.35 - 0.06) \times 25 = 1.74\text{kN/m}$

梁侧面抹灰　　　$1.2 \times 0.02 \times (0.35 - 0.06) \times 17 \times 2 = 0.237\text{kN/m}$

荷载设计值　　　$g + q = 7.067\text{kN/m}$，$Q + G = 14.16\text{kN}$

（2）内力计算。

计算跨度　　　$l_0 = 2.90\text{m}$

$$M_{max} = \frac{1}{8}(g+q)l_0^2 + (G+Q)l_0 - (G+Q)\left(\frac{200}{2} + \frac{200}{2}\right) - (G+Q)\left(1380 - \frac{200}{2}\right)$$

$$= 27.53\text{kN} \cdot \text{m}$$

$$V_{max} = \frac{1}{2}(g+q)l_0 + 2(G+Q) = \frac{1}{2} \times 7.067 + 2 \times 14.16 = 31.85\text{kN}$$

（3）配筋计算。

先计算纵向钢筋：

翼缘宽度　　　$b_f' = \dfrac{l_0}{6} = \dfrac{2.9 \times 10^3}{6} = 483\text{mm}$

$$b_f' = b + \frac{S_n}{2} = 200 + \frac{880}{2} = 640\text{mm}$$

取小者 $b_f'=483$mm。

$$\alpha_1 f_c b_f' h_f' \left(h_0 - \frac{h_f'}{2}\right) = 11.9 \times 483 \times 80 \times \left(315 - \frac{80}{2}\right) = 121.85\text{kN} \cdot \text{m} > 25.73\text{kN} \cdot \text{m}$$

故属于第一类 L 形截面,即受压区在翼缘内。

$$\alpha_s = \frac{M}{\alpha_1 f_c b_f' h_0^2} = \frac{27.53 \times 10^6}{11.9 \times 483 \times 315^2} = 0.048$$

$$\gamma_s = \frac{1 + \sqrt{1-2\alpha_s}}{2} = \frac{1 + \sqrt{1-2\times0.048}}{2} = 0.952$$

$$A_s = \frac{M}{f_y \gamma_s h_0} = \frac{27.53 \times 10^6}{360 \times 0.952 \times 315} = 255\text{mm}^2$$

选用 3 Φ 12($A_s=339$mm^2)。

再计算箍筋:

$$0.7 f_t b h_0 = 0.7 \times 1.27 \times 200 \times 315 = 56\text{kN} > V_{max} = 31.85\text{kN}$$

按构造配 Φ 6@200。

$$\rho_{sv} = \frac{n A_{sv}}{bs} = \frac{2 \times 28.3}{200 \times 200} = 0.142\% > \rho_{sv,min} = \frac{0.02 f_c}{f_y} = \frac{0.02 \times 11.9}{360} = 0.066\%$$

(4)各配筋图。详见图 2-26～图 2-30。

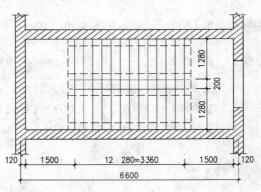

图 2-25 楼梯平面图

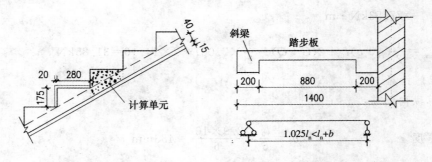

图 2-26 踏步板计算简图

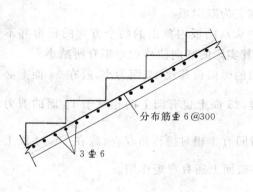

图 2-27　踏步板配筋

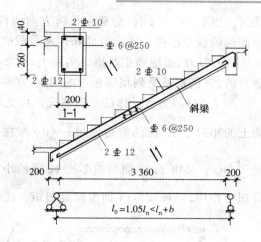

图 2-28　斜梁配筋及计算图

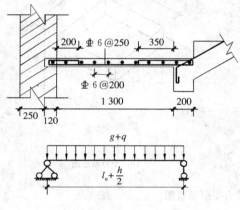

图 2-29　平台板

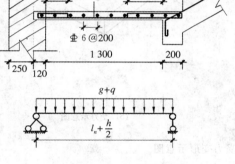

图 2-30　平台梁配筋及计算图

2.4　双向板楼盖

2.4.1　双向板的受力特点与试验结果

在理论上,凡纵横两个方向上的受力都不能忽略的板称为双向板。双向板的支承形式可以是四边支承(包括四边简支、四边固定、三边简支一边固定、两边简支两边固定和三边固定一边简支)、三边支承或两邻边支承;承受的荷载可以是均布荷载、局部荷载或三角形分布荷载;板的平面形状可以是矩形、圆形、三角形或其他形状。在楼盖设计中,常见的是均布荷载作用下四边支承的双向矩形板。在工程上,对于四边支承的矩形板,当其长、短跨计算跨度之比 $l_{02}/l_{01}<2$ (按弹性理论计算)或 $l_{02}/l_{01}<3$ (按塑性理论计算)时,称为双向板。

1. 双向板在弹性工作阶段的受力特点

(1) 沿两个方向弯曲和传递荷载。在单向板的定义中已经讲过,四边简支的板,当其长、短跨之比 $l_{02}/l_{01} \geqslant 2$ 时,作用在板上的 94% 以上的均布荷载沿短跨 l_{01} 方向传递,使板主要在短跨方向弯曲,荷载在长跨方向的传递及板在长跨方向的弯曲都比较小可忽略,故称单向板或梁式板。当 $l_{02}/l_{01}<2$ 时,荷载在长跨方向的传递及板在长跨方向的弯曲已比较大,不能略去,因此这种板是沿两个方向弯曲和传递荷载的,故称它为双向板。

（2）剪力、扭矩和主弯矩。实际上,图 2-31 中从双向板内截出的两个方向的板带并不是孤立的,它们都是受到相邻板带的约束,这将使得其实际的竖向位移和弯矩有所减小。

图 2-31(a)为微元体的变形情况。可见,34 面的竖向位移比 12 面为小,故在 34 面上必有向上的相对于 12 面的剪力增量 $\dfrac{\partial V_y}{\partial y}dy$ 存在;同理,23 面上也有向上的相对于 14 面的剪力增量 $\dfrac{\partial V_y}{\partial x}dx$。又由于 34 面的曲率比 12 面的小,二者间有 1 相对扭转角存在,故在 12,34 面上必有扭矩作用;同理,23,14 面上也有扭矩。此外,各截面上还有弯矩作用。

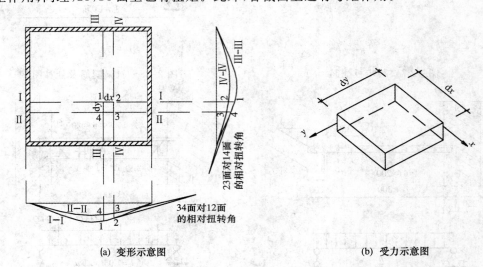

(a) 变形示意图 (b) 受力示意图

图 2-31 微元体的受力变形示意图

图 2-31(b)为微元体的受力图。由竖向力的平衡条件,得

$$\frac{\partial V_x}{\partial x}+\frac{\partial V_y}{\partial y}=q \tag{2-17}$$

由对 2—4 轴的力矩平衡条件,得

$$\left(M_x+\frac{\partial M_x}{\partial x}dx\right)dy-M_xdy+\left(M_{yx}+\frac{\partial M_{yx}}{\partial y}dy\right)dx-M_{yx}dx$$

$$+V_xdydx+V_ydx\frac{dx}{2}-\left(V_y+\frac{\partial V_y}{\partial y}dy\right)dx\frac{dx}{2}+qdxdy\frac{dx}{2}=0$$

化简后,得

$$V_x=-\frac{\partial M_x}{\partial y}-\frac{\partial M_{yx}}{\partial y} \tag{2-18}$$

同理,有

$$V_y=-\frac{\partial M_y}{\partial y}-\frac{\partial M_{xy}}{\partial x} \tag{2-19}$$

已知 $M_{xy}=M_{yx}$,将式(2-18)、式(2-19)代入式(2-17),则有

$$\frac{\partial^2 M_x}{\partial x^2}+2\frac{\partial^2 M_{xy}}{\partial x\partial y}+\frac{\partial^2 M_y}{\partial y^2}=-q \tag{2-20}$$

这就是薄板的微分方程式。

可见，扭矩的存在将减小按独立板带计算的弯矩值。与用弹性薄板理论所求得的弯矩值进行比较，也可将双向板的计算简化为按独立板带计算出的弯矩乘以小于 1 的修正系数来考虑扭矩的影响。

与材料力学中由正应力、剪应力确定主应力的大小和方向相似，由弯矩 M_x，M_y 及扭矩 $M_{xy}=M_{yx}$，即可确定主弯矩 M_I，M_{II} 及其方向：

$$\left.\begin{aligned}\frac{M_I}{M_{II}}&=\frac{M_x+M_y}{2}\pm\sqrt{\left(\frac{M_x-M_y}{2}\right)^2+M_{xy}^2}\\ \tan2\phi&=\frac{2M_{xy}}{M_x-M_y}\end{aligned}\right\} \tag{2-21}$$

式中 M_I，M_{II}——两个互相垂直的主弯矩；

ϕ——主弯矩作用平面与轴的夹角。

由于对称，板的对角线上没有扭矩，故对角线截面就是主弯曲平面。图 2-32 为均布荷载 q 作用下，四边简支方板对角线上主弯矩的变化图形以及板中心线上主弯矩 M_x，M_y 的变化图形（泊桑系数 $\nu=0$）。图中主弯矩 M_I 当用矢量表示时是和对角线相垂直的，且都是数值较大的正弯矩，双向板底沿 45° 方向开裂就是由这一弯矩引起的。主弯矩 M_{II} 是与对角线相平行的，并在角部为负值，数值也较大；M_{II} 将引起角部板产生垂直于对角线的裂缝。

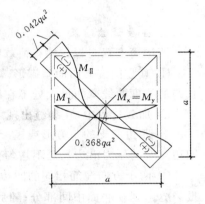

图 2-32 均布荷载下四边简支
方板的主弯矩变化

（3）板角上翘。从板角部切出的截离体可知（图 2-33(b)），如果角点 D 不予锚住，则 AB，AC 面上的剪力必定使板块绕 BC 线转动，使 D 点上翘（弯矩与扭矩的影响相互抵消，故对绕 BC 转动的影响不大）。事实上，角部一般是压住的，且有支承边 CD，BD 的存在，因此沿 AD 线产生负弯矩，这就进一步形象的说明了角部板面垂直于对角线开裂的原因。另外，与对角线相垂直的线，如 BC 等，则犹如单跨梁，跨中因正弯矩而开裂，此即角部板底沿对角线开裂的又一解释。

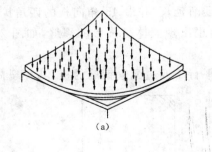

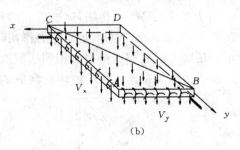

图 2-33 板角上翘的分析

从上述双向板的受力特点分析可知，在双向板中应配置如图 2-34 所示的钢筋：①在跨中板底配置平行于板边的双向钢筋以承担跨中正弯矩；②沿支座边配置板面负钢筋，以承担负弯矩；③为四边简支的单孔板时，在角部板面应配置对角线方向的斜钢筋，以承担主弯矩 M_{II}，在角部板底则配置垂直于对角线的斜钢筋以承担主弯矩 M_I。由于斜筋长短不一，施工不便，故常用平行于板边的钢筋所构成的钢筋网来代替。

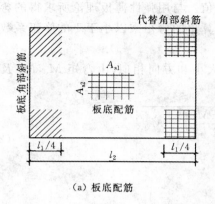

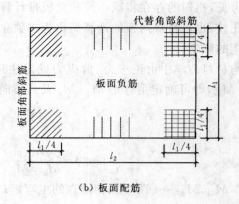

（a）板底配筋 　　　　　　　　　　　（b）板面配筋

图 2-34　双向板的配筋示意图

2. 主要试验结果

四边简支双向板在均布荷载作用下的试验研究表明：

① 其竖向位移曲面呈碟形。矩形双向板沿长跨最大正弯矩并不发生在跨中截面,因为沿长跨的挠度曲线弯曲最大处不在跨中而在离板边约 1/2 短跨长处。

② 加载过程中,在裂缝出现之前,双向板基本上处于弹性工作阶段。

③ 四边简支的正方形或矩形双向板,当荷载作用时,板的四角有翘起的趋势,因此板传给四边支座的压力沿边长是不均匀分布的,中部大、两端小,大致按正弦曲线分布。

④ 两个方向配筋相同的四边简支正方形板,由于跨中正弯矩 $M_{\mathrm{I}} = M_{\mathrm{II}}$ 的作用,板的第一批裂缝出现在底面中间部分;随后由于主弯矩 M_{I} 的作用,沿着对角线方向向四周发展,如图 2-35(a)所示。荷载不断增加,板底裂缝继续向四周扩展,直至因板的底部钢筋屈服而破坏。当接近破坏时,由于主弯矩 M_{II} 的作用,板顶面靠近四周附近,出现了垂直于对角线方向的、大体上呈圆形的裂缝。这些裂缝的出现,又促进了板底对角线方向裂缝的进一步扩展。

⑤ 在两个方向配筋相同的四边简支矩形板板底的第一批裂缝,出现在板的中部,平行于长边方向,这是由于短跨跨中的正弯矩 M_{I} 大于长跨跨中的正弯矩 M_{II} 所致。随着荷载进一步加大,由于主弯矩 M_{I} 的作用,这些板底的跨中裂缝逐渐延长,并沿 45°角向板的四角扩展,如图 2-35(b)所示。由于主弯矩 M_{II} 的作用,板顶四角也出现大体呈圆形的裂缝,如图 2-35(c)所示。最终因板底裂缝处受力钢筋屈服而破坏。

⑥ 板中钢筋的布置方向对破坏荷载影响不大,但平行于四边配置钢筋的板,其开裂荷载

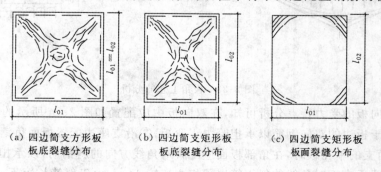

（a）四边简支方形板　　　　　（b）四边简支矩形板　　　　　（c）四边简支矩形板
　　　板底裂缝分布　　　　　　　　　板底裂缝分布　　　　　　　　　板面裂缝分布

图 2-35　均布荷载下双向板的裂缝分布

比平行于对角线方向配筋的板要大些。

⑦　含钢率相同时,较细的钢筋较为有利,而在钢筋数量相同时,板中间部分钢筋排列较密的比均匀排列的好些(刚度略好,中间部分裂缝宽度略小,但靠近角部,则裂缝宽度略大)。

2.4.2　按弹性理论计算双向板内力

若把双向板视为各向同性的,且板厚 h 远小于平面尺寸、挠度不超过 $h/5$ 时,则双向板可按弹性薄板小挠度理论计算。《建筑结构静力计算手册》中的双向板计算表格便是按这个理论编制的,其中在对双调和偏微分方程求解时,采用了收敛性好的单重正弦三角级数展开式的解答形式。表中所列出的最大弯矩和最大挠度的系数,都是按下述方法近似确定的。即对于每一种板,按一定间距选一些点,依次计算各点的弯矩和挠度系数,将其中最大的一个值作为近似值。虽然,此系数的近似值与理论的最大系数值有一定差别,但误差不大,可以在工程中应用。

1. 单跨矩形双向板

表 2-19 为均布荷载作用下四边支承双向板在泊桑比 $\nu=0$ 的弯矩系数和挠度系数表;表中有关符号说明如下:

B_c ——板的截面受弯刚度,其表达式为

$$B_c = \frac{Eh^3}{12(1-\nu^2)} \tag{2-22}$$

E ——弹性模量;

h ——板厚;

ν ——泊桑比;

f,f_{max} ——分别为板中心点的挠度和最大挠度;

f_{01},f_{02} ——分别为平行于 l_{01} 和 l_{02} 方向自由边的中点挠度;

$m_1,m_{1,max}$ ——分别为平行于 l_{01} 方向板中心点单位板宽内的弯矩和板跨内最大弯矩;

$m_2,m_{2,max}$ ——分别为平行于 l_{02} 方向板中心点单位板宽内的弯矩和板跨内最大弯矩;

m_{01},m_{02} ——分别为平行于 l_{01} 和 l_{02} 方向自由边的中点单位板宽内的弯矩;

m_1' ——固定边中点沿 l_{01} 方向单位板宽内的弯矩;

m_2' ——固定边中点沿 l_{02} 方向单位板宽内的弯矩。

︳︳︳︳︳︳︳ 表示固定边;　——表示简支边。

正负号的规定:

弯矩——使板的受荷面受压时为正;

挠度——竖向位移与荷载方向相同时为正。

当 ν 不等于零时,其挠度和支座中点弯矩仍可按上表查得;但求跨内弯矩时,可按下式计算

$$\left.\begin{array}{l} m_1^{(\nu)} = m_1 + \nu m_2 \\ m_2^{(\nu)} = m_2 + \nu m \end{array}\right\} \tag{2-23}$$

对于钢筋混凝土板,可取 $\nu=\dfrac{1}{6}$ 或 0.2。

但须注意的是,有自由边的板不能应用上述公式。

2. 多跨连续双向板的实用计算法

多跨连续双向板多采用以单个区格板计算为基础的实用计算方法,此法假定支承梁不产

生竖向位移且不受扭;同时还规定板沿同一方向相邻跨度的比值 $l_{min}/l_{max} \geqslant 0.75$,以免计算误差过大。

均布荷载作用下的计算系数表

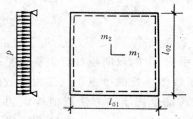

挠度=表中系数$\times \dfrac{pl_{01}^4}{B_c}$

$\nu=0$,弯矩=表中系数$\times pl_{01}^4$

这里 $l_{01} < l_{02}$

表 2-19a

l_{01}/l_{02}	f	m_1	m_2	l_{01}/l_{02}	f	m_1	m_2
0.50	0.01013	0.0965	0.0174	0.80	0.00603	0.0561	0.0334
0.55	0.00940	0.0892	0.0210	0.85	0.00547	0.0506	0.0348
0.60	0.00867	0.0820	0.0242	0.90	0.00496	0.0456	0.0358
0.65	0.00796	0.0750	0.0271	0.95	0.00449	0.0410	0.0364
0.70	0.00727	0.0683	0.0296	1.00	0.00406	0.0368	0.0368
0.75	0.00663	0.0620	0.0317				

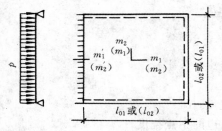

挠度=表中系数$\times \dfrac{pl_{01}^4}{B_c} \left(或 \times \dfrac{p(l_{01})^4}{B_c}\right)$

$\nu=0$,弯矩=表中系数$\times pl_{01}^2 \left[或 \times p(l_{01})^2\right]$

这里 $l_{01} < l_{02}$,$(l_{01}) < (l_{02})$

表 2-19b

l_{01}/l_{02}	l_{01}/l_{02}	f	f_{max}	m_1	m_{1max}	m_2	m_{2max}	m_1' 或 (m_2')
0.50		0.00488	0.00504	0.0583	0.0646	0.0060	0.0063	−0.1212
0.55		0.00471	0.00492	0.0563	0.0618	0.0081	0.0087	−0.1187
0.60		0.00453	0.00472	0.0539	0.0589	0.0104	0.0111	−0.1158
0.65		0.00432	0.00448	0.0513	0.0559	0.0126	0.0133	−0.1124
0.70		0.00410	0.00422	0.0485	0.0529	0.0148	0.0154	−0.1087
0.75		0.00388	0.00399	0.0457	0.0496	0.0168	0.0174	−0.1048
0.80		0.00365	0.00376	0.0428	0.0463	0.0187	0.0193	−0.1007
0.85		0.00343	0.00352	0.0400	0.0431	0.0204	0.0211	−0.0965
0.90		0.00321	0.00329	0.0372	0.0400	0.0219	0.0226	−0.0922
0.95		0.00299	0.00306	0.0345	0.0369	0.0232	0.0239	−0.0880
1.00	1.00	0.00279	0.00285	0.0319	0.0340	0.0243	0.0249	−0.0839
	0.95	0.00316	0.00324	0.0324	0.0345	0.0280	0.0287	−0.0882
	0.90	0.00360	0.00368	0.0328	0.0347	0.0322	0.0330	−0.0926
	0.85	0.00409	0.00417	0.0329	0.0347	0.0370	0.0378	−0.0970
	0.80	0.00464	0.00473	0.0326	0.0343	0.0424	0.433	−0.1014
	0.75	0.00526	0.00536	0.0319	0.0335	0.0485	0.0494	−0.1056
	0.70	0.00595	0.00605	0.0308	0.0323	0.0553	0.0562	−0.1096
	0.65	0.00670	0.00680	0.0291	0.0306	0.0627	0.0637	−0.1133
	0.60	0.00752	0.00762	0.0268	0.0289	0.0707	0.0717	−0.1166
	0.55	0.00838	0.00848	0.0239	0.0271	0.0792	0.0801	−0.1193
	0.50	0.00927	0.00935	0.0205	0.0249	0.0880	0.0888	−0.1215

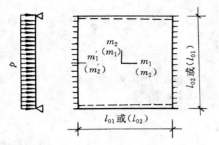

挠度＝表中系数 $\times \dfrac{p l_{01}^4}{B_c}\left(\text{或} \times \dfrac{p(l_{01})^4}{B_c}\right)$

$\nu=0$,弯矩＝表中系数 $\times p l_{01}^2$[或 $\times p(l_{01})^2$]

这里 $l_{01}<l_{02}$,$(l_{01})<(l_{02})$

表 2-19c

l_{01}/l_{02}	l_{01}/l_{02}	f	m_1	m_2	m_1' 或 m_2'
0.50		0.00261	0.0416	0.0017	−0.0843
0.55		0.00259	0.0410	0.0028	−0.0840
0.60		0.00255	0.0402	0.0042	−0.0834
0.65		0.00250	0.0392	0.0057	−0.0826
0.70		0.00243	0.0379	0.0072	−0.0814
0.75		0.00236	0.0366	0.0088	−0.0799
0.80		0.00228	0.0351	0.0103	−0.0782
0.85		0.00220	0.0335	0.0118	−0.0763
0.90		0.00211	0.0319	0.0133	−0.0743
0.95		0.00201	0.0302	0.0146	−0.0721
1.00	1.00	0.00192	0.0285	0.0158	−0.0698
	0.95	0.00223	0.0296	0.0189	−0.0746
	0.90	0.00260	0.0306	0.0224	−0.0797
	0.85	0.00303	0.0314	0.0266	−0.0850
	0.80	0.00354	0.0319	0.0316	−0.0904
	0.75	0.00413	0.0321	0.0374	−0.0959
	0.70	0.00482	0.0318	0.0441	−0.1013
	0.65	0.00560	0.0308	0.0518	−0.1066
	0.60	0.00647	0.0292	0.0604	−0.1114
	0.55	0.00743	0.0267	0.0698	−0.1156
	0.50	0.00844	0.0234	0.0798	−0.1191

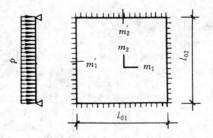

挠度＝表中系数 $\times \dfrac{p l_{01}^4}{B_c}$

$\nu=0$,弯矩＝表中系数 $\times p l_{01}^2$

这里 $l_{01}<l_{02}$

表 2-19d

l_{01}/l_{02}	f	m_1	m_2	m_1'	m_2'
0.50	0.00253	0.0400	0.0038	−0.0829	−0.0570
0.55	0.00246	0.0385	0.0056	−0.0814	−0.0571
0.60	0.00236	0.0367	0.0076	−0.0793	−0.0571
0.65	0.00224	0.0345	0.0095	−0.0766	−0.0571
0.70	0.00211	0.0321	0.0113	−0.0735	−0.0569
0.75	0.00197	0.0296	0.0130	−0.0701	−0.0565
0.80	0.00182	0.0271	0.0144	−0.0664	−0.0559
0.85	0.00168	0.0246	0.0156	−0.0626	−0.0551
0.90	0.00153	0.0221	0.0165	−0.0588	−0.0541
0.95	0.00140	0.0198	0.0172	−0.0550	−0.0528
1.00	0.00127	0.0176	0.0176	−0.0513	−0.0513

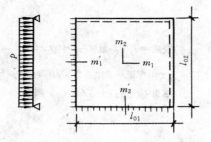

挠度 = 表中系数 $\times \dfrac{pl_{01}^4}{B_c}$

$\nu = 0$, 弯矩 = 表中系数 $\times pl_{01}^2$

这里 $l_{01} < l_{02}$

表 2-19e

l_{01}/l_{02}	f	f_{max}	m_1	m_{1max}	m_2	m_{2max}	m_1'	m_2'
0.50	0.00468	0.00471	0.0559	0.0562	0.0079	0.0135	−0.1179	−0.0786
0.55	0.00445	0.00454	0.0529	0.0530	0.0104	0.0153	−0.1140	−0.0785
0.60	0.00419	0.00429	0.0496	0.0498	0.0129	0.0169	−0.1095	−0.0782
0.65	0.00391	0.00399	0.0461	0.0465	0.0151	0.0183	−0.1045	−0.0777
0.70	0.00363	0.00368	0.0426	0.0432	0.0172	0.0195	−0.0992	−0.0770
0.75	0.00335	0.00340	0.0390	0.0396	0.0189	0.0206	−0.0938	−0.0760
0.80	0.00308	0.00313	0.0356	0.0361	0.0204	0.0218	−0.0883	−0.0748
0.85	0.00281	0.00286	0.0322	0.0328	0.0215	0.0229	−0.0829	−0.0733
0.90	0.00256	0.00261	0.0291	0.0297	0.0224	0.0238	−0.0776	−0.0716
0.95	0.00232	0.00237	0.0261	0.0267	0.0230	0.0244	−0.0726	−0.0698
1.00	0.00210	0.00215	0.0234	0.0240	0.0234	0.0249	−0.0677	−0.0677

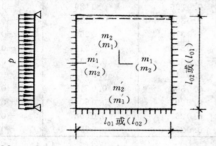

挠度 = 表中系数 $\times \dfrac{pl_{01}^4}{B_c}\left(\text{或} \times \dfrac{p(l_{01})^4}{B_c}\right)$

$\nu = 0$, 弯矩 = 表中系数 $\times pl_{01}^2 \left[\text{或} \times p(l_{01})^2\right]$

这里 $l_{01} < l_{02}$ $(l_{01}) < (l_{02})$

表 2-19f

l_{01}/l_{02}	l_{01}/l_{02}	f	f_{max}	m_1	m_{1max}	m_2	m_{2max}	m_1'	m_2'
0.50		0.00257	0.00258	0.0408	0.0409	0.0028	0.0089	−0.0836	−0.0569
0.55		0.00252	0.00255	0.0398	0.0399	0.0042	0.0093	−0.0827	−0.0570
0.60		0.00245	0.00249	0.0384	0.0386	0.0059	0.0105	−0.0814	−0.0571
0.65		0.00237	0.00240	0.0368	0.0371	0.0076	0.0116	−0.0796	−0.0572
0.70		0.00227	0.00229	0.0350	0.0354	0.0093	0.0127	−0.0774	−0.0572
0.75		0.00216	0.00219	0.0331	0.0335	0.0109	0.0137	−0.0750	−0.0572
0.80		0.00205	0.00208	0.0310	0.0314	0.0124	0.0147	−0.0722	−0.0570
0.85		0.00193	0.00196	0.0289	0.0293	0.0138	0.0155	−0.0693	−0.0567
0.90		0.00181	0.00184	0.0268	0.0273	0.0159	0.0163	−0.0663	−0.0563
0.95		0.00169	0.00172	0.0247	0.0252	0.0160	0.0172	−0.0631	−0.0558
1.00	1.00	0.00157	0.00160	0.0227	0.0231	0.0168	0.0180	−0.0600	−0.0550
	0.95	0.00178	0.00182	0.0229	0.0234	0.0194	0.0207	−0.0629	−0.0599
	0.90	0.00201	0.00206	0.0228	0.0234	0.0223	0.0238	−0.0656	−0.0653
	0.85	0.00227	0.00233	0.0225	0.0231	0.0255	0.0273	−0.0683	−0.0711
	0.80	0.00256	0.00262	0.0219	0.0224	0.0290	0.0311	−0.0707	−0.0772
	0.75	0.00286	0.00294	0.0208	0.0214	0.0329	0.0354	−0.0729	−0.0837
	0.70	0.00319	0.00327	0.0194	0.0200	0.0370	0.0400	−0.0748	−0.0903
	0.65	0.00352	0.00365	0.0175	0.0182	0.0412	0.0446	−0.0762	−0.0970
	0.60	0.00386	0.00403	0.0153	0.0160	0.0454	0.0493	−0.0773	−0.1033
	0.55	0.00419	0.00437	0.0127	0.0133	0.0496	0.0541	−0.0780	−0.1093
	0.50	0.00449	0.00463	0.0099	0.0103	0.0534	0.0588	−0.0784	−0.1146

（1）跨中最大正弯矩。

为了求连续板跨中最大正弯矩，均布活荷载 q 应按图 2-35 所示的横盘式布置。对这种荷载分布情况，可看成是满布荷载 $g+\dfrac{q}{2}$ 及间隔布置 $\pm\dfrac{q}{2}$ 两种情况之和，分别如图 2-36(a)、(b) 所示。这里 g 均布恒荷载，q 为均布活荷载。对于满布荷载 $g+\dfrac{q}{2}$ 的情况，板在支座处的转角为零，可近似地认为各区板格中间支座处都是固定边；对于间隔布置的 $\pm\dfrac{q}{2}$ 情况，可认为在支座两侧的转角都相等、方向相同，无弯矩，故可认为各区板格在中间支座处都是简支的；沿楼盖中边采用实际支承条件。从而可按表 2-19 对上述两种荷载情况分别求出其跨中弯矩，而后叠加，即可求出各区格的跨中最大弯矩。

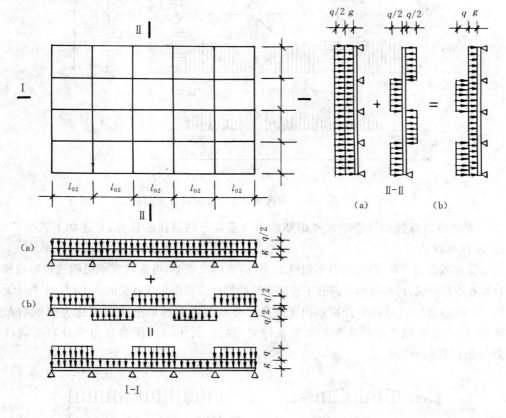

（a）满布荷载 $g+\dfrac{q}{2}$；（b）间隔布置荷载 $\pm\dfrac{q}{2}$

图 2-36　连续双向板的计算图式

（2）支座最大负弯矩。支座最大负弯矩可近似地按满布活荷载，即 $g+q$ 时求得。这时认为各区格板都固定在中间支座上，楼盖周边仍按实际支承条件考虑。然后按单块区格板计算出各支座的负弯矩。当求得的相邻区格板在同一支座处的负弯矩不相等时，可取绝对值较大者作为该支座最大负弯矩。

2.4.3　双向板支承梁的设计

精确地确定双向板传给支承梁的荷载是困难的，工程上也是不必要的。所以，确定双向传给支承梁的荷载时,可根据荷载传递路线最短的原则按如下方法近似确定,即从每一区格的四角作 45°线与平行于长边的中线相交,把整块板分为四块,每块小板上的荷载就近传至其支承梁上。因此,除梁自重(均布荷载)和直接作用在梁上的荷载(均布荷载或集中荷载)外,短跨支承梁上的荷载为三角形分布,长跨支承梁上的荷载为梯形分布,见图 2-37。

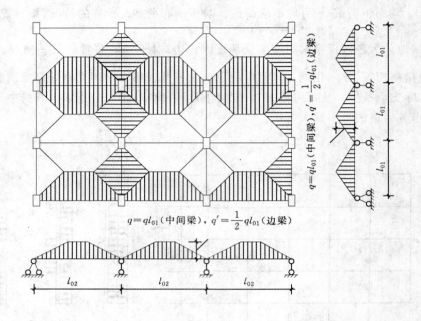

图 2-37　双向板支承梁上的荷载

支承梁的内力可按弹性理论或考虑塑性内力重分布的调幅法计算,分述如下:

1. 按弹性理论计算

对于等跨或近似等跨(跨度相差不超过 10%)的连续支承梁,可先将支承梁的三角形或梯形荷载化为等效均布荷载,再利用均布荷载下等跨连续梁的计算表格来计算梁的内力(弯矩、剪力)。

图 2-38(a),(b),(c),(d)分别示出了三角形分布荷载和梯形分布荷载化为等效均布荷载的计算公式,它是根据支座处弯矩相等的条件求出的。其中,(a)图为三角形分布荷载;(c)图为梯形分布荷载($\alpha = a/l$)。

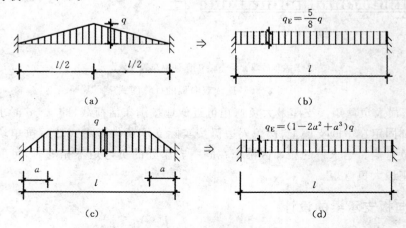

图 2-38　分布荷载化为等效均布荷载

在按等效均布荷载求出支座弯矩后(此时仍需考虑各跨活荷载的最不利位置),再根据所求得的支座弯矩和每跨的实际荷载分布(三角形或梯形分布荷载),由平衡条件计算出跨中弯矩和支座剪力。

2. 按调幅法计算

在考虑塑性内力重分布时,可在弹性理论求得的支座弯矩基础上,应用调幅法选定支座弯矩(可取调幅系数为 0.75),再按实际荷载分布计算出跨中弯矩。

2.4.4　按塑性铰线法设计双向板

按塑性理论计算双向板内力的常用方法有塑性铰线法和板带法两种。

对于给定的双向板,当荷载形式确定后,板所能承受的极限荷载即板的真实承载能力是唯一的。双向板是高次超静定结构,可以借助于非线性有限元程序分析计算其受力过程并确定出极限荷载,但这一过程是复杂的,且仍难以给出理论上准确的极限荷载值。故工程设计中,常利用近似方法求出板承载能力的上限值和下限值。

上限值是指,如果对于一个很小的虚变形增量,假定在改变了曲率的所有点上的弯矩都等于屈服弯矩,由此板所获得的内能正好等于外荷载 p_s 在相同虚变形增量下所做的功,那么 p_s 就是承载能力的上限值。当外荷载大于 p_s 时,板会发生弯曲破坏。塑性铰线法便是采用这种方法,故求出的解是上限值,即偏于"不安全"。但这只是理论上的,实际上由于穹窿作用等的有利影响,按塑性铰线法求得的值,并不是真的"上限值"。试验结果表明,板的实际破坏荷载都超过按塑性铰线法求得的值。

下限值是指,如果对于荷载 p_x,可以找到一个既能满足平衡条件,又能使每一点的弯矩都不超过屈服弯矩的弯矩场,那么 p_x 就是承载能力的下限值,即板一定能够承担 p_x。板带法就是属于这类方法,其解是偏于安全的。

塑性铰线又称为屈服线。塑性铰线法又称极限平衡法。采用塑性铰线法设计双向板时,需首先确定双向板在给定荷载作用下的破坏图式,即判定塑性铰线的位置,然后利用虚功原理建立外荷载与作用在塑性铰线上的弯矩两者间的关系式,从而求出各塑性铰线上的弯矩。以此作为各截面的弯矩设计值进行配筋设计。

1. 塑性铰线的确定

按裂缝出现在板底或板面,可将塑性铰线相应分为正塑性铰线和负塑性铰线两种。在具体确定塑性铰线的位置时,通常采用以下的判别方法:

① 将破坏时,塑性铰线发生在弯矩最大处。

② 分布荷载下,塑性铰线是直线。

③ 双向板被塑性铰线分成若干节板,节板的变形远小于塑性铰线的变形,故可将节板视为刚性板,整个板的变形都集中在塑性铰线上。破坏时,各节板都绕塑性铰线转动。

④ 板的破坏图式可能不止一个,在所有的可能破坏图式中,最危险的是相应于极限荷载为最小的塑性铰线。

⑤ 负塑性铰线发生在固定边界即负弯矩处,两相邻节板间的正塑性铰线通过它们旋转轴的交点。对沿边支承的板的部分,旋转轴必须是沿该边的,而对柱上支承的部分旋转轴则必须通过该柱。

⑥ 塑性铰线上的扭矩与剪力均极小,可认为等于零。因此,外荷载仅由塑性铰线上的受弯承载力来承受,并假定在旋转过程中,此受弯承载力维持不变。

　　板的破坏图式不仅与其平面形状、尺寸、边界条件和荷载形式有关,也与配筋方式和数量有关。

　　一些常见的双向板的破坏图式见图 2-39。

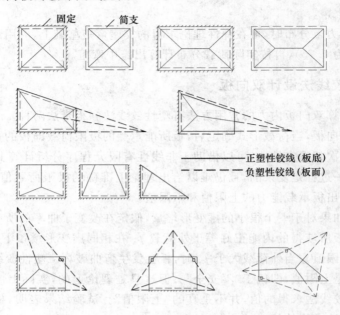

图 2-39　常见双向板的破坏图式

2. 均布荷载下连续双向板按塑性铰线法的设计

(1) 基本计算公式。

　　均布荷载作用下连续双向板楼盖的中间区格可视为四边固定的双向板,其常见的破坏图式为倒角锥形,如图 2-40 所示。其中,固定边处产生负塑性铰线,跨内产生正塑性铰线。为简化,跨中正塑性铰线与板边的夹角可近似地取为 45°。

　　设该板在形成上述破坏机构即将丧失承载能力时,跨中的竖向位移为单位位移 1;极限均布荷载为 p_u; l_{01}、l_{02} 分别为双向板的短跨和长跨的计算跨度(其取值方法同单向板);负塑性铰线上,在短跨方向两对边上每

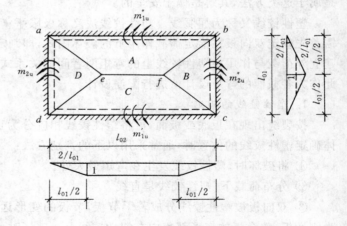

图 2-40　双向板楼盖中间区格板的受力分析

单位长度的截面受弯承载力分别为 m'_{1u} 和 m''_{1u},在长跨方向两对边上每单位长度的截面受弯承载力分别为 m'_{2u} 和 m''_{2u};正塑性铰线上,在短跨方向和长跨方向上每单位长度的截面受弯承载力分别为 m_{1u} 和 m_{2u}。

　　根据虚功原理,极限均布荷载为 p_u 在形成破坏机构时所做的功(外力所做的功)与塑性铰上的极限弯矩(受弯承载力)所做的功(内力所做的功)应相等。

外力所做的功$=p_u \times$倒角锥体体积

$$= p_u \times \left[\frac{1}{2} l_{01} \times 1 \times (l_{02} - l_{01}) + 2 \times \frac{1}{3} \times l_{01} \times \frac{l_{01}}{2} \times 1 \right] \tag{2-24}$$

$$= \frac{p_u l_{01}}{6} (3 l_{02} - l_{01})$$

由图 2-40 所示的几何关系可知：负塑性铰性线的转角均为 $2/l_{01}$；正塑性铰线 ef 上，节板 A 与 C 的相对转角为 $4/l_{01}$；斜向正塑性铰线沿长跨与短跨方向的转角均为 $2/l_{01}$。因此，负塑性线上极限弯矩做的内功为

$$\left[(m'_{1u} + m''_{1u}) l_{02} + (m'_{2u} + m''_{2u}) l_{01} \right] \times \frac{2}{l_{01}} \tag{2-25}$$

正塑性铰线 ef 上极限弯矩所做的内功为

$$m_{1u} (l_{02} - l_{01}) \frac{4}{l_{01}} \tag{2-26}$$

斜向正塑性铰线 ae 上短跨方向极限弯矩所做的内功：

$$m_{1u} \frac{l_{01}}{2} \frac{2}{l_{01}} = m_{1u} \tag{2-27}$$

斜向正塑性铰线 ae 上长跨方向极限弯矩所做的内功：

$$m_{2u} \frac{l_{01}}{2} \frac{2}{l_{01}} = m_{2u} \tag{2-28}$$

斜向正塑性铰线共有 4 处，即 ae, de, bf, cf，所以，斜向正塑性铰上极限弯矩所做的内功为

$$4 (m_{1u} + m_{2u}) \tag{2-29}$$

故由正、负塑性线上由极限弯矩所做的功为：

$$\left[(m'_{1u} + m''_{1u}) l_{02} + (m'_{2u} + m''_{2u}) l_{01} \right] \times \frac{2}{l_{01}} + m_{1u} (l_{02} - l_{01}) \frac{4}{l_{01}} + 4 (m_{iu} + m_{2u})$$

$$= \frac{2}{l_{01}} \left[2 (m_{1u} l_{02} + m_{2u} l_{01}) + (m'_{iu} l_{02} + m''_{2u} l_{02}) + (m'_{2u} l_{01} + m''_{2u} l_{01}) \right] \tag{2-30}$$

令

$$m_{1u} l_{02} = M_{1u} \qquad\qquad m_{2u} l_{01} = M_{2u}$$

$$m'_{1u} l_{02} = M'_{1u} \qquad\qquad m''_{1u} l_{02} = M''_{1u}$$

$$m'_{2u} l_{01} = M'_{2u} \qquad\qquad m''_{2u} l_{01} = M''_{2u}$$

根据内外功相等的条件，得：

$$2 M_{1u} + 2 M_{2u} + M'_{1u} + M''_{1u} + M'_{2u} + M''_{2u} = \frac{p_u l_{01}^2}{12} (3 l_{02} - l_{01}) \tag{2-31}$$

上式即为连续双向板按塑性铰法计算的基本公式，它反映了双向板内塑性铰上总的截面受弯承载力与极限荷载 p_u 之间的关系。

（2）基本公式的求解。

采用式(2-31)设计双向板时，该方程有六个未知数 $M_{1u}, M_{2u}, M'_{1u}, M''_{1u}, M'_{2u}$ 和 M''_{2u}，即

m_{1u}, m_{2u}, m'_{1u}, m''_{1u}, m'_{2u} 和 m''_{2u}。为求解该方程,根据工程经验,可补充下述五个方程:

$$\alpha = \frac{m_{2u}}{m_{1u}} \tag{2-32a}$$

$$\beta'_1 = \frac{m'_{1u}}{m_{1u}} \tag{2-32b}$$

$$\beta''_1 = \frac{m''_{1u}}{m_{1u}} \tag{2-32c}$$

$$\beta'_2 = \frac{m'_{2u}}{m_{2u}} \tag{2-32d}$$

$$\beta''_2 = \frac{m''_{2u}}{m_{2u}} \tag{2-32e}$$

若将极限荷载 p_u 用板的均布荷载设计值 p 代替,塑性铰线上的截面受弯承载力 m_{1u}, m_{2u}, m'_{1u}, m''_{1u}, m'_{2u} 和 m''_{2u} 分别用它们的弯矩设计值 m_1, m_2, m'_1, m''_1, m'_2 和 m''_2 代替,则当 p 已知时,便可采用上述方法求解各塑性铰线上的弯矩设计值。

设计时,考虑到板的长短跨比值的选取应尽量使得按塑性铰线法得出的两个方向跨中正弯矩的比值与按弹性理论得出的比值相接近,以期在使用阶段跨中两个方向的截面应力较接近,宜取 $\alpha = \left(\dfrac{l_{01}}{l_{02}}\right)^2$;同时考虑到节约钢材及配筋方便,根据经验宜取 $\beta = 1.5 \sim 2.5$,通常取 $\beta = 2.0$。

若设计时,取 $\beta'_1 = \beta''_1 = \beta'_2 = \beta''_2 = \beta$,且令 $n = \dfrac{l_{02}}{l_{01}}$,则可由基本公式求出:

$$m_1 = \frac{pl_{01}^2}{8} \cdot \frac{\left(n - \dfrac{1}{3}\right)}{(n\beta + \alpha\beta + n + \alpha)} \tag{2-33}$$

$$p = \frac{8m_1}{l_{01}^2} \cdot \frac{(n\beta + \alpha\beta + n + \alpha)}{\left(n - \dfrac{1}{3}\right)} \tag{2-34}$$

可见,当选定 α 和 β 后,可直接由式(2-33)求出 p 和 n 取不同值时的 m_1。求出正塑性铰线上,在短跨方向的截面弯矩设计值 m_1 后,再根据 α 和 β 的值,即可求出其余的截面弯矩设计值 m_2, m'_1, m'_2, m''_1 和 m''_2。

为了合理利用钢筋,参考弹性理论的内力分析结果,通常将两个方向的跨中承受正弯矩的钢筋,均在距支座 $l_{01}/4$ 处弯起 50%,弯起的钢筋可以承担部分支座负弯矩。这样在距支座 $l_{01}/4$ 以内的跨中塑性铰线上单位板宽的极限弯矩分别为 $m_1/2$ 和 $m_2/2$,故此时两个方向的跨中总弯矩分别为

$$M_1 = m_1\left(l_{02} - \frac{l_{01}}{2}\right) + \frac{m_1}{2} \cdot \frac{l_{01}}{2} = m_1\left(n - \frac{1}{4}\right)l_{01} \tag{2-35}$$

$$M_2 = m_2 \times \frac{l_{01}}{2} + \frac{m_2}{2} \times \frac{l_{01}}{2} = m_2 \times \frac{3}{4}l_{01} = \frac{3}{4}\alpha m_1 l_{01} \tag{2-36}$$

支座上负弯矩钢筋仍各自沿全长均匀分布,亦即各支座塑性铰线上的总弯矩值没有改变。

这样,将上列各值代入式(2-31)即得

$$\left[n\beta+\alpha\beta+\left(n-\frac{1}{4}\right)+\frac{3}{4}\alpha\right]m_1 l_{01}=\frac{pl_{01}^2}{8}\left(n-\frac{1}{3}\right) \tag{2-37}$$

即

$$m_1=\frac{pl_{01}^2}{8}\cdot\frac{\left(n-\frac{1}{3}\right)}{n\beta+\alpha\beta+\left(n-\frac{1}{4}\right)+\frac{3}{4}\alpha} \tag{2-38}$$

或

$$p=\frac{8m_1}{l_{01}^2}\cdot\frac{n\beta+\alpha\beta+\left(n-\frac{1}{4}\right)+\frac{3}{4}\alpha}{\left(n-\frac{1}{3}\right)} \tag{2-39}$$

式(2-26)就是四边连续双向板在距支座 $l_{01}/4$ 处将跨中正弯矩钢筋弯起一半时的设计公式。

（3）设计方法。

根据双向板的平面布置,计算出短跨和长跨的计算跨度。取总的均布荷载,即 $g=p+q$。计算首先从中间区格板开始,即根据上节的方法由基本公式求出 m_1,再根据指定的关系求出其它各弯矩设计值。然后将中间区格板计算中求出的各支座弯矩值,作为计算相邻区格板的已知支座弯矩值。这样,由中间区格板开始向外扩展依次计算,直至外区格板。整个计算过程参见例题。

（4）其他破坏图式的防止。

① 避免倒幕式破坏图式。当两个方向的跨中钢筋不全部伸入支座,而过早地在某处弯起或切断时,将使剩下的钢筋有可能承担不了该处的正弯矩,因而将比跨度中央早出现塑性铰线而发生如图 2-41 所示的倒幕式破坏,这时,除应按前述的基本公式计算外,还应按下述方法进行校核。

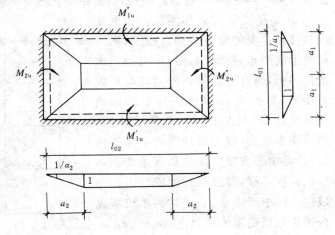

图 2-41　倒幕式破坏图式的分析

内功:

$$(M'_{1u}+M''_{1u})\frac{1}{a_1}+2\overline{M}_{1u}\frac{1}{a_1}+(M'_{2u}+M''_{2u})\frac{1}{a_2}+2\overline{M}_{2u}\frac{1}{a_2}$$

$$=\frac{M'_{1u}+M''_{1u}+2\overline{M}_{1u}}{a_1}+\frac{M'_{2u}+M''_{2u}+2\overline{M}_{2u}}{a_2} \tag{2-40}$$

式中　a_1,a_2——分别为跨中板底短跨和长跨方向钢筋弯起点或切断点离相应支座的距离;

$\overline{M}_{1u},\overline{M}_{2u}$——分别为跨中板底短跨和长跨方向钢筋伸入相应支座的全部钢筋所能承受的正截面受弯承载力;

M'_{1u},M''_{1u}——分别为短跨方向两对边支座的总截面受弯承载力;

M'_{2u},M''_{2u}——分别为长跨方向两对边支座的总截面受弯承载力。

外功：

$$p_u\Big[(l_{01}-2a_1)(l_{02}-2a_2)\times1+4\times\frac{1}{3}a_1a_2\times1+2\times\frac{1}{2}\times1\times a_2(l_{01}-2a_1)$$

$$+2\times\frac{1}{2}\times1\times a_1\times(l_{02}-2a_2)\Big]$$

$$=p_u\Big(l_{01}l_{02}-l_{01}a_2-l_{02}a_1+\frac{4}{3}a_1a_2\Big) \tag{2-41}$$

根据虚功原理，有

$$p_u\Big(l_{01}l_{02}-l_{01}a_2-l_{02}a_1+\frac{4}{3}a_1a_2\Big)$$

$$=\frac{M'_{1u}+M''_{1u}+2\overline{M}_{1u}}{a_1}+\frac{M'_{2u}+M''_{2u}+2\overline{M}_{2u}}{a_2} \tag{2-42}$$

通常，当板中钢筋按前述常规配置，而跨中两个方向的钢筋在板边不大于 $l_{01}/4$ 范围内切断或弯起一半时，可不进行此项校核，但在简支边则不能切断钢筋。

② 避免正幕式破坏图式。如果双向板楼盖承受的活荷载相对校大，则当棋盘形间隔布置活荷载时，没有活荷载的区格板，也有可能发生向上的幕形破坏图式，如图 2-42 所示。这时跨中的负塑性铰线（只是斜向的塑性铰线）及跨中矩形框线（仅为破裂线而不是塑性铰线）是由于支座上承受负弯矩的钢筋伸出长度不够，即过早截断或弯下而造成的。图中所注 m_{1u}，m_{2u} 均为单位板宽内的正截面受弯承载力，且 $m_{1u}=m_{2u}$。

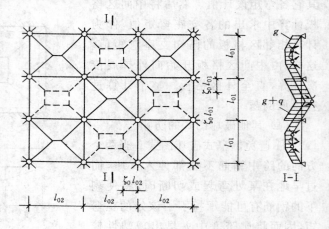

图 2-42　正幕式破坏图式的分析

研究表明，对这种可能产生的正幕形破坏图式，一般可不进行验算而采取构造措施来防止，即支座边界板顶的负钢筋伸过支座 ζ_0l_{01} 和 ζ_0l_{02} 后才切断。在工程设计中，常取 $\zeta_0l_{01}=\zeta_0l_{02}\geqslant\dfrac{l_{01}}{4}$。

2.4.5　双向板楼盖的截面设计与构造

1. 截面设计

（1）截面的弯矩设计值。对于周边与梁整体连接的双向板，除角区格外，应考虑周边支承梁对板的推力的有利影响，即周边支承梁对板的水平推力将使板的跨中弯矩减小。设计时通过将截面的计算弯矩乘以下列折减系数予以考虑：

① 对于连续板的中间区格，其跨中截面及中间支座截面折减系数为 0.8；

② 对于边区格，其跨中截面及自楼板边缘算起的第二支座截面：

当 $l_b/l_0<1.5$ 时，折减系数为 0.8；当 $1.5\leqslant l_b/l_0<2$ 时，折减系数为 0.9。其中，l_0 为垂直

于楼板边缘方向板的计算跨度；l_b 为沿楼板边缘方向板的计算跨度。

③ 楼板的角区格不应折减。

（2）楼板有效高度 h_0。由于板内上、下钢筋都是纵横叠置的，同一截面处通常有四层。故计算时在两个方向应分别采用各自的截面有效高度 h_{01} 和 h_{02}。考虑到短跨方向的弯矩比长跨方向大，故应将短跨方向的钢筋放在长跨方向的钢筋的外侧。通常，h_{01}，h_{02} 的取值如下：

短跨 l_{01} 方向　　　　$h_{01} = h - 20mm$

长跨 l_{02} 方向　　　　$h_{02} = h - 30mm$

式中，h 为板厚（mm）。

（3）配筋计算。由单位宽度的截面弯矩设计值 m，按下式计算受拉钢筋截面积：

$$A_s = \frac{m}{\alpha_1 \gamma_s h_0 f_y} \tag{2-43}$$

式中，γ_s 为内力臂系数，近似取 $0.9 \sim 0.95$。

2. 双向板的构造

（1）板厚。双向板的厚度通常在 $80 \sim 160mm$ 范围内，任何情况下不得小于 $80mm$。由于双向板的挠度一般不另作验算，故为使其有足够的刚度，板厚应符合下述要求：

简支板　　　　　　　　　$\dfrac{h}{l_{01}} \geqslant \dfrac{1}{45}$ 　　　　　　　　　(2-44a)

连续板　　　　　　　　　$\dfrac{h}{l_{01}} \geqslant \dfrac{1}{50}$ 　　　　　　　　　(2-44b)

式中，l_{01} 为双向板的短跨计算跨度。

（2）钢筋配置。双向板的配筋方式有分离式和连续式两种。

如按弹性理论计算，其跨中弯矩不仅沿板长变化，且沿板宽向两边逐渐减小；但板底钢筋却是按跨中最大正弯矩求得的，故应向两边逐渐减少。考虑到施工方便，其减少方法为：将板在 l_1 及 l_2 方向各分为三个板带（图 2-43），两个边板带的宽度均为板短跨方向 l_1 的 $\dfrac{1}{4}$，其余则为中间板带。在中间板带均匀配置按最大正弯矩求得的板底钢筋，边板带内则减少一半，但每米宽度内不得少于三根，对于支座边界板顶负钢筋，为了承受四角扭矩，钢筋沿全支座宽度均匀分布，即按最大支座负弯矩求得，并不在边带内减少。

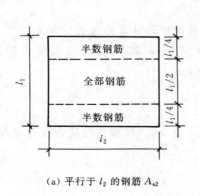
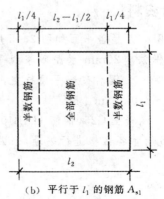

（a）平行于 l_2 的钢筋 A_{s2}　　　　　（b）平行于 l_1 的钢筋 A_{s1}

图 2-43　双向板配筋带的示意

按塑性铰线法计算时,其配筋应符合内力计算的假定,跨中钢筋的配置可采用两种方式,一种是全板均匀配置;另一种是将板划分成中间及边缘板带,分别按计算值的100％和50％均匀配置,跨中钢筋的全部或一半伸入支座下部。支座上的负弯矩钢筋按计算值沿支座均匀配置。

在简支的双向板中,考虑支座的实际约束情况,每个方向的正钢筋均应弯起1/3;图2-44为单块四边简支双向板的典型配筋图形。

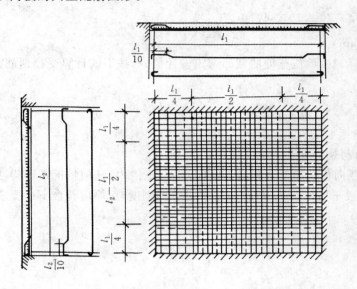

图 2-44　单块四边简支双向板的典型配筋

在固定支座的双向板及连续的双向板中,板底钢筋可弯起 1/2～1/3 作为支座负钢筋,不足时则另外加置板顶负直筋。因为在边板带内钢筋数量减少,故角上尚应放置两个方向的附加钢筋。

受力筋的直径、间距和弯起点、切断点的位置,以及沿墙边、墙角处的构造钢筋、均与单向板楼盖的有关规定相同。

2.5　双向板楼盖设计实例

2.5.1　设计资料

(1)平面图　某屋盖平面如图2-45所示,按双向板弹性算法进行计算。

(2)屋面做法　20mm 水泥砂浆找平,20mm 厚面层,200mm 加气混凝土保温层,15mm 混合砂浆平顶抹灰,板厚 120mm。

(3)活载　2.0kN/m²。

(4)材料　混凝土 C25,钢筋 HRB400。

对图2-46所示各区格进行编号,分 A,B,C,D 共四类,现按弹性理论设计该双向板楼盖。

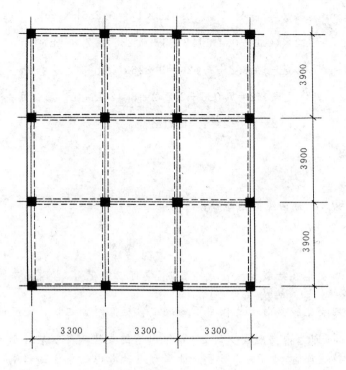

图 2-45 屋盖结构平面布置图

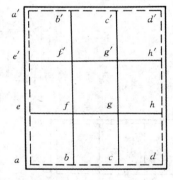

图 2-46 区格板划分及标注

2.5.2 荷载设计值

1. 活载

取活载分项系数为 1.4,则

$$q = 2.0 \times 1.4 = 2.8 \text{kN/m}^2$$

2. 恒载

面层	20mm 厚水泥砂浆面层	$0.020 \times 20 = 0.4 \text{kN/m}^2$
找平层	20mm 厚水泥砂浆找平层	$0.020 \times 20 = 0.4 \text{kN/m}^2$
保温层	200mm 厚加气混凝土	$0.200 \times 9 = 1.8 \text{kN/m}^2$
板	120mm 厚混凝土板	$0.120 \times 25 = 3 \text{kN/m}^2$

板底抹灰　15mm 厚石灰浆粉刷　　　　$0.015 \times 17 = 0.255 \text{kN/m}^2$

$$g = 1.2 \times (0.4 + 0.4 + 1.8 + 3 + 0.255) = 7.026 \text{kN/m}^2$$

所以　　　　　　　　$g + q = 2.8 + 7.026 = 9.826 \text{kN/m}^2$

$$g + q/2 = 7.026 + 2.8/2 = 8.426 \text{kN/m}^2$$

$$q/2 = 2.8/2 = 1.4 \text{kN/m}^2$$

2.5.3　内力计算

1. 计算跨度

(1) 内跨　$l_0 = l_c$，l_c 为轴线间的距离；

(2) 边跨　$l_0 = l_n + b$，l_n 为板净跨，b 为梁宽。

2. 弯矩计算

跨中最大正弯矩发生在活载为棋盘式布置时，它可以简化为，当内支座固支时 $g + \dfrac{q}{2}$ 作用下的跨中弯矩与当内支座铰支时 $\pm\dfrac{q}{2}$ 作用下的跨中弯矩值两者之和。支座最大负弯矩可以近似按活载满布时求得，即为内支座固支 $g + q$ 作用下的支座弯矩。在上述各种情况中，周边梁对板的作用视为铰支座，如图 2-47 所示。计算弯矩时考虑泊桑比的影响，取 1/6 或 0.2，在计算中取 0.2。

A 区格板：

$$\frac{l_{01}}{l_{02}} = \frac{3.3}{3.9} = 0.85$$

查表，并按 $\begin{cases} m_{1\nu} = m_1 + \nu m_2 \\ m_{2\nu} = m_2 + \nu m_1 \end{cases}$ 计算板的跨中正弯矩；板的支座负弯矩按 $g + q$ 作用下计算。

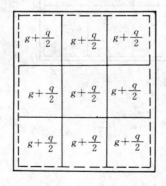 $+$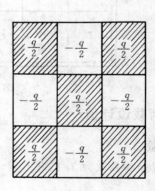

图 2-47　连续双向板计算图

$$m_1 = (0.0246 + 0.2 \times 0.0156)\left(g + \frac{q}{2}\right)l_{01}^2 + (0.0506 + 0.2 \times 0.0348)\frac{q}{2}l_{01}^2$$

$$= 0.0277 \times 8.426 \times 3.3^2 + 0.0576 \times 1.4 \times 3.3^2 = 3.42 \text{kN} \cdot \text{m/m}$$

$$m_2 = (0.0156 + 0.2 \times 0.0246)\left(g + \frac{q}{2}\right)l_{01}^2 + (0.0348 + 0.2 \times 0.0506)\frac{q}{2}l_{01}^2$$

$$= 0.0205 \times 8.426 \times 3.3^2 + 0.0449 \times 1.4 \times 3.3^2 = 2.57\text{kN} \cdot \text{m/m}$$

$$m_1' = m_1'' = -0.0626(g+q)l_{01}^2 = -0.0626 \times 9.826 \times 3.3^2 = -6.70\text{kN} \cdot \text{m/m}$$

$$m_2' = m_2'' = -0.0551(g+q)l_{01}^2 = -0.0551 \times 9.826 \times 3.3^2 = -5.90\text{kN} \cdot \text{m/m}$$

B 区格板:

$$\frac{l_{01}}{l_{02}} = \frac{3.3}{3.9} = 0.85$$

$$m_1 = (0.0289 + 0.2 \times 0.0138)\left(g + \frac{q}{2}\right)l_{01}^2 + (0.0506 + 0.2 \times 0.0348)\frac{q}{2}l_{01}^2$$

$$= 0.0317 \times 8.426 \times 3.3^2 + 0.0576 \times 1.4 \times 3.3^2 = 3.79\text{kN} \cdot \text{m/m}$$

$$m_2 = (0.0138 + 0.2 \times 0.0289)\left(g + \frac{q}{2}\right)l_{01}^2 + (0.0348 + 0.2 \times 0.0506)\frac{q}{2}l_{01}^2$$

$$= 0.0196 \times 8.426 \times 3.3^2 + 0.0449 \times 1.4 \times 3.3^2 = 2.48\text{kN} \cdot \text{m/m}$$

$$m_1' = -0.0693(g+q)l_{01}^2 = -0.0693 \times 9.826 \times 3.3^2 = -7.42\text{kN} \cdot \text{m/m}$$

$$m_2' = m_2'' = -0.0567(g+q)l_{01}^2 = -0.0567 \times 9.826 \times 3.3^2 = -6.07\text{kN} \cdot \text{m/m}$$

C 区格板:

$$\frac{l_{01}}{l_{02}} = \frac{3.3}{3.9} = 0.85$$

$$m_1 = (0.0138 + 0.2 \times 0.0289)\left(g + \frac{q}{2}\right)l_{01}^2 + (0.0348 + 0.2 \times 0.0506)\frac{q}{2}l_{01}^2$$

$$= 0.0196 \times 8.426 \times 3.3^2 + 0.0449 \times 1.4 \times 3.3^2 = 2.48\text{kN} \cdot \text{m/m}$$

$$m_2 = (0.0289 + 0.2 \times 0.0138)\left(g + \frac{q}{2}\right)l_{01}^2 + (0.0506 + 0.2 \times 0.0348)\frac{q}{2}l_{01}^2$$

$$= 0.0317 \times 8.426 \times 3.3^2 + 0.0576 \times 1.4 \times 3.3^2 = 3.79\text{kN} \cdot \text{m/m}$$

$$m_1' = m_1'' = -0.0567(g+q)l_{01}^2 = -0.0567 \times 9.826 \times 3.3^2 = -6.07\text{kN} \cdot \text{m/m}$$

$$m_2' = -0.0693(g+q)l_{01}^2 = -0.0693 \times 9.826 \times 3.3^2 = -7.42\text{kN} \cdot \text{m/m}$$

D 区格板:

$$\frac{l_{01}}{l_{02}} = \frac{3.3}{3.9} = 0.85$$

$$m_1 = (0.0322 + 0.2 \times 0.0215)\left(g + \frac{q}{2}\right)l_{01}^2 + (0.0506 + 0.2 \times 0.0348)\frac{q}{2}l_{01}^2$$

$$= 0.0365 \times 8.426 \times 3.3^2 + 0.0576 \times 1.4 \times 3.3^2 = 4.23\text{kN} \cdot \text{m/m}$$

$$m_2 = (0.0215 + 0.2 \times 0.0322)\left(g + \frac{q}{2}\right)l_{01}^2 + (0.0348 + 0.2 \times 0.0506)\frac{q}{2}l_{01}^2$$

$$= 0.0280 \times 8.426 \times 3.3^2 + 0.0449 \times 1.4 \times 3.3^2 = 3.25 \text{kN} \cdot \text{m/m}$$

$$m_1' = -0.0829(g+q)l_{01}^2 = -0.0829 \times 9.826 \times 3.3^2 = -8.87 \text{kN} \cdot \text{m/m}$$

$$m_2' = -0.0733(g+q)l_{01}^2 = -0.0733 \times 9.826 \times 3.3^2 = -7.84 \text{kN} \cdot \text{m/m}$$

2.5.4 板的配筋

截面有效高度:选用 $\phi 8$ 钢筋作为受力主筋,则 l_{01}(短跨)方向跨中截面的 $h_{01} = 120 - 20 = 100\text{mm}$, l_{02}(长跨)方向跨中截面的 $h_{02} = 100 - 8 = 92\text{mm}$。支座截面处 h_0 均为 100mm。

计算配筋时,近似取内力臂系数 $\gamma_s = 0.95$, $A_s = \dfrac{m}{0.95h_0 f_y}$。截面配筋计算结果及实际配筋见表 2-20 中。

表 2-20   按弹性理论计算配筋

截面		h_0 /mm	m /(kN·m·m⁻¹)	A_s /(mm²·m⁻¹)	配筋	实配 A_s /(mm²·m⁻¹)
跨中	A 区格 l_{01}方向	100	3.42	100	⊈8@200	251
	A 区格 l_{02}方向	92	2.57	81.7	⊈8@200	251
	B 区格 l_{01}方向	100	3.79	110.8	⊈8@200	251
	B 区格 l_{02}方向	92	2.48	78.8	⊈8@200	251
	C 区格 l_{01}方向	100	2.48	72.5	⊈8@200	251
	C 区格 l_{02}方向	92	3.79	120.5	⊈8@200	251
	D 区格 l_{01}方向	100	4.23	123.7	⊈8@200	251
	D 区格 l_{02}方向	92	3.25	103.3	⊈8@200	251
支座	$f'-g'(f-g)$	100	−7.42	217	⊈8@200	251
	$f'-f(g'-g)$	100	−7.42	217	⊈8@200	251
	$b'-f'(c'-g', f-b, g-c)$	100	−7.84	229	⊈8@200	251
	$b'-c'(b-c)$	100	0	构造	⊈8@200	251
	$e'-e(h'-h)$	100	0	构造	⊈8@200	251
	$e'-f'(g'-h', e-f, g-h)$	100	−8.87	249	⊈8@200	251
	$a'-e'(d'-h', e-a, h-d)$	100	0	构造	⊈8@200	251
	$a'-b'(c'-d', a-b, c-d)$	100	0	构造	⊈8@200	251

屋盖配筋图见图 2-48。

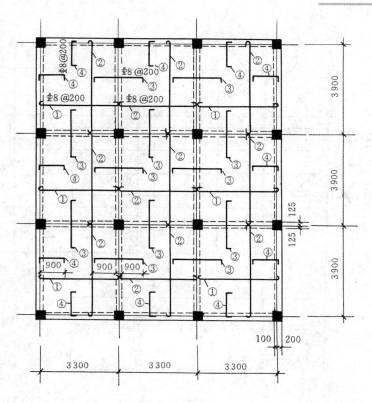

图 2-48 屋盖配筋图

2.6 无梁楼盖

2.6.1 无梁楼盖的受力特点和实验结果

1. 概述

无梁楼盖是一种双向受力的板柱结构。柱与柱之间不设梁,钢筋混凝土楼板直接支承在柱上,因此与相同柱网尺寸的肋梁楼盖相比,其板厚要大些。为了提高柱顶处平板的受冲切承载力和减小板的计算跨度,通常在柱顶设置柱帽;当柱网尺寸或楼面荷载较小时,也可不用柱帽。无梁楼盖结构一般由四种基本构件组成:板、柱、柱帽和楼盖四周的边梁,边梁起加固楼盖四边的构造作用,如图 2-49 所示。

无梁楼盖结构体系简单,传力途径短捷,增加了楼层的净高,平整的板底可以有效改善采光、通风和卫生条件,故无梁楼盖常用于多层的工业与民用建筑中,如商场、书库、厂房、冷藏库、仓库、水池顶盖等。

无梁楼盖因没有梁,抗侧刚度比较差,所以当层数较多或有抗震要求时,宜设置剪力墙,构成板柱——抗震墙结构。其柱网布置成正方形或矩形,以正方形比较经济,根据工程经验,当楼面活荷载标准值在 $5kN/m^2$ 以上,柱网为 $6m×6m$ 时,无梁楼盖比肋梁楼盖经济。

无梁楼盖根据施工方法的不同可分为现浇式和装配整体式两种。其中装配整体式采用升板施工技术,在现场逐层将在地面预制的屋盖和楼盖分阶段提升至设计标高后,通过柱帽与柱整体浇筑在一起,由于它将大量的空中作业改在地面上完成,可提高施工进度。其设计原理,

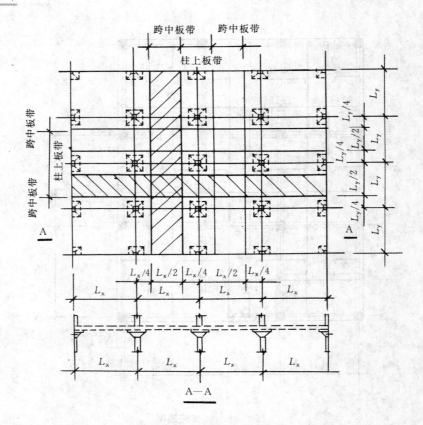

图 2-49　无梁楼板及板带划分

除需考虑施工阶段验算外,与一般无梁楼盖相同。

目前现浇混凝土无柱帽空心无梁楼盖正在我国大力推广应用。主要有两种工艺:一种由预制的薄壁盒作为填充物构成,薄壁盒可由廉价的麦杆板制成,盒顶形成双曲扁壳和穹顶,以防止施工时盒子被踩坏以及避免楼板面的局部弯曲,板中的空腔为双向的。另一种采用埋芯成孔工艺,既在楼盖内每隔一定距离放置圆形或方形、梯形、异形的 GBF 高强薄壁复合管,浇筑混凝土后,形成无数类似小工梁受力的现浇空心板。现浇混凝土无柱帽空心无梁楼盖具有整体性能好、底面平整、节约吊顶、增加楼层净高的优点,又具备保温、隔热、隔声的效果,同时自重轻、材料省、造价低。

2. 受力特点和实验结果

无梁楼盖按柱网划分成矩形区格如图 2-49 所示,其近似力分析是在每一方向上假设板如"扁梁"(板带)一样与柱组成框架,而忽略板平面内轴力、剪力等薄膜力和扭矩的影响,使整个无梁楼盖与柱一起形成双向交叉的板柱结构。

无梁楼盖为 4 点支承的双向板,在均布荷载作用下,它的弹性变形曲线如图 2-50 所示。如把无梁楼板划分成如图 2-49 所示的柱上板带与跨中板带,则图 2-50 中的柱上板带 AB,CD 和 AD,BC 分别成了跨中板带 EG,FH 的弹性支座。柱上板带支承在柱上,其跨中具有挠度 f_1;跨中板带弹性支承在柱上板带,其跨中相对挠度

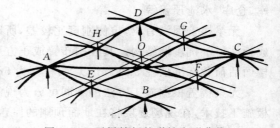

图 2-50　无梁楼板的弹性变形曲线

f_2；无梁楼板跨中的总挠度为 f_1+f_2。此挠度较相同柱网尺寸的肋梁楼盖的挠度为大，因而无梁楼板的板厚应大些。

无梁楼盖全部楼面荷载是通过板柱联结面上的剪力传递给柱子的，因楼面荷载很大，无梁楼盖可能由于板柱联结面抗剪能力不足而发生破坏。

试验表明，在均布荷载作用下，无梁楼板在开裂前，处于弹性工作阶段。随着荷载增加，裂缝首先在柱帽顶部出现，随后不断发展，在跨中中部 1/3 跨度处，相继出现成批的板底裂缝，这些裂缝相互正交，且平行于柱列轴线。即将破坏时，在柱帽顶上和柱列轴线上的板顶裂缝以及跨中的板底裂缝中出现一些特别大的裂缝，在这些裂缝处，受拉钢筋屈服，受压的混凝土压应变达到极限压应变值，最终导致楼板破坏。破坏时的板顶裂缝分布情况见图 2-51(a)，板底裂缝分布情况见图 2-51(b)。

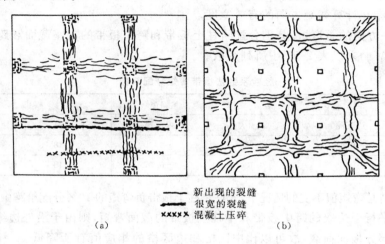

——— 新出现的裂缝
━━━ 很宽的裂缝
××××× 混凝土压碎

(a)   (b)

图 2-51　无梁楼板裂缝分布

2.6.2　无梁楼盖的内力计算

无梁楼盖计算方法有按弹性理论和塑性铰线法两种计算方法。

1. 按弹性理论计算

无梁楼盖按弹性理论计算有精确计算法、经验系数法和等代框架法等。经验系数法和等代框架法一般用于较规则柱网。

（1）经验系数法。

经验系数法先计算两个方向的截面总弯矩，再将截面总弯矩分配给同一方向的柱上板带和跨中板带。为了使各截面的弯矩设计值适应各种活荷载的不利布置，在应用该法时，要求无梁楼盖的布置必须满足下列条件：

① 每个方向至少应有三个连续跨；

② 同一方向各跨跨度相差不超过 20%；边跨的跨度不大于其相邻的内跨；

③ 区格为矩形，任一区格板的长边与短边之比值 $l_x/l_y \leqslant 2$；

④ 可变荷载和永久荷载之比值 $q/g \leqslant 3$。

⑤ 为保证无梁楼盖结构体系不承受水平荷载（如风力、地震作用），应在该结构体系中设置抗侧力支撑或剪力墙。

用该方法计算时，只考虑全部均布荷载，不考虑活荷载的不利布置。

经验系数法的计算步骤如下：

（i）要求每一区格 x 和 y 方向跨中弯矩和支座弯矩的总和相当于简支梁的最大弯矩，每个区格两个方向的总弯矩设计值为

x 方向
$$M_{0x} = \frac{1}{8} \times (g+q)l_x\left(l_y - \frac{2c}{3}\right)^2 \tag{2-45}$$

y 方向
$$M_{0y} = \frac{1}{8} \times (g+q)l_y\left(l_x - \frac{2c}{3}\right)^2 \tag{2-46}$$

式中 l_x,l_y——两个方向的柱距；

  g,q——板单位面积上作用的永久荷载和可变荷载设计值；

  c——柱帽在计算弯矩方向的有效宽度。

（ii）将每一方向的总弯矩，分别分配给柱上板带和跨中板带的支座截面和跨中截面，即将总弯矩（M_{0x} 或 M_{0y}）乘以表 2-21 中所列系数。

表 2-21 经验系数法板带弯矩分配系数

截面	边 跨			内 跨	
	边支座	跨中	内支座	跨中	支座
柱上板带	−0.48	0.22	−0.50	0.18	−0.50
跨中板带	−0.05	0.18	−0.17	0.15	−0.17

（iii）在保持总弯矩值不变的情况下，允许将柱上板带负弯矩的 10% 分配给跨中板带负弯矩。

沿外边缘平行于边梁的跨中板带和半柱上板带的截面弯矩，则由于沿外边缘设置边梁，而边梁又承担了部分板面荷载，故可以比中区格和边区格的相应值有所降低。一般可采用弯矩折减，修正系数为跨中板带截面每米宽的正、负弯矩，为中区格和边区格跨中板带截面每米宽相应弯矩的 0.8；柱上板带截面每米宽的正、负弯矩，为中区格和边区格柱上板带截面每米宽相应弯矩的 0.5。

（2）等代框架法。无梁楼盖体系不符合经验系数法所要求的四个条件时，可采用等代框架法确定竖向均布荷载作用下的内力。

等代框架法是把整个结构分别沿纵、横柱列两个方向划分为纵向等代框架和横向等代框架，分别进行计算分析。等代框架与普通框架有所不同，普通框架中柱和梁间可以直接传递弯矩、剪力和轴力，而等代框架中由于等代框架梁的宽度取于梁跨方向相垂直的板跨中心线间的距离，其值大大超过柱宽，故仅有一部分荷载（大体相当于柱或柱帽宽的那部分荷载）产生的弯矩可以通过板直接传递给柱，其余都要通过扭矩进行传递。这时可以假设柱两端与柱或柱帽等宽的板为扭臂，见图 2-52，柱或柱帽宽以外的那部分荷载是扭臂受扭，扭臂又将这些扭矩传递给柱，使柱受弯曲。因此，在无梁楼盖等代框架中的柱应该是包括柱或柱帽和两侧扭臂在内的等代柱，它的刚度应为考虑柱的抗弯刚度和扭臂的抗扭刚度后的等代刚度。至于柱本身和等代梁的截面和跨度的确定，则要考虑板柱结点处有柱帽的情况。柱帽既加强了等代柱，也加强了等代梁，因而等代梁端和等代柱端往往有一个刚度为无穷大的区段，它对构件的跨度、刚度和用力矩分配法解框架时的传递系数等都会产生影响。等代框架的划分见图 2-53。

计算步骤如下：

① 计算等代框架梁、柱的几何特征。

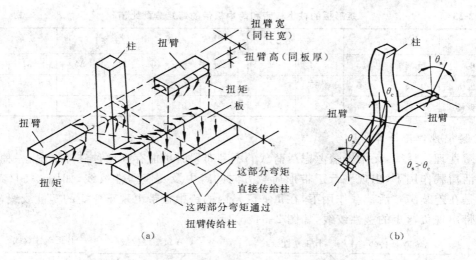

（a） （b）

图 2-52 等代框架的受力分析

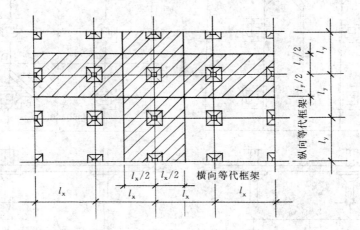

图 2-53 等代框架的划分

等代框架梁宽度和高度取为板跨中心线间的距离（l_x 或 l_y）；板厚跨度取为 $\left(l_y-\dfrac{2c}{3}\right)$ 或 $\left(l_x-\dfrac{2c}{3}\right)$；等代柱的截面即原柱截面，柱的计算高度取为层高减柱帽高度，底层柱高度取为基础顶面至楼板底面的高度减柱帽高度。

② 按框架计算内力。当仅有竖向荷载作用时，可近似按分层法计算（详见第 4 章）。

③ 计算所得的等代框架控制截面总弯矩，按照划分的柱上板带和跨中板带分别确定支座和跨中弯矩设计值，即将总弯矩乘以表 2-22 或表 2-23 中所列的分配比值。

表 2-22 方形板的柱上板带和跨中板带的弯矩分配比值

截面	端 跨			内 跨	
	边支座	跨中	内支座	跨中	支座
柱上板带	0.90	0.55	0.75	0.55	0.75
跨中板带	0.10	0.45	0.25	0.45	0.25

表 2-23   矩形板的柱上板带和跨中板带的弯矩分配比值

l_x/l_y	0.50～0.60		0.60～0.75		0.75～1.33		1.33～1.67		1.67～2.00	
弯矩	$-M$	M	$-M$	M	$-M$	M	$-M$	M	$-M$	M
柱上板带	0.55	0.50	0.65	0.55	0.70	0.60	0.80	0.75	0.85	0.85
跨中板带	0.45	0.50	0.35	0.45	0.30	0.40	0.20	0.25	0.15	0.15

2. 按塑性理论计算

按塑性理论计算,无梁楼盖考虑活荷载的不利布置时可能存在两种破坏情况:一种是内跨在带形活荷载作用下,出现平行于带形荷载方向的跨中及支座塑性绞线,如图 2-54(a)所示。另一种是在连续满布活荷载作用下,在每一区格内的跨中板带出现正弯矩的塑性绞线,柱顶及柱上板带出现负弯矩的塑性绞线,如图 2-54(b)所示。

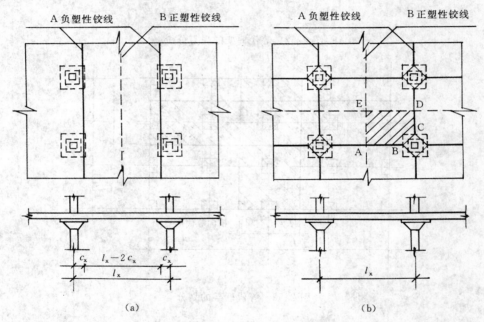

图 2-54 无梁楼板的塑性绞线分布

无梁楼盖内跨在带形活荷载作用下,形成三条平行的塑性绞线 A,B,A,如图 2-54(a)所示,跨中正弯矩塑性绞线 B 位于带形荷载的中心线上,而支座负弯矩塑性绞线 A 位于该跨两端离柱轴线为 c_x 处,c_x 的大小与柱帽形式有关。跨中及支座的塑性绞线将该跨分成两条刚性的板块,取一个中间区格板内的一条板块进行计算,荷载作用在长度为 $0.5l_x-c_x$,宽度为 l_y 的刚性板块上,在极限平衡状态下,取该板块上所有外荷载对塑性绞线的力矩与该板块的两条塑性绞线上的力矩,由平衡条件得:

$$\frac{q_p l_y (0.5l_x-c_x)^2}{2}=m_{zx}l_y+m_{bx}l_y$$

简化为 $$\frac{q_y(l_x-2c_x)^2}{8}=m_{zx}+m_{bx} \tag{2-47}$$

式中,m_{zx},m_{bx} 分别为沿 l_y 方向的跨中及支座塑性绞线单位长度上的极限弯矩。

取　$m_{bx}/m_{zx}=1\sim2$ 代入上式(2-47)，即得 m_{zx}, m_{bx}。

满布活荷载作用时，在极限平衡状态下，在中间区格板的跨中形成平行于纵、横两柱列轴线且互相垂直的塑性绞线，把整个区格分成四个刚性板块。在每个柱帽上，形成四条支座塑性绞线，该塑性绞线位于柱帽边缘与柱列轴线成45°。柱列轴线上也形成了支座塑性绞线，如图2-54(b)所示。取 1/4 中间区格的板块 ABCDE 对支座塑性绞线 BC 的力矩，由平衡条件得

$$\frac{q_p l_x l_y}{4}\left(\frac{l_x}{4}+\frac{l_y}{4}-\frac{c_x}{2}-\frac{c_y}{2}\right)\frac{1}{\sqrt{2}}+\frac{q_p c_x c_y}{2}\times\frac{c_x+c_y}{6\sqrt{2}}$$

$$=(m_{zx}l_y+m_{zy}l_x+m_{bx}l_y+m_{by}l_x)\frac{1}{2\sqrt{2}}\tag{2-48}$$

简化为

$$\frac{q_p l_x l_y}{4}\left[\frac{l_x+l_y}{2}-(c_x+c_y)+\frac{2}{3}(c_x+c_y)\frac{c_x c_y}{l_x l_y}\right]\tag{2-49}$$

$$=(m_{zx}+m_{bx})l_y+(m_{zy}+m_{by})l_x$$

式中　m_{zx}, m_{bx}——沿 l_y 方向的跨中及支座塑性绞线单位长度上的极限弯矩；

　　　m_{zy}, m_{by}——沿 l_x 方向的跨中及支座塑性绞线单位长度上的极限弯矩。

取 $m_b/m_z=1\sim2$ 代入式(2-49)，即得 m_z, m_b。

在极限状态时，考虑板存在一定程度的拱作用，按塑性理论的计算结果，可考虑折减。当所计算的区格离楼盖边缘有两列及两列以上柱时，该区格板的钢筋计算截面面积可减少10%；当计算区格离楼盖边缘只有一列柱时，该区格板的钢筋计算截面面积可减少5%。

2.6.3　柱帽设计

无梁楼盖全部楼面荷载是通过板柱联结面上的剪力传递给柱子的，因楼面荷载很大，无梁楼盖可能由于板柱联结面抗剪能力不足而发生破坏。因此需要进行柱周边板截面的抗冲切验算。

为了增强板柱联结面的面积，提高抗冲切强度，在柱顶需设置柱帽。柱帽分无顶板柱帽、折线形柱帽和有顶板柱帽三种形式，如图2-55所示，其中无顶板柱帽适用与板面荷载较小时，折线形和有顶板柱帽适用于板面荷载较大时。柱帽的作用是：加大板柱联结面，减少冲切力；减少板的计算跨度，并使楼板各部分合理地承受板面荷载，分配内力；增加楼面的刚度。

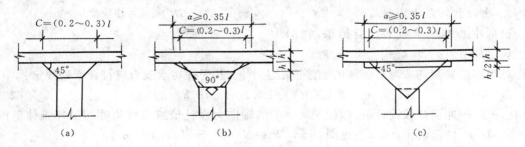

图 2-55　柱帽的主要形式

柱帽的截面尺寸确定为：计算宽度 $c=(0.2\sim0.3)l$，l 为板区格的边长；顶板宽度 $a\geqslant 0.35l$；顶板厚度一般取板厚的一半。由于柱帽是按照45°压力线确定其尺寸的，故不需进行配筋计算，钢筋按构造要求配置，不同类型柱帽的配筋构造要求如图2-56所示。通常所说的柱

帽计算,主要是指柱帽处楼板支撑面的冲切承载力计算。

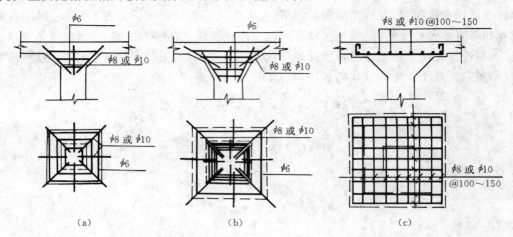

（a）　　　　　　　　　　（b）　　　　　　　　　　（c）

图 2-56　柱帽的配筋构造

1. 试验结果

当满布荷载时,无梁楼盖中的内柱柱帽边缘处的平板,可以认为承受中心冲切,见图 2-57。平板的中心冲切,属于在局部荷载下具有均布反压力的冲切情况。这种情况的试验表明:

① 冲切破坏时,形成破坏锥体的锥面与平板面大致成 45°倾角;② 受冲切承载力与混凝土轴向抗拉强度、局部荷载的周边长度(柱或柱帽周长)及板纵横两个方向的配筋率(仅对不太高的配筋率而言),均大体呈线性关系;与板厚大体呈抛物线关系;③ 具有弯起钢筋和箍筋的平板,可以大大提高受冲切承载力。

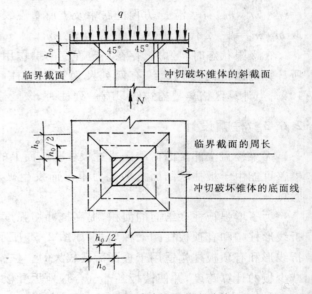

图 2-57　板受冲切承载力计算

2. 冲切承载力计算公式

根据中心冲切承载力试验结果,我国规范规定如下:

对于不配置箍筋或弯起钢筋的钢筋混凝土平板,其受冲切承载力应符合下列规定:

$$F_l \leqslant (0.7f_t + 0.15\sigma_{pc,m})u_m h_0 \qquad (2\text{-}50)$$

式中　F_l——冲切荷载设计值,即柱子所承受的轴向力设计值减去柱顶冲切破坏锥体范围内的荷载设计值,参见图 2-56,$F_l = N - p(c + 2h_0)(d + 2h_0)$;

u_m——距柱帽周边 $h_0/2$ 处的周长;

$\sigma_{pc,m}$——截面两方向上混凝土有效预应力的平均值,其值宜控制在 $1.0 \sim 3.5\text{N/mm}^2$ 范围内;

f_t——混凝土抗拉强度设计值;

h_0——板的截面有效高度。

当受冲切承载力不能满足式(2-50)的要求,且板厚受到限制时,可配置箍筋或弯起钢筋。

此时不再考虑冲切破坏锥体的混凝土抗拉强度的作用,仅考虑沿45°冲切破坏的箍筋或弯起钢筋的作用。受冲切截面应符合下列条件:

$$F_l \leqslant 1.05 f_t u_m h_0 \tag{2-51}$$

当配置箍筋时,受冲切承载力应符合下列规定:

$$F_l \leqslant (0.35 f_t + 0.15 \sigma_{pc,m}) u_m h_0 + 0.8 f_{yv} A_{svu} \tag{2-52}$$

当配置弯起钢筋时,受冲切承载力应符合下列规定:

$$F_l \leqslant (0.35 f_t + 0.15 \sigma_{pc,m}) u_m h_0 + 0.8 f_y A_{sbu} \sin\alpha \tag{2-53}$$

式中　A_{svu}——与呈45°冲切破坏锥体斜截面相交的全部箍筋面积;

　　　A_{sbu}——与呈45°冲切破坏锥体斜截面相交的全部弯起钢筋截面面积;

　　　α——弯起钢筋与板底面的夹角;

　　　f_y, f_{yv}——分别为弯起钢筋和箍筋的抗拉强度设计值。

对于配置受冲切的箍筋或弯起钢筋的冲切破坏锥体以外的截面,仍应按式(2-50)进行受冲切承载力验算。此外,取冲切破坏锥体以外 $0.5 h_0$ 处的最不利周长。

3. 柱配筋构造要求

按计算所需的箍筋及相应的架立钢筋应配置在与45°冲切破坏锥面相交的范围内,且从集中荷载作用面或柱边缘向外的分布长度不应小于 $1.5 h_0$,如图 2-58(a)所示;箍筋应做成封闭式,直径不应小于 6mm,间距不应大于 $h_0/3$。

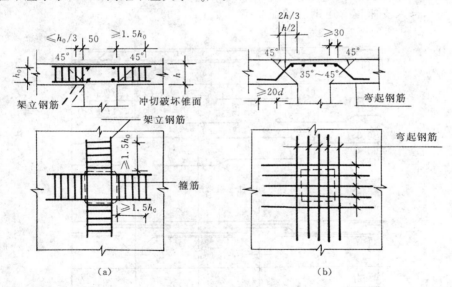

图 2-58　楼板抗冲切钢筋布置

按计算所需的弯起钢筋的弯起角度可根据板的厚度在30°~45°之间选取;弯起钢筋的倾斜段应与冲切破坏锥面相交,如图 2-58(b)所示,其交点应在集中荷载作用面或柱见面边缘以外$(1/2 \sim 1/3)h$的范围内。弯起钢筋直径不应小于 12mm,且每一方向不宜少于三根。

2.6.4　无梁楼盖的截面设计与构造

1. 截面的弯矩设计值

当竖向荷载作用时,有柱帽的无梁楼板内跨,具有明显的拱作用,截面的弯矩设计值可以适当折减。除边跨及边支座外,所有其余部位截面的弯矩设计值均可按内力分析得到的弯矩乘以 0.8。

2. 板的厚度

无梁楼板通常是等厚的,无梁楼板的挠度与板面荷载、板的厚度、区格长短边的比值、区格长短边的净跨、区格四边的连续性、有无柱帽和柱帽形式等有关。精确计算无梁楼盖的挠度是比较复杂的。在一般情况下,可以不计算挠度,通过对板的厚度加以控制来保证楼板有足够的刚度。设计时,板厚 h 宜符合下列要求:①板的厚度不应小于 150mm;②有帽顶板时,$h/l_{02} \geqslant 1/35$;③无帽顶板时,$h/l_{02} \geqslant 1/32$;无柱帽时,柱上板带可适当加厚,加厚部分的宽度可取相应跨度的 0.3 倍。

板的截面有效高度取值,与双向板类同。同一部位的两个方向弯矩同号时,由于纵横钢筋叠置,应分别取各自的截面有效高度。

3. 板的配筋

柱上板带及跨中板带的配筋有两种形式,受力钢筋可以用钢筋网片,此方法在实际工程中常用,主要为方便施工,也可以用单根钢筋组成。若为单根钢筋,其形状为分离式和弯起式,分离式一般用于非地震情况;当设防烈度为 7 度时,无柱帽无梁楼板的柱上板带应采用弯起式配筋;当设防烈度为 8 度时,所有柱上板带均应采用弯起式配筋;对于承受负弯矩的钢筋宜采用直径不小于 12mm 的钢筋。板的配筋构造及最小长度可按图 2-59 处理。

考虑地震的无梁楼盖,板面应配置抗震钢筋,其配筋率应大于 0.25ρ(ρ 为支座处负弯矩钢筋的配筋率),伸入支座正弯矩钢筋的配筋率应大于 0.5ρ。

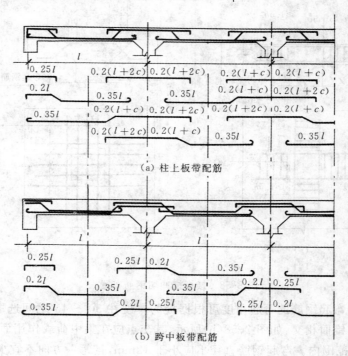

(a) 柱上板带配筋

(b) 跨中板带配筋

图 2-59 无梁楼板的配筋构造

4. 边梁

无梁楼盖的周边,应设置边梁,其截面高度不应小于板厚的 2.5 倍。边梁除与半个柱上板带一起承受弯矩和剪力外,还承受扭矩,因此应配置附加抗扭构造纵向钢筋和箍筋。

2.7 无梁楼盖实例

某多层厂房的楼盖拟采用现浇混凝土无梁楼盖结构,试用经验系数法和等代框架法进行楼盖的设计。

2.7.1 设计资料

(1)楼面做法 25mm 水泥砂浆面层,钢筋混凝土现浇板,20mm 石灰砂浆抹底。

(2)楼面荷载 均布活荷载标准值 5kN/m²。

(3)材料 混凝土强度等级 C25;板中钢筋采用 HRB400。

(4)抗震设防烈度 6 度,建筑抗震设防类别为丙类,建筑结构安全等级为二级。

2.7.2 楼盖的结构布置

确定柱网为 7.5m×7.5m,柱截面 500mm×500mm,底层地面标高±0.00m,基础顶面标高为−1.5m,楼盖柱网布置如图 2-60 所示。

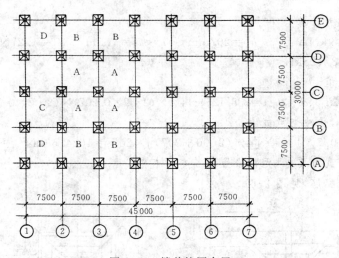

图 2-60 楼盖柱网布置

2.7.3 确定各设计参数

1. 柱帽

因板面荷载较小,故采用无顶板柱帽。

$$c=(0.2\sim0.3)l=1500\sim2250\text{mm} \qquad 取\ c=2000\text{mm}。$$

2. 板

按挠度要求,$h\geqslant1/32l$,因 $l=7500$mm,故 $h\geqslant234.4$mm,取 $h=240$mm。若选用钢筋直径 $D=12$mm,则

$$h_{0x}=240-15-6=219\text{mm} \qquad h_{0y}=219-12=207\text{mm}。$$

2.7.4 荷载及总弯矩值计算

板的恒荷载标准值:

25mm 水泥砂浆面层	$0.025 \times 20 = 0.5 \text{kN/m}^2$
240mm 厚现浇板	$0.024 \times 25 = 6 \text{kN/m}^2$
20mm 板底石灰抹灰	$0.020 \times 17 = 0.34 \text{kN/m}^2$
小计	6.84kN/m^2

板的活荷载标准值：5.00kN/m^2

板的恒荷载分项系数取 1.2，活荷载分项系数取 1.3（因活荷载标准值为 $5\text{kN/m}^2 > 4\text{kN/m}^2$）。因此板的

恒荷载设计值　　　$g = 1.2 \times 6.84 = 8.21 \text{kN/m}^2$

活荷载设计值　　　$q = 1.3 \times 5.0 = 6.50 \text{kN/m}^2$

荷载总设计值　　　$g + q = 8.21 + 6.5 = 14.71 \text{kN/m}^2$

总弯矩值　　　$M_o = M_{ox} = M_{oy} = 1/8 \times (g+q) l_y (l_x - 2c/3)^2$
　　　　　　　　$= 1/8 \times (8.21 + 6.5) \times 7.5 \times (7.5 - 2 \times 2/3)^2 = 531.2 \text{kN} \cdot \text{m}$

各区格板编号及 x,y 方向如图 2-60。

2.7.5　柱帽设计

进行冲切承载力计算

$p = q + g = 14.9 \text{kN/m}^2$　　$h_o = 207 \text{mm}$　　$l_x = l_y = 7.5 \text{m}$　　$f_t = 1.27 \text{N/mm}^2$

$N = p l_x l_y = 838.125 \text{kN}$

冲切荷载设计值

$F_l = N - p(c + 2h_o)(d + 2h_o) = 838.125 - 14.9 \times (2 + 2 \times 0.207) \times (2 + 2 \times 0.207) = 751.3 \text{kN}$

按公式(2-50)，受冲切承载力

$0.7 f_t u_m h_o = 0.7 \times 1.27 \times [4 \times (2000 + 207)] \times 207 = 1624.56 \text{kN} > F_l = 751.3 \text{kN}$

满足板的受冲切承载力要求，无需设置箍筋与弯起筋。

柱帽采用构造配筋，见图 2-61。

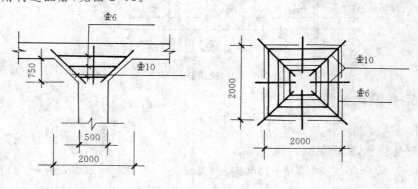

图 2-61　柱帽配筋图

2.7.6　板的计算

1. 用经验系数法求区格板带的弯矩值及配筋

(1) x 方向，全板带宽为 3.75m，半板带宽为 1.875m。$f_y = 360 \text{N/mm}^2$，$f_c = 11.9 \text{N/mm}^2$。

(2) y 方向，各弯矩值同 x 方向相同，因截面有效高度不同，故配筋有所不同。

x 方向及 y 方向区格板的弯矩值及配筋分别如表 2-24 和表 2-25 所示。

由于边梁的存在,靠墙边板带弯矩可予以减小,修正系数为跨中板带截面每米宽的正、负弯矩,为中区格和边区格跨中板带截面每米宽相应弯矩的 0.8;柱上板带截面每米宽的正、负弯矩,为中区格和边区格柱上板带截面每米宽相应弯矩的 0.5。

表 2-24 x 方向配筋计算(经验系数法)

区格	板带弯矩值 /(kN·m)	柱上板带每米宽需配筋 A_s/mm^2	跨中板带每米宽需配筋 A_s/mm^2	柱上板带实际配筋 /mm²	跨中板带实际配筋 /mm²
中区格 A	柱上板带负弯矩 $M_1 = 0.50 \times 531.2 = 265.6$	962		$\Phi 14@160(962)$	
	跨中板带负弯矩 $M_2 = 0.17 \times 531.2 = 90.3$		312		$\Phi 12@250(452)$
	柱上板带正弯矩 $M_3 = 0.18 \times 531.2 = 95.6$	331		$\Phi 12@250(452)$	
	跨中板带正弯矩 $M_4 = 0.15 \times 531.2 = 79.68$		274		$\Phi 12@250(452)$
边区格 C	边支座柱上板带负弯矩 $M_5 = 0.48 \times 531.2 = 254.98$	921		$\Phi 14@160(962)$	
	边支座跨中板带负弯矩 $M_6 = 0.05 \times 531.2 = 26.56$		90		$\Phi 12@250(452)$
	柱上板带正弯矩 $M_7 = 0.22 \times 531.2 = 116.9$	407		$\Phi 12@250(452)$	
	跨中板带正弯矩 $M_8 = 0.18 \times 531.2 = 95.6$		331		$\Phi 12@250(452)$
靠墙中区格与角区格 BD	靠墙边跨中板带 中间跨正弯矩 $0.8M_4 = 63.74$		219		$\Phi 12@250(452)$
	内支座负弯矩 $0.8M_2 = 72.24$		249		$\Phi 12@250(452)$
	边支座负弯矩 $0.8M_6 = 21.25$		72		$\Phi 12@250(452)$
	边跨正弯矩 $0.8M_8 = 76.5$		263		$\Phi 12@250(452)$
	靠墙边半柱上板带 内支座负弯矩 $0.5M_1 = 132.8$	928		$\Phi 14@160(962)$	
	中间支座正弯矩 $0.5M_3 = 47.8$	326		$\Phi 12@250(452)$	
	边支座负弯矩 $0.5M_5 = 127.5$	890		$\Phi 14@160(962)$	
	边跨正弯矩 $0.5M_7 = 58.4$	400		$\Phi 12@250(452)$	

表 2-25 y 方向配筋计算(经验系数法)

区格	板带弯矩值 /(kN·m)	柱上板带每米宽需配筋 A_s/mm²	跨中板带每米宽需配筋 A_s/mm²	柱上板带实际配筋 /mm²	跨中板带实际配筋 /mm²
中区格 A	柱上板带负弯矩 $M_1 = 265.6$	1028		$\Phi 14@140(1099)$	
	跨中板带负弯矩 $M_2 = 90.3$		331		$\Phi 12@250(452)$
	柱上板带正弯矩 $M_3 = 95.6$	351		$\Phi 12@250(452)$	
	跨中板带正弯矩 $M_4 = 79.68$		291		$\Phi 12@250(452)$
边区格 C	边支座柱上板带负弯矩 $M_5 = 254.98$	983		$\Phi 14@150(1026)$	
	边支座跨中板带负弯矩 $M_6 = 26.56$		96		$\Phi 12@250(452)$
	柱上板带正弯矩 $M_7 = 116.9$	432		$\Phi 12@250(452)$	
	跨中板带正弯矩 $M_8 = 95.6$		351		$\Phi 12@250(452)$
靠墙中区格与角区格 BD	靠墙边跨中板带 中间跨正弯矩 $0.8M_4 = 63.74$		232		$\Phi 12@250(452)$
	内支座负弯矩 $0.8M_2 = 72.24$		264		$\Phi 12@250(452)$
	边支座负弯矩 $0.8M_6 = 21.25$		76		$\Phi 12@250(452)$
	边跨正弯矩 $0.8M_8 = 76.5$		279		$\Phi 12@250(452)$
	靠墙边半柱上板带 内支座负弯矩 $0.5M_1 = 132.8$	986		$\Phi 14@150(1026)$	
	中间支座正弯矩 $0.5M_3 = 47.8$	346		$\Phi 12@250(452)$	
	边支座负弯矩 $0.5M_5 = 127.5$	944		$\Phi 14@150(1026)$	
	边跨正弯矩 $0.5M_7 = 58.4$	424		$\Phi 12@250(452)$	

2. 用等代框架法求各板带的弯矩值及配筋

(1) x 方向。

① 等代框架构件尺寸的确定：

（i）等代梁　梁截面宽度取板跨中心线间距：7500mm；梁截面高度取板厚：240mm。

梁跨取　　　　　　$l_x - 2c/3 = 7500 - 2 \times 2000/3 = 6170\text{mm}$

梁截面惯性矩为　　$I_b = 8 \times 0.24^3/12 = 8.64 \times 10^{-3}\text{m}^4$

（ii）等效柱　柱截面尺寸：500mm×500mm；柱帽高度：750mm　　（图 2-61）。

底层柱高　　　　　$1.5 + 3.6 - 0.24 - 0.75 = 4.11\text{m}$

二层以上各层柱高　$3.6 - 0.75 - 0.24 = 2.61\text{m}$

柱截面惯性矩　　　$I_c = 0.5 \times 0.5^3/12 = 5.2 \times 10^{-3}\text{m}^4$

② 计算简图

梁上均布荷载　　　$q = 14.9 \times 7.5 = 111.75\text{kN/m}$（因活荷载不超过恒荷载的75%，故考虑活荷载满布）

计算简图如图 2-62 所示。

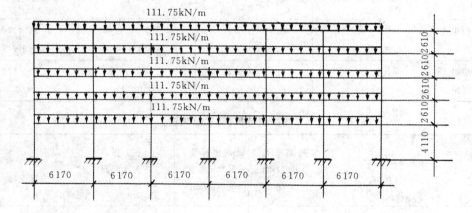

图 2-62　x 方向等代框架计算简图

③ 采用分层法计算竖向荷载作用下的内力值。本例题忽略了水平荷载的作用，工程设计中应根据实际情况予以考虑。内力计算结果如表 2-26 所示。

表 2-26　　　　　　　　　　竖向荷载作用下的内力值

项目	边支座负弯矩值 /(kN·m)	边跨跨中正弯矩值 /(kN·m)	第一内支座负弯矩值/(kN·m)	中跨跨中正弯矩值/(kN·m)
计算单元1（顶层）	227.53	216.33	411.3	178.23
计算单元2（标准层）	291.6	193.58	397.1	177.58
计算单元3（底层）	261.5	203.93	398.6	177.68
同一处弯矩最大值	291.6	216.33	411.3	178.23

④ 配筋计算

$f_y = 360\text{N/m}^2$，$h_0 = 219\text{mm}$，截面配筋见表 2-28 所示。

由于边梁的存在，靠墙边板带弯矩予以减小，修正系数与经验系数法相同。

（2）y 方向：等代框架尺寸同 x 方向，为五层四跨框架，计算过程与 x 方向相类似，分层法计算结果如表 2-27 所示,配筋如表 2-29 所示。

表 2-27   **y 方向分层法计算结果**

项目	边支座负弯矩值 /(kN·m)	边跨跨中正弯矩值 /(kN·m)	第一内支座负弯矩值 /(kN·m)	中跨跨中正弯矩值 /(kN·m)
计算单元 1 (顶层)	224.73	215.12	417.3	174.68
计算单元 2 (标准层)	291.63	193.63	397.18	176.16
计算单元 3 (底层)	261.3	203.39	400.0	175.04
同一处弯矩 最大值	291.63	215.12	417.3	176.16
柱上板带 分配弯矩	0.90×91.63 $=262.47$	0.55×215.12 $=118.32$	0.75×417.3 $=312.98$	0.55×176.1 $=96.9$
跨中板带 分配弯矩	0.10×291.63 $=9.16$	0.45×215.12 $=96.8$	0.25×417.3 $=104.33$	0.45×176.1 $=80.2$

表 2-28   **x 方向配筋计算(等代框架法)**

区格		板带弯矩值 /(kN·m)	柱上板带 每米宽需配 筋 A_s/mm²	跨中板带 每米宽需配 筋 A_s/mm²	柱上板带 实际配筋 /mm²	跨中板带 实际配筋/mm²
中区格 A	柱上板带负弯矩 $M_1=308.48$		1132		Φ 12/14 @100(1335)	
	跨中板带负弯矩 $M_2=102.83$			357		Φ 12 @250(452)
	柱上板带正弯矩 $M_3=98.3$		340.5		Φ 12 @250(452)	
	跨中板带正弯矩 $M_4=80.2$			276.5		Φ 12 @250(452)
边区格 C	边支座柱上板带负弯矩 $M_5=262.44$		950		Φ 14 @150(1026)	
	边支座跨中板带负弯矩 $M_6=29.16$			99		Φ 12 @300(377)
	柱上板带正弯矩 $M_7=118.98$		414		Φ 12 @250(452)	
	跨中板带正弯矩 $M_8=97.35$			337		Φ 12 @250(452)

续表

区格			板带弯矩值/(kN·m)	柱上板带每米宽需配筋 A_s/mm²	跨中板带每米宽需配筋 A_s/mm²	柱上板带实际配筋/mm²	跨中板带实际配筋/mm²
靠墙中区格与角区格 BD	靠墙边跨中板带		中间跨正弯矩 $0.8M_4=82.27$		284		Φ12@250(452)
			内支座负弯矩 $0.8M_2=64.16$		220		Φ12@250(452)
			边支座负弯矩 $0.8M_6=23.33$		79		Φ12@250(452)
			边跨正弯矩 $0.8M_8=77.88$		268		Φ12@250(452)
	靠墙边半柱上板带		内支座负弯矩 $0.5M_1=154.24$	1084		Φ12@100(1131)	
			中间支座正弯矩 $0.5M_3=49$	336		Φ12@250(452)	
			边支座负弯矩 $0.5M_5=131.22$	916		Φ12@120(942)	
			边跨正弯矩 $0.5M_7=59.5$	408		Φ12@250(452)	

表 2-29   y 方向配筋计算（等代框架法）

区格	板带弯矩值/(kN·m)	柱上板带每米宽需配筋 A_s/mm²	跨中板带每米宽需配筋 A_s/mm²	柱上板带实际配筋/mm²	跨中板带实际配筋/mm²
中区格 A	柱上板带负弯矩 $M_1=312.98$	1163.2		Φ12/14@100(1335)	
	跨中板带负弯矩 $M_2=104.33$		363		Φ12@250(452)
	柱上板带正弯矩 $M_3=96.89$	336		Φ12@250(452)	
	跨中板带正弯矩 $M_4=79.27$		273		Φ12@250(452)
边区格 C	边支座柱上板带负弯矩 $M_5=262.47$	959		Φ14@150(1026)	
	边支座跨中板带负弯矩 $M_6=29.16$		100		Φ12@250(452)
	柱上板带正弯矩 $M_7=118.32$	413		Φ12@250(452)	
	跨中板带正弯矩 $M_8=96.8$		336		Φ12@250(452)

续表

区格		板带弯矩值 /(kN·m)	柱上板带 每米宽需配 筋 A_s/mm²	跨中板带 每米宽需配 筋 A_s/mm²	柱上板带 实际配筋 /mm²	跨中板带 实际配筋/mm²
靠墙中区格与角区格 BD	靠墙边跨中板带	中间跨正弯矩 $0.8M_4=83.46$		288		$\underline{\Phi}12@250(452)$
		内支座负弯矩 $0.8M_2=63.42$		218		$\underline{\Phi}12@250(452)$
		边支座负弯矩 $0.8M_6=23.33$		79		$\underline{\Phi}12@250(452)$
		边跨正弯矩 $0.8M_8=77.44$		267		$\underline{\Phi}12@250(452)$
	靠墙边半柱上板带	内支座负弯矩 $0.5M_1=156.5$	1104		$\underline{\Phi}12@100(1131)$	
		中间支座正弯矩 $0.5M_3=48.44$	332		$\underline{\Phi}12@250(452)$	
		边支座负弯矩 $0.5M_5=131.24$	920		$\underline{\Phi}12@120(942)$	
		边跨正弯矩 $0.5M_7=59.16$	406		$\underline{\Phi}12@250(452)$	

3. 板的配筋

从经验系数法和等代框架法的计算结果中可以发现,不论是中区格,还是边区格和角区格,柱上板带的正负弯矩和配筋均为最大值。为方便施工和避免柱头处钢筋过多的交错设置,楼板钢筋采用上下通长配置,不设弯起钢筋,负弯矩处配$\underline{\Phi}12/14@100$,正弯矩处配$\underline{\Phi}12@250$(以等代框架法的计算结果为例),并在上下钢筋网之间设置拉结钢筋$\underline{\Phi}6@300$。配筋图略。

2.8 楼梯设计

楼梯是多层建筑竖向交通的主要构件,也是多、高层建筑遭遇火灾和其他灾害时的主要疏散通道。常见的楼梯主要是钢筋混凝土现浇楼梯,在非地震区也有多层建筑用钢筋混凝土预制楼梯的。楼梯的结构形式主要是板式和梁式楼梯,在一些公共建筑中有时也用剪刀式和螺旋式楼梯的。其中前二者为平面受力体系(图2-63),后两者属空间受力体系(图2-64)。

本节主要介绍最基本的整体式板式楼梯和梁式楼梯。

2.8.1 现浇板式楼梯的设计与构造

当楼梯梯段的跨度不大(一般约在3m以内)、活荷载较小时,一般采用板式楼梯。板式楼梯由梯段板、平台板和平台梁组成。

1. 梯段板

板式楼梯的梯段板是一块有踏步的斜板,板端支承在平台梁上,板上的荷载直接传至平台梁。斜板的厚度一般取梯段水平方向跨度的$\frac{1}{25}\sim\frac{1}{30}$。

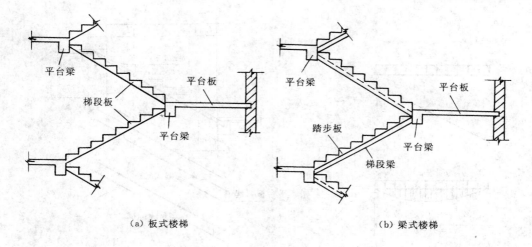

（a）板式楼梯　　　　　　　　　　　（b）梁式楼梯

图 2-63　板式和梁式楼梯

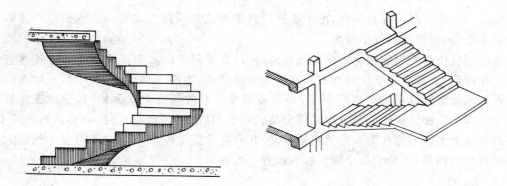

图 2-64　螺旋式和剪刀式楼梯

　　梯段板的荷载包括板面均布活荷载和恒荷载。恒荷载包括踏步与斜板自重等，沿斜板的倾斜方向分布；活荷载是沿水平方向分布。为了计算统一，一般将恒荷载也换算成沿水平方向分布。计算时，取 1m 宽板带作为计算单元。

　　梯段板（图 2-65(a)）在内力计算时，简化为简支水平板计算（图 2-65(b)）。其计算跨度按照斜板的水平投影长度取值，荷载也按照换算后的沿斜板的水平投影长度上的均布荷载。简支斜板是斜向搁置的受弯构件，在竖向荷载作用下，会在板中引起弯矩、剪力，还有轴力。

　　根据结构力学，简支斜板在竖向均布荷载作用下（沿水平投影长度）的最大弯矩与相应的简支水平直梁（荷载、水平跨度相同）的最大弯矩相等：$M_{max} = \dfrac{1}{8}(g+q)l_0^2$，考虑到梯段斜板与平台梁为整体连接，平台梁对梯段斜板有弹性约束作用，可以减小梯段板的跨中弯矩，计算时板跨中最大弯矩可以取：

$$M_{max} = \frac{1}{10}(g+q)l_0^2 \tag{2-54}$$

式中　g,q——作用于梯段板上的沿水平投影方向永久荷载和可变荷载的设计值；

　　　　l_0——梯段板的计算跨度。

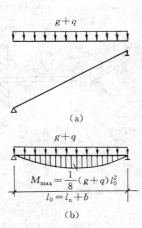

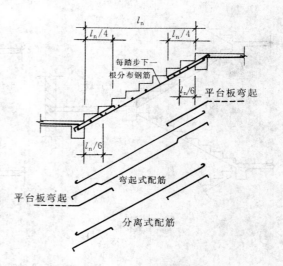

图 2-65 斜板计算简图

图 2-66 板式楼梯配筋示意

梯段斜板和一般板计算一样,可不必进行斜截面抗剪承载力验算。简支斜板产生的轴向力影响很小,一般设计时可不考虑。

梯段斜板中受力钢筋按跨中弯矩计算求得,计算时斜板的截面计算高度 h 应按垂直斜向取用。在构造上,考虑到梯段板和支座连接处的整体性,为防止该处表面开裂,一般在斜板上部靠近支座处配置适量的负弯矩钢筋,其钢筋用量一般取与跨中截面相同,伸出支座长度为 $l_n/4$(图 2-66)。梯段板的配筋可以采用分离式或弯起式,采用弯起式时,一半钢筋伸入支座,一半钢筋靠近支座弯起作为支座负弯矩钢筋,其弯起位置见图 2-66。在垂直受力钢筋方向按构造配置分布钢筋,但至少每个踏步板内放置一根钢筋。

2. 平台板

平台板一般为单向板,支承于平台梁及外墙上或钢筋混凝土过梁上,其计算弯矩一般取 $M_{max}=\dfrac{1}{8}(g+q)l_0^2$ 或 $M_{max}=\dfrac{1}{10}(g+q)l_0^2$(仅当板两端均与梁整体连接时),其设计和配筋与一般简支板相同。

3. 平台梁

平台梁承受平台板传来的均布荷载、梯段斜板传来的均布荷载以及平台梁的自重,其计算和构造按一般受弯构件处理。平台梁是倒 L 形截面,其截面高度一般取 $h \geqslant l_0/12$(l_0 为平台梁的计算跨度),且应满足梯段斜板的搁置要求。

2.8.2 现浇梁式楼梯的设计与构造

当楼梯梯段的跨度较大、活荷载较大时,采用板式楼梯不经济,此时一般采用梁式楼梯。梁式楼梯由踏步板、梯段斜梁、平台板和平台梁组成。

1. 踏步板

梁式楼梯的踏步板两端支承在梯段斜梁上,按两端简支单向板计算。计算时,一般取一个踏步(图2-67)作

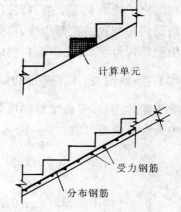

图 2-67 梁式楼梯踏步及配筋示意

为计算单元,其截面为梯形。板的折算高度 h 近似按照梯形截面的平均高度取用,即取 $h=\dfrac{c}{2}+\dfrac{\delta}{\cos\alpha}$。踏步板厚度一般取 $30\sim40\mathrm{mm}$。踏步板的配筋按照计算确定,但不少于每踏步 $2\phi6$ 钢筋。钢筋布置在踏步下面的斜板中,并沿梯段方向布置间距不大于 $300\mathrm{mm}$ 的分布筋。

2. 梯段斜梁

梯段斜梁两端支承在平台梁上,承受踏步板传来的荷载。其弯矩计算与板式楼梯斜板的计算相同,仍为 $M_{\max}=\dfrac{1}{8}(g+q)l_0^2$;沿水平投影长度的最大剪力为:$V_{\max}=\dfrac{1}{2}(g+q)l_0$,进行斜截面抗剪设计时,算得的剪力要乘以 $\cos\alpha$;轴力的影响较小,仍不考虑。配筋按照梁横断面矩形截面设计,与一般梁的配筋设计相同(图 2-68)。

3. 平台梁和平台板

梁式楼梯的平台梁和平台板与板式楼梯基

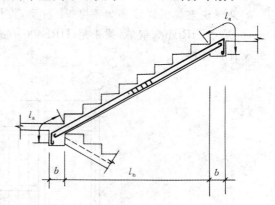

图 2-68 梯段斜梁配筋构造

本相同,只是此时梯段传给平台梁的是集中荷载,另外平台梁还要满足梯段斜梁的搁置。

2.8.3 折线形楼梯的设计与构造

为满足楼梯下净高要求,在房屋底层经常会采用折线形楼梯(图 2-69)。折线形楼梯斜梁或斜板的计算与普通梁式、板式楼梯一样,将斜梯段上的荷载换算成沿水平长度方向分布的荷载,然后再按简支梁计算 M 和 N 的值,按照板式或梁式楼梯进行配筋。

折线形楼梯应注意几个构造问题:①折线形梯段板的水平段的板厚度与梯段斜板相同。②梯段折板折角处内折角的钢筋不能沿板底弯折,否则受拉的纵向钢筋将产生较大的向外合力,使该处混凝土崩脱(图 2-70(a)),故该处钢筋应断开后自行锚固(图 2-70(b))。③折线形梁式楼梯的梯段梁在内折角弯折处的受拉纵向钢筋应分开配置,并各自满足锚固长度,同时还应在该处增设附加箍筋。

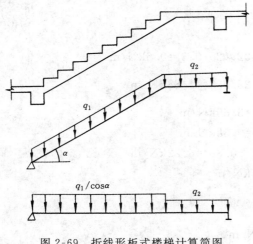

图 2-69 折线形板式楼梯计算简图

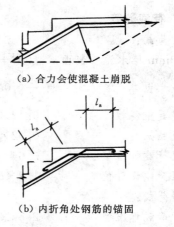

(a)合力会使混凝土崩脱

(b)内折角处钢筋的锚固

图 2-70 折线形板式楼梯
内折角处构造

2.9 楼梯设计实例之一

2.9.1 设计资料

某现浇整体板式楼梯如图 2-71 所示,楼梯踏步尺寸 150mm×300mm。楼梯采用 C25 混凝土,板采用 HRB400 钢筋,梁采用 HRB400 钢筋。楼梯上均布活荷载标准值为 $q_k=2.5kN/m^2$。试设计该楼梯。

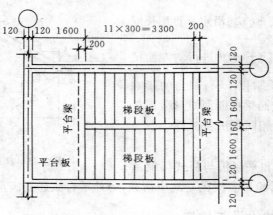

图 2-71 楼梯结构布置

2.9.2 梯段板设计

板式楼梯由梯段板、平台板和平台梁三种构件组成,设计时可以按照以下次序进行。

1. 梯段板数据

板倾斜角 $\tan\alpha=150/300=0.5$,$\alpha=26.6°$,$\cos\alpha=0.894$,取 1m 宽板带进行计算。

2. 确定板厚

板厚要求 $h=\dfrac{l_n}{25}\sim\dfrac{l_n}{30}=\dfrac{3300}{25}\sim\dfrac{3300}{30}=132\sim110mm$,板厚取 $h=120mm$。

3. 荷载计算

恒荷载:

20mm 厚水泥砂浆面层:$(0.3+0.15)\times0.02\times20/0.3=0.6kN/m$

踏步重 $\dfrac{1}{2}\times0.3\times0.15\times25/0.3=1.88kN/m$

混凝土斜板 $0.12\times25/0.894=3.36kN/m$

板底抹灰 $0.02\times17/0.894=0.38kN/m$

恒荷载标准值 $0.6+1.88+3.36+0.38=6.22kN/m$

恒荷载设计值 $1.2\times6.22=7.46kN/m$

活荷载:

活荷载标准值 $2.5kN/m$

活荷载设计值 $1.4\times2.5=3.5kN/m$

荷载总计:

荷载设计值 $\qquad g+q=7.55+3.5=10.96\text{kN/m}$

4. 内力计算

跨中弯矩 $\quad M=\dfrac{1}{10}(g+q)l_n^2=\dfrac{1}{10}\times10.96\times3.3^2=11.94\text{kN}\cdot\text{m}$

5. 配筋计算

板保护层 15mm,有效高度 $h_0=120-20=100\text{mm}$。

$$\alpha_s=\frac{M}{\alpha_1 f_c b h_0^2}=\frac{11.94\times10^6}{1.0\times11.9\times1000\times100^2}=0.100$$

则 $\xi=1-\sqrt{1-2\alpha_s}=0.106,\gamma_s=1-0.5\xi=0.947$

$$A_s=\frac{M}{\gamma_s f_y h_0}=\frac{11.94\times10^6}{0.947\times360\times100}=350\text{mm}^2,选配 \Phi\,8@130,A_s=387\text{mm}^2。$$

另外每踏步配一根 $\Phi\,6$ 分布钢筋。

2.9.3 平台板设计

1. 确定板厚

板厚取 $h=70\text{mm}$,板跨度 $l_0=1.6-0.1+0.06=1.56\text{m}$。取 1m 宽板带进行计算。

2. 荷载计算

恒荷载:

20mm 厚水泥砂浆面层	$0.02\times20=0.4\text{kN/m}$
平台板	$0.07\times25=1.75\text{kN/m}$
板底抹灰	$0.02\times17=0.34\text{kN/m}$
恒荷载标准值	$0.4+1.75+0.34=2.49\text{kN/m}$
恒荷载设计值	$1.2\times2.49=2.99\text{kN/m}$

活荷载:

活荷载标准值	2.5kN/m
活荷载设计值	$1.4\times2.5=3.5\text{kN/m}$

荷载总计:

荷载设计值 $\qquad g+q=2.99+3.5=6.49\text{kN/m}$

3. 内力计算

跨中弯矩 $\quad M=\dfrac{1}{8}(g+q)l_0^2=\dfrac{1}{8}\times6.49\times1.56^2=1.974\text{kN}\cdot\text{m}$

4. 配筋计算

板保护层 15mm,有效高度 $h_0=70-20=50\text{mm}$。

$$\alpha_s=\frac{M}{\alpha_1 f_c b h_0^2}=\frac{1.974\times10^6}{1.0\times11.9\times1000\times50^2}=0.066$$

则 $\xi=0.069,\gamma_s=0.966$

$$A_s=\frac{M}{\gamma_s f_y h_0}=\frac{1.974\times10^6}{0.966\times360\times50}=113.5\text{mm}^2,选配 \Phi\,6@180,A_s=157\text{mm}^2$$

梯段板和平台板的配筋图见图 2-72。

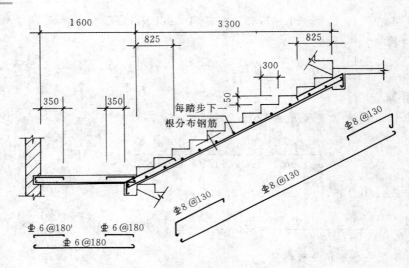

图 2-72　梯段板、平台板配筋图

2.9.4　平台梁设计

1. 确定梁尺寸

梁宽取 $b=200\text{mm}$，高取 $h=350\text{mm}$。

梁跨度 $l_0=3.6\text{m}$

$$l_0=1.05\times(3.6-0.24)=3.53\text{m}$$

取较小者 $l_0=3.53\text{m}$

2. 荷载计算

梯段板传来　　　　$10.96\times3.3/2=18.084\text{kN/m}$

平台板传来　　　　$6.49\times(0.2+1.4/2)=5.841\text{kN/m}$

平台梁自重　　　　$1.2\times0.2\times(0.35-0.07)\times25=1.68\text{kN/m}$

平台梁粉刷重　　　$1.2\times0.02\times(0.2+0.35\times2-0.07\times2)\times17=0.31\text{kN/m}$

荷载设计值　　　　$p=18.084+5.841+1.68+0.31=25.915\text{kN/m}$

3. 内力计算

弯矩设计值　　　$M=\dfrac{1}{8}pl_0^2=\dfrac{1}{8}\times25.915\times3.53^2=40.37\text{kN}\cdot\text{m}$

剪力设计值　　　$V=\dfrac{1}{2}pl_0=\dfrac{1}{2}\times25.915\times3.53=45.74\text{kN}$

4. 配筋计算

平台梁按倒 L 形计算，$b'_f=b+5h'_f=200+5\times70=550\text{mm}$

梁有效高度 $h_0=350-35=315\text{mm}$。

经判断截面属于第一类 T 形截面。

$$\alpha_s=\frac{M}{\alpha_1 f_c bh_0^2}=\frac{40.37\times10^6}{1.0\times11.9\times550\times315^2}=0.062 \text{ 则 } \xi=0.064, \gamma_s=0.968$$

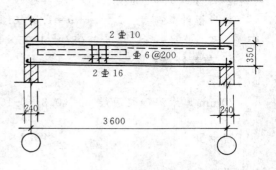

$$A_s = \frac{M}{\gamma_s f_y h_0}$$

$$= \frac{40.37 \times 10^6}{0.968 \times 360 \times 315}$$

$$= 367.8 \text{mm}^2$$

选配 $2 \oplus 16$，$A_s = 402 \text{mm}^2$。

$$0.7 f_t b h_0 = 0.7 \times 1.27 \times 200 \times 315$$

$$= 56 \text{kN} > 45.74 \text{kN}$$

图 2-73 平台梁配筋图

可以按构造配箍筋，箍筋选用 $\oplus 6@200$。

平台梁的配筋见图 2-73。

2.10 楼梯设计实例之二

2.10.1 设计资料

现浇梁式楼梯如图 2-74 所示，楼梯踏步尺寸 150mm×300mm。楼梯采用 C25 混凝土。楼梯板采用 HRB400 钢筋，梁采用 HRB400 钢筋。楼梯上均布活荷载标准值 $q_k = 2.5 \text{kN/m}^2$。试设计该楼梯。

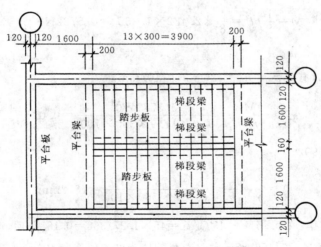

图 2-74 楼梯结构布置

2.10.2 踏步板设计

梁式楼梯由踏步板、梯段梁、平台板和平台梁四种构件组成，设计时可以按照以下次序进行。

1. 确定板踏步板底板厚

底板取 $\delta = 40 \text{mm}$，计算时板厚取 $h = \frac{c}{2} + \frac{\delta}{\cos\alpha} = \frac{150}{2} + \frac{40}{0.894} = 120 \text{mm}$

梯段梁尺寸取 $b \times h = 150 \times 250 \text{mm}$。

踏步板计算跨度　　$l_0 = l_n + b = 1.3 + 0.15 = 1.45\text{m}$

以及　　　　　　　　$l_0 = 1.05 l_n = 1.05 \times 1.3 = 1.365\text{m}$，取小值 $l_0 = 1.365\text{m}$

2. 荷载计算

恒荷载

20mm 厚水泥砂浆面层　　　$(0.3 + 0.15) \times 0.02 \times 20 / 0.3 = 0.18\text{kN/m}$

踏步重　　　　　　　　　　$\dfrac{1}{2} \times 0.3 \times 0.15 \times 25 = 0.563\text{kN/m}$

混凝土斜板　　　　　　　　$0.04 \times 0.3 \times 25 / 0.894 = 0.336\text{kN/m}$

板底抹灰　　　　　　　　　$0.02 \times 0.3 \times 17 / 0.894 = 0.114\text{kN/m}$

恒荷载标准值　　　　　　　$0.18 + 0.563 + 0.336 + 0.114 = 1.193\text{kN/m}$

恒荷载设计值　　　　　　　$1.2 \times 1.193 = 1.432\text{kN/m}$

活荷载：

活荷载标准值　　　　　　　$2.5 \times 0.3 = 0.75\text{kN/m}$

活荷载设计值　　　　　　　$1.4 \times 0.75 = 1.05\text{kN/m}$

荷载总计：

荷载设计值　　　　　　　　$p = g + q = 1.432 + 1.05 = 2.482\text{kN/m}$

3. 内力计算

跨中弯矩　　　$M = \dfrac{1}{8} p l_0^2 = \dfrac{1}{8} \times 2.482 \times 1.365^2 = 0.578\text{kN} \cdot \text{m}$

4. 配筋计算

板保护层 15mm，有效高度 $h_0 = 120 - 20 = 100\text{mm}$。

$$\alpha_s = \frac{M}{\alpha_1 f_c b h_0^2} = \frac{0.578 \times 10^6}{1.0 \times 11.9 \times 300 \times 100^2} = 0.016$$

则 $\xi = 0.016$，$\gamma_s = 0.992$

$$A_s = \frac{M}{\gamma_s f_y h_0} = \frac{0.578 \times 10^6}{0.992 \times 360 \times 100} = 16.2\text{mm}^2$$

踏步板最小配筋率：在 0.15% 和 $45 f_t / f_y = 45 \times 1.27 / 360 = 0.158\%$ 间，取大值为 0.158%，此时 $A_s = 0.00158 \times 300 \times 120 = 56.88\text{mm}^2$。选配每踏步 2 Φ 8，$A_s = 101\text{mm}^2$。另外配 Φ 6@300 的分布钢筋。

踏步板的配筋见图 2-75。

2.10.3　梯段梁设计

1. 梯段梁数据

板倾斜角 $\tan\alpha = 150/300 = 0.5$，$\alpha = 26.6°$，$\cos\alpha = 0.894$，$l_n = 3.3\text{m}$。

2. 荷载计算

踏步板传来　　　$\dfrac{2.482}{0.3} \times 1.3 / 2 = 5.38\text{kN/m}$

梯段梁自重	$1.2 \times 0.15 \times 0.3 \times 25 / 0.894 = 1.51 \mathrm{kN/m}$
梯段梁粉刷重	$1.2 \times 0.02 \times 2 \times (0.15+0.3) \times 17 / 0.894 = 0.41 \mathrm{kN/m}$
荷载设计值	$p = 5.38 + 1.51 + 0.41 = 7.30 \mathrm{kN/m}$

3. 内力计算

梁计算跨度	$l_0 = l_n + b = 3.9 + 0.2 = 4.1 \mathrm{m}$
以及	$l_0 = 1.05 l_n = 1.05 \times 3.9 = 4.095 \mathrm{m}$,取 $l_0 = 4.1 \mathrm{m}$
跨中弯矩	$M = \dfrac{1}{8} p l_0^2 = \dfrac{1}{8} \times 7.3 \times 4.1^2 = 15.34 \mathrm{kN \cdot m}$
水平向剪力	$V' = \dfrac{1}{2} p l_0 = \dfrac{1}{2} \times 7.3 \times 4.1 = 14.97 \mathrm{kN}$
斜向剪力	$V = V' \cos\alpha = 14.97 \times 0.894 = 13.38 \mathrm{kN}$

4. 配筋计算

梯段梁按倒 L 形计算 $b'_f = b + 5h'_f = 150 + 5 \times 40 = 350 \mathrm{mm}$

梁有效高度 $h_0 = 250 - 35 = 215 \mathrm{mm}$。

$$\alpha_s = \frac{M}{\alpha_1 f_c b h_0^2} = \frac{15.34 \times 10^6}{1.0 \times 11.9 \times 350 \times 215^2} = 0.080$$

则 $\xi = 1 - \sqrt{1 - 2\alpha_s} = 0.159$, $\gamma_s = 1 - 0.5\xi = 0.920$

$$A_s = \frac{M}{\gamma_s f_y h_0} = \frac{15.34 \times 10^6}{0.896 \times 360 \times 215} = 221.2 \mathrm{mm}^2, 选配 2 \Phi 14, A_s = 308 \mathrm{mm}^2。$$

箍筋计算:

$$V_{cs} = 0.7 f_t b h_0 = 0.7 \times 1.27 \times 150 \times 215 = 28670 \mathrm{N} = 28.67 \mathrm{kN} > 13.38 \mathrm{kN}$$

可以按构造配箍筋,选用 $\Phi 6 @200$。梯段斜梁的配筋见图 2-75。

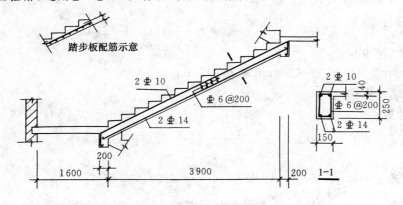

图 2-75 梯段梁配筋图

2.10.4 平台板设计

1. 确定板厚

板厚取 $h = 70 \mathrm{mm}$,板跨度 $l_0 = 1.6 - 0.1 + 0.06 = 1.56 \mathrm{m}$,取 1m 宽板带进行计算。

2. 荷载计算

恒荷载:

20mm 厚水泥砂浆面层	$0.02 \times 20 = 0.4 \text{kN/m}$
平台板	$0.07 \times 25 = 1.75 \text{kN/m}$
板底抹灰	$0.02 \times 17 = 0.34 \text{kN/m}$
恒荷载标准值	$0.4 + 1.75 + 0.34 = 2.49 \text{kN/m}$
恒荷载设计值	$1.2 \times 2.49 = 2.99 \text{kN/m}$

活荷载：

| 活荷载标准值 | 2.5kN/m |
| 活荷载设计值 | $1.4 \times 2.5 = 3.5 \text{kN/m}$ |

荷载总计：

荷载设计值 $\quad g + q = 2.99 + 3.5 = 6.49 \text{kN/m}$

3. 内力计算

跨中弯矩 $\quad M = \dfrac{1}{8}(g+q)l_0^2 = \dfrac{1}{8} \times 6.49 \times 1.56^2 = 1.974 \text{kN} \cdot \text{m}$

4. 配筋计算

板保护层 15mm，有效高度 $h_0 = 70 - 20 = 50 \text{mm}$。

$$\alpha_s = \frac{M}{\alpha_1 f_c b h_0^2} = \frac{1.974 \times 10^6}{1.0 \times 11.9 \times 1000 \times 50^2} = 0.066$$

则 $\quad \xi = 0.069$，$\gamma_s = 0.966$

$A_s = \dfrac{M}{\gamma_s f_y h_0} = \dfrac{1.974 \times 10^6}{0.966 \times 360 \times 50} = 113.5 \text{mm}^2$，选配 $\Phi 6@200$，$A_s = 141 \text{mm}^2$

平台板的配筋图见图 2-72。

2.10.5 平台梁设计

1. 确定梁尺寸

梁宽取 $b = 200 \text{mm}$，

高：$h \geqslant 150 + 250/0.894 = 430 \text{mm}$，取 $h = 450 \text{mm}$

梁跨度取 $l_0 = 3.6 \text{m}$

2. 荷载计算

梯段梁传来 $\quad P = \dfrac{1}{2}pl_0 = \dfrac{1}{2} \times 7.3 \times 4.1 = 14.97 \text{kN}$

平台板传来 $\quad 6.49 \times (0.2 + 1.4/2) = 5.841 \text{kN/m}$

平台梁自重 $\quad 1.2 \times 0.2 \times (0.45 - 0.07) \times 25 = 2.28 \text{kN/m}$

平台梁粉刷重 $\quad 1.2 \times 0.02 \times (0.2 + 0.45 \times 2 - 0.07 \times 2) \times 17 = 0.39 \text{kN/m}$

荷载设计值 $\quad p = 5.841 + 2.28 + 0.39 = 8.51 \text{kN/m}$

平台梁计算简图见图 2-76。

3. 内力计算

弯矩设计值 $\quad M = \dfrac{1}{8}pl_0^2 + \dfrac{P}{l_0}\sum a_i b_i$

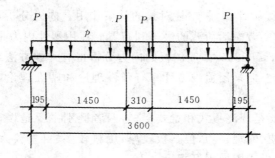

图 2-76 平台梁计算简图

$$=\frac{1}{8}\times 8.51\times 3.6^2+\frac{14.97}{3.6}\times 2\times(0.195\times 3.405+1.645\times 1.955)=46.01\mathrm{kN}\cdot\mathrm{m}$$

剪力设计值(梁上荷载完全对称):

$$V=\frac{1}{2}pl_0+\frac{1}{2}\sum P=\frac{1}{2}\times 8.51\times 3.6+\frac{1}{2}\times 4\times 14.97=45.26\mathrm{kN}$$

4. 配筋计算

平台梁按倒 L 形计算 $b'_\mathrm{f}=b+5h'_\mathrm{f}=200+5\times 70=550\mathrm{mm}$

梁有效高度 $h_0=450-35=415\mathrm{mm}$。

经判断截面属于第一类 T 形截面。

$$\alpha_\mathrm{s}=\frac{M}{\alpha'_1 f_\mathrm{c}bh_0^2}=\frac{46.01\times 10^6}{1.0\times 11.9\times 550\times 415^2}=0.041$$

则 $\xi=0.042$,$\gamma_\mathrm{s}=0.979$

$$A_\mathrm{s}=\frac{M}{\gamma_\mathrm{s}f_\mathrm{y}h_0}=\frac{46.01\times 10^6}{0.968\times 360\times 415}=318\mathrm{mm}^2,$$

选配 $3\underline{\Phi}12,A_\mathrm{s}=339\mathrm{mm}^2$。

$$0.7f_\mathrm{t}bh_0=0.7\times 1.27\times 200\times 415=73.79\mathrm{kN}>V=45.26\mathrm{kN},$$

可以按构造配箍筋,箍筋选用 $\underline{\Phi}6@200$。

本章小结

钢筋混凝土楼盖是建筑结构的主要组成部分,按照施工方法可以将其分为现浇整体式、装配式和装配整体式三种类型楼盖;按照楼板受力和支承情况的不同又可以将其分为单向板肋形楼盖、双向板楼盖、无梁楼盖和井式楼盖等类型。在进行钢筋混凝土楼盖设计时,应根据不同的建筑要求和使用条件,考虑结构的可靠性和经济性,选择合适的结构类型。

钢筋混凝土楼盖结构设计的步骤是:①结构选型和布置;②确定结构计算简图;③荷载计算;④内力分析;⑤内力组合和截面配筋计算;⑥考虑构造措施;⑦绘制施工图。

板从受力上可以分为单向板和双向板。两对边支承的板为单向板。四边支承的板可根据长边、短边长度之比区分为单向板和双向板:当长边与短边长度之比大于等于 3 时为单向板;当长边与短边长度之比小于 3 时为双向板。单向板计算时可仅考虑沿短向受弯,其受力钢筋仅沿短跨布置,沿长跨布置构造钢筋。双向板计算时需考虑两个方向受弯,受力钢筋应沿双向布置。

在单向板肋形楼盖中,板和次梁可以按连续梁计算,计算时采用折算荷载。当梁柱线刚度比≥3时，主梁也可按连续梁计算，忽略柱对梁的约束作用。内力分析可采用弹性方法或塑性内力重分布方法，分析时要考虑活荷载的最不利布置。在用塑性内力重分布方法计算时，应注意控制截面受压区高度 $x \leqslant 0.35h_0$。双向板的内力分析也有弹性方法或塑性内力重分布方法两种，可依实际情况采用。无梁楼盖内力计算有弹性理论和塑性理论，设计时除强度验算外，还需注意冲切验算。

钢筋混凝土楼梯主要是现浇板式和梁式楼梯，两者区别主要是楼梯梯段是板承重还是梁承重。板式楼梯施工方便、外观轻巧，但斜板较厚，用料较多、自重较大，一般适用于梯段跨度较小的楼梯；梁式楼梯与板式楼梯正好相反。

思考题

2-1 钢筋混凝土楼盖结构有哪些类型？其各自受力特点和适用范围是什么？

2-2 钢筋混凝土楼盖结构设计的一般步骤是怎样的？

2-3 单向板和双向板是如何划分的？其变形、受力和配筋有何区别？

2-4 试说明单向板肋形楼盖、双向板楼盖和无梁楼盖的各自传力途径？

2-5 单向板肋形楼盖中板、次梁和主梁的常用跨度各是多少？其各自截面尺寸如何估计？

2-6 在钢筋混凝土连续次梁和板的计算中，为何要采用折算荷载？

2-7 为什么连续梁内力计算时要进行活荷载不利布置？布置原则是什么？

2-8 什么叫内力包络图？为什么要绘制内力包络图？

2-9 什么叫"塑性铰"？其与结构力学中的"理想铰"有何异同？

2-10 什么叫"塑性内力重分布"？其与"塑性铰"有何关系？

2-11 考虑塑性内力重分布计算连续梁时，为何要限制截面受压区高度？

2-12 试绘制周边简支矩形板裂缝出现和开展的过程，绘出破坏时板底裂缝分布图。

2-13 什么叫无梁楼盖？其内力有哪几种常用计算方法？

2-14 单向板、双向板各有哪些构造钢筋？其作用是什么？

2-15 常用楼梯有哪些类型？各有什么优缺点？受力特点各怎样？适用范围如何？

2-16 楼梯折板、折梁的内折角处受拉纵向受力钢筋为什么要分开配置？其构造要求怎样？

习　题

2-1 某两跨连续梁如习题图 2-1 所示，梁上 $l_0/3$ 处作用有集中荷载，其中恒荷载设计值 $G=20$kN，荷载分项系数 1.2；活荷载设计值 $Q=40$kN，荷载分项系数 1.4。试按弹性理论计算并画出此梁的弯矩和剪力包络图。若梁截面为 $b \times h = 200$mm$\times 400$mm，计算此梁配筋，并绘出草图。

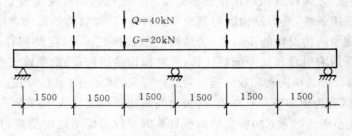

习题图 2-1

2-2 5 跨连续板带如习题图 2-2 所示，板跨 2.4m，承受恒荷载标准值 $g_k=3.5kN/m^3$，活荷载标准值 $q_k=3.5kN/m^3$，混凝土强度等级取 C25，钢筋取 HRB400 级；次梁截面尺寸 $b×h=200×450mm$。试设计板厚，并按考虑塑性内力重分布理论计算板内力及配筋，绘出配筋草图。

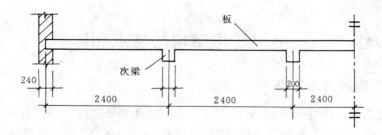

习题图 2-2

2-3 某现浇楼盖为单向板肋型楼盖，为两跨单向连续板，搁置于 240mm 厚砖墙上。连续板左跨净跨度为 3m，右跨净跨度为 4m，板顶和板底粉刷重量总计 $0.8kN/m^2$，板上活荷载标准值为 $3kN/m^2$。试设计此板。

2-4 已知一两端固定的单跨梁，计算跨度 $l_0=6.0m$，截面尺寸为 $200mm×500mm$，采用 C25 混凝土。现在支座和跨中均各配置 3 Φ 18 受力钢筋。试分别按弹性方法和塑性内力重分布方法求该梁所能承受的均布荷载设计值。

2-5 习题图 2-5 示为自双向板肋形楼盖中取出的某区格板，一边为简支支座，其余三边为连续支座，$l_x=5m$，$l_y=4m$，板厚 $h=100mm$。采用 HRB400 级钢筋，混凝土用 C25。楼面均布恒荷载标准值为 $g_k=6kN/m^2$，楼面均布活荷载标准值为 $q_k=3kN/m^2$。试按弹性理论计算此板配筋。

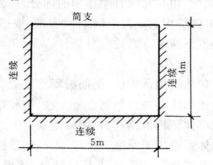

习题图 2-5

3 单层工业厂房结构设计

3.1 单层厂房结构的特点和体系

3.1.1 单层厂房结构的特点

由于生产工艺和条件的不同,工业厂房有单层厂房和多层厂房之分。冶金类、机械类的工业厂房,如炼钢、锻压、金工、装配等车间,往往设有重型的设备,所加工的产品较重,产品外形轮廓尺寸较大,因而大多采用单层厂房(图 3-1),以便将大型设备安装在地面上,方便产品加工和运输。为满足生产工艺和使用要求,一般来说,单层工业厂房结构具有如下特点:①单层厂房结构承受的荷载大,跨度和高度大,因而结构构件的内力、截面尺寸大,材料用量大;②单层厂房结构受动力荷载(如吊车荷载、动力机械设备荷载)的作用,因此设计时要考虑动力荷载的影响;③单层厂房是空旷型结构,柱是承受各种荷载的主要构件;④单层厂房结构的柱下基础受力大,应重视工程地质勘察和基础设计工作。

3.1.2 单层厂房结构体系

单层厂房结构中承受荷载(作用),并起骨架作用的部分,称为单层厂房结构体系。单层厂房结构体系是由纵横向承重单体结构组成的空间结构体系,根据横向承重单体结构材料和结构形式的不同,结构体系可从以下两个方面进行分类。

1. 按结构材料的不同分类

混合结构体系:横向承重单体结构由砖柱、钢筋混凝土屋架或轻钢屋架组成。

混凝土结构体系:横向承重单体结构由钢筋混凝土柱、钢屋架或混凝土屋架组成。

全钢结构体系:横向承重单体结构由钢柱、钢屋架组成。

在非抗震地区,混合结构体系适用于跨度不大于 15m,柱顶标高不大于 8m,吊车起重量不超过 5t 的轻型工业厂房。在抗震设防烈度 6～8 度的地区,适用于跨度不大于 15m,柱顶标高不大于 6.6m 的中小型厂房;在抗震设防烈度 9 度的地区,适用于跨度不大于 12m,柱顶标高不大于 4.5m 的中小型厂房。

与混合结构体系厂房相比,钢筋混凝土结构体系和全钢结构体系厂房具有更大的适用性,特别是在地震区。钢筋混凝土结构体系和全钢结构体系厂房能适用于高度较大(高度可达 20～30m 或更高)、跨度较大(可超过 30m)、吊车起重量较大(可达 150t 甚至更大)的厂房。钢筋混凝土结构体系的合理跨度一般不超过 36m。

2. 按结构形式的不同分类

排架结构体系:横向承重单体为排架结构。由屋架(或屋面梁)、柱和基础组成,且屋架与柱铰接,柱与基础刚接的结构称为排架结构。

根据厂房生产工艺和使用要求的不同,排架结构可做成等高(图 3-2(a))、不等高(图 3-2(b))和锯齿形(图 3-2(c),通常用于单向采光的纺织厂)等形式。钢筋混凝土排架结构体系,是目前单层厂房结构的基本结构体系。

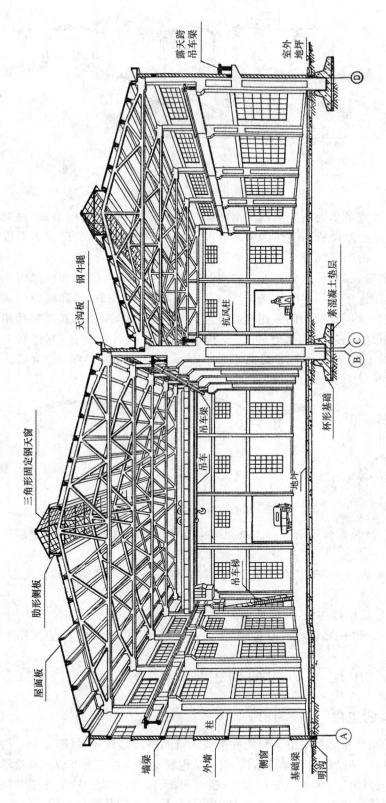

图 3-1 某厂大型冶金设备加工车间示意图

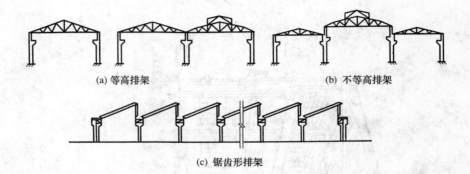

(a) 等高排架   (b) 不等高排架

(c) 锯齿形排架

图 3-2　排架结构形式

刚架结构体系:横向承重单体为刚架结构。由屋架(或屋面梁)、柱和基础组成,屋架与柱刚接,柱与基础铰接或刚接的结构称为刚架结构。目前常用的刚架结构是装配式钢筋混凝土门式刚架结构,即梁柱合一的钢筋混凝土结构。

门式刚架按其横梁的形式的不同,分为人字形门式刚架(图 3-3(a),(b))和拱形门式刚架两种(图 3-3(c),(d)),其中人字形门式刚架又分为三铰门式刚架(图 3-3(a))和两铰门式刚架(图 3-3(b))。其中,三铰门式刚架梁中间采用铰接连接,是静定结构,两铰门式刚架是超静定结构。门式刚架结构具有结构轻巧、内部空间大、结构设计合理、构件种类少、制作简单等优点。门式刚架常用于跨度不大于 18m、柱顶标高不大于 10m,吊车起重量不超过 10t 或无吊车的仓库或车间建筑。

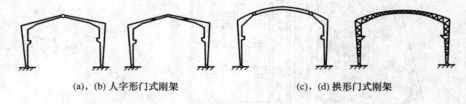

(a),(b) 人字形门式刚架   (c),(d) 拱形门式刚架

图 3-3　门式刚架结构形式

本书主要讲述单层厂房装配式钢筋混凝土排架结构体系设计中的主要问题。单层厂房结构设计分以下三个阶段。

(1) 方案设计阶段:布置柱网,确定结构形式、标高、剖面等问题,选择结构构件类型,确定屋面、墙面、地面等做法。

(2) 技术设计阶段:选定结构构件,分析排架内力,设计柱与基础。

(3) 施工图绘制阶段:结构平面布置图(屋面、基础等),构件布置图与配筋图,节点大样图。

3.2　单层厂房的结构组成和结构布置

3.2.1　单层厂房结构的组成

装配式钢筋混凝土单层厂房结构是由多种构件组成的空间整体结构体系(图 3-4)。根据组成构件作用的不同,将单层厂房结构分为承重结构、围护结构和支撑体系三大部分。直接承受荷载并将荷载传递给其他构件的构件为承重结构构件(屋面板、天窗架、屋架、柱、吊车梁和基础);以承受自重和作用其上的风荷载为主的外纵墙、山墙、连系梁、抗风柱和基础梁为围护结构构件;

支撑体系是连系屋架、天窗架、柱等主要结构构件,并使其构成整体的重要组成构件,支撑体系又分为屋盖支撑体系和柱间支撑。各主要构件的作用、受力、传力特点如表 3-1 所示。

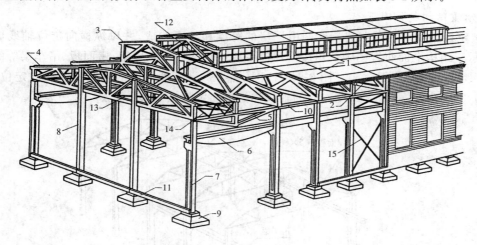

图 3-4 单层排架结构厂房的组成

1—屋面板;2—天沟板;3—天窗架;4—屋架;5—托架;

6—吊车梁;7—排架柱;8—抗风柱;9—基础;10—连系梁;

11—基础梁;12—天窗架垂直支撑;13—屋架下弦横向水平支撑;14—屋架端部垂直支撑;15—柱间支撑

表 3-1 　　　　　　　　　　　单层厂房主要构件作用、受力及传力特点

结构分类	构件名称		构件主要受力、传力特点
承重结构	屋盖结构	屋面板	承受屋面构造层重量、活荷载(如雪荷载、积灰荷载或施工荷载),并将它们传给屋架(屋面梁),且起封闭围护作用
		天沟板	屋面排水并承受屋面积水及天沟板上的构造层重量、施工荷载等,并将它们传给屋架
		天窗板	形成天窗以便采光和通风,承受天窗架上屋面板传来及作用在天窗上的风荷载,并将它们传给支承它的屋架上
		屋架(屋面梁)	与柱形成横向排架结构,承受屋盖上的全部荷载,并将荷载传给柱或托梁(架)
		托梁(架)	柱距大于屋架间距时,用托梁(架)支承屋架将屋架上的荷载传给柱
	吊车梁		承受吊车荷载,两端简支在柱的牛腿上,将吊车荷载传给柱
	柱		承受屋架、吊车梁、外墙和支撑传来的荷载,并将荷载传给基础,是厂房的主要承重构件
	基础		承受柱子和基础梁传来的荷载,将力传给地基
支撑系统	屋盖支撑	屋架支撑	加强屋盖空间刚度,保证屋架的稳定性,将风荷载传给纵向排架结构
		天窗架支撑	保证天窗架的侧向稳定,并把天窗端壁上的风荷载传给屋架
	柱间支撑		加强厂房的纵向刚度和稳定性,将风荷载传给纵向排架结构
围护结构	抗风柱		承受山墙传来的风荷载,并将其传给基础和屋盖结构
	外纵墙、山墙		承受风荷载及自重,并将它们传给柱和基础
	连系梁		连系纵向柱列,以增强厂房的纵向刚度并将纵向风荷载传给纵向柱列
	圈梁		加强厂房的整体刚度,防止由于地基不均匀沉降或较大振动荷载引起的不利影响
	过梁		承受门窗洞口上部墙体重量,并将它们传递给门窗两侧墙体
	基础梁		承受外墙荷载,并将其传给基础

3.2.2 单层厂房结构布置

1. 承重结构构件布置

（1）定位轴线与柱网布置。柱网由厂房的跨度和柱距构成，并以纵横向定位轴线形成的网格表示于结构平面布置图中。单层厂房的主要结构构件——屋架、屋面板、吊车梁等的尺寸与柱网尺寸密切相关（图 3-5）。图 3-6 为柱网示意图，沿跨度方向的轴线称为横向定位轴线，以①，②，③…表示；垂直于跨度方向的轴线称为纵向定位轴线，以 Ⓐ，Ⓑ，Ⓒ…表示。

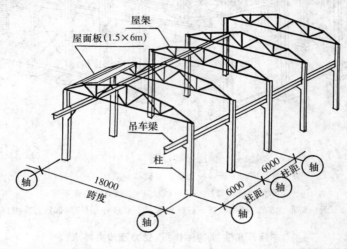

图 3-5 柱网尺寸与结构构件的关系

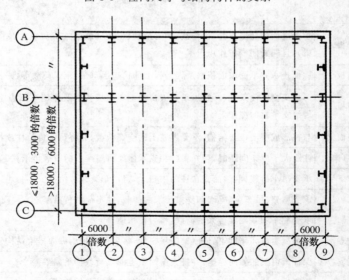

图 3-6 柱网示意图

定位轴线之间的距离和主要构件的标志尺寸相一致，且符合建筑模数，构件的标志尺寸是构件的实际尺寸加上两端必要的构造尺寸。例如，大型屋面板的实际尺寸是 1 490mm×5 970mm，标志尺寸是 1 500mm×6 000mm；18m 屋架的实际跨度是17 950mm，标志跨度为18 000mm，如图 3-7 所示。

横向定位轴线与柱距方向的屋面板、吊车梁、连系梁、基础梁、纵向支撑等构件的标志尺寸相一致,即横向定位轴线通过柱截面的几何中心,且通过屋架中心和屋面板的横向接缝。但在厂房端部,为避免端屋架与山墙、抗风柱位置的冲突,使横向定位轴线与山墙内边缘重合,将山墙内侧第一排柱中心内移600mm,并将端部屋面板(吊车梁)做成一端伸臂板(梁)(图3-8)。这样,可使端部屋面板(吊车梁)与中部屋面板(吊车梁)的长度相等;使屋面板端头与山墙内边缘重合,屋面不留缝隙,以形成封闭式横向

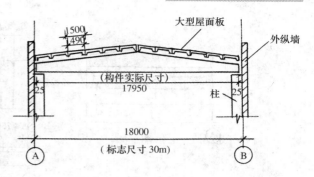

图 3-7　定位轴线与构件尺寸的关系

定位轴线。同理,双柱伸缩缝处两边柱的中心线各离横向定位轴线600mm,使伸缩缝中心线与横向定位轴线重合。

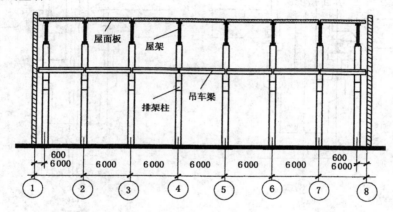

图 3-8　厂房的横向定位轴线

与纵向定位轴线有关的承重构件,主要是屋架。此外,还与吊车规格、起重量和柱距有关。因此,确定纵向定位轴线时,首先应考虑屋架跨度的标志尺寸,使纵向轴线间距与屋架的标志尺寸相一致。其次,要考虑吊车规格。一般说来,吊车和屋架均为标准构件,吊车跨度(L_K)比屋架跨度(L)小1500mm(图3-9(a)),即吊车轨道中心线至定位轴线的距离,一般为750mm;当吊车起重量≥75t时,此距离宜为1000mm。

吊车轨道中心线至定位轴线的距离 $A = B_1 + B_2 + B_3$(图3-9)。其中,B_1可查阅《起重运输机械专业标准》(ZQ1—62)或相关的吊车产品说明书。当吊车起重量≤50t时,$B_2 \geq 80$mm;其他情况下,$B_2 \geq 100$mm;B_3为上柱截面高度,由设计计算确定。

当$A \leq 750$mm时,对厂房的边柱,纵向定位轴线与边柱外缘和纵墙的内缘相重合(图3-9(b));对等高多跨厂房,中部纵向定位轴线与中柱的上柱的几何中心重合(图3-9(d));对不等高多跨厂房,中部纵向定位轴线宜与高跨上柱外缘与封墙内缘相重合(图3-9(f))。

当$A > 750$mm时,对厂房的边柱,纵向定位轴线向边柱内侧移动,纵向定位轴线与边柱外缘间的距离称为连系尺寸,用a_c表示,$a_c = A - 750$mm(图3-9(c));对等高多跨厂房,中部设两道纵向定位轴线,两道纵向定位轴线之间的距离称为插入距a_i,插入距的中点与中柱的上柱几何中心重合(图3-9(e));对不等高多跨厂房,在偏向高跨的一侧增设一道纵向定位轴线(图3-9(g))。

柱网既是确定柱位置的依据,又是确定屋面板、屋架、吊车梁、基础梁等结构构件跨度的依

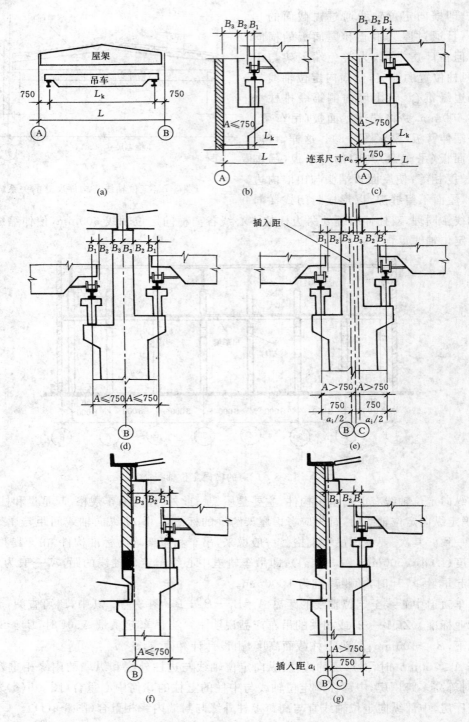

图 3-9　厂房的纵向定位轴线

据,且涉及构件的布置。

　　在单层厂房的设计中,为了保证构配件标准化、定型化,厂房的主要尺寸和标高、建筑构配件和建筑制品的尺寸应符合统一模数制。中华人民共和国国家标准《厂房建筑模数协调标准》(GB J6—86)规定的统一协调模数制,以 100mm 为基本尺度单位,用 M 表示。并规定厂房的柱网尺寸、柱顶和柱牛腿顶面的高度应采用扩大模数 3M 整数倍；厂房构件的截面尺寸,宜按 M/2 或 1M 进级。

厂房的跨度在不超过 18m 时,一般取 3m 的倍数,在 18m 以上时一般取 6m 的倍数,必要时也可以取 3m 的倍数。厂房的柱距,一般取 6m 的倍数。

单层厂房的平面布置包括柱网布置,天沟板、天窗架、屋架、吊车梁、基础与基础梁布置,围护墙布置和支撑布置等。图 3-10 为厂房柱网及结构构件的平面布置图,给出了柱、吊车梁、围护墙、屋面梁(屋架)、屋面板、天沟板、抗风柱、基础、基础梁与定位轴线之间的关系。特别要注意的是厂房两端屋面板、天沟板、吊车梁与中部屋面板、天沟板、吊车梁的差别。

2. 变形缝。变形缝包括伸缩缝、沉降缝和防震缝。

随着气温的变化,厂房上部结构会出现热胀冷缩,进而会因这种温度变形受到厂房地下部分的约束而产生温度应力(图 3-11(a))。当温度拉应力超过材料的抗拉强度时,厂房会出现温度裂缝。鉴于温度应力的影响因素众多,且厂房结构复杂,难以准确估计温度应力的大小。但温度应力的大小与厂房长度成正比,设计中采取限制厂房的长度和宽度的方法,以减小厂房的温度应力。对过长或过宽的厂房,在厂房纵向或横向的中间位置设置伸缩缝,以减小温度应力(图 3-11(b))。《混凝土结构设计规范》(GB 50010—2010)规定,装配式排架结构伸缩缝的最大间距在室内或土中宜为 100m,露天宜为 70m。

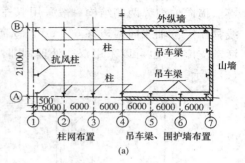

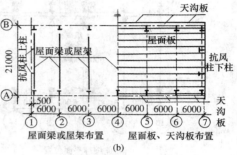

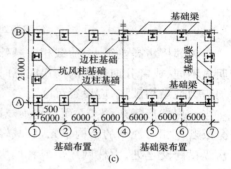

图 3-10 厂房柱网及结构构件的平面布置图

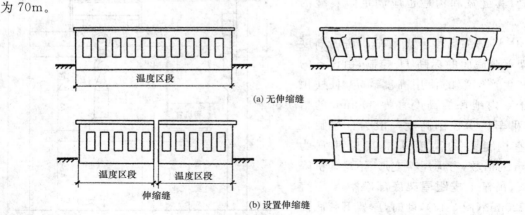

图 3-11 厂房的温度变形

横向伸缩缝两侧结构一般采用双柱处理,如图 3-12(a),(b)所示,将缝两边柱和屋架中心线都自定位轴线向两边移 600mm。纵向伸缩缝一般采用单柱处理,将伸缩缝一侧的屋架搁在活动支座上,也可以采用双柱处理,此时应设置两条纵向定位轴线,并设插入距,如图 3-12(a),(c)所示。

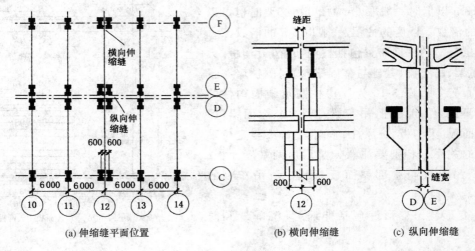

(a) 伸缩缝平面位置　　　(b) 横向伸缩缝　　　(c) 纵向伸缩缝

图 3-12　伸缩缝处定位轴线和主要受力构件的关系

当相邻厂房高差很大、荷载相差悬殊、地基土压缩性能有显著差异、厂房结构(或基础)类型明显不同、或者分期建造的厂房间隔时间很久时,为避免由于地基不均匀沉降在结构中产生附加应力使结构破坏,应设置沉降缝。

当厂房体形复杂,平、立面特别不规则时,或有贴建的房屋和构筑物时,应设置防震缝将厂房分成若干相对规则的结构单元,以减轻地震的震害。防震缝的宽度一般为 50～90mm,但在厂房纵横跨交连处、大柱网厂房或者厂房不设柱间支撑时,防震缝的宽度采用 100～150mm。

伸缩缝、防震缝两侧结构的基础可以不分开,而沉降缝结构两侧的基础必须分开。在地震区,温度缝或沉降缝必须兼作防震缝,其缝宽和构造也应满足防震缝的要求。

(3) 厂房的高度。无吊车厂房的高度由屋架下弦底面的标高 H_1 控制,由设备的高度和生产需要的使用高度确定,且柱顶相对于室内地坪的高度宜为 300mm 的倍数;有吊车厂房控制高度一般为柱牛腿顶面距室内地坪的高度 H_2,其尺寸宜为 300mm 的倍数,考虑屋架变形、不均匀沉降等因素,吊车上皮距屋架底部净空 h_7 不宜小于 220mm(图 3-13),此时,屋架下弦底面标高按以下两式计算,取其大值:

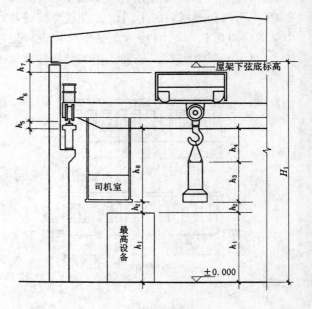

图 3-13　厂房高度

$$H_1 = h_1 + h_2 + h_3 + h_4 + h_5 + h_6 + h_7 \text{ 或 } H_1 = h_1 + h_2 + h_8 + h_5 + h_6 + h_7$$

式中　h_1——厂房内最大设备的高度；

　　　h_2——超越安全高度，一般不小于 500mm；

　　　h_3——最大起重物高度；

　　　h_4——最小吊索高度；

　　　h_5——吊车底至吊车轨顶高度；

　　　h_6——吊车轨顶至吊车顶部高度；

　　　h_7——吊车行驶安全高度，一般不小于 220mm；

　　　h_8——司机室底至吊车底的高度，可查阅吊车产品说明书。

轨顶标高按下式确定：$H_3 = H_1 - h_6 - h_7$

（4）天窗布置。天窗是因厂房通风和采光需要而设置的，分为纵向天窗、横向天窗和井式天窗。纵向天窗是将屋盖上的部分屋面板用横向天窗架抬高，两侧安装垂直于跨度方向的纵向通长窗扇而形成（图 3-14(a)，(b)）。它能较容易满足各类厂房的通风和采光要求，缺点是构件种类多，自重大，地震作用大，对抗震不利，造价较高。

横向天窗沿厂房跨度方向设置，通过屋面大梁高低变化形成（图 3-14(a)，(c)），其优点是采光均匀，通风良好，缺点是构造较为复杂。

井式天窗是利用屋架高度的空间，在厂房局部地区设置天窗。这类天窗布置灵活，但它的高度受屋架高度的限制，构造也比较复杂。

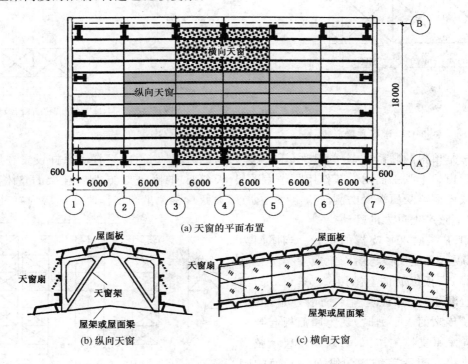

图 3-14　天窗的布置

2. 支撑布置

在装配式钢筋混凝土单层厂房结构中，支撑虽然不是主要的承重构件，但却是联系各种主要结构构件，使它们构成整体的重要组成部分。支撑的布置在结构布置中十分重要，工程实践表明,支撑布置不当不仅影响厂房的正常使用,甚至可能导致结构的整体破坏。

厂房的支撑分屋盖支撑和柱间支撑两类。就整体而言,支撑的主要作用是:①保证厂房结构构件的稳定和正常工作;②增强厂房的整体稳定和空间刚度;③传递水平荷载(如纵向风荷载、吊车纵向水平荷载及纵向水平地震作用)给主要承重构件。

下面简要介绍屋盖支撑和柱间支撑的作用和布置原则,具体的布置方法和构造细节可参阅有关的标准图集。

(1) 屋盖支撑。屋盖支撑包括横向水平支撑、纵向水平支撑、垂直支撑、系杆。

横向水平支撑是由交叉角钢和屋架的上弦或下弦组成的水平桁架,并分别称为上弦横向水平支撑和下弦横向水平支撑。横向水平支撑的作用是加强屋盖纵向水平面内的刚度,将山墙或抗风柱传来的水平风荷载传给纵向柱列。

纵向水平支撑是由交叉角钢和屋架下弦组成的水平桁架。纵向水平支撑的作用是加强屋盖横向水平面内的刚度。

水平支撑的节间的划分应与屋架节间相适应,交叉杆件的交角一般为 $30°\sim60°$(图 3-15)。

垂直支撑是由角钢杆件与屋架垂直腹杆或天窗架的立柱组成的垂直桁架。其主要作用是保证屋架出平面的侧向稳定,并传递纵向水平力。垂直支撑的形式如图3-16所示。

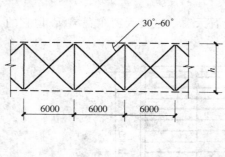

图 3-15　水平支撑形式

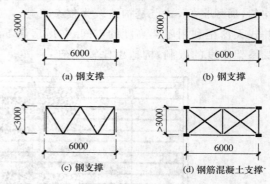

(a) 钢支撑　　　　(b) 钢支撑

(c) 钢支撑　　　　(d) 钢筋混凝土支撑

图 3-16　垂直支撑形式

系杆是单根的联系杆,分为刚性(压、拉杆)系杆和柔性(拉杆)系杆。系杆设置在屋架上、下弦及天窗架上弦平面内。其作用是作为屋架(天窗架)的侧向支点,保证屋架的整体稳定、屋架上弦或屋面梁受压翼缘的侧向稳定(防止局部失稳),避免吊车工作时或厂房内有其他振源时,屋架下弦产生过大的颤动。

① 上弦横向水平支撑的布置。当屋面为大型屋面板,且屋面板与屋面梁或屋架上弦三点焊接,屋面板纵肋的空隙用 C15～C20 的细石混凝土灌实,能保证屋盖平面的稳定,并能传递山墙传来的水平力时,认为屋面板起到了上弦横向水平支撑的作用,可以不设置上弦横向水平支撑。当屋盖结构的纵向水平面的刚度不足,且有以下情况之一时,应设置上弦横向水平支撑(图 3-17):(i)有檩体系屋盖或跨度较大的无檩体系屋盖,当屋面板与屋架焊接点的质量不能保证,且抗风柱与屋架的上弦连

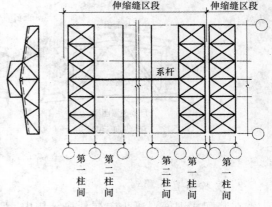

图 3-17　有天窗时,上弦横向水平支撑布置

接时。(ii)厂房设有纵向天窗,且天窗通到厂房端部的第二柱间或通过伸缩缝时,应在第一或第二柱间的天窗架范围内设置上弦横向水平支撑,并在天窗范围内沿纵向设置1~3道通长的受压系杆。(iii)当采用钢筋混凝土拱形及梯形屋架的屋盖系统时,应在每一个伸缩缝区段端部的第一或第二柱间布置上弦横向水平支撑。

②下弦横向水平支撑的布置。当具有下列情况之一时,应设置下弦横向水平支撑(图3-18):(i)抗风柱与屋架的下弦连接,纵向水平力通过下弦传递时。(ii)屋架下弦设有纵向运行的悬挂吊车(或电葫芦)时。(iii)厂房内有较大的振动源,如设有硬钩桥式吊车或5t以上的锻锤时。

③下弦纵向水平支撑的布置。当具有下列情况之一时,应设置下弦纵向水平支撑(图3-18):(i)当屋盖结构中设有托架,在托架所在的柱间以及两端各延伸一个柱间设置下弦纵向水平支撑。

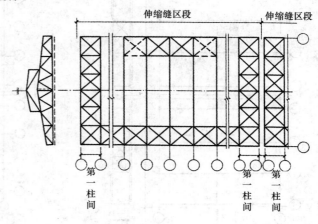

图 3-18　屋盖下弦水平支撑布置

以保证托架上缘的侧向稳定,并将托架区域内的横向水平风荷载有效地传到相邻柱上。(ii)当厂房内设有软钩桥式吊车,但厂房高大,吊车吨位较重时(如单跨厂房柱高在 15~18m 以上,工作级别 A_4,A_5,30t 以上时),在等高多跨厂房中一般可沿边列柱的屋架下弦端部各布置一道通长的纵向水平支撑;跨度较小的单跨厂房可沿下弦中部布置一道通长的纵向水平支撑。(iii)当厂房内设有硬钩桥式吊车或5t 及以上的锻锤时;当吊车吨位大或对厂房刚度有特殊要求时,可沿中间柱列适当增设下弦纵向水平支撑。

当厂房已设有下弦横向水平支撑时,则纵向水平支撑应尽可能与横向水平支撑连接,以形成封闭的水平支撑系统(图3-18)。

④屋架间的垂直支撑和系杆。屋架间的垂直支撑一般布置在厂房温度区段两端的屋架端部或跨中,且宜与横向水平支撑配合使用。垂直支撑应按下列原则进行布置:(i)屋架中部垂直支撑(图3-19),应按表3-2的规定设置,表中 L 为屋架的跨度;(ii)屋架端部(或天窗架)的高度(外包尺寸)大于 1.2m 时(如梯形屋架),屋架(天窗架)两端各设一道垂直支撑。

系杆一般通常布置,一端最终连接于垂直支撑或上、下弦横向水平支撑的节点上。应按下列原则布置(图3-19、图3-20):(i)有上弦横向水平支撑时,设上弦受压系杆;(ii)有下弦横向水平支撑或纵向水平支撑时,设下弦受压系杆;(iii)屋架中部有垂直支撑时,在垂直支撑同一铅垂面内应设通长的上弦受压系杆和通长的下弦受拉系杆;屋架端部有垂直支撑时,在垂直支撑同一铅垂面内应设通长的受压系杆;(iv)当屋架横向水平支撑设置在端部的第二柱间时,第一柱间的所有系杆均应为刚性系杆。

表 3-2	屋架中部垂直支撑设置要求				单位:m	
厂房跨度 L	L=12~18	18<L≤24	24<L≤30		30<L≤36	
			端部不设	端部设置	端部不设	端部设置
设置要求	不设	一道	两道	一道	三道	两道

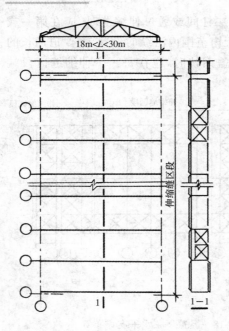

图 3-19　屋架中部垂直支撑及水平系杆

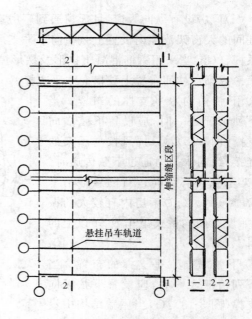

图 3-20　屋架端部垂直支撑及水平系杆

⑤ 天窗架支撑。天窗架支撑包括天窗架上弦水平支撑（图 3-21）及天窗架间的垂直支撑（图 3-22），一般设置在天窗架两端，它的作用是保证天窗架上弦的侧向稳定和把天窗端壁上的水平风荷载传给屋架。一般天窗架支撑与屋架上弦横向水平支撑布置在同一柱间。

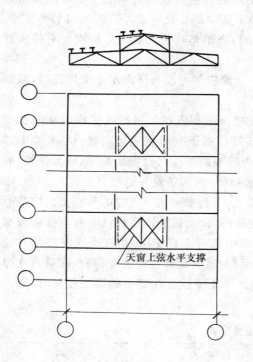

图 3-21　天窗架上弦水平支撑

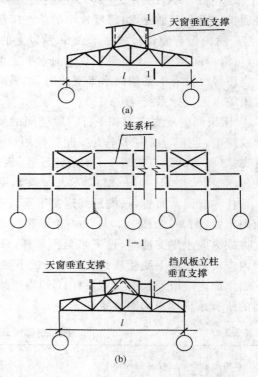

图 3-22　天窗垂直支撑

（2）柱间支撑。柱间支撑的作用是保证厂房结构的纵向刚度和稳定，并将纵向水平荷载（包括天窗端壁部和厂房山墙上的风荷载、吊车纵向水平制动力以及纵向地震作用）传至基础。

柱间支撑一般包括上柱柱间支撑和下柱柱间支撑。上柱柱间支撑位于吊车梁上部，下柱柱间支撑位于吊车梁下部。

柱间支撑一般采用交叉的钢斜杆，交叉倾角通常在 35°～55° 之间。当交通、设备布置或柱距较大而不能采用交叉钢斜杆时，可以做成门架式的柱间支撑（图 3-23（b））。

上柱柱间支撑一般设置在伸缩缝区段两侧与屋盖横向水平支撑相对应的柱间，以及伸缩缝区段中央的柱间，下柱柱间支撑一般设置在伸缩缝区段中部与上柱柱间支撑相应的位置，如图 3-23（a）所示。

当单层厂房属下列情况之一时，应设置柱间支撑：①设有工作级别 A_6、A_7 吊车或工作级别 A_4～A_5 吊车起重量≥10t 时；②厂房跨度≥18m，或柱高≥8m 时；③纵向柱的总数每排在 7 根柱以下时；④设有起重量≥3t 的悬挂吊车；⑤露天吊车柱列。

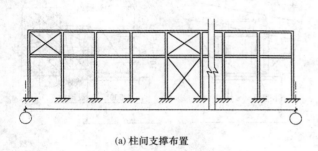

(a) 柱间支撑布置　　　　　　　　　　　　(b) 门架式柱间支撑

图 3-23　柱间支撑布置

3. 围护结构布置

围护结构中的墙体一般沿厂房四周布置，墙体中一般还布置有抗风柱、圈梁、连系梁、过梁和基础梁。

（1）抗风柱（山墙壁柱）。厂房山墙受风荷载面积较大，一般需设抗风柱将山墙分成几个区段，使山墙所承受的风荷，靠近纵向柱列区段的一部分直接传给纵向柱列，另一部分经抗风柱上端通过屋盖系统传给纵向柱列及经下端直接传给基础。

当厂房高度和跨度都不大时，如柱顶标高不大于 8m，跨度不大于 12m 时，可在山墙设置砖壁柱作为抗风柱；当厂房高度和跨度较大时，一般应设置钢筋混凝土抗风柱，柱外侧再贴砌山墙。

抗风柱和基础一般采用刚结连接，抗风柱可与屋架的上弦、下弦或同时与屋架的上下弦铰接。抗风柱与屋架的连接，必须采用沿竖向可以自由移动，沿水平方向又有很大刚度的弹簧板连接（图 3-24），这种连接一方面可以传递水平力，另一方面沿竖向可以自由变形，可消除抗风柱与厂房不均匀沉降的影响。抗风柱不承受屋面竖向荷载，同时也不改变边跨屋架的受力性能。

（2）圈梁。当用砖墙作为围护墙体时，一般要设置圈梁、连系梁、过梁和基础梁。圈梁设置在墙内，与排架柱和抗风柱用钢筋拉结，其作用是将墙体和排架柱、抗风柱连成一体，增加墙体的刚度，防止由于地基的不均匀沉降或较大的振动荷载引起的墙体裂缝，在地震区还起抗震作用，约束墙体，防止由于墙体开裂后倒塌。

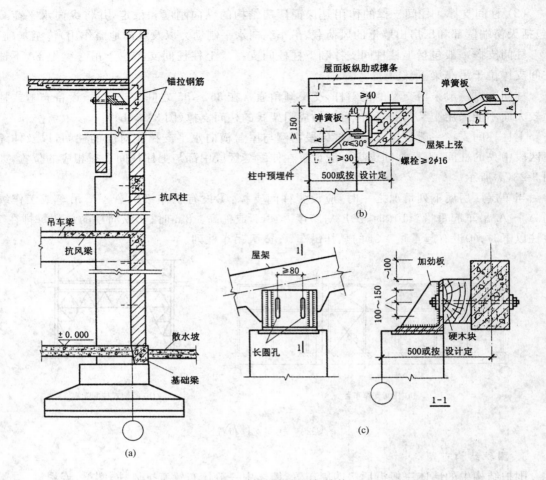

图 3-24　抗风柱与屋架连接

圈梁的布置与墙体高度和对厂房刚度的要求以及地基情况有关,对于无桥式吊车的厂房,墙高不超过 8m 时,应在檐口设置一道圈梁;当檐口高度超过 8m 时,宜在墙体适当部位增设一道圈梁。对于有桥式吊车的厂房,除檐口处设置圈梁外,尚应在吊车梁标高处或墙体的适当高度增设一道圈梁。对于有振动设备的厂房,除满足上述要求外,应每隔 4m 设一道圈梁。

圈梁应连续布置在墙体的同一平面内,且应形成封闭式。当圈梁被门窗洞口切断时,应在洞口上部增设一道附加圈梁。附加圈梁的截面不应小于被切断圈梁的截面,其搭接长度不小于圈梁与附加圈梁高差的两倍且不小于 1.0m。

(3)连系梁(墙内连系梁)。当厂房墙体高度很大时,墙体自身稳定性可能得不到满足。这时,可在墙内设置水平方向的连系梁,连系梁通常是预制的,两端搁置在柱子牛腿上,采用螺栓连接或焊接连接。此时,连系梁的作用除连系纵向柱列,以增强厂房的纵向刚度并传递风荷载到纵向柱列外,还承受其上部墙体的重量。

(4)过梁。过梁的作用是承托门窗洞口上部的墙体重量,其截面宽度一般与墙厚相同。在进行厂房结构布置时,应尽可能将圈梁、连系梁、过梁三者结合成一体,以节省材料,方便施工。

(5)基础梁。基础梁用于承受墙体的重量,把墙体重量传给柱基,而不另设墙体基础,这样可以使墙体与柱之间同时产生沉降,不致引起沉降不均匀。基础梁底应预留 100mm 以上的空隙,使基础梁可以随柱基一同沉降。当基础梁底的埋设深度在冰冻线以上时,梁底应松填干砂、炉渣等松散材料,以防止土冻胀将梁顶裂。基础梁一般直接放置在柱基的杯口上。当地基承载力很低时,基础梁置于柱基上会造成柱基平面尺寸过大,此时可以将墙体基础做成条形基础,但设计时必须增大基础刚度或采取其他有效措施,以调节柱基和墙体基础可能产生的不均匀沉降。

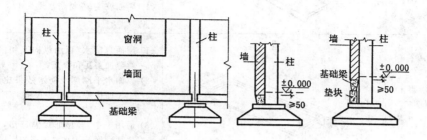

图 3-25　基础梁的位置

3.2.3　单层厂房主要结构构件选型

钢筋混凝土单层厂房结构,主要构件包括屋面构件(屋面板、天沟板、天窗架、檩条)、屋架(屋面梁),吊车梁、柱、基础,支撑、连系梁、圈梁、基础梁等。在单层厂房结构设计中,多选用"工业厂房结构构件标准图集"中的标准、定型构件。

工业厂房结构构件标准图集有三类:经中华人民共和国建设部批准的全国通用标准图集,适用于全国各地;经某地区审定的通用图集,适用于该地区;经某设计院审定的定型图集,适用于该设计院所设计的工程。

全国通用标准图集主要包括:设计和施工说明、构件选用表、结构布置图、连接大样图、模板图、配筋图、预埋件大样图、钢筋及钢材用量表等部分,它们均属于结构施工图,因此,可作为施工的依据。在选用构件时,应认真了解标准图集的各部分内容。尤其要仔细阅读"设计和施工说明"及"构件选用表"两部分,"设计和施工说明"包括本类构件的适用范围、设计依据、选用方法、设计计算原则、所用材料、施工制作及安装要求等部分。选用构件时,特别要注意它的适用范围和规定的选用条件,同时还要考虑制作该构件时需提供的材料和施工设施。"构件选用表"是选用构件的主要依据,在选用时只要满足允许外加荷载组合设计值的要求,就能选用合适的构件。

当所设计的构件完全符合标准图集中所列的各项要求时,便可直接选用标准图集中的某个型号的构件。但在某些情况下,如材料强度、荷载情况、施工条件等不能符合标准图集的各项要求时,则可以对标准图集中某个型号的构件进行必要的承载力、抗裂度、变形和最大裂缝宽度验算,有时要做局部修改,以满足设计要求。

1. 屋面主要结构构件选型

(1)屋面板。常用的屋面板为预应力混凝土大型屋面板。大型屋面板的规格一般为 1.5m×6m。有时也可采用 3m×6m 和 3m×9m 屋面板。在无檩体系屋盖的设计中,根据不同的使用要求,也可选用预应力混凝土 F 形屋面板、预应力单肋板和预应力自防水混凝土夹心保温屋面板。在有檩体系屋盖中,可选用钢筋混凝土槽瓦、钢丝网水泥波形瓦,如表 3-3 所示。

表 3-3 　　　　　　　　　　　　屋面板类型

序号	构件名称(标准图号)	形 式	特点及适用范围
1	预应力混凝土屋面板(92G410)	1490 5970 240	(1) 有卷材防水及非卷材防水两种; (2) 屋面水平刚度好; (3) 适用于中、重型和振动较大、对屋面刚度要求较高的厂房; (4) 屋面坡度;卷材防水最大 1/5,非卷材防水 1/4
2	预应力混凝土F形屋面板(CG410)	1490 5370 200	(1) 屋面自防水,板沿纵向互相搭接,横缝及脊缝加盖瓦和脊瓦; (2) 屋面水平刚度及防水效果比预应力混凝土屋面板差,如构造和施工不当,易飘雨、飘雪; (3) 适用于中、轻型非保温厂房,不适用于对屋面刚度及防水要求高的厂房; (4) 屋面坡度 1/8～1/4
3	预应力单肋板	935~1200 3980~5980 180~250	(1) 屋面自防水,板沿纵向互相搭接,横缝及脊缝加盖瓦和脊瓦,主肋只有一个; (2) 屋面材料省,但刚度差; (3) 适用于中、轻型非保温厂房,不适用于对屋面刚度及防水要求高的厂房; (4) 屋面坡度 1/4～1/3
4	预应力自防水混凝土夹心保温屋面板(三合一板)	5950 130 1490	(1) 具有承重、保温、防水三种作用,故也称三合一板; (2) 适用于一般保温厂房,不适用于气候寒冷、冻融频繁地区和有腐蚀性气体及湿度大的厂房; (3) 屋面坡度 1/12～1/8
5	钢筋混凝土槽瓦	990 3300~3900 100	(1) 在檩条上互相搭接,沿横缝及脊缝加盖瓦及脊瓦; (2) 屋面材料省,构造简单,施工方便,但刚度较差,如构造和施工处理不当,易渗漏; (3) 适用于中、轻型厂房,不适用于有腐蚀性介质、有较大振动、对屋面刚度及隔热要求高的厂房; (4) 屋面坡度 1/5～1/3
6	钢丝网水泥波形瓦	1700~2000 990	(1) 在纵、横向互相搭接,加脊瓦; (2) 屋面材料省,施工方便,但刚度较差,运输、安装不当,易损坏; (3) 适用于轻型厂房,不适用于有腐蚀性介质、有较大振动、对屋面刚度及隔热要求高的厂房; (4) 屋面坡度 1/5～1/3

（2）檩条。

在有檩体系屋盖中，檩条搁置在屋架或屋面梁上，支承小型屋面板并将屋面荷载传给屋架或屋面梁。檩条的跨度一般为 4m 和 6m，也有 9m 的，应用较普遍的是钢筋混凝土和预应力混凝土倒 L 形或 T 形檩条，也可采用上弦为钢筋混凝土、腹杆和下弦为钢材的组合式檩条，以及轻钢檩条。

檩条支承于屋架上弦杆上一般有正放和斜放两种。正放时，屋架上弦要做一个三角形支座，檩条受力情况较好，因为垂直荷载和檩条截面的肋部是在一个平面内（图 3-26(a)）。斜放时，檩条直接支承于屋架上弦杆，在荷载作用下产生双向弯曲（图 3-26(b)）。正放倒 L 形截面的檩条其翼缘可做成倾斜的，其坡度与屋面坡度相同。对于斜放檩条，则往往在屋架上弦支座处的预埋件上事先焊以短钢板，防止倾翻（图 3-26(b)）。檩条与屋架的连接应牢固，使其与支撑构件共同组成整体，以保证厂房的空间刚度，并可靠地传递水平荷载。

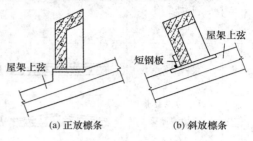

(a) 正放檩条   (b) 斜放檩条

图 3-26 檩条的支撑放置形式

2. 屋架（屋面梁）选型

设计时，首先确定屋架（屋面梁）形式，然后根据具体的设计条件从屋架（屋面梁）标准图集中选用合适的屋架（屋面梁）。

（1）屋架（屋面梁）的形式及选型方法。常用屋架（屋面梁）的几种主要形式如表 3-4 所示，表中介绍了屋架（屋面梁）的形式、特点及适用条件。选择合理的屋架（屋面梁）形式，不仅要考虑受力合理与否，而且还要综合考虑其他因素，如施工条件、材料供应、跨度大小等。根据国内工程实践经验，建议如下：

① 厂房跨度为 15m 及 15m 以下时，当吊车起重量小于或等于 10t，且无大的振动荷载时，可选用表 3-4 中序号 3～6；当吊车起重量大于 10t 时，宜选用序号 2 或 8；

② 厂房跨度为 18m 及 18m 以上时，一般宜选用表 3-4 中序号 8 或 9；对于冶金厂房的热车间，宜选用序号 10；当跨度为 18m 时，也可选用序号 5 或 6（吊车起重量等于或小于 10t 时）或序号 2；对于采用井式天窗的厂房，一般宜选用序号 10 或 11；

③ 对于悬挂吊车多而复杂的车间，宜采用预应力混凝土屋面梁（序号 1 或 2）。

确定屋架（屋面梁）形式主要从以下几个方面考虑：

① 工艺和建筑设计要求：跨度、下弦标高、车间的吊车吨位和振动情况、有无悬挂吊车或工艺设备、有无天窗及天窗的做法、屋面排水坡度、有无天沟及天沟的做法等。

② 屋面荷载情况：屋面板和天窗架集中荷载位置、屋面构造层的做法等；

③ 施工条件和材料供应情况：预应力设备、吊装能力、焊接技术、构件制作水平和运输能力等；

④ 各种屋架（屋面梁）的适用范围和技术经济指标。

屋架（屋面梁）是厂房结构的一个重要组成部分，屋架（屋面梁）选型的合理与否直接关系到厂房屋盖结构的刚度和稳定性。因此，选择屋架（屋面梁）不仅要从以上几方面考虑，而且还要把屋架（屋面梁）与其他构件连系起来，作为一个结构整体，进行全面的、综合的技术经济比较，才能确定合理的屋架（屋面梁）形式。

（2）选定屋架（屋面梁）的编号。确定屋架（屋面梁）形式后，便可查阅有关标准图集。必须指出的是，各种屋架（屋面梁）形式往往是按屋架（屋面梁）的不同跨度、承载能力、檐口形状、天窗类别分别编号的，比一般构件考虑的内容要多一些，在屋架（屋面梁）标准图集的设计说明和构件选用方法中,都详细写明了与檐口、天窗类别有关的屋架(屋面梁)的代号和各种代号的物理意义,并按照屋架(屋面梁)的编号分别列出它的承载能力等级。

表 3-4 常用的屋面梁和屋架(6m 柱距)

序号	构件名称(标准图集号)	构件形式	跨度/m	允许荷载/(kN·m⁻²)	特点及适用条件
1	预应力混凝土单坡屋面梁(G414)		9 12	4.5	梁高小,重心低,侧向刚度好,施工较方便,但自重大,经济指标较差。
2	预应力混凝土双坡屋面梁(G414)		12 15 18	4.5	适用于有较大振动和腐蚀介质的厂房。屋面坡度 1/8~1/12
3	钢筋混凝土两铰拱屋架(G310,CG311)		9 12 15	3.0	上弦为钢筋混凝土,下弦为角钢,顶节点刚接,自重较轻。适用于中、小型厂房.应防止下弦受压。屋面坡度:卷材防水 1/5,换卷材防水 1/4
4	钢筋混凝土三铰拱屋架(G312,CG313)		9 12 15	3.0	顶点为铰接,其他同上
5	预应力混凝土三铰拱屋架(CG424)		9 12 15 18	3.0	上弦为先张法预应力混凝土,下弦为角钢,其他同上
6	钢筋混凝土组合式屋架(CG315)		12 15 18	3.0	上弦及受压腹杆为钢筋混凝土,下弦及受拉腹杆为角钢;自重较轻,适用于中、轻型厂房;屋面坡度 1/4
7	钢筋混凝土折线形屋架(95G314)		15 18	3.5	外形较合理,屋面坡度合适,适用于卷材防水屋面的中型厂房
8	预应力混凝土折线形屋架(95G415)(卷材防水)		18 21 24 27 30	4.0 3.5	适用于卷材防水屋面的重、中型厂房,其他同上
9	预应力混凝土折线形屋架(CG423)(非卷材防水)		18 21 24	3.5	外形较合理,屋面坡度合适,自重较轻,适用于非卷材防水屋面的中型厂房,屋面坡度 1/4
10	预应力混凝土梯形屋架(CG417)		18~30	3.5	自重较大,刚度好,适用于卷材防水屋面的重型、高温及采用井式或横向天窗的厂房,屋面坡度 1/10~1/12
11	预应力混凝土直腹杆屋架		15~36	2.5	无斜腹杆,构造简单,但端部坡度较陡,适用于采用井式或横向天窗的厂房

3. 吊车梁选型

吊车梁直接承受吊车传来的竖向荷载和水平制动力,由于吊车往返运行,因此吊车梁除了要满足承载力、抗裂度和刚度要求外,还要满足疲劳强度的要求。同时,吊车梁沿厂房纵向布置,对于传递厂房纵向荷载(如山墙风荷载等)和加强厂房纵向刚度,连接厂房的各个横向平面排架,保证厂房结构的空间工作,起着重要的作用。因此,吊车梁是厂房结构中的一个重要构件,对它的选型、设计和施工应予以足够的重视。表 3-5 列出常用的钢筋混凝土吊车梁的形式及其使用范围。进行厂房结构设计时,应根据工艺要求和吊车的特点,结合当地的施工技术条件和材料供应情况,对几种可能的吊车梁形式进行全面的技术经济比较,选定合理的吊车梁形式。

表 3-5   常用吊车梁

序号	构件名称 (图集编号)	构件跨度/m	形 式	适用起重量/t	特 点
1	钢筋混凝土吊车梁 95G323(一)、(二)	6		A1~A3:3~50 A4,A5:3~30 A6,A7:5~20	施工制作简单,但比较费料,自重大
2	先张预应力混凝土等截面吊车梁 G425	6		A1~A3:5~125 A4,A5:5~75 A6,A7:5~50	工作性能和经济指标都比钢筋混凝土梁好,运输、堆放和施工均较方便
3	后张预应力混凝土等截面吊车梁 CG426(二)	6		A1~A3:15~100 A4,A5:5~100 A6,A7:5~50	
4	后张预应力混凝土鱼腹式吊车梁 CG427	6		A4,A5:15~125 A6,A7:10~100	外形接近于弯矩包络图,各正截面抗弯能力接近于等强度,受力合理。薄腹板薄,节约混凝土和减少竖向箍筋用量。但其构造和制作比较复杂,运输堆放需设专门支垫
5	后张预应力混凝土鱼腹式吊车梁 CG428	12		A4,A5:5~200 A6,A7:5~50	
6	组合式轻型吊车梁	6		A1~A5:≤5	自重较轻,但其刚度比钢筋混凝土吊车梁的小,用钢量也比较大,节点处构造复杂,性能难以保证,焊接技术要求高,焊接工作量大
7	组合式吊车梁	6,12		A1~A5:≤5	
8	部分预应力(先张法)混凝土吊车梁	6		A1~A5:≤30	它允许吊车梁带裂缝工作,节约了钢材,也能满足使用需要

3.3 排架的荷载计算及内力分析

3.3.1 排架结构单层厂房的荷载种类和传力路径

排架内力分析的主要目的是计算各种荷载作用下的内力,并进行荷载组合,作为柱和基础等构件设计的依据。要分析结构的内力,首先应明确结构上的荷载。单层厂房在使用过程中的主要荷载分为竖向荷载和水平荷载:

竖向荷载
- 屋面荷载
  - 屋面恒荷载:构件和设备的自重
  - 屋面活荷载:施工荷载、雪荷载或积灰荷载
- 纵墙自重
- 吊车起重荷载:吊车起重物时的荷载

水平荷载
- 风荷载:作用于厂房的横向和纵向
- 吊车水平制动荷载:小车水平刹车力(横向)、大车水平刹车力(纵向)

为进一步分析单层厂房空间结构在上述荷载作用下的传力途径,简化结构分析,将单层厂房空间结构体系简化并划分为平面结构——横向平面排架结构和纵向平面排架结构。横向平面排架结构由屋架(屋面梁)、横向柱列和基础组成(图 3-27)。纵向平面排架由连系梁、吊车梁、纵向柱列(包括柱间支撑)和基础组成(图 3-29)。厂房的竖向荷载主要由横向排架承担,水平荷载则由横向排架和纵向排架共同承担。

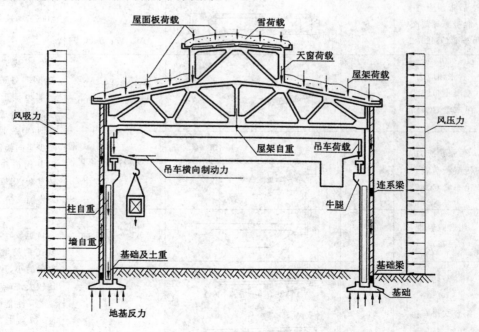

图 3-27 横向平面排架承受的荷载

1. 横向平面排架的荷载及其传力路径

横向排架承受的荷载如图 3-27 所示。竖向荷载与水平荷载的传递路线如图3-28所示。

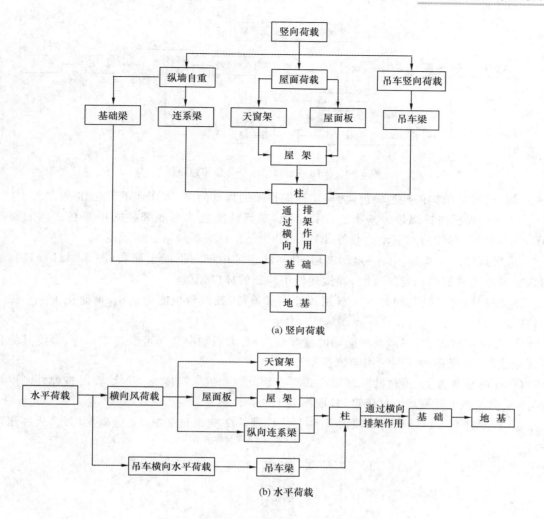

(a) 竖向荷载

(b) 水平荷载

图 3-28 横向排架荷载传递路径

2. 纵向平面排架的荷载及其传力路径

纵向排架主要承受水平荷载,如图 3-29 所示。其水平荷载的传递路线如图 3-30 所示。

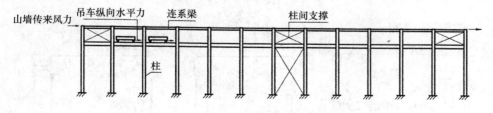

图 3-29 纵向平面排架承受的荷载

3.3.2 排架结构的基本假定和计算简图

由上述的分析可知,横向平面排架承受厂房的主要荷载,必须进行排架内力分析。纵向平面排架承受吊车纵向制动力、纵向风荷载和纵向地震作用,前两者荷载引起的内力较小,一般可以忽略,只需计算纵向地震作用下的内力。因此,排架的内力分析主要以横向排架为主。根

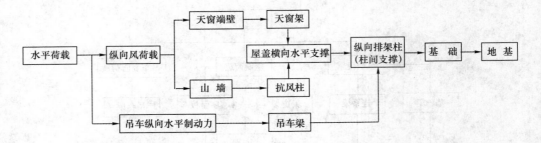

图 3-30　纵向平面排架水平荷载传递路径

据单层厂房排架结构的构造情况，为确定横向排架的计算简图，需作如下简化和假定：

① 取一榀横向排架作为基本的计算单元，单元的宽度为两相邻柱间中心线之间的距离（图 3-31(a)）。即除吊车移动荷载外，阴影部分为一个排架所负荷的荷载范围；

② 预制柱插入基础杯口一定深度后，其间的空隙由细石混凝土灌实（图 3-31(b)），因此，可假定基础为柱底的固定端支座，固接端位于基础的杯口顶面；

③ 柱和屋架（屋面梁）连接一般用预埋钢板焊接，抵抗弯矩能力很小，可简化为一个铰接点（图 3-31(b)）；

④ 与排架柱相比，屋架或屋面梁的刚度较大，受力后轴向变形可以忽略不计，而将其简化成无限刚体，即变形后梁两端侧向位移相等；

⑤ 柱的轴线为上、下柱的几何形心线。各部分截面抗弯刚度为 EI，计算时按弹性刚度计算，不考虑混凝土开裂后刚度降低，E 取混凝土的弹性模量；

⑥ 排架柱高度（H）从基础顶面算至上柱柱顶。变截面排架柱，上柱高度（H_u）从牛腿顶

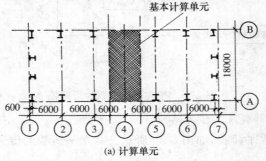

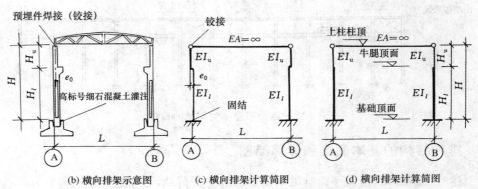

图 3-31　横向平面排架计算简图

面高度计算至柱顶高度，下柱高度（H_l）从基础顶面算至牛腿顶面；

⑦ 排架的跨度为厂房纵向定位轴线之间的距离 L。

根据上述简化和假定确定的排架计算简图，如图 3-31(c) 所示，图中变截面柱用一折线表示，但考虑到实际结构的特点，习惯上把图 3-31(c) 表示为图 3-31(d) 的形式。

应该指出，确定结构计算简图是一个十分复杂而重要的工作。计算简图既要反映实际受力情况，又要使计算工作相对简化。如果结构计算简图与实际出入较大，后面计算再精确也无济于事。对刚度较小的组合屋架，轴向变形通常是不能忽略的，此时就不能认为梁两端侧向位移相等，即横梁刚度不能假定为无穷大。当地基很软时，基础受荷后和地基可能有相对转动，此时基础不应视为柱的固定端支座，而只能视为弹性固定，其刚度系数视具体情况而定。

3.3.3 排架结构的荷载计算

作用在排架上的荷载主要有恒荷载、活荷载（图 3-32）。恒荷载包括屋盖自重 G_1、上柱自重 G_2、下柱自重 G_3、吊车梁及轨道自重 G_4 以及支承在柱牛腿上的围护结构等重量 G_5；活荷载包括屋面活荷载 Q、吊车竖向荷载 D_{max}、吊车横向水平荷载 T_{max}、均匀分布的水平风荷载 q 以及作用在屋盖支撑处的集中风荷载 F_w。

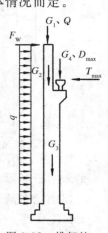

图 3-32 排架柱上的荷载

1. 恒荷载计算

（1）屋盖自重 G_1。屋盖自重包括屋面的构造层、屋面板、天沟板、天窗架、屋架、屋盖支撑以及与屋架连接的设备管道等构件自重。屋面板、屋架、吊车梁等标准构件可以从标准图集上查得，其他构件自重由计算求得。这些构件自重的总和通过屋架的支承点以集中力 G_1 的形式加于柱顶，其作用点位于屋架上弦和下弦几何中心的交点处，如图 3-33(a) 所示，其作用点距定位轴线的距离一般为 150mm。一般 G_1 对上柱截面的几何中心有一偏心距 e_1（图 3-33(b)），G_1 对下柱截面的几何中心又增加了附加偏心距 e_0（图 3-33(c)），e_0 为上柱和下柱几何中心线的距离。屋盖自重 G_1 作用下的排架计算简图如图 3-33(d) 所示。

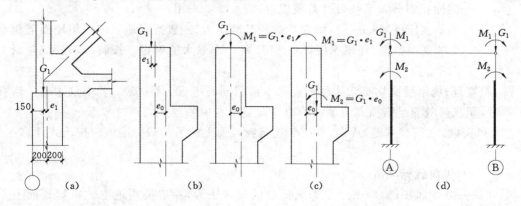

图 3-33 屋盖恒荷载作用下排架计算简图

（2）上柱自重 G_2。上柱自重 G_2 对下柱几何形心的偏心距为 e_0（图 3-34），则 G_2 对下柱几何形心的偏心力矩 $M_2' = G_2 e_0$。

（3）下柱自重 G_3。上柱自重 G_3（包括牛腿自重），作用于下柱底，作用线与下柱几何形心线重合，$M_3' = 0$。

（4）吊车梁及轨道自重 G_4。吊车梁及轨道自重 G_4 的作用线与吊车梁轨道形心线相重合，对下柱截面几何形心线的偏心距为 e_4，相应的偏心力矩为 $M_4' = G_4 e_4$。

在 G_1，G_2，G_3，G_4 共同作用下，即恒荷载作用下，横向排架内力方向计算简图如图 3-35 所示。图中 $M_1 = G_1 e_1$，$M_2 = (G_1 + G_2)e_0 - G_4 e_4$。

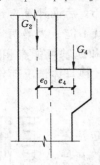 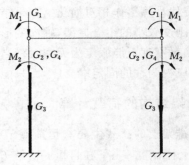

图 3-34　柱自重吊车梁及轨道自重 G_4 作用点　　　图 3-35　恒荷载作用下排架内力分析简图

2. 活荷载计算

（1）屋面活荷载 Q。屋面可变荷载包括屋面均布活荷载、积灰荷载和雪荷载三种，均按屋面的水平投影面积计算。可变荷载对柱的作用点的位置与屋盖自重 G_1 相同。

屋面均布活荷载，按《建筑结构荷载规范》（GB 50009—2001）（以下简称"《荷载规范》"）第 4.3.1 条采用。

对生产中有大量排灰的厂房及其邻近的建筑物应考虑积灰荷载，比如铸造车间、炼钢车间、水泥厂车间、高炉附近等，按《荷载规范》第 4.4 节采用。

按《荷载规范》第 6.1.1 条规定，屋面水平投影面上的雪荷载标准值，应按下式计算

$$s_k = \mu_r s_0 \tag{3-1}$$

式中　s_k——雪荷载标准值（$kN \cdot m^{-2}$）；

　　　μ_r——屋面积雪分布系数，按《荷载规范》表 6.2.1 采用；

　　　s_0——基本雪压（$kN \cdot m^{-2}$），即雪荷载的基准压力，一般按当地空旷平坦地面上积雪自重的观测数据，经概率统计得出 50 年一遇最大值确定。按《荷载规范》附录 D.4 采用。

《荷载规范》规定屋面均布活荷载不应与雪荷载同时考虑，只考虑二者中较大值。当有积灰荷载时，积灰荷载应与雪荷载或屋面均布活荷载两者中的较大值同时考虑。

（2）风荷载。《荷载规范》规定，垂直于建筑物表面上的风荷载标准值应按下式计算

$$w_k = \beta_z \mu_s \mu_z w_0 \tag{3-2}$$

式中　w_k——风荷载标准值（$kN \cdot m^{-2}$）；

　　　w_0——基本风压（$kN \cdot m^{-2}$），即风荷载的基准压力，一般按当地空旷平坦地面上 10m 高度处 10 分钟平均风速观测数据，经概率统计得出 50 年一遇最大值确定的风速（v_0），再考虑相应的空气密度（ρ），根据式 $w_0 = \rho v_0^2 / 2$ 确定的风压。按《荷载规范》附录 D.4 采用；

　　　β_z——高度 z 处的风振系数，对单层厂房 $\beta_z = 1$；

　　　μ_s——风荷载体形系数，按《荷载规范》7.3 节采用，图 3-36 给出了一单跨厂房和一等高

两跨厂房的风载体形系数,图中的"＋"表示压力(指向建筑物表面)、"－"表示吸力(背离建筑物表面);

μ_z——风压高度变化系数,按表 3-6 采用。

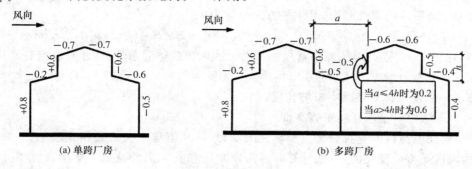

图 3-36　单层厂房的风载体形系数

表 3-6　　　　　　　　　　　　　　　风压高度变化系数 μ_z

离地面或海平面高度/m	地面粗糙度类别			
	A	B	C	D
5	1.17	1.00	0.74	0.62
10	1.38	1.00	0.74	0.62
15	1.52	1.14	0.74	0.62
20	1.63	1.25	0.84	0.62
30	1.80	1.42	1.00	0.62
40	1.92	1.56	1.13	0.73
50	2.03	1.67	1.25	0.84
60	2.12	1.77	1.35	0.93
70	2.20	1.86	1.45	1.02
80	2.27	1.95	1.54	1.11
90	2.34	2.02	1.62	1.19
100	2.40	2.09	1.70	1.27
150	2.64	2.38	2.03	1.61
200	2.83	2.61	2.30	1.92
250	2.99	2.80	2.54	2.19
300	3.12	2.97	2.75	2.45
350	3.12	3.12	2.94	2.68
400	3.12	3.12	3.12	2.91
≥450	3.12	3.12	3.12	3.12

注:A 类指近海海面和海岛、海岸、湖岸及沙漠地区;B 类指田野、乡村、丛林、丘陵以及房屋比较稀疏乡镇和城市郊区;C 类指有密集建筑群的城市市区;D 类指有密集建筑群且房屋较高的城市市区。

按式(3-2)计算的风荷载标准值是 z 高度处的风荷载标准值,所以,风荷载标准值沿厂房高度的分布是变化的(上大下小)。为简化计算,作用在柱顶以下墙面上的风荷载按均布荷载考虑,迎风面为 q_1,背风面为 q_2,其风压高度变化系数可按柱顶标高取值;柱顶以上的风荷载仍取为均布荷载,其对排架的作用是通过屋架与柱顶的连接点,以集中力 F_w 的形式作用于柱顶,其风压高度变化系数为:有矩形天窗时按天窗檐口标高取值;无矩形天窗时,按厂房檐口标高取值。

应该注意到,风荷载的作用方向总是垂直于建筑物表面;风载体形系数为"＋",表示风荷载指向建筑物表面(压力);风载体形系数为"－",表示风荷载背离建筑物表面(吸力)。

屋顶坡面上的风荷载作用方向是垂直于坡屋面的,应将其沿水平方向和竖向方向分解。对于图 3-37(c)所示的双坡屋面,其水平方向分量为

$$F_{w2} = F_2 - F_1 = (\mu_{s2} - \mu_{s1}) \cdot \sin\alpha \cdot \mu_z \cdot w_0 \cdot B \cdot S = (\mu_{s2} - \mu_{s1})\mu_z w_0 B h_2$$

式中　μ_{s1},μ_{s2}——分别为迎风面和背风面屋面上的风荷载体形系数,计算时取绝对值;

　　　B——排架计算单元的宽度;

　　　S——屋顶对称双坡面中单坡长度;

　　　h_2——从檐口至屋脊的垂直高度。

另外,屋面风荷载的垂直分量只影响柱的轴力,因其值与永久荷载相比很小,一般可略去不计。因风向是可以变化的,排架计算时要考虑左风和右风两种情况。排架计算单元宽度范围内的风荷载标准值如图 3-37(b)所示。

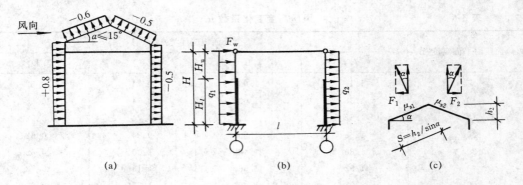

图 3-37　风荷载作用下的排架计算简图

【例 3-1】　位于天津市效区某钢筋混凝土单跨厂房的剖面如图例 3-1 所示,柱距为 6m,屋顶坡度为 1∶10,求作用于排架上的风荷载标准值。

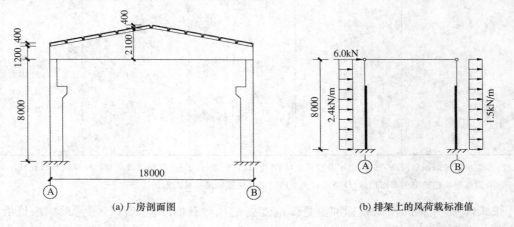

(a) 厂房剖面图　　　　　　　　　(b) 排架上的风荷载标准值

例图 3-1

【解】　从《荷载规范》附图 D.5.3 查得天津市基本风压值 $w_0 = 0.5\text{kN/m}^2$,风荷载体型系数,如图 3-36 所示。城市郊区地面粗糙类别为 B 类,由表 3-6 查得,高度为 5m 和 10m 时,$\mu_z = 1.0$,高度 15m 时,$\mu_z = 1.14$。取 $\beta_z = 1.0$。

1. 计算作用于柱的均布风荷载值

柱顶以下风荷载按均布荷载考虑,风压高度系数按柱顶标高计算,柱顶高度为 8.0m,$\mu_z =$ 1.0,由式(3-2)可得,迎风面和背风面均布风荷载标准值 q_1,q_2 分别为

$$q_1 = 1.0 \times 0.8 \times 1.0 \times 0.5 \times 6 = 2.4 \text{kN/m}(\rightarrow)$$
$$q_2 = 1.0 \times 0.5 \times 1.0 \times 0.5 \times 6 = 1.5 \text{kN/m}(\rightarrow)$$

2. 计算作用于柱顶的集中风荷载值

柱顶以上的风荷载对排架的作用按集中荷载考虑。由于没有天窗,计算柱顶以上的风压高度系数按厂房檐口高度取值,$\mu_z = 1.0$。

总水平集中风荷载 F_w 分为两部分:屋架端部墙面风荷载 F_{w1} 和屋顶风荷载水平分力 F_{w2}。

$$F_{w1} = (0.8 + 0.5) \times 1.0 \times 0.5 \times 6 \times (1.2 + 0.4) = 6.24 \text{kN}(\rightarrow)$$
$$F_{w2} = (0.5 - 0.6) \times 1.0 \times 0.5 \times 6 \times (2.1 - 1.2) = -0.27 \text{kN}(\leftarrow)$$
$$F_w = F_{w1} + F_{w2} = 6.24 - 0.27 = 5.97 \approx 6.0 \text{kN}(\rightarrow)$$

作用于排架上的风荷载标准值(左来风),如例图 3-1(b)所示。

3. 吊车荷载计算

吊车是工业厂房中常有的设备,按吊车在使用期内要求的总工作循环次数分成十个利用等级,又按吊车荷载达到其额定值的频繁程度分成轻、中、重、特重四个载荷状态。根据要求的利用等级和载荷状态,确定吊车的工作级别,共分为 8 个级别。吊车按吊钩种类分为软钩吊车和硬钩吊车。软钩吊车指采用钢索通过滑轮组带动吊钩起吊重物,硬钩吊车指吊车采用刚臂起吊重物。桥式吊车在排架上产生的吊车荷载有竖向荷载 D_{max},D_{min};横向水平荷载 T_{max} 及纵向水平荷载 T。

(1) 吊车竖向荷载。桥式吊车由大车(桥架)和小车组成,有吊钩的起重卷扬机安装在小车上。大车在吊车梁的轨道上沿厂房纵向往返行驶;小车在大车的轨道上沿厂房横向往返行驶。吊车竖向荷载通过小车传递给大车(桥架),大车(桥架)以吊车轮(4 个)压力的形式作用于吊车梁上,再通过吊车梁传给柱的牛腿。当吊车满载时,小车或电动葫芦到达大车一端的极限位置时,靠近小车或电动葫芦一侧的轮压荷载达到最大值,称为最大轮压,用 P_{max} 表示;另一侧的轮压达到最小值,称为最小轮压,用 P_{min} 表示,两者同时出现,如图 3-38。计算所需的吊车基本参数,如吊车宽、轮距、最大轮压、最小轮压、起重机总重等,可以查阅厂家提供的吊车样本或有关的设计手册。对于四轮桥式吊车最大轮压和最小轮压有如下关系:

$$P_{min} = (Q_1 + Q_2 + Q)/2 - P_{max} \tag{3-3}$$

式中 Q_1,Q_2——分别为大车、小车的自重(标准值)(t);

Q——吊车的额定起重量(标准值)(t)。

计算吊车轮压施加于排架柱的荷载时,应考虑数台吊车的不利组合。对单跨厂房,参与组合的吊车台数不多于 2 台,对于多跨厂房,参与组合的吊车台数不多于 4 台。

吊车的轮压是通过简支吊车梁传给牛腿的,而吊车又是移动的,因此,计算排架柱所受的吊车竖向荷载时,应按移动荷载作用下的支座反力影响线来计算,简支吊车梁的支座反力影响线如图 3-39 所示。对于两台吊车,其中一台的一轮压在柱牛腿位置处,另一台紧邻它布置,支座反力最大。根据大车的最不利布置和支座反力影响线,可得作用于牛腿面上的吊车竖向荷载标准值:

$$D_{max} = k \cdot P_{max} \tag{3-4}$$
$$D_{min} = k \cdot P_{min} \tag{3-5}$$

$$k = y_1 + y_2 + y_3 + y_4 \tag{3-6}$$

根据 D_{max} 和 D_{min} 及其对下柱中心线的偏心距 e_4，可相应求得作用于排架上的弯矩（标准值）（图 3-40）：

$$M_{max} = D_{max} e_4$$
$$M_{min} = D_{min} e_4$$

应该注意的是，D_{max} 既可以作用在左柱上（此时 D_{min} 作用在右柱上），也可以作用在右柱上（此时 D_{min} 作用在左柱上），计算时要考虑这两种可能性。

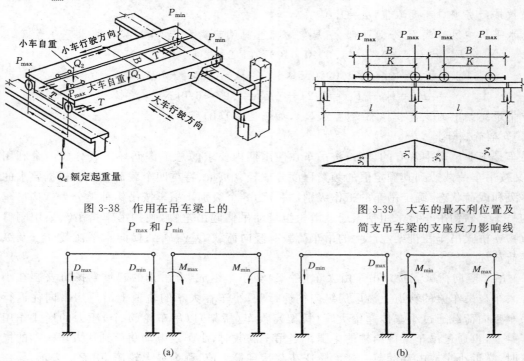

图 3-38　作用在吊车梁上的 P_{max} 和 P_{min}

图 3-39　大车的最不利位置及简支吊车梁的支座反力影响线

(a)　　　　　　　　(b)

图 3-40　作用在排架上的吊车竖向荷载标准值

（2）吊车水平荷载。悬挂吊车的水平荷载由支撑系统承受，可不计算。手动吊车和电动葫芦可不考虑水平荷载，对于桥式吊车应计算水平荷载。

吊车纵向水平荷载为作用在一边轨道上所有刹车轮的最大轮压之和的 0.1 倍，其作用点位于刹车轮与轨道的接触点，其方向与轨道方向一致，由纵向排架承受。

吊车横向水平制动力是小车满载时，因启动或刹车产生的摩擦力。吊车横向水平制动力通过大车的车轮平均传至轨顶，再由轨道经埋设在吊车梁顶面的连接件传给上柱。因此，吊车横向水平荷载作用在吊车梁顶面标高处，其方向与轨道垂直，且有正反两个方向的刹车情况。对四轮桥式吊车，通过大车一个车轮传递的吊车横向水平荷载标准值按下式计算：

① 对于软钩吊车

$$
\begin{aligned}
T &= 0.12(G_1 + Q)g/4 & Q &\leqslant 10\text{t} \\
T &= 0.10(G_1 + Q)g/4 & Q &= 16 \sim 50\text{t} \\
T &= 0.08(G_1 + Q)g/4 & Q &\geqslant 75\text{t}
\end{aligned}
\tag{3-7}
$$

② 对硬钩吊车 $\quad\quad T = 0.2(G_1 + Q)g/4$ $\tag{3-8}$

式中　T——由一个大车车轮传递的吊车横向水平荷载标准值(kN);

　　　G_1——小车重量(t);

　　　Q——吊车的额定起重量(t);

　　　g——重力加速度,近似取 10kN。

根据吊车横向水平荷载的传递途径可知,作用于简支吊车梁(水平简支于上柱,支点为吊车梁顶面与上柱的连接点)上的横向水平荷载 T,通过吊车梁的水平支承点传给上柱,吊车水平荷载的最不利位置以及吊车梁水平支座反力影响线与图 3-39 相同。依此可得多台吊车同时工作时,排架上柱吊车梁顶面标高处的吊车横向水平荷载标准值为

$$T_{max} = kT \tag{3-9}$$

在计算 T_{max} 时,应注意下列几点:

(i) T_{max} 的方向有向左向右两种工况;

(ii) T_{max} 同时作用在横向排架的两柱上,作用点位于吊车梁顶面;

(iii) 无论是单跨还是多跨厂房,每榀排架最多考虑两台吊车。

对于多台吊车,考虑同时出现最大轮压的可能性较小,《荷载规范》规定计算多台吊车的竖向荷载和水平荷载的标准值时,应乘以表 3-7 所示的折减系数。

表 3-7　　　　　　　　　　　多台吊车荷载的折减系数

参与组合的吊车台数	吊车工作级别	
	A1~A5	A6~A8
2	0.9	0.95
3	0.85	0.90
4	0.8	0.85

【例 3-2】　某单跨单层厂房,跨度 18m,柱距 6m,设计时考虑 A4 级工作制 10t 吊车两台,有关吊车的数据如下:吊车最大宽度 $B=4200mm$,大车轮距 $K=3500mm$,小车重 $G_1=2.0t$,吊车最大轮压 $P_{max}=92kN$,最小轮压 $P_{min}=24kN$。求作用于排架上的吊车荷载标准值。

【解】　首先绘图移动荷载作用下简支吊车梁的支座反力影响线,如图例 3-2 所示。

吊车轮位置处影响线坐标值之和为

$k = y_1 + y_2 + y_3 + y_4$

$= 0.42 + 1 + 0.88 + 0.3 = 2.6$

作用于排架上的竖向荷载标准值为

$D_{max} = k \cdot P_{max} = 2.6 \times 92$

$= 239.2kN$

$D_{min} = k \cdot P_{min} = 2.6 \times 24$

$= 62.4kN$

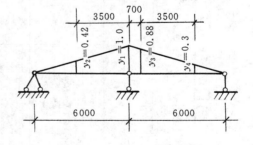

例图 3-2　移动荷载作用下支座反力影响线

大车一个轮的水平力为

$T = 0.12(G_1 + Q)g/4 = 0.12(20 + 100)/4 = 3.6kN$

作用于排架上柱的水平荷载标准值为

$T_{max} = k \cdot T = 2.6 \times 3.6 = 9.4kN$

荷载计算是排架内力分析的第一步,考虑各种荷载同时作用的可能性,还要进行荷载组合,为确定柱控制截面最不利内力组合,一般先分别计算各种荷载单独作用下的内力,然后在

进行柱控制截面内力（荷载）组合。现以一单跨厂房为例,将横向排架柱承受的各种荷载（标准值）及其方向和作用点、相应于各种荷载作用下排架的计算简图,汇总于表 3-8 中,可供参考。

表 3-8 横向排架柱的荷载（标准值）及相应的排架计算简图

排架柱所受荷载		横向排架计算简图	备 注
荷载作用点及作用方向	荷载类型		

恒荷载
- 屋盖自重 G_1
- 上柱自重 G_2
- 下柱自重 G_3
- 吊车梁及轨道自重 G_4

备注（恒荷载）:
$M_1 = G_1 e_1$
$M_2 = (G_1+G_2)e_0 - G_4 e_4$
$e_1 = h_u/2 - 150$
$e_4 = 750 - h_l/2$
$e_0 = (h_l - h_u)/2$
上柱顶轴力 $N = G_1$
上柱底轴力 $N = G_1 + G_2$
下柱顶轴力 $N = G_1 + G_2 + G_4$
下柱底轴力 $N = G_1 + G_2 + G_3 + G_4$

屋面活荷载 Q
- 屋面均布活荷载
- 雪荷载
- 积灰荷载

备注（屋面活荷载）:
由屋面均布活荷载或雪荷载或积灰荷载均以集中力形式传至柱顶,均用 Q 表示。
$M_1 = Q e_1$
$M_2 = Q e_0$
柱轴力 $N = Q$

风荷载

备注（风荷载）:
应考虑左右风向。
柱轴力 $N = 0$

吊车荷载
- 吊车竖向荷载

备注（吊车竖向荷载）:
$M_{max} = D_{max} e_4$
$M_{min} = D_{min} e_4$
上柱轴力 $N = 0$
下柱轴力 $N = D_{max}$
　或 $N = D_{min}$

- 吊车水平荷载

备注（吊车水平荷载）:
作用在吊车梁顶面;
应考虑左右两个方向;
A、B柱的水平荷载大小相等,方向相同。
柱轴力 $N = 0$

3.3.4 排架结构的内力计算

1. 用剪力分配法计算等高排架内力

如果排架各柱顶标高相同，或虽不相同但用倾斜横梁相连，当排架发生水平位移时，各柱柱顶位移相等，如图 3-41 所示，称这类排架为等高排架。

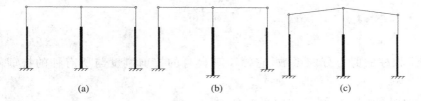

图 3-41　等高排架

（1）等高排架在柱顶水平集中力作用下的内力计算。

① 剪力分配法的概念　如图 3-42 所示的等高排架，假定横梁抗压刚度 $EA=\infty$，即横梁自身没有轴向变形。在柱顶水平集中力 F 作用下，各柱柱顶侧移相等。为进行内力分析，将排架于柱顶处截开，代之一组剪力 $V_1, V_2, \cdots, V_n$。

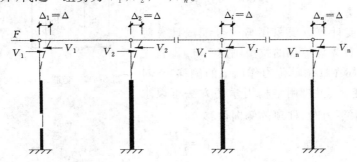

图 3-42　等高排架在柱顶水平力作用下的位移与内力

根据力的平衡条件——以横梁为隔离体得

$$V_1 + V_2 + \cdots + V_n = \sum_{i=1}^{n} V_i = F \tag{3-10}$$

根据变形协调条件——各柱顶侧向位移相等得

$$\Delta_1 = \Delta_2 = \cdots = \Delta_n = \Delta \tag{3-11}$$

根据力和变形之间的物理关系——各柱柱顶位移 Δ_i 和剪力 V_i 成正比得

$$V_i \delta_i = \Delta_i \tag{3-12}$$

式中，δ_i 为第 i 根柱在柱顶单位力作用下的侧移（即柔度）。

由式（3-12）可得

$$V_i = \frac{1}{\delta_i} \Delta_i \tag{3-13}$$

式中，$1/\delta_i$ 为第 i 根柱的抗剪刚度。可以看出，柱的抗剪刚度越大，所受的剪力越大。将式（3-11）、式（3-13）代入式（3-10）中，得

$$\sum_{i=1}^{n} V_i = \sum_{i=1}^{n} \frac{1}{\delta_i} \Delta_i = \Delta \sum_{i=1}^{n} \frac{1}{\delta_i} = F \tag{3-14}$$

则
$$\Delta = \frac{F}{\sum\limits_{i=1}^{n} \frac{1}{\delta_i}} \tag{3-15}$$

将上式代入(3-13)得

$$V_i = \frac{\frac{1}{\delta_i}}{\sum\limits_{i=1}^{n} \frac{1}{\delta_i}} F = \eta_i F \tag{3-16}$$

式中，η_i 为第 i 根柱的剪力分配系数，它等于其自身的抗剪刚度与所有柱的抗剪刚度之和的比值。

  求得各柱柱顶剪力之后，各柱便可按独立的悬臂构件计算内力。这种计算等高排架内力的方法称为剪力分配法。

  概括地讲，柱顶作用一水平集中力的等高排架，各柱按其抗剪刚度分配剪力，根据各柱分得的柱顶剪力，按独立悬臂构件计算柱内力（弯矩和剪力）的方法，称为剪力分配方法。

  ② 柱抗剪刚度计算。要采用剪力分配法计算等高排架的内力，需首先计算柱的抗剪刚度 $1/\delta_i$，即首先计算 δ_i（为第 i 根柱在柱顶单位力作用下的侧移）。对于图3-43所示的变截面柱，用结构力学的方法可以求得柱顶作用单位水平力时，柱顶的侧向位移 δ：

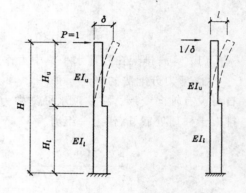

图 3-43　变截面柱几何参数及抗剪刚度

$$\delta = \frac{H^3}{EI_l C_0} \tag{3-17}$$

$$C_0 = \frac{3}{1 + \lambda^3 \left(\frac{1}{n} - 1 \right)} \tag{3-18}$$

其中 $\lambda = H_u/H$，$n = I_u/I_l$，C_0 的数值也可由本章后附图 3-1 查得。当柱截面为等截面时，上式可简化为 $\delta = H^3/(3EI)$。

  (2) 等高排架在任意荷载作用下的内力计算。从上述剪力分配法的定义可知：采用剪力分配法的前提条件是：①必须为等高排架；②排架柱顶作用一水平集中力。但实际排架结构所承受荷载的形式如表 3-8 所示，除柱顶集中风荷载外，还受其他形式的荷载作用。因此，必须进一步探讨如何采用剪力分配法，计算等高排架在任意荷载作用下的内力计算问题。

  任意荷载作用下，采用"剪力分配法"计算排架内力可分为三步，以图 3-44(a)所示排架为例：

  ① 首先在排架柱顶加一铰支座，阻止柱顶的水平位移，并求出柱顶铰支座的反力 R（图3-44(b)）；

  ② 去掉柱顶铰支座，并将 R 反向加于排架顶（图 3-44(b)）；

  ③ 叠加①、②两种情况下柱顶剪力和荷载，将柱还原为悬臂构件计算柱内力，即为排架柱的最终内力（图3-44(c)），相应的计算步骤如下：

（i）求第①种情况下的支座反力 R。为此，可作进一步的分析，由于假定横梁抗压刚度无穷大，即在任一柱顶加一铰支座，相当于在每一个柱顶均加一铰支座。各个柱均可等效成下端固定、上端铰支的独立构件（图 3-44(d)），其在各种荷载作用下的柱顶反力 $R_A \cdot R_B$ 可用结构力学的方法求出，也可以查本章后附图。总的支座反力等于各柱柱顶反力之和，即 $R = R_A + R_B$。

（ii）等高排架在柱顶荷载 $R = R_A + R_B$ 作用下的内力按"剪力分配法"计算，第 A、B 根柱分得的剪力分别为 $\eta_A R$、$\eta_B R$。

（iii）叠加①、②两种情况：求柱顶剪力，$V_A = R_A - \eta_A R$，$V_B = R_B - \eta_B R$；还原排架柱，得图 3-44(c)。

（iv）求图 3-44(c)所示的悬臂柱的内力，即为原排架柱的内力。

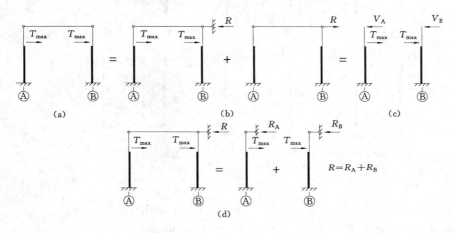

图 3-44　等高排架在任意荷载作用下的内力计算

【例 3-3】 用剪力分配法计算例图 3-3(a)所示排架的内力。

【解】 1. 计算剪力分配系数 η_i

$\lambda = H_2/H = 2/8 = 0.25$

对于 A，C 柱　$n = I_2/I_1 = 1/3.4 = 0.294$，查本章后附图，得 $C_0 = 2.89$

对于 B 柱　$n = I_2/I_1 = 1/5.4 = 0.185$，查本章后附图，得 $C_0 = 2.81$

$$\delta_A = \delta_C = \frac{H^3}{3.4EIC_0} = \frac{8^3}{3.4 \times 2.89EI} = \frac{52.1}{EI} \ ; \ \delta_B = \frac{H^3}{5.4EIC_0} = \frac{8^3}{5.4 \times 2.81EI} = \frac{33.7}{EI}$$

抗剪刚度：$\dfrac{1}{\delta_A} = \dfrac{1}{\delta_C} = \dfrac{EI}{52.1} = 0.019EI$，$\dfrac{1}{\delta_B} = \dfrac{EI}{33.7} = 0.030EI$

$$\sum \frac{1}{\delta_i} = \frac{1}{\delta_A} + \frac{1}{\delta_C} + \frac{EI}{52.1} = (0.019 \times 2 + 0.030)EI = 0.068EI$$

剪力分配系数：

$$\eta_A = \eta_C = \frac{1}{\delta_A} \Big/ \sum \frac{1}{\delta_i} = 0.019/0.068 = 0.28 \ ; \qquad \eta_B = \frac{1}{\delta_B} \Big/ \sum \frac{1}{\delta_i} = 0.030/0.068 = 0.44$$

2. 求在柱顶加铰支座后的支座反力 R_i

查本章后的附图 3-26，得均布荷载作用下在 A，C 柱系数 $C_{11} = 0.365$

在荷载 q_1 作用下，$R_A = C_{11}Hq_1 = 0.365 \times 8.0 \times 2.4 = 7.0\text{kN}$

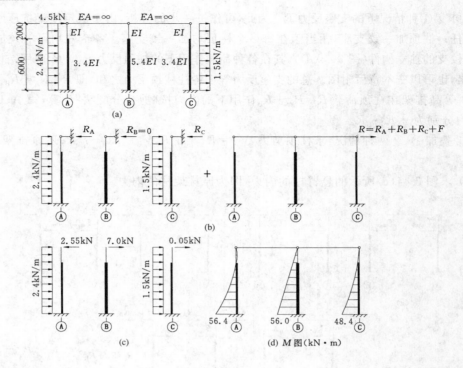

例图 3-3

在荷载 q_3 作用下，$R_C=C_{11}Hq_3=0.365\times8.0\times1.5=4.4\text{kN}$

总支座反力 $R=R_A+R_C+F=7.0+4.4+4.5=15.9\text{kN}$

3. 求柱顶剪力

$$V_A=R_1-\eta_A R=7.0-0.28\times15.9=7.0-4.5=2.55\text{kN}\cdot\text{m}(\leftarrow)$$

$$V_B=\eta_B R=0.44\times15.9=7.0\text{kN}\cdot\text{m}(\rightarrow)$$

$$V_C=R_3-\eta_C R=4.4-0.28\times15.9=4.4-4.35=0.05\text{kN}\cdot\text{m}(\rightarrow)$$

4. 根据图例 3-3(c)所示的悬臂构件，计算并绘制排架柱的弯矩图（图例 3-3(d)）

等高排架在各种荷载单独作用下，采用"剪力分配法"求解内力的计算步骤总结于表 3-9 中，以便学习参考。

2. 不等高排架内力计算

对于不等高排架不能应用上述的剪力分配法，通常采用力法，其基本原理是，去掉排架的多余连系，并用未知力 X_i 代替排架多余连系的作用，使排架成为静定结构（即基本结构）；根据原排架某点的已知变形协调条件，建立力法方程，解此力法方程，求出未知力 X_i，再按静力平衡条件求出排架的内力。下面以一两跨不等高排架为例，介绍用力法求排架内力的方法。

如图 3-45 所示，为将此排架结构转化成静定结构，需去掉两个多余连系。由于横梁两端与柱铰接，横梁只受轴向力作用，我们去掉两个横梁的连系，并代之以未知力 X_1 和 X_2 作用（先假定均为拉力）。

以 δ_{ij} 表示基本结构在单位力 $X_j=1$ 作用下产生的沿 X_i 的位移，以 Δ_{iP} 表示基本结构在外荷载作用下产生的沿 X_i 的位移，由于各横梁无变形，得力法方程如下：

$$\begin{cases}X_1\delta_{11}+X_2\delta_{12}+\Delta_{1P}=0\\X_2\delta_{21}+X_2\delta_{22}+\Delta_{2P}=0\end{cases}$$

（3-19）

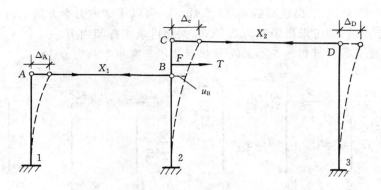

图 3-45　不等高排架内力分析

表 3-9　　　　　　　　　**"剪力分配法"计算任意荷载作用下等高排架内力**

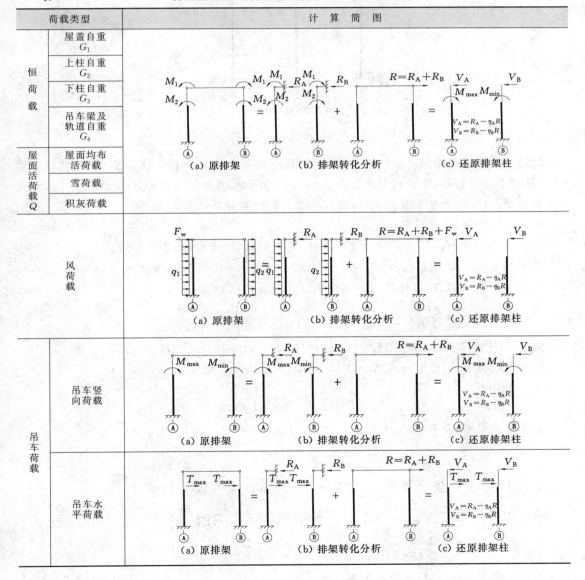

式中 δ_{11}，δ_{22} 可由式(3-17)求出。系数 δ_{12}，δ_{21}，Δ_{1P}，Δ_{2P} 可以用结构力学方法求出，也可以查本章末附图。解此方程组，即可求得未知力 X_1，X_2，据此可求出排架内力。

【例 3-4】 用力法计算图例 3-4(a)所示的两跨不等高排架的内力。

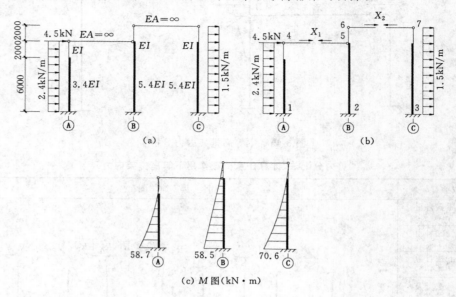

例图 3-4

【解】 两跨排架结构有两个多余连系，设两个横梁的内力分别为 X_1，X_2（先假定均为拉力）。将两个横梁截断，并代之以未知力 X_1，X_2，得基本结构如图例 3-4(b)所示。由于各横梁无轴向变形，典型的力法方程为式(3-19)，其中系数计算如下：

查本章后附图，可求得 δ_{11}，δ_{22}：

对于 A 柱，$\lambda = H_2/H = 2/8 = 0.25$，$n = I_2/I_1 = 1/3.4 = 0.294$，$C_{01} = 2.89$

对于 B 柱，$\lambda = H_2/H = 2/8 = 0.25$，$n = I_2/I_1 = 1/5.4 = 0.185$，$C_{02} = 2.81$

δ_{11} 为基本结构 A，B 两柱在 $X_1 = 1$ 时的 4、5 两点的相对位移。

$$\delta_{11} = \frac{H^3}{3.4EIC_{01}} + \frac{H^3}{5.4EIC_{02}} = \frac{8^3}{3.4EI \times 2.89} + \frac{8^3}{5.4EI \times 2.81} = \frac{85.8}{EI}$$

对于 B，C 柱，$\lambda = H_2/H = 2/10 = 0.2$，$n = I_2/I_1 = 1/5.4 = 0.185$，$C_0 = 2.90$

δ_{22} 为基本结构 B，C 两柱在 $X_2 = 1$ 时的 6，7 两点的相对位移。

$$\delta_{22} = 2 \times \frac{10^3}{5.4EIC_0} = 2 \times \frac{10^3}{5.4EI \times 2.90} = \frac{127.8}{EI}$$

查本章后附图，可求得 δ_{12}，δ_{21}：

$$\delta_{12} = \delta_{21} = -\frac{1}{2 \times 5.4EI} \times 8^2 \times \left(10 - \frac{8}{3}\right) = -\frac{43.5}{EI}$$

查本章后附图 3-26，可求得 Δ_{1P} 和 Δ_{2P}：

$$\Delta_{1P} = 4.5 \times \frac{1}{3 \times 3.4EI}[8^3 + (3.4-1)2^3] + 2.4 \times \frac{1}{8 \times 3.4EI}[8^4 + (3.4-1)2^4] = \frac{599}{EI}$$

$$\Delta_{2P} = -1.5 \times \frac{1}{8 \times 5.4EI}[10^4 + (5.4-1)2^4] = -\frac{350}{EI}$$

将以上系数代入式(3-11)，并约去 $1/EI$，得

$$\begin{cases} 85.8X_1 - 43.5X_2 + 599 = 0 \\ -43.5X_1 + 127.8X_2 - 350 = 0 \end{cases}$$

解方程组,得

$$\begin{cases} X_1 = -6.76(\text{kN}) \\ X_2 = 0.44(\text{kN}) \end{cases}$$

据此,可绘出排架的弯矩图,见例图 3-4(c)。

3.3.5 排架结构的内力组合

排架结构除受永久荷载作用外,还受可变荷载作用,对排架柱某一截面而言,并不一定各种可变荷载同时作用在排架上产生的内力最不利。因此,在分析排架结构的内力时,先求出各种荷载单独作用时柱的内力,然后进行内力组合。其目的是求出柱控制截面的内力,作为柱和基础设计的依据。

1. 排架柱控制截面

排架计算主要是为柱和基础的设计提供内力,所以,排架计算只需求出柱"控制截面"的内力值,而不必求得柱每个截面的内力。所谓控制截面,是指对柱配筋和基础设计起控制作用的那些截面。

对于变截面的单阶柱而言,整个上柱的配筋是相同的,而上柱柱底Ⅰ-Ⅰ截面内力最大(图 3-46),因此它是上柱的控制截面。一般情况下,下柱的配筋也是不变的,而牛腿顶面Ⅱ-Ⅱ截面和柱底Ⅲ-Ⅲ截面的内力最大,同时Ⅲ-Ⅲ截面的内力也是进行基础设计的依据。因此Ⅱ-Ⅱ,Ⅲ-Ⅲ截面是下柱的控制截面。在计算柱Ⅱ-Ⅱ截面的配筋时,以下部柱截面尺寸为准,不计牛腿的影响。

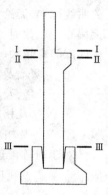

图 3-46　柱控制截面

2. 荷载效应组合

通过前述的荷载计算和内力分析,求出了各种荷载单独作用下柱控制截面的内力,为求得控制截面最不利内力,就必须按各种荷载同时出现的可能性进行组合,即进行荷载效应组合。

根据《荷载规范》,不需要抗震设防的单层厂房排架柱的内力分析时,应考虑以下几种荷载效应组合:

(1)由可变荷载效应控制的组合按下式进行计算,并取两者中的较大值作为设计依据。

$$S = \gamma_G S_{Gk} + \gamma_{Q1} S_{Q1k} \tag{3-20}$$

$$S = \gamma_G S_{Gk} + 0.9 \sum_{i=1}^{n} \gamma_{Qi} S_{Qik} \tag{3-21}$$

(2)由永久荷载效应控制的组合应按下式计算:

$$S = \gamma_G S_{Gk} + \sum_{i=1}^{n} \gamma_{Qi} \psi_{ci} S_{Qik} \tag{3-22}$$

式中　γ_G——永久荷载分项系数,当其效应对结构有利时,对由可变荷载效应控制的组合,应取1.2,对由永久荷载效应控制的组合,应取1.35;当其效应对结构有利时,应取1.0;

　　　γ_{Qi}——第 i 个可变荷载的分项系数(其中 γ_{Q1} 为第一个可变荷载的分项系数),一般情况下取1.4,当标准值大于 4kN/m^2 时,分项系数取1.3;

　　　S_G——按永久荷载标准值 G_k 计算的荷载效应值;

　　　S_{Qik}——按可变荷载标准值 Q_{ik} 计算的荷载效应值,其中 S_{Q1k} 为诸可变荷载效应中起控制作用者;

ψ_{ci}——可变荷载 Q_i 的组合值系数,按《荷载规范》规定取值;

n——参与组合的可变荷载数,式(3-21)中的 n 应大于等于 2。

从上述荷载效应组合式可知,无论何时,永久荷载都必须参与组合;可以是一种可变荷载参与组合(式(3-20)),此时,可变荷载效应不予折减;也可以是两种以上的可变荷载参与组合(式(3-21)),此时,应考虑组合系数 0.9;进行荷载效应组合时,需注意以下几点:

① 应用公式(3-20)时,式中 S_{Q1k} 为诸可变荷载效应中起控制作用者。当设计者难以判断时,可依次以各可变荷载效应 S_{Qik} 为 S_{Q1k},选其中最不利的荷载效应组合为设计依据。可变荷载包括屋面活荷载、吊车荷载和风荷载。

② 应用公式(3-21)时,参与组合的可变荷载可以是屋面活荷载、吊车荷载、风荷载中的任意两种或三种荷载同时参与组合,选其中最不利的荷载效应组合为设计依据。

③ 应用(3-22)的组合式时,因考虑以自重(竖向的永久荷载)为主,参与组合的可变荷载仅限于竖向荷载,如屋面活荷载、吊车竖向荷载。

3. 内力组合

在排架柱的配筋计算中,对于荷载组合的内力包括弯矩 M、轴力 N 和剪力 V,应选取配筋量最大的内力组合。对于偏心受压柱,剪力的影响较小,根据偏心受压柱正截面承载能力 M_u-N_u 相关曲线可知,无论是大偏心受压截面还是小偏心受压截面,当 N 不变时,M 越大,截面配筋越多;大偏心受压截面,当 M 一定时,N 越大,截面配筋越小;小偏心受压截面,当 M 一定时,N 越大,截面配筋也越大。所以,对于矩形、工字形截面柱,一般应考虑以下四种内力组合:

① $+M_{max}$ 及相应的 N,V;

② $-M_{max}$ 及相应的 N,V;

③ N_{max} 及相应的 M,V;

④ N_{min} 及相应的 M,V。

对于对称配筋柱,上面①式和②两式可以合并为:$|M|_{max}$ 及相应的 N,V。对于双肢柱,还应组合 V_{max} 及相应的 M,N,用于设计双肢柱的肢杆和腹杆。对于大偏心受压构件,还应考虑弯矩 $|M|$ 较 $|M|_{max}$ 略小,而相应的轴力 N 小很多的情况,此时柱的配筋可能最大。内力组合时应注意以下几点要求:

① 各种组合中,始终应包括永久荷载;

② 风荷载分为左风和右风,每次只能考虑其中一种;

③ 吊车水平荷载 T_{max} 不会单独存在,有 T_{max} 的组合中,必须同时组合吊车竖向荷载 D_{max} 或 D_{min}。另一方面,D_{max} 或 D_{min} 可以脱离 T_{max} 而独立存在,但考虑到 T_{max} 的方向有左右两种可能性,在有 D_{max} 或 D_{min} 的荷载组合中加上 T_{max} 总能使弯矩更大,因此,除永久荷载效应控制的组合(式(3-22)),不考虑水平荷载 T_{max} 参与组合外,在有 D_{max} 或 D_{min} 的荷载组合中也应同时考虑 T_{max}。对于多台吊车组合,应乘以多台吊车折减系数(表 3-7);

④ 无论柱为大偏压构件或小偏压构件,$|M|$ 越大,柱配筋越大,所以在以 N_{max} 或 N_{min} 为目标的组合中,应包括那些不产生轴力而产生弯矩的荷载,如风荷载和吊车水平荷载;

⑤ 对于柱底Ⅲ-Ⅲ截面的组合中,应求出相应的剪力供基础设计用。

【例 3-5】 某两跨等高厂房,AB 跨和 BC 跨的跨度均为 15m,每跨均有工作级别 A5 的吊车两台。已求出各单项荷载标准值作用下 A 柱的内力见表 3-10,试对 A 柱进行内力组合。

【解】 计算结果见表 3-10。

3.3.6 厂房排架内力分析中的整体空间作用问题

1. 整体空间作用的概念

单层排架结构厂房,实际上是由纵、横向排架及纵、横向排架连接构件组成的一个空间结构体系。当其某一局部受荷载作用时,整个厂房结构中的所有构件,都将或大或小地受到影响,产生一些内力。为进一步说明单层厂房整体空间作用的概念,以图3-47所示的排架结构和受力情况为例作进一步分析。

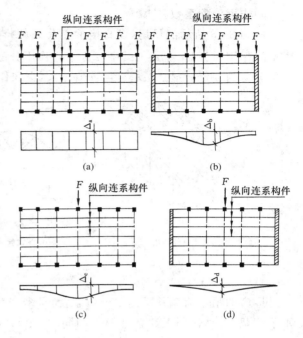

图 3-47 厂房空间作用示意图

图3-47(a)所示,具有相同抗侧刚度的各排架结构,在相同柱顶集中力 F 作用下,排架水平位移相等。各排架独立受力,如同彼此间没有任何纵向连系构件。

图3-47(b)所示,当厂房有山墙时,相对于排架而言,山墙的刚度很大,在相同柱顶集中力作用下,位移很小,山墙将通过屋盖和纵向构件,对其他排架有不同程度的约束作用,柱顶水平位移呈曲线变化,且 $\Delta_b < \Delta_a$。

图3-47(c)所示,当某一排架柱顶直接受荷载 F 作用时,由于屋盖和纵向构件将厂房各榀横向排架连成整体,因此荷载 F 不仅由直接受力的排架承受,而且也通过屋盖传给相邻的其他排架,柱顶位移减小($\Delta_c < \Delta_a$)。

图3-47(d)所示,受荷情况同图3-47(c),但因厂房两端有山墙,各排架的柱顶位移减小($\Delta_d < \Delta_c$)。

从上述四种情况可知,各排架或山墙的顶点位移不是独立的,而是相互制约成一整体的。排架与排架之间、排架与山墙之间相互制约、相互影响的整体作用称为厂房的整体空间作用。影响厂房空间作用的主要因素为:①屋盖刚度:屋盖刚度越大,厂房的空间作用越大。无檩体系的屋盖刚度比有檩体系的屋盖刚度大,空间作用也大;②山墙及其刚度:山墙的有无对厂房的空间作用影响很大,有山墙的厂房可能比无山墙的厂房空间作用大几倍,不开洞山墙的刚度比开洞山墙的刚度大,空间作用也大;③排架自身刚度:排架自身刚度越大,直接承受的荷载越多,空间作用越小;④厂房长度:对于两端有山墙的厂房,厂房长度越长,山墙的约束作用越弱,空间作用越小;对于无山墙或一端有山墙的厂房,厂房越长,相邻排架的约束越明显,空间作用越大。

影响厂房空间作用的因素为各横向排架(山墙为广义横向排架)之间的纵向连系构件的刚度、排架自身的刚度及受荷情况。当厂房各榀排架所承受的荷载相同(如承受屋面荷载、风荷载等)时,空间作用较小,可按平面排架结构计算。而吊车荷载为局部荷载,其空间作用较大,因此,在吊车荷载作用下,可考虑厂房的整体空间作用。

2. 单跨排架在吊车荷载作用下的空间作用分配系数

考虑空间作用后该榀排架的柱顶侧移和柱顶剪力有所减小,而且厂房的空间作用越大,这种侧移和剪力的减小就越多。因缺乏合理而又简便的空间结构内力分析方法,通常采用简化方法考虑厂房的整体空间作用。即把空间结构体系简化为平面结构(平面排架),然后再考虑一空间作用分配系数。

如图 3-48 所示的厂房,设直接承受荷载的排架柱顶侧移,当不考虑空间作用时为 Δ_k,考虑空间作用时为 $\Delta_k' = \mu \Delta_k$,其中 μ 为空间作用分配系数,此时各柱顶剪力是不考虑空间作用时柱顶剪力的 μ 倍。显然 $\mu \leqslant 1$,且 μ 值越大,空间作用越弱。

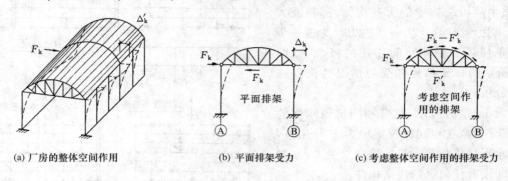

(a) 厂房的整体空间作用   (b) 平面排架受力   (c) 考虑整体空间作用的排架受力

图 3-48   厂房整体空间作用

厂房的吊车荷载并不是单个荷载,而是多个荷载,以吊车横向水平荷载为例,在吊车最大水平荷载 T_{max},作用于计算排架上的同时,相邻两排架也受到大小不等的水平力的作用。因此,在确定多个荷载作用下的空间作用分配系数时,需要考虑排架的相互作用。根据大量的实测资料与统计分析,给出了吊车荷载作用下的空间作用分配系数,如表 3-11 所示。

表 3-11   单跨厂房空间作用分配系数 μ

厂 房 情 况		吊车起重量 /t	厂 房 长 度 /m			
			$\leqslant 60$		> 60	
有檩屋盖	两端无山墙或一端有山墙	$\leqslant 30$	0.90		0.85	
	两端有山墙	$\leqslant 30$	0.85			
			跨 度 /m			
无檩屋盖	两端无山墙或一端有山墙	$\leqslant 75$	$12 \sim 27$	> 27	$12 \sim 27$	> 27
			0.90	0.85	0.85	0.80
	两端有山墙	$\leqslant 75$	0.80			

注:①厂房山墙应为实心砖墙,如有开洞,洞口对山墙水平截面的削弱不应超过 50%,否则应视为无山墙情况;

②当厂房设有伸缩缝时,厂房长度应按一个伸缩缝区段的长度计,且伸缩缝处视为无山墙。

3. 多跨排架在吊车荷载作用下的空间分配系数

对于多跨排架,由于各跨跨度、屋盖情况可能不同,不能直接应用表 3-11 的 μ 值。而对多跨等高排架在吊车荷载作用下的空间分配系数 μ,应按下式计算:

$$\frac{1}{\mu} = \frac{1}{n}\left(\frac{1}{\mu_1} + \frac{1}{\mu_2} + \cdots + \frac{1}{\mu_n}\right) = \frac{1}{n}\sum_{i=1}^{n}\frac{1}{\mu_i} \tag{3-23}$$

式中 μ——多跨等高厂房的空间作用分配系数;

　　　 n——排架的跨数;

μ_i——第 i 跨按单跨厂房考虑的空间作用分配系数,按表 3-11 确定。

对于多跨不等高厂房,其空间作用分配系数 μ,还应考虑各跨间高差的影响,应按下式计算:

$$\frac{1}{\mu_i} = \frac{1}{1+\xi_i+\xi_{i+1}}\left(\frac{1}{\mu_i'} + \xi_i \frac{1}{\mu_{i-1}'} + \xi_{i+1}\frac{1}{\mu_{i+1}'}\right) \tag{3-24}$$

式中 μ_i——多跨不等高厂房第 i 跨的空间作用分配系数;

ξ_i——柱高差系数,$\xi_i = (h_i / H_i)^2$,其中 h_i 为从基础顶面至第 $i-1$ 跨屋架下弦高度,H_i 为从基础顶面至第 i 跨屋架下弦高度,如图 3-49 所示;

$\mu_{i-1}', \mu_i', \mu_{i+1}'$——分别为第 $i-1, i, i+1$ 按单跨厂房空间作用分配系数,按表 3-11 确定。

工程实践表明,对于两端有山墙的多跨无檩体系厂房,其屋盖平面内刚度很大,当吊车起重量小于 30t 时,吊车荷载所引起的柱顶侧移值很小。为简化计算,可以忽略其影响,可按柱顶为不动铰支座进行计算。

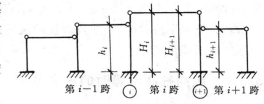

图 3-49 不等高厂房柱高度

当存在下列情况之一时,排架内力计算不考虑厂房的空间作用($\mu = 1.0$):

① 厂房一端或两端无山墙,且厂房长度小于 36m;

② 厂房天窗跨度大于厂房跨度的 1/2,或天窗布置使厂房屋盖沿纵向不连续;

③ 厂房柱间距大于 12m(包括一般柱距小于 12m,但有个别柱距大于 12m 的情况);

④ 屋架下弦设有柔性拉杆。

4. 考虑空间作用的排架内力计算

在吊车荷载作用下,考虑厂房的整体空间作用的排架内力分析,以等高厂房为例,可采用与剪力分配法类似的方法来计算:① 在柱顶加一铰支座,并求出吊车荷载作用下的支座反力 R;② 将该支座反力乘以空间作用系数 μ 并反向作用于排架上。③ 叠加①,②两种情况下柱顶剪力和荷载,将柱还原为悬臂构件计算柱内力,即为排架柱的最终内力,如图 3-50 所示。实际上在计算排架内力时考虑厂房空间作用只是在第②步反力 R 前多一系数 μ,其他过程与不考虑厂房空间作用的计算完全相同。

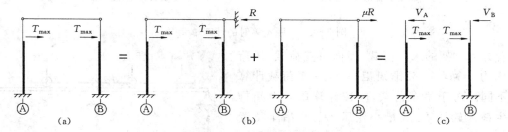

图 3-50 考虑空间作用的排架内力计算

3.3.7 排架横向变形验算

一般情况下,当矩形、工字形截面柱的截面尺寸满足表 3-11 要求时,认为排架的横向刚度能得到保证,可不进行水平位移值验算。但在某些情况下,如吊车荷载较大时,为安全起见,尚应进行水平位移值的验算。显然,最有意义的是验算吊车梁顶与柱连接点 K 的水平位移值(图3-51)。此时,应按正常使用极限状态,考虑一台吊车按 T_{max} 作用于 K 点,进行 K 点水平值验算。K 点的水平位移(图 3-51)可按本章后附图中相应的图表进行计算,计算荷载应取为:$1.0 \times$ 永久荷载+

$1.0 \times$吊车荷载$+\sum$(其他可变荷载$\times$组合系数)。K点水平位移值 Δ_k 应满足下列规定：

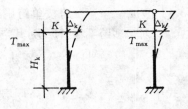

① 当 $\Delta_k \leqslant 5\text{mm}$ 时,可不验算相对水平位移值;

② 当 $5\text{mm} < \Delta_k < 10\text{mm}$ 时,其相对水平位移限值如下:

A1~A5级吊车的厂房柱为 $H_k/1800$,A6~A8级吊车的厂房柱为 $H_k/2200$,其中 H_k 为自基础顶面至吊车梁顶面的距离。

图 3-51 排架横向变形验算

对于露天栈桥柱的水平位移,则按悬臂柱计算,除考虑一台最大起重量的吊车横向水平荷载作用外,还应考虑由吊车梁安装偏差 20mm 产生的偏心距作用,这时 Δ_k 应满足: $\Delta_k \leqslant 10\text{mm}$ 且 $\Delta_k \leqslant H_k/2500$。

在计算水平位移时,一般可取柱的抗弯刚度为 $0.85EI$,E,I 分别为柱混凝土的弹性模量和下柱截面惯性矩。

3.3.8 纵向柱距不等时的内力分析

在单层厂房中,有时由于工艺要求,在局部区段抽掉若干根柱,或者中柱柱距比边柱大,这就形成了纵向柱距不等的情况,这种情况常被称为"抽柱"。

当屋盖刚度较大或设有可靠的下弦纵向水平支撑时,可以认为厂房的纵向屋盖构件把各横向排架连接成一个空间整体,因此可以选取较宽的计算单元(图 3-52)进行内力分析,并假定在荷载作用下,一个计算单元中各柱顶位移相等。因此可以将计算单元内的几榀排架综合成一榀平面排架进行计算,合并后柱截面的惯性矩应与合并前的各柱截面惯性矩相等。例如,①,②,③轴柱的截面惯性矩分别为 I_1,I_2,I_3,合并后排架①、②、③轴柱的截面惯性矩应分别为 $2I_1$,I_2,$2I_3$。

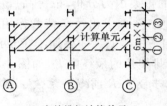

(a) 合并排架计算单元

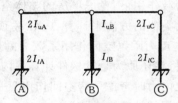

(b) 合并排架计算简图

图 3-52 柱距不等时的计算单元图

合并后排架的永久荷载、屋面可变荷载、风荷载的内力计算与一般排架相同,仅吊车荷载计算有所不同。对于吊车荷载,应按计算单元中间排架产生最大轮压 D_{max}、最小轮压 D_{min} 和吊车位置来进行计算,如图 3-53 所示,合并后排架的吊车竖向荷载和水平荷载为:

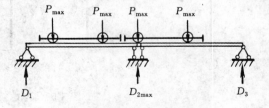

图 3-53 合并排架吊车荷载计算简图

$$\left.\begin{aligned} D_{max} &= D_{2max} + \frac{D_1 + D_3}{2} \\ D_{min} &= D_{2max} \cdot \frac{P_{min}}{P_{max}} \\ T_{max} &= D_{2max} \cdot \frac{T}{P_{max}} \end{aligned}\right\} \qquad (3\text{-}26)$$

按合并排架计算完内力后,应进行还原,以求得实际内力。例如,计算简图中的①,③轴柱是由两根柱合并而成的,因此应将它们的内力除以 2 还原成原结构的内力。但是对于吊车荷载不存在上述的倍数关系,而应该按这根柱实际所承受的吊车荷载来计算。

3.4 单层厂房柱的设计

单层厂房钢筋混凝土柱是厂房的主要受力构件,通过前面讲述的排架内力分析,已经找出最不利荷载组合,据此来计算柱的截面配筋。对于预制钢筋混凝土柱还应验算施工吊装阶段时的承载力和抗裂性。此外,还需要进行柱与屋架、吊车梁、柱间支撑等的连接设计。有吊车或设有承受墙体重量的连系梁的厂房还应进行牛腿的设计和计算。

3.4.1 柱截面几何尺寸的拟定

1. 柱截面形式

单层厂房钢筋混凝土柱的截面形式很多,根据下柱的截面形式,可分为单肢柱和双肢柱,单肢柱包括矩形截面柱、工形截面柱、管柱(图 3-54(a),(b),(c)),双肢柱包括平腹杆、斜腹杆、双肢管柱等形式(图 3-54(d),(e),(f),(g))。

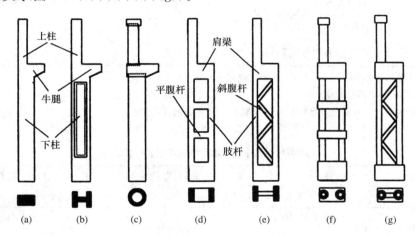

图 3-54 排架柱的形式

(1) 矩形截面柱(图 3-54(a))。矩形截面柱的外形和构造都比较简单,施工方便,但混凝土用量大,自重大。常用于柱截面高度小于 700mm 的小型工业厂房中。

(2) 工形(I 形)截面柱(图 3-54(b))。工形截面柱截面形状合理,在几乎不影响柱的承载能力和刚度的情况下,减少了腹板混凝土用量,只是制作时模板较矩形截面复杂。当柱截面高度在 800~1600mm 之间时常采用工形截面柱。

(3) 双肢柱(图 3-54(d),(e))。双肢柱的下柱一般由两肢杆、肩梁和腹杆组成。根据腹杆布置的不同又分为平腹杆双肢柱(图 3-54(d))和斜腹杆双肢柱(图 3-54(e))。平腹杆双肢柱构造比较简单,受力较为合理,应用比较广泛,而且腹板孔洞便于布置工艺管道。斜腹杆双肢柱,杆件内力以轴力为主,弯矩较小,节约材料,刚度比平腹杆好。其缺点是斜腹杆双肢柱节点多,构造复杂。双肢柱适用于截面高度大于或等于 1600mm,吊车起重量较大的情况。

(4) 管柱(图 3-54(c),(f),(g))。管柱有圆管和外方内圆管两种,可做成单肢、双肢或四肢柱,应用较多的是双肢管柱,适用于截面高度 700～1500mm。管柱采用高速离心法生产,生产机械化程度高,节约模板,且自重轻。但管柱接头复杂,耗钢量较大。

2. 柱截面尺寸及外形构造尺寸

柱截面尺寸主要按厂房的横向刚度要求确定,一般情况下,如矩形和工形截面的尺寸满足表 3-12 的要求,认为厂房的横向刚度能得到保证,不必验算水平位移。如不满足表 3-12 的要求或排架承受较大的水平荷载,则应验算排架的水平位移。设计时可参考表 3-12、表 3-13(A)、表 3-13(B)或现有同类厂房的有关资料,拟定柱的截面尺寸。

表 3-12　矩形和 I 形柱截面尺寸参考表(柱距 6m)

项次	柱 的 类 型	截 面 尺 寸			
		宽(b)	高(h)		
			$Q{\leqslant}10t$	$10t{<}Q{\leqslant}30t$	$30t{<}Q{\leqslant}50t$
1	有吊车厂房下柱	$\geqslant H_l/25$	$\geqslant H_l/14$	$\geqslant H_l/12$	$\geqslant H_l/10$
2	露天吊车柱	$\geqslant H_l/25$	$\geqslant H_l/10$	$\geqslant H_l/8$	$\geqslant H_l/7$
3	单跨无吊车厂房	$\geqslant H/30$	$\geqslant 1.5H/25$		
4	多跨无吊车厂房	$\geqslant H/30$	$\geqslant 1.25H/25$		
5	山墙柱(仅承受风荷载、自重)	$\geqslant H_b/40$	$\geqslant H_l/25$		
6	山墙柱(承受风荷载、自重和连系梁传来的墙重)	$\geqslant H_b/30$	$\geqslant H_l/25$		

注:H_l——从基础顶面至装配式吊车梁底面或现浇式吊车梁顶面的下柱高度;

H——从基础顶面算起的柱全高;

H_b——山墙抗风柱从基础顶面至平面外(柱宽方向)支撑点的高度。

双肢柱截面高度 h 可参考表 3-12 再增大 10% 左右选用。

表 3-13(A)　厂房柱截面形式和尺寸参考值(A4,A5)

吊车起重量/t	轨道标高/m	6m 柱距(边柱)		6m 柱距(中柱)		12m 柱距(中柱)	
		上柱/mm	下柱/mm	上柱/mm	下柱/mm	上柱/mm	下柱/mm
≤5	6～8	□400×400	I400×600×100	□400×400	I400×600×100	□400×500	I400×1000×150
10	8	□400×400	I400×700×100	□400×600	I400×800×150	□500×600	I500×1000×200
	10	□400×400	I400×800×150	□400×600	I400×800×150	□500×600	I500×1000×200
15～20	8	□400×400	I400×800×150	□400×600	I400×800×150	□500×600	I500×1200×200
	10	□400×400	I400×900×150	□400×600	I400×1000×150	□500×600	I500×1200×200
	12	□400×400	I400×1000×200	□500×600	I500×1200×200	□500×600	I500×1200×200
30	8	□400×400	I400×1000×150	□400×600	I400×1000×150	□500×700	I500×1400×200
	10	□400×500	I400×1000×150	□600×600	I500×1200×200	□500×700	I500×1400×200
	12	□500×500	I500×1200×200	□500×600	I500×1200×200	□500×700	双 500×1600×300
	14	□600×600	I600×1200×200	□600×600	I500×1200×200	□600×700	双 600×1600×300
50	10	□500×500	I500×1200×200	□500×700	双 500×1600×300	□600×700	双 600×1800×300
	12	□500×500	I500×1400×200	□500×700	双 500×1600×300	□600×700	双 600×1800×300
	14	□600×600	I600×1400×200	□600×700	双 600×1800×300	□600×700	双 600×2000×300

表 3-13(B) 厂房柱截面形式和尺寸参考值(A4,A5)

吊车起重量/t	轨道标高/m	6m 柱距(边柱)		6m 柱距(中柱)		12m 柱距(中柱)	
		上柱/mm	下柱/mm	上柱/mm	下柱/mm	上柱/mm	下柱/mm
≤5	6~8	□400×400	I 400×600×100	□400×500	I 400×800×150	□400×600	I 500×1000×200
10	8	□400×400	I 400×800×150	□400×600	I 400×800×150	□500×600	I 500×1000×200
	10	□400×400	I 400×800×150	□400×600	I 400×800×150	□500×600	I 500×1000×200
15~20	8	□400×400	I 400×800×150	□400×600	I 400×1000×150	□500×600	I 500×1200×200
	10	□500×500	I 500×1000×200	□500×600	I 500×1200×200	□500×600	I 500×1200×200
	12	□500×500	I 500×1000×200	□500×600	I 500×1200×200	□500×600	I 500×1400×200
30	10	□500×500	I 500×1200×200	□500×600	I 500×1200×200	□500×700	I 500×1400×200
	12	□500×500	I 500×1200×200	□500×600	I 500×1400×200	□500×700	双 500×1600×300
	14	□600×600	I 600×1400×200	□600×600	I 500×1400×200	□600×700	双 600×1600×300
50	10	□500×500	I 500×1200×200	□500×700	双 500×1600×300	双 600×1000×250	双 600×2000×400
	12	□500×600	I 500×1400×200	□600×700	双 500×1600×300	双 600×1000×250	双 600×2000×400
	14	□600×600	双 600×1600×300	□600×700	双 600×1800×300	双 700×1000×250	双 700×2000×400
75	12	双 600×1000×250	双 600×1800×300	双 600×1000×300	双 600×2200×350	双 600×1000×300	双 600×2200×400
	14	双 600×1000×250	双 600×1800×300	双 600×1000×300	双 600×2200×350	双 600×1000×300	双 600×2200×400
	16	双 700×1000×250	双 700×2000×350	双 700×1000×300	双 700×2200×350	双 700×1000×300	双 700×2400×400
100	12	双 600×1000×250	双 600×1800×300	双 600×1000×300	双 600×2400×350	双 600×1000×300	双 600×2400×400
	14	双 600×1000×250	双 600×2000×350	双 600×1000×300	双 600×2400×350	双 600×1000×300	双 600×2400×400
	16	双 700×1000×300	双 700×2200×400	双 700×1000×300	双 700×2400×400	双 700×1000×300	双 700×2400×400

注:□——矩形截面 $b×h$(宽度×高度);
　　I——工形截面 $b×h×h_i$(h_i 为翼缘高度);
　　双——双肢柱 $b×h×h_z$(h_z 为肢杆高度)。

工形截面的细部尺寸尚应满足表 3-14 的要求。在柱底、柱顶及牛腿部位截面宜改为矩形截面,工形截面柱的外形构造尺寸如图 3-55 所示。

表 3-14　　　　　　　　工形柱截面的细部尺寸　　　　　　　　单位:mm

宽	b_f, b_f'	300~400	400	500	600
高	h	500~700	700~1000	1000~1500	1500~2000
腹板厚 b $b/h' \geqslant 1/14 \sim 1/10$		60	80~100	100~120	120~150
	h_f, h_f'	80~100	100~150	150	200~250

3.4.2 矩形及工字形截面柱的配筋计算

一般情况下,钢筋混凝土柱最不利荷载产生的内力有弯矩 M、剪力 V 和轴力 N,通常剪力 V 比轴力 N 小得多,对于矩形和工形截面的实腹柱而言,几乎不会出现因为剪力的作用而使柱产生裂缝破坏,所以在实腹柱的配筋设计中通常忽略剪力 V 的影响,而只考虑弯矩 M 和轴力 N 的作用,按偏心受压构件进行配筋计算。它的配筋计算和构造要求与一般钢筋混凝土偏

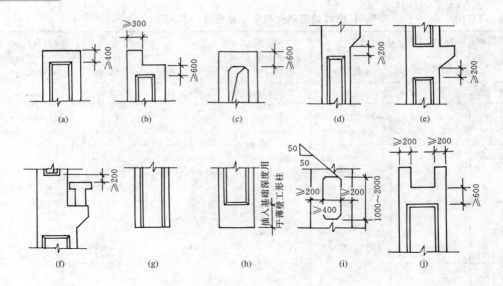

图 3-55 工形截面柱的外形构造尺寸

心受压构件相同,详见《混凝土结构基本原理》教材中偏心受压构件部分。本节仅就单层厂房在配筋计算和构造方面的特点进行讲述。

1. 柱计算长度的确定

在偏心受压柱的计算中,首先应该确定柱的计算长度 l_0。对于杆件两端为理想支承的情况,其计算长度 l_0 可以通过材料力学中求临界应力的方法来确定。比如,杆件两端约束为铰支时,$l_0 = 2l$(l 为杆件的实际长度);杆件两端约束为固定端时,$l_0 = 0.5l$;杆件一端约束为固定端,另一端约束为铰支时,$l_0 = 0.7l$,等等。实际厂房柱的支承条件要比上面几种理想情况复杂得多,严格讲柱下端和基础连接只能是接近固定端,柱上端和屋架连接是铰支座,但其变形又和屋盖跨度、刚度有关,且柱又是变截面的。《混凝土结构设计规范》在综合分析的基础上,给出了单层厂房柱计算长度值,如表 3-15 所示。

表 3-15   **刚性屋盖单层房屋排架柱、露天吊车柱和栈桥柱的计算长度**

柱 的 类 别		l_0		
		排架方向	垂直排架方向	
			有柱间支撑	无柱间支撑
无吊车房屋柱	单 跨	$1.5H$	$1.0H$	$1.2H$
	两跨及多跨	$1.25H$	$1.0H$	$1.2H$
有吊车房屋柱	上 柱	$2.0H_u$	$1.25H_u$	$1.5H_u$
	下 柱	$1.0H_l$	$0.8H_l$	$1.0H_l$
露天吊车柱和栈桥柱		$2.0H_l$	$1.0H_l$	—

注:① 表中 H 为从基础顶面算起的柱子全高;H_l 为从基础顶面至装配式吊车梁底面或现浇式吊车梁顶面的柱子下部高度;H_u 为从装配式吊车梁底面或从现浇式吊车梁顶面算起的柱子上部高度;

    ② 表中有吊车房屋排架柱的计算长度,当计算中不考虑吊车荷载时,可按无吊车房屋柱的计算长度采用,但上柱的计算长度仍可按有吊车房屋采用;

    ③ 表中有吊车房屋排架柱的上柱在排架方向的计算长度,仅适用于 $H_u/H_l \geqslant 0.3$ 的情况;当 $H_u/H_l < 0.3$ 时,计算长度宜采用 $2.5H_u$。

2. 矩形及工形截面柱配筋计算

根据排架受力分析和内力组合所得到的最不利内力进行柱的配筋计算时,应注意以下特点:

(1) 矩形及工形截面柱大小偏心的判断。

由于柱截面上可能承受不同方向的弯矩,所以柱配筋通常采用对称配筋。对称配筋偏压截面,在界限状态下,取 $A_s = A'_s$,$f_y = f'_y$,可得界限状态时的轴向力:

矩形截面 $$N_b = \alpha_1 f_c b h_0 \xi_b \qquad (3-27)$$

工形截面 $$N_b = \alpha_1 f_c b h_0 \xi_b + \alpha_1 f_c (b'_f - b) h'_f \qquad (3-28)$$

当 $N \leqslant N_b$ 时,属于大偏压;当 $N > N_b$ 时,属于小偏压。当混凝土强度等级不超过 C50 时,对于常用的 HRB400 级、HRBF400 级、HRB500 级、HRBF500 级钢筋,f_y 分别为 360,360,435,435N/mm²,E_s 均为 2.0×10^5 N/mm²,ξ_b 分别为 0.518,0.518,0.482,0.482。

(2) 确定控制截面的控制内力。

从前面讨论的荷载效应组合和内力组合结果看,对任一控制截面而言,都有多组内力出现,需要进一步判断哪一组内力对截面的配筋起控制作用。直接而繁琐的办法是对应每一组内力均求出配筋量,取其最大者进行设计。常用且方便、适用的方法是,按照一定的原则进行分析比较,从多组内力中选出最不利的一组或几组内力,进行配筋计算,最后取配筋量较大者为设计配筋。

图 3-56 所示为不同配筋的偏心受压构件的截面极限承载力 N_u-M_u 相关曲线图,其中 $A_{s1} < A_{s2}$,对图中曲线进行分析,可得如下规则:

① 当 M 不变时,N 越大。

大偏心受压截面,配筋量 A_s 越小(图 3-56 中虚线 1);小偏心受压截面,配筋量 A_s 越大(图 3-56 中虚线 2)。

② 当 N 不变时,M 越大,不论是大偏心受压截面还是小偏心受压截面,配筋量 A_s 均越大(图 3-56 中虚线 3、虚线 4)。

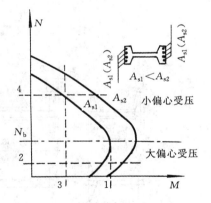

图 3-56 柱截面的 N_u-M_u 相关曲线图

根据上述规律可以进一步分析判断最不利内力项:

(a) 根据柱的截面形式和尺寸,由式(3-27)和式(3-28)计算出柱控制截面界限状态时的轴向力 N_b,并进一步判断各组内力作用下的大小偏心。

(b) 根据上述截面 N_u-M_u 相关曲线图的规则,找出控制内力项,如当弯矩值相近或相等时,对大偏压截面,选 N 相对较小的内力组。对难以判断的内力组合,需进行配筋计算后,取其大者即可。

3. 柱平面外的承载能力验算

柱在排架平面外方向尺寸 b 较小,求得柱平面内配筋后,还需要验算柱在平面外的承载力。一般情况下,柱的平面外承载力按轴心受压构件验算,柱截面混凝土和全部钢筋共同工作抵抗轴向力。

3.4.3 矩形及工字形截面柱的构造

1. 柱中纵向钢筋应满足下列要求

(1) 柱的纵向受力钢筋的直径不宜小于 12mm,且全部纵向钢筋的配筋率不宜大于 5%,

柱每边纵向钢筋的配筋率不应小于 0.2%。

（2）柱中纵向受力钢筋的净间距不应小于 50mm，对于水平浇注的预制柱，其净距不应小于 25mm 及 d，d 为纵向受力钢筋的最大直径。

（3）纵向受力钢筋的净间距不宜大于 300mm，偏心受压柱截面高度 $h \geqslant 600$mm 时，在柱的侧面垂直于弯矩作用平面应设置直径不小于 10mm 的纵向构造钢筋，并设置相应的拉筋或复合箍筋。

2．柱中箍筋应符合下列规定

（1）箍筋应做成封闭式，且末端应做成 135° 弯钩，平直段长度不应小于箍筋直径的 5 倍。

（2）柱中箍筋间距不应大于 400mm 及构件截面的短边尺寸，且不应大于 15d，d 为纵向受力钢筋的最小直径。

（3）箍筋直径不应小于 0.25d 及 6mm，d 为纵向受力钢筋直径的最大值。

（4）柱中箍筋应满足图 3-57 所示的构造要求。

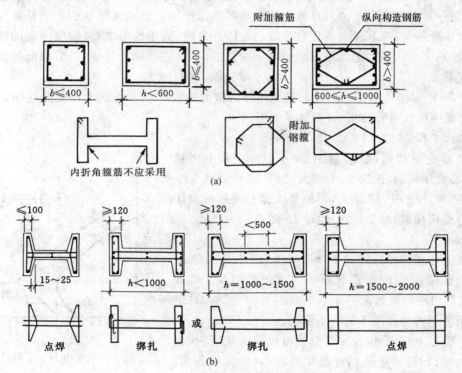

图 3-57 箍筋的构造要求

（5）下列范围内柱箍筋应加密：

① 柱头：取柱顶以下 300mm，且不小于柱截面长边尺寸。

② 上柱：取阶形柱自牛腿面至吊车梁顶面以上 300mm 高度范围内。

③ 牛腿（柱肩）：取全高。

④ 柱根：取下柱底至室内地坪以上 500mm。

⑤ 柱间支撑与柱连接节点，和柱变位受平台等约束的的部位，取节点上、下各 300mm。

加密区箍筋间距不应大于 100mm；8 度Ⅱ类场地：箍筋肢距≤250mm，箍筋最小直径不小于 10mm。

3.4.4　柱牛腿设计

单层厂房柱为支撑吊车梁、墙梁或屋架而悬挑出的部分称为柱牛腿,它是单层厂房柱的重要组成部分,其受力特点不同于一般的悬挑受弯构件,必须恰当地进行配筋计算和构造设计。

牛腿形状尺寸如图 3-58 所示。当 $a > h_0$ 时为长牛腿,其受力特征与悬臂梁类似,按悬臂梁进行设计计算;当 $a \leqslant h_0$ 时为短牛腿,它与悬臂梁的受力状况相差很大。工程上遇到较多的是短牛腿,以下简称"牛腿"。

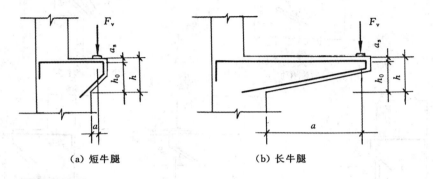

|（a）短牛腿|（b）长牛腿|

图 3-58　牛腿的类型

1. 牛腿的应力状态和破坏过程

根据牛腿的试验可以得出主拉应力和主压应力迹线,如图 3-59 所示。在牛腿上部,主拉应力迹线与牛腿上边缘平行,牛腿上表面的拉应力沿牛腿长度方向分布比较均匀。牛腿下部主压应力迹线大体上与加载点至牛腿下部根部的连线 ab 相平行,沿 ab 连线的压应力分布也比较均匀。牛腿中下部主拉应力迹线是倾斜的,上柱根部与牛腿交界处存在应力集中现象。

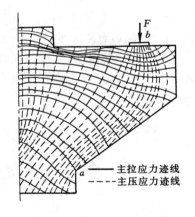

图 3-59　牛腿主应力图

试验表明(图 3-60),一般在极限荷载 20%~40% 时,首先在牛腿根部顶面与柱交接处开始出现垂直裂缝①,但其开展很小,对牛腿受力性能影响不大。大约在极限荷载的 40%~60% 时,加载垫板内侧附近出现斜裂缝②,其方向大体与主压应力迹线方向平行。继续加载,随着 a/h_0 值的不同,牛腿的破坏形态各不相同。

当 $0.75 < a/h_0 \leqslant 1.0$ 时,在斜裂缝②出现后,随着荷载的增加,裂缝向受压区延伸,同时纵向钢筋应力不断增加至屈服,斜裂缝外侧部分绕牛腿下部与柱交点处发生转动,使受压区混凝土压碎而引起破坏,称为弯压破坏(图 3-60(a))。

当 a/h_0 的值在 $0.1 < a/h_0 \leqslant 0.75$ 时,在斜裂缝②出现后继续加载,出现斜裂缝③(图 3-60(b)),继续加荷,临近破坏时,在斜裂缝②,③之间出现大量短小的斜裂缝,且逐渐贯通,并将裂缝②,③之间的混凝土分割成若干小斜向柱体,最后裂缝②,③之间的混凝土柱体斜向受压破坏,称为斜压破坏。

当 $a/h_0 \leqslant 0.1$ 时,可能在牛腿与下柱交接面上出现一系列短的斜裂缝,最终形成沿此斜裂缝把牛腿从柱上切下的剪切破坏(图 3-60(c))。

另外,当加载板太小、太柔或混凝土强度较低时,会出现局部受压破坏(图3-60(d))。当牛腿外侧高度太小时,会出现非根部受拉破坏(图 3-60(e))。

为了防止上述各种破坏,牛腿除须满足截面尺寸要求外,还应配置足够的钢筋。

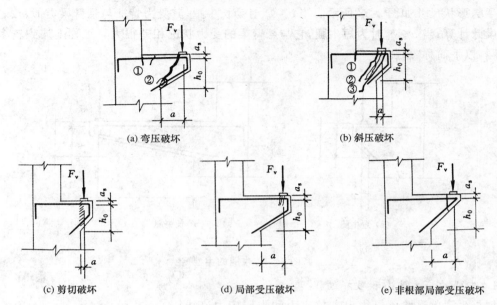

(a) 弯压破坏　　　　　　　　　　　　　(b) 斜压破坏

(c) 剪切破坏　　　　　(d) 局部受压破坏　　　　(e) 非根部局部受压破坏

图 3-60　牛腿的破坏形态

2. 牛腿的截面尺寸

正常使用情况下,牛腿不允许出现斜裂缝。确定牛腿的截面尺寸时,既要考虑控制斜裂缝的形成和开展,还要考虑防止发生牛腿根部的剪切破坏。柱牛腿的截面尺寸应符合下列要求(图 3-61)。

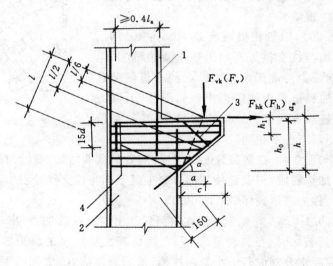

图 3-61　牛腿的外形及钢筋配置

1—上柱;2—下柱;3—弯起钢筋;4—水平箍筋

① 牛腿的裂缝控制要求（牛腿的高度限值）

设计时可先假定牛腿的高度，然后按下式核算：

$$F_{vk} \leqslant \beta\left(1-0.5\frac{F_{hk}}{F_{vk}}\right)\frac{f_{tk}bh_0}{0.5+\dfrac{a}{h_0}}$$ (3-29)

式中　F_{vk}——作用于牛腿顶部按荷载效应标准值组合计算的竖向力值；

　　　　F_{hk}——作用于牛腿顶部按荷载效应标准值组合计算的水平拉力值；

　　　　β——裂缝控制系数：对支承吊车梁的牛腿，取 0.65；对其他牛腿，取 0.80；

　　　　a——竖向力的作用点至下柱边缘的水平距离，此时应考虑安装偏差 20mm；当考虑 20mm 安装偏差后的竖向力作用点仍位于下柱截面以内时，取 $a=0$；

　　　　b——牛腿宽度；

　　　　h_0——牛腿与下柱交接处的垂直截面的有效高度；$h_0=h_1-a_s+c\cdot\tan\alpha$，当 $\alpha>45°$时取 $\alpha=45°$；c 为下柱边缘到牛腿外边缘的水平长度。

② 牛腿的外边缘高度 h_1 不应小于 $h/3$，且不应小于 200mm，以防止非根部受拉破坏。

③ 在牛腿顶面的受压面上，由竖向力 F_{vk} 所引起的局部压应力不应超过 $0.75f_c$，以防止发生局部受压破坏。当不满足此条件时，应加大局部受压面积、提高混凝土强度或在牛腿中增设钢筋网片。

3. 牛腿配筋计算

试验表明，当牛腿截面尺寸满足要求，且牛腿纵筋配置适中时，牛腿受力过程中，纵向钢筋的拉应力沿全长分布较均匀，斜裂缝②外侧的混凝土斜压短柱被压碎时，牛腿宣告破坏。因此，可将纵筋模拟成三角桁架中的拉杆，而混凝土斜向受压可以模拟成三角桁架中的压杆（图3-62(a)），得到牛腿的计算简图（图3-62(b)）。对图3-62(b)所示三角桁架的 A 点取矩，得：

$$F_v\cdot a+F_h(\gamma h_0+a_s)\leqslant A_sf_y\gamma h_0$$ (3-30)

由式(3-30)可得纵向受力钢筋的面积：

$$A_s\geqslant\frac{F_v a}{\gamma f_y h_0}+k\frac{F_h}{f_y}$$ (3-31)

式中　当 $a<0.3h_0$时，取 $a=0.3h_0$

　　　　γ——截面内力臂系数，近似取 0.85；

　　　　k——系数，$k=1+a_s/(\gamma h_0)$，近似取 1.2。

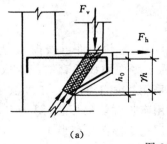
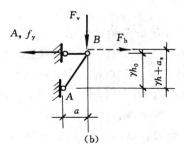

图 3-62　牛腿的计算简图

4. 牛腿构造要求

（1）纵向受力钢筋。

纵向受力钢筋宜采用 HRB400 级或 HRB500 级热轧带肋钢筋。全部纵向受力钢筋及弯起钢筋宜沿牛腿外边缘向下伸入下柱内150mm后截断(图3-61)。纵向受力钢筋及弯起钢筋伸入上柱的锚固长度,当采用直线锚固时不应小于受拉钢筋锚固长度l_a;当上柱尺寸不足时,钢筋的锚固应符合图3-61的要求。

按牛腿有效截面计算的纵筋最小配筋率,不应小于0.2%及$45f_t/f_y$%,同时也不宜大于0.6%,钢筋数量不宜少于4根,直径不宜小于12mm。

(2) 水平箍筋。

为防止牛腿斜裂缝过早出现和发展,牛腿上部应配置水平箍筋,水平箍筋的直径宜为6~12mm,间距宜为100~150mm,且在上部$2h_0/3$范围内的水平箍筋总截面面积不宜小于承受竖向力受拉钢筋截面面积的1/2。

(3) 弯起钢筋。

当牛腿的剪跨比$a/h_0 \geqslant 0.3$时,宜设弯起钢筋。弯起钢筋宜采用HRB400级或HRB500级热轧带肋钢筋。弯起钢筋与集中力作用点到牛腿斜边下端点连线的交点位于牛腿上部$l/6$~$l/2$范围内,l为该连线的长度。其截面面积不宜小于承受竖向力的受拉钢筋截面面积的$l/2$,根数不宜少于2根,直径不宜小于12mm。纵向受拉钢筋不得兼作弯起钢筋。

3.4.5 柱连接和预埋件设计

1. 柱和其他构件的连接构造

装配式钢筋混凝土单层厂房结构的各种独立构件,在制作吊装后,必须通过彼此连接才能使厂房结构成为一个整体。因此,构件间的连接构造是构件可靠传力和保证结构整体性的重要环节。一些厂房发生重大工程事故,几乎多是由于设计疏忽或施工质量低劣引起构件的连接破坏。同时,连接构造在很大程度上决定结构的计算简图,直接影响构件内力;构件连接方式和构造做法直接影响施工操作和安装工作顺利进行。设计构件时必须重视连接构造设计。连接构件设计应考虑以下几个问题:①在保证结构整体受力性能的前提下,应力求连接形式简单,传力明确、直接;②考虑施工安装时构件或结构的稳定,保证施工安全;③连接处通过混凝土接触面或缝隙间的水泥砂浆来传递应力时,应保证接触面紧密吻合;④填缝材料由缝隙宽度、施工条件确定。当缝宽小于40mm时,可采用水泥砂浆;当缝宽大于或等于40mm时,宜用细石混凝土。

柱是厂房构件中连接构造最多、最复杂的构件之一,它上面与屋架、托架,中间与吊车梁、墙梁,下端与基础相连,有时因设备工艺要求还与管道支架相连。常用的连接节点如图3-63所示。

2. 预埋件组成与构造要求

预埋件可分为受力预埋件和构造预埋件(图3-64)。构造预埋件可根据构造要求直接选用,不必计算。受力预埋件一般由锚板(或型钢)和对称于力作用线的直锚筋组成。受力预埋件的锚筋应采用HRB400级或HPB300级钢筋,严禁采用冷加工钢筋。在多数情况下,锚筋采用直锚筋的形状(图3-64(a)、(b)、(c)),有时也可采用弯折锚筋的形状(图3-64(d)、(e))。

预埋件受直钢筋不宜少于4根,也不宜多于4层;其直径不宜小于8mm,也不宜大于25mm,受剪预埋件的直锚筋可采用2根。预埋件的钢筋应位于构件的外层主筋内侧。

受拉锚筋的长度应大于受拉钢筋的锚固长度,受剪和受压锚的长度应$\geqslant 15d$,构造预埋件的锚筋长度应$\geqslant 20d$,d为锚筋直径。

受力预埋件的锚板宜采用Q235、Q345级钢。直锚筋与锚板应采用T形焊接。当锚筋直

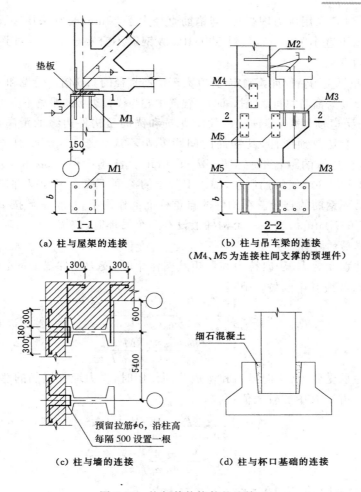

（a）柱与屋架的连接

（b）柱与吊车梁的连接
（M4、M5为连接柱间支撑的预埋件）

（c）柱与墙的连接

（d）柱与杯口基础的连接

图 3-63 柱与其他构件的连接

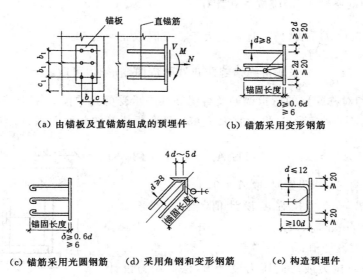

（a）由锚板及直锚筋组成的预埋件

（b）锚筋采用变形钢筋

（c）锚筋采用光圆钢筋　（d）采用角钢和变形钢筋　（e）构造预埋件

图 3-64 预埋件的组成与构造

径不大于 20mm 时宜采用压力埋弧焊；当锚筋直径大于 20mm 时宜采用穿孔塞焊。当采用手工焊时，焊缝高度不宜小于 6mm，且对 300MPa 级钢筋不宜小于 $0.5d$，对其他钢筋不宜小于 $0.6d$，d 为锚筋的直径。

锚板厚度应根据受力情况计算确定，且宜大于锚筋直径的 0.6 倍。受拉和受弯预埋件的锚板厚度尚宜大于 $b/8$，b 为锚筋的间距（图 3-64）。锚筋中心与锚板边缘的距离不应小于 $2d$ 和 20mm。

对于受拉和受弯预埋件，其锚筋的间距 b，b_1 和锚筋至构件边缘的距离 c，c_1，均不应小于 $3d$ 和 45mm。对于受剪预埋件，其锚筋的间距 b，b_1 不应大于 300mm，且 b_1 不应小于 $6d$ 和 70mm；锚筋至构件边缘的距 c_1 不应小于 $6d$ 和 70mm，b，c 不应小于 $3d$ 和 45mm。

吊环应采用 HPB300 级钢筋制作，锚入混凝土的深度不应小于 $30d$ 并应焊接或绑扎在钢筋骨架上，d 为吊环钢筋的直径。在构件的自重标准值作用下，每个吊环按 2 个截面计算的钢筋应力不应大于 65N/mm²；当在一个构件上设有 4 个吊环时，应按 3 个吊环进行计算。

3. 预埋件锚筋的计算

① 当预埋件承受剪力、法向拉力和弯矩共同作用时，受力埋件锚筋的总截面面积 A_s 应按下列两公式计算，并取其中的较大值：

$$A_s \geqslant \frac{V}{\alpha_r \alpha_v f_y} + \frac{N}{0.8\alpha_b f_y} + \frac{M}{1.3\alpha_r \alpha_b f_y z} \tag{3-32}$$

$$A_s \geqslant \frac{N}{0.8\alpha_b f_y} + \frac{M}{0.4\alpha_r \alpha_b f_y z} \tag{3-33}$$

② 当预埋件承受剪力、法向压力和弯矩共同作用时，受力埋件锚筋的总截面面积 A_s 应按下列两公式计算，并取其中的较大值：

$$A_s \geqslant \frac{V - 0.3N}{\alpha_r \alpha_v f_y} + \frac{M - 0.4N \cdot z}{1.3\alpha_r \alpha_b f_y z} \tag{3-34}$$

$$A_s \geqslant \frac{M - 0.4N \cdot z}{0.4\alpha_r \alpha_b f_y z} \tag{3-35}$$

当 M 小于 $0.4N \cdot z$ 时，取 $0.4N \cdot z$

上述公式中的系数 α_v，α_b 应按下式计算：

$\alpha_v = (4.0 - 0.08d)\sqrt{\dfrac{f_c}{f_y}}$，当 α_v 计算值大于 0.7 时取 $\alpha_v = 0.7$；

$\alpha_b = 0.6 + 0.25\dfrac{t}{d}$，当采取可靠措施防止锚板弯曲变形时，可取 $\alpha_b = 1.0$。

③ 由锚板和对称配置的弯折锚筋及直锚筋共同承受剪力的预埋件（图 3-65），其弯折锚筋与钢板间的夹角不宜小于 15°，也不宜大于 45°，其弯折锚筋的截面面积 A_{sb} 应符合下列规定：

$$A_{sb} \geqslant 1.4\frac{V}{f_y} - 1.25\alpha_v A_s \tag{3-36}$$

当直锚筋按构造要求设置时，取 $A_s = 0$。

式中　f_y——锚筋的抗拉强度设计值，当 f_y 大于 300 N/mm² 时，取 $f_y = 300$N/mm²；

　　　V——剪力设计值；

　　　N——法向拉力或法向压力设计值，法向压力设计值不应大于 $0.5f_c A$，此处，A 为锚板的面积；

　　　M——弯矩设计值；

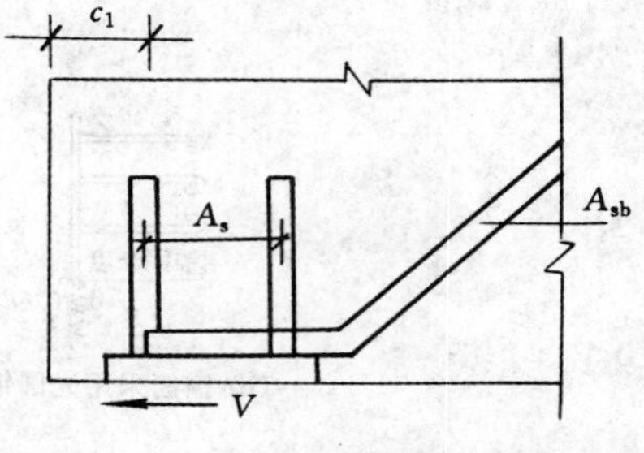

图 3-65　由锚板、弯折锚筋及直锚筋组成的预埋件

α_r——锚筋层数影响系数;当锚筋按等间距布置时,布置两层取 1.0;三层取 0.9;四层取 0.85;

α_v——锚筋的受剪承载力系数;

d——锚筋直径;

α_b——锚板的弯曲变形折减系数;

t——锚板厚度;

z——沿剪力作用方向最外层锚筋中心线之间的距离。

3.4.6 抗风柱的设计

抗风柱上柱一般采用矩形截面,下柱截面视柱的高度可选择矩形截面或工字形截面,截面尺寸可按表 3-12 选用。

抗风柱与屋架的关系如图 3-66(a)所示,柱的外边缘与厂房横向封闭轴线相重合,离屋架中心的距离一般为 600mm。为了避免抗风柱与屋架相碰,一般应将抗风柱设计成变截面柱,柱顶标高低于屋架上弦中心线 50mm,以便通过弹簧钢板将柱顶作用力传至上弦中心线,不使屋架上弦杆受扭。上下柱交接处的标高应低于屋架下弦下边缘 200mm,避免屋架发生挠曲变形时与抗风柱相碰。

抗风柱主要承受山墙传来的水平风荷载,其自重相对很小,一般可以忽略不计。柱顶一般视为不动铰支座,柱底视为固定支座。根据柱顶与屋架的不同连接情况,抗风柱可有如图 3-66(b),(c),(d)所示的三种计算简图。承受水平风荷载按下式计算:

$$q = \gamma_Q \cdot w_k \cdot B \tag{3-37}$$

式中　γ_Q——风荷载分项系数,取 1.4;

　　　w_k——风荷载标准值,按式(3-2)计算;

　　　B——抗风柱承受风荷载的计算宽度。

按图 3-66(b),(c),(d)所示的计算简图,计算出弯矩后,可按受弯构件来进行配筋计算。当抗风柱同时承受墙梁传来的荷载时,此时应按偏心受压构件计算配筋。抗风柱的吊装、运输验算方法同一般排架柱,这里不再赘述。

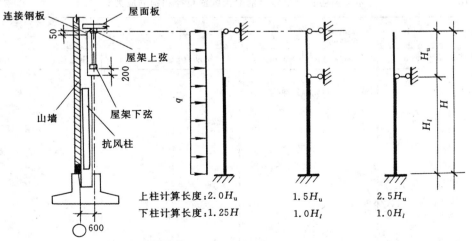

(a) 坑风柱与屋架的关系　(b) 与上弦相连接　(c) 与上、下弦相连接　(d) 与下弦相连接

图 3-66　抗风柱的计算简图

3.4.7 柱的运输和吊装验算

预制柱制作完成并经过一段时间养护后,一般都将其翻身侧向放置,以便运输和吊装。吊装起吊点一般位于柱牛腿的下缘处,运输和吊装阶段,应按图 3-67 所示的计算简图,对柱的关键截面 A-A,B-B,C-C 进行承载力和裂缝宽度验算。验算时应注意以下问题:

① 柱承受的荷载主要为柱自重,考虑到施工时的动力影响,柱自重应乘以动力系数 1.5;

② 按受弯构件验算其承载力时,柱混凝土强度等级一般按设计规定值的 70% 考虑,如有特殊要求应在图纸上注明;

③ 考虑到施工阶段的承载力验算时,荷载为临时荷载,构件的安全等级可比使用阶段的安全等级降低一级;

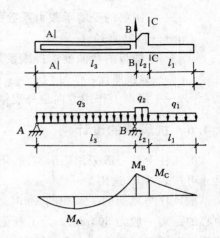

图 3-67 柱吊装验算计算简图及弯矩图

④ 裂缝宽度的计算同一般混凝土构件,由于荷载不大,一般也可以采用控制钢筋应力和纵筋直径的方法来控制裂缝宽度,其钢筋应力应满足下式要求:

$$\sigma_s = \frac{M_k}{A_s \eta h_0} \leqslant [\sigma_s] \tag{3-38}$$

式中 M_k——运输吊装阶段柱中的最大弯矩标准值;

η——内力臂系数,可取 0.87;

$[\sigma_s]$——不须验算裂缝宽度时的钢筋最大允许应力,可由柱中钢筋最大直径 d_{max} 查表 3-16 得到。

⑤ 当验算截面不满足要求时,可在相应区域局部加配短钢筋。

表 3-16   不需要验算裂缝宽度的最大钢筋直径和钢筋应力

$[W_{max}] = 0.2mm$		$[W_{max}] = 0.3mm$	
钢筋直径 d_{max}/mm	钢筋应力 σ/(N·mm^{-2})	钢筋直径 d_{max}/mm	钢筋应力 σ/(N·mm^{-2})
10	245		
12	230		
14	220	14	280
16	210	16	270
18	200	18	260
20	190	20	250
22	180	22	240
25	170	25	225
28	160	28	210
32	145	32	190

注:① 本表适用于配筋率 $\rho \leqslant 0.02$ 的构件,当配筋率 $\rho > 0.02$ 时,应将表中 d_{max} 乘以系数$(0.5 + 25\rho)$;

② 对配置光面钢筋的受弯构件,应将计算的钢筋应力 σ_s 乘以系数 1.4。

3.5 单层厂房屋盖结构及吊车梁的设计

单层厂房屋盖结构的常用形式可分为无檩体系、有檩体系和板梁合一体系。

无檩体系是指将大型屋面板直接焊接在屋架或屋面梁上,形成整体性和刚度很好的屋盖结构,主要用于跨度较大的大、中型单层厂房;有檩体系是将小型屋面板或瓦材固定在檩条上,再将檩条支承在屋架上,从而形成的屋盖结构,这种屋盖结构整体性很差,刚度较小,主要用于跨度中等、不需要做冬季保温的单层厂房。板梁合一体系是将钢筋混凝土屋面板和屋面梁整体浇注在一起或将屋面板做成 V 形、锯齿形而形成的屋盖体系,板梁合一屋盖整体性刚度较好,但构件自重较大,因此主要用于跨度较小的单层厂房,或有工艺要求的纺织厂厂房等。

单层工业厂房多采用排架结构,减小屋盖结构的自重不仅可以节省自身的材料,对柱和基础的受力以及结构抗震也很有利。

在单层厂房结构设计中,为加快施工进度降低工程造价,提高设计的标准化和施工的机械化,对于工程中常用的结构构件如:屋面板、屋架、吊车梁等,均有全国通用的标准构件或某地方(设计部门)的通用的定型构件图集以供选用。本节介绍屋面板、屋面梁、屋架、托架、天窗架、板梁合一结构,以及吊车梁的常用形式和设计要点。

3.5.1 屋面板和檩条

1. 形式

在一般单层厂房中,屋面板的材料用量和造价占的比例较大,其自重是厂房结构的主要荷载之一,它既是承重构件也起围护作用。常用的形式有:预应力混凝土屋面板、预应力混凝土 T 形板、预应力混凝土空心板、预应力混凝土夹心保温屋面板和钢筋混凝土挂瓦板等,它们用于有檩体系。小型屋面板、预应力混凝土槽瓦和其他瓦材用于有檩体系。

预应力混凝土屋面板在单层厂房中应用很广。由这种屋面板组成的屋面水平刚度好,适用于大、中型和震动较大,对屋面刚度要求较高的厂房,屋面可以做卷材防水,也可以做非卷材防水。屋面坡度:卷材防水最大 1/5,非卷材防水 1/4。设计时,一般常采用 1.5m×6m 规格的屋面板,有时也采用 3m×6m 和 3m×9m 的预应力屋面板。

檩条的作用是支承小型屋面板并将屋面荷载传递给屋架,它应与屋架牢固连接,并与支撑构件组成整体,以保证厂房的空间刚度,可靠传递水平力。目前应用较为普遍的是钢筋混凝土或预应力混凝土檩条。也有采用上弦为钢筋混凝土、腹杆和下弦杆为钢材的组合式檩条及轻钢檩条的。檩条在屋架上可采用正放和斜放两种方式,正放时一般需要在屋架上设置水平支托;檩条与屋架通过预先埋设在檩条和屋架内的预埋钢板焊接连接在一起。

2. 设计

预应力混凝土屋面板(图 3-68)由纵肋、横肋和面板组成。它的受力相当于一个肋梁楼盖,其中板、横肋、纵肋分别相当于板、次梁和主梁。

设计面板时,在满足混凝土保护层厚度要求的前提下,应尽量减小其厚度。面板根据纵肋和横肋间距的不同,可按连续单向板或双向板计算,纵肋和横肋可按 T 形截面简支梁计算。

屋面板的荷载包括两种:即屋面恒荷载和屋面活荷载。恒荷载应考虑板自重、灌缝混凝土自重以及屋面材料(如找平层、保温层、防水层等)的自重,各种材料的自重取值可查《建筑结构荷载规范》。屋面活荷载应考虑屋面均布活荷载或雪荷载(取两者较大值)。雪荷载应根据不同类别的屋面形式考虑屋面的积雪分布系数,屋面板和檩条设计时可按积雪不均匀分布的最不利情况考虑。对于生产中大量排灰的厂房或由于其他原因可能导致屋面产生大量灰尘的积聚的厂房,尚应考虑屋面的积灰荷载。对于屋面上易形成灰堆处,设计屋面板、檩条时,积灰荷载的标准值可以乘以荷载规范规定的增大系数。积灰荷载应与雪荷载或屋面活荷载两者中的较大值同时考虑。另外,屋面板、檩条还应按施工或检修荷载(一般取 0.8kN)出现的最不利位置进行验算。檩条支承小型屋面板并将屋面荷载传给屋架。它与屋架应可靠连接,并与屋架支撑组成整体,以保证屋盖的空间刚度,同时传递水平力。

檩条跨度为屋架的间距,分 4m,6m 和 9m,目前一般采用钢筋混凝土檩条或型钢檩条,钢筋混凝土檩条可按一般简支梁设计。

预应力混凝土屋面板一般采用不低于 C30 的混凝土,非卷材防水屋面板或屋面荷载较大时,宜采用不低于 C40 的混凝土。预应力钢筋宜首先采用预应力消除应力钢丝和钢绞线,现有预应力屋面板一般采用冷拉Ⅳ级变形钢筋或碳素钢丝。吊环应采用 HPB300 级钢筋,禁止采用冷加工钢筋。预埋件的钢板或型钢采用 HPB300 级钢筋。

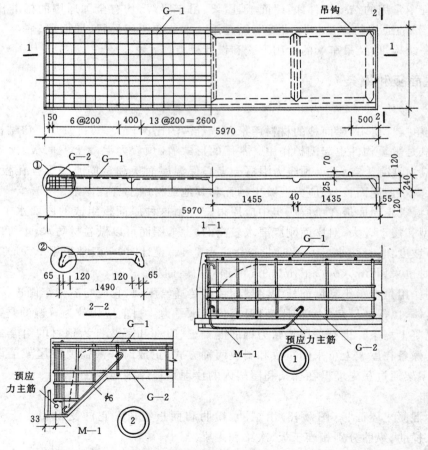

图 3-68 预应力混凝土屋面板

3.5.2 屋面梁和屋架

1. 形式

屋面梁:单层厂房屋盖结构中常用的形式为预应力混凝土屋面梁(包括单坡和双坡)。

屋架:按外形分为三角形屋架、拱屋架、折线形屋架和梯形屋架。按材料分:混凝土屋架(包括预应力和非预应力混凝土)、组合屋架。常用屋面梁和屋架的图集编号、特点及适用条件见表 3-4。

屋面梁和屋架形式的选择,应根据厂房的使用要求、跨度、有无吊车、吊车额定及最大起重量、荷载情况、现场材料及施工条件等确定。一般情况下,对于跨度较小(≤15m)、吊车起重量较小(≤10t)、无较大振动荷载单层厂房,可采用有檩体系组合屋架;当跨度较大(>18m)时一般采用预应力混凝土屋架;对于冶金厂房的高温车间,宜选用预应力混凝土屋面梁。

2. 屋面梁设计要点

(1) 类型选择。根据使用要求,一般可采用单坡、双坡工字形截面的实腹式屋面梁(6m 屋面梁采用 T 形截面)跨度 6～15m 时,可采用钢筋混凝土结构。12m 及 15m 跨度的单坡屋面梁,也可采用折线形下翼缘。

(2) 构造尺寸。应根据梁的跨度、屋面荷载、梁的侧向稳定性、纵向受力钢筋的排列要求和施工方便的条件确定。为减少模板类型及便于安装,6～15m 单坡、双坡钢筋混凝土屋面梁的端部高度,宜一律采用 900mm,对单跨或不等高多跨厂房,6m 单坡、9m 双坡屋面梁端部高度宜采用 600mm。预应力混凝土屋面梁的端部高度,宜尽量采用 900mm。屋面梁的坡度常用 1/10(卷材防水)或 1/7.5(非卷材防水)。

(3) 屋面梁的设计要点。作用在屋面梁上的荷载,包括屋面板传来的全部荷载、梁自重以及天窗架立柱传来的集中荷载、悬挂吊车或其他悬挂设备重量。

屋面梁可按简支受弯构件计算内力,并应做下列计算:正截面和斜截面承载力计算;变形验算;非预应力梁的裂缝宽度验算,预应力梁的抗裂等级验算,以及张拉或放张预应力钢筋时的验算和梁端局部承压验算(后张法);施工阶段梁的翻身扶直、吊装运输时的验算。

双坡梁正截面计算的控制截面一般位于 $(1/4～1/3)l$(l 为跨度)处,通常可沿跨度方向每隔 1.0～1.5m 计算一组内力,同时变厚度截面、集中力较大处截面也应计算。

在计算变高度梁的刚度时,可求出几个特征截面的刚度及相应的曲率,将相邻截面的值用直线连起来,这样得出梁的近似曲率图形,再按虚梁法计算梁的挠度。

施工阶段梁的内力可按下列原则计算:翻身扶直时上翼缘的内力,当跨度小于 12m 时,在上翼缘可设置两个吊点。按两端伸臂的单跨简支梁计算;当跨度不小于 12m 时,应设置不少于 3 个吊点,按两跨伸臂的单跨简支梁计算。

运输时,一般采用两点支承;吊装时,利用扶直时吊点进行吊装,其上翼缘内力按端部悬臂梁计算。

钢筋混凝土屋面梁的混凝土强度等级,一般采用 C20～C30,当设置悬挂吊车时,不应小于 C30。预应力梁一般采用 C30～C40,当设置悬挂吊车时,不应小于 C40;如施工条件许可也可采用 C50 及以上混凝土。

预应力筋宜采用预应力钢丝、钢绞线和预应力螺纹钢筋;现有预应力屋面梁一般采用冷拉 Ⅳ 级变形钢筋或钢绞线,也有采用冷拉(双控)Ⅲ 级或 Ⅱ 钢筋的。纵向受力普通钢筋宜采用 HRB400、HRB500、HRBF400、HRBF500 钢筋,也可采用 HPB300,HRB335,HRBF335,RRB400 钢筋。箍筋宜采用 HRB400,HRBF400,HPB300,HRB500,HRBF500 钢筋,也可采用 HRB335,HRBF335 钢筋。

图 3-69 为后张法预应力混凝土工字形双坡屋面梁的施工图。

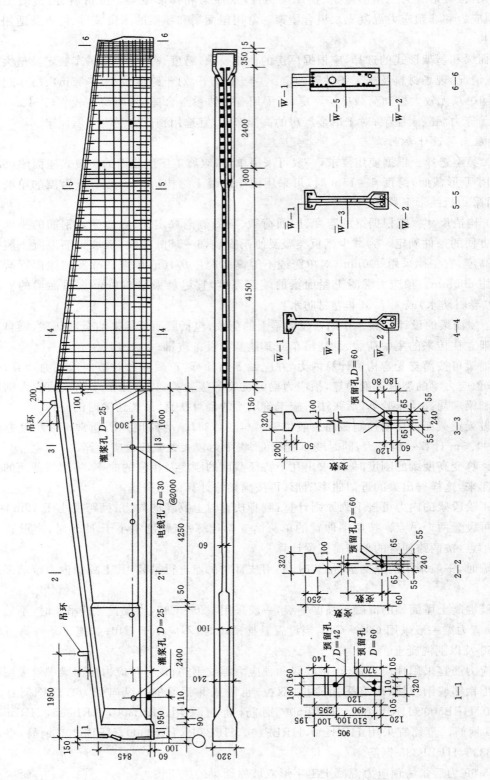

图 3-69　后张法预应力混凝土工字形双坡屋面梁的施工图

3. 屋架设计要点

(1) 一般要求。屋架类型的选择应根据工艺、建筑、材料及施工等因素选择合适的屋架类型。柱距 6m,跨度 15～30m 时,一般应优先采用双坡预应力混凝土折线形屋架;跨度 9～12m 时,可采用单坡钢筋混凝土屋架。无条件施工预应力混凝土结构的地区,跨度为 15～18m 时,可选用混凝土折线形屋架;屋面积灰的厂房可采用梯形屋架;屋面材料选用屋面瓦时,可选用三角形屋架。

12m 柱距时,一般可选用整体式折线形预应力混凝土屋架。

折线形屋架一般设计成整体式,有必要时也可采用两块体或多块体的组装屋架。

预应力混凝土屋架中轴向力较大的预制受拉腹杆,宜采用预应力混凝土芯棒。

有 1t 以上锻锤的锻造车间的屋架,应采用预应力混凝土整体式屋架。

有电力母线挂于屋架下弦时,应与电力专业配合,使其位于屋架的节点处,并通过支撑布置,解决拉紧母线时所产生的水平力向两端柱顶传递,避免屋架平面外弯曲。如不能位于节点时,应采取措施使上述水平力能传至节点。

天窗架和挡风板支架等构件在屋架的上弦的支承点,大型管道和悬挂吊车(或电葫芦)在屋架的吊点,应设于屋架的节点处。对上述支承点和吊点,在构造上应力求使其合力作用点位于或尽可能接近屋架的轴线。

(2) 屋架形式及杆件尺寸。屋架的形式应满足使用要求,考虑跨度和屋面构造的影响,尽量选择屋架外形与简支梁的弯矩图接近,从而使得屋架中各构件的受力均匀。因此,在结构受力较大时多采用折线形屋架和梯形屋架。

屋架的高跨比一般为 1/6～1/10,单坡折线形屋架的坡度一般可采用 1/7.5,双坡时中部坡度 1/15,端部坡度 1/5。对双坡梯形屋架,上弦坡度可取 1/7.5(非卷材防水屋面)或 1/10(卷材防水屋面)。单坡梯形屋架的坡度一般采用 1/10。端部高度:双坡时,一般采用 1200～1800mm(梯形屋架可达 2400mm),单坡时一般采用 1200mm。上弦节间长度一般采用 3m,个别采用 1.5m 和 4.5m,9m 和 12m 屋架一律采用 1.5m。下弦节间长度一般采用 4.5 及 6m,个别采用 3m,第一节间长度宜一律采用 4.5m,9m 和 12m 屋架可采用 2～3m。屋架节间长度应考虑杆件受力、布置天窗架和支撑的要求。

施工时跨中应起拱,对钢筋混凝土屋架采用 $l/600～l/700$(l 为厂房跨度),预应力混凝土屋架采用 $l/900～l/1000$。

为了便于施工,屋架的弦杆及端斜压杆应采用相同的截面。屋架的杆件截面除了满足受力要求外,还应满足最小尺寸的要求。对屋架上弦,其截面宽度不应小于 200mm,高度不应小于 160mm(9m 屋架)或 180mm(12～30m 屋架)。对屋架下弦,其截面宽度一般不应小于 200mm,高度不应小于 120mm(9m 屋架)或 140mm(12～30m 屋架)。腹杆宽度不应小于 160mm(用于抗震区)、120mm、100mm(腹杆长度及内力较小时),高度不应小于 100mm、80mm(双竖杆时),另外,腹杆的长度与其截面短边之比不应大于 40(拉杆)或 35(压杆)。

(3) 荷载及荷载效应组合。屋架所受的荷载包括:屋面板传来的荷载(包括恒荷载和活荷载)、屋架自重、支撑自重、屋架下弦悬挂荷载以及排架传给屋架下弦的水平拉力。

屋架自重可近似按(2.5～3.0)L 估算(L 为厂房跨度),跨度大时取较小值。支撑自重可取 0.25kN/m²(采用钢筋混凝土系杆时)或 0.05kN/m²(采用钢系杆时)。

屋架设计时,应按使用和施工阶段分别考虑荷载效应的组合。

使用阶段,取

恒荷载＋屋面活荷载＋其他荷载

恒荷载＋雪荷载＋其他荷载

对于雪荷载较大地区,设计时还应考虑半跨雪荷载的不利情况。

有积灰荷载时,取

恒荷载＋积灰荷载＋屋面活荷载＋其他荷载

施工阶段验算:①安装时,取屋架自重、半跨屋面板自重和施工荷载。②制作时,屋架一般平卧施工,运输吊装时需将屋架翻身扶直,此时屋架所受荷载即屋架自重,但应考虑动力系数(一般取 1.5)。上弦按连续梁计算平面外的弯矩,吊点为支承点。并依此弯矩验算屋架的承载力和抗裂度。

(4)内力计算。钢筋混凝土屋架内力计算时,一般将屋架节点简化为铰节点,按结构力学方法计算各杆件的轴力,上弦节点的集中力可近似假定上弦各节间为简支梁求得。应特别注意,当上弦节间作用荷载时,上弦杆设计时,还应按多跨连续梁计算上弦的弯矩。关于"次弯矩"的问题,一般来说,由于荷载作用下,屋架各节点不是"理想铰",且节点间会产生相对位移,因此在各杆中会产生附加弯矩(一般称为"次弯矩")。《钢筋混凝土屋架设计规程》(YS 03—77)建议,对钢筋混凝土屋架当取影响系数 1.15(相当于结构重要性系数取 1.15)以提高上弦及端斜压杆的承载力安全度并验算下弦及受拉腹杆的裂缝宽度后,可以不再做"次弯矩"计算;对预应力混凝土屋架,当验算下弦杆的抗裂度、受拉腹杆及上弦"零杆"的裂缝宽度后,也可不再做"次弯矩"计算。对于钢筋混凝土组合屋架,因其上弦的次弯矩较大,故必须进行"次弯矩"计算。

(5)杆件截面设计。钢筋混凝土屋架与预应力钢筋混凝土屋架的混凝土及钢筋材料的选择与屋面梁相同。

屋架的下弦杆一般不考虑其自重产生的弯矩,按轴心受拉杆件设计。当下弦杆自重较大或下弦杆间设有管线时,应考虑按偏心受拉杆件进行设计。

当屋架上弦有节间荷载时,上弦杆受到轴力和弯矩作用,此时应选最不利组合的内力按偏心受压杆件进行设计。上弦杆的配筋计算时应考虑纵向弯曲的影响,计算长度可以按下列规定采用:计算屋架平面内上弦杆跨中配筋时,计算长度可取节间长度;计算节点处配筋时,可不考虑纵向弯曲的影响。对平面外承载力计算,当采用1.5m宽度的预应力屋面板且屋面板与屋架采用三点焊接时,上弦杆平面外的计算长度取 3m;当为有檩体系时,平面外的计算长度取屋架上弦支撑点之间的距离。

腹杆按轴心受拉或轴心受压杆件设计,腹杆在屋架平面内的计算长度 l_0 可取 $0.8l$,但梯形屋架端斜压杆应取 $l_0=l$;在屋架平面外可取 $l_0=l$;此处 l 为腹杆长度,按轴线交点之间的距离计算。

屋架各杆件的配筋构造应符合《钢筋混凝土屋架设计规程》(YS 03—77)的有关规定或标准图集。

(6)屋架翻身扶直时的验算。屋架一般采用平卧制作,翻身扶直主要是平面外受力,并且受力大小与吊点有关。一般可把上弦杆看作连续梁计算受力,荷载除应考虑上弦自重外,还应考虑腹杆将一半自重传给上弦节点。另外内力计算还应考虑 1.5 的动力系数。腹杆内力较小,一般不进行验算。

(7)端节点配筋及屋架拼接。节点是屋架的重要部位,起着连接各构件受力的作用。一旦设计或施工不当,很可能造成屋架开裂,甚至局部破坏,影响整个屋架的使用和安全。因此必须予以高度重视。

端节点的设计尤为重要。对端节点配筋：节点上部配置不少于 2 根，下部配置不少于 3 根，且直径不小于 12mm 的周边钢筋。节点内配置直径不小于 10mm（当屋架跨度小于或等于 18m 时，可采用 8mm）的封闭箍筋，其间距不大于 100mm，在豁口附近应加密至不大于 50mm。此箍筋宜尽量与上弦杆或端部斜压杆的轴线垂直，但与下弦杆轴线的交角宜不小于 60°。为设置预应力钢筋的锚具而使屋架端部有局部凹进时在拐折处应配置防止裂缝的构造钢筋。预应力屋架的端部应设置支承锚具的钢垫板，该垫板宜与屋架的端部预埋件焊接，垫板后面应配置提高局部承压强度的钢筋网，一部分钢筋网可由预埋件上的锚筋与附加的短筋组成。钢筋混凝土屋架端部应设置锚固下弦杆纵向钢筋的锚板和锚固角钢，锚固零件与屋架端部预埋件焊接。

钢筋混凝土屋架的混凝土强度等级，宜采用 C30；预应力混凝土屋架宜首先考虑 C40 混凝土；当屋架跨度较大，荷载较大且施工条件允许时，应尽量采用高强度等级的混凝土。

屋架钢筋的选用同屋面梁。

3.5.3 托架

1. 托架类型选择

当厂房柱距大于大型屋面板或檩条的跨度时，需要沿纵向柱列设置托架，以支承中间屋面梁或屋架。整体式预应力钢筋混凝土结构的跨度一般为 12m。以 Ⅳ 冷拉钢筋、碳素钢丝及钢绞线为预应力钢筋时，采用折线式托架；以冷拉 Ⅱ、Ⅲ 粗钢筋为预应力钢筋时，采用三角形托架。《混凝土结构设计规范》（GB 50010—2010）建议采用消除应力钢丝和钢绞线。

托架在竖向节点荷载（即屋架支座反力）作用下各杆件的轴向力可按铰接桁架计算。托架上弦轴向力除由节点荷载产生的以外，还应考虑由山墙传来（由风荷载产生）的纵向水平力。一般情况下，当托架承受的竖向荷载不大于 400kN 时，可取纵向水平力为 80kN，当竖向荷载不小于 500kN 时，可取 120kN。

屋架竖向反力与托架中心线之间往往有偏心距而使后者受扭，当托架两侧都有屋架时，应考虑相邻两侧荷载之差及吊装时（一侧屋面已经吊装而另一侧尚未吊装）产生的扭矩，并应考虑可能出现的不利安装偏差值 20mm。计算各杆件的扭矩时，一般可考虑托架的整体抗扭性能，按支座为刚接，上、下弦节点处各杆件的扭转角相等的条件，按抗扭刚度比进行分配，并按使用和安装两个阶段分别计算。

托架由平卧扶直时（托架一般平卧制作），起吊点通常设在上弦两端和中间节点，而下弦节点着地，所以在进行扶直验算时，可近似将上弦看作两跨连续梁。

托架的挠度可按结构力学方法计算，其允许挠度应不大于 $l/500$（l 为托架跨度）。

2. 杆件配筋

所有杆件应根据计算配置非预应力纵向钢筋与箍筋。箍筋间距不应大于杆件截面的最小尺寸；箍筋均为封闭式；上弦杆箍筋按受扭考虑；折线形托架下弦中间节点的附加钢筋为 2 根直径 12 的 HRB335 级钢筋。

3. 节点配筋

节点配置 2～4 根直径不小于 12mm 的周边钢筋；在节点范围内配置直径不小于 8mm 的垂直封闭箍筋，其间距不大于 10mm。端节点尚应配置 1～2 根直径 6mm 的水平封闭箍筋；托架端部预埋支承锚具的钢垫板（板上焊有锚筋）。垫板后对应于预应力钢筋配置直径 4～5mm

的螺旋式钢丝或四片直径 6mm 的点焊钢筋网。

3.5.4 天窗架

单层厂房根据采光或通风的要求,有时需要在屋盖设置天窗。传统的气楼式天窗用天窗架支承屋面构件,通过天窗架将上面的荷载传给屋架(或屋面梁)。屋架上设置天窗架后,不仅增加了屋面构件,而且削弱了屋盖的整体刚度,还增加了受风面积。另外,地震时天窗架容易破坏,抗震设计时应注意。为改善天窗架的受力,应设置天窗架支撑系统,必要时也可采用下沉式、井式或其他形式的天窗。

天窗架的形式:按材料可分为钢筋混凝土天窗架和钢天窗架;按外形分为 Π 形和 W 形。前者跨度为 6m 和 9m,适用于 18～30m 跨度的厂房;后者跨度为 6m,适用于两铰拱和三铰拱屋架。

3.5.5 吊车梁的设计

吊车梁是单层厂房的主要承重构件之一,它直接承受吊车荷载,对吊车的正常运行和保证厂房的纵向刚度等起着重要的作用。

1. 吊车梁的受力特点

装配式吊车梁是支承在柱上的简支梁,其受力特点取决于吊车荷载的特性,主要有以下特点:

(1)车荷载是两组移动的集中荷载。一组是移动的竖向荷载 P 另一组是移动的横向水平荷载 T。一台桥式吊车常有大车和小车组成,小车在垂直于吊车梁方向运行。因此,吊车作用在吊车梁上的轮压是可变的,但实际计算时采用最大轮压或最小轮压的情况。吊车产品样本上可提供吊车的各项几何尺寸,如轮距 K 及吊车宽度 B 等,同时也提供最大和最小轮压标准值及小车重量。在计算吊车梁、柱上牛腿及柱上竖向荷载时,除应分别考虑一台及多台吊车的不利运行位置外,尚应分别采用最大或最小轮压。吊车梁各截面在吊车移动轮压作用下的最大内力可以由影响线的方法求出,或作包络图。

(2)车荷载是重复荷载。吊车梁在使用期内承受吊车荷载的重复次数可达几百万次,直接承受这种重复荷载的结构或构件,材料会因疲劳而降低强度。所以对于吊车梁,除了静力计算外,还要进行疲劳验算。注意:疲劳验算时,荷载取标准值,对吊车荷载还要考虑动力系数。

(3)要考虑吊车荷载的动力特性。当计算吊车梁及其连接的强度时,吊车竖向荷载应乘以动力系数 μ。对悬挂吊车(包括电动葫芦)及工作级别 A1～A5 的软钩吊车,动力系数可取 1.05;对工作级别为 A6～A8 的软钩吊车、硬钩吊车和其他特种吊车,动力系数可取 1.1。

(4)要考虑吊车荷载的偏心影响——扭矩。吊车竖向荷载 μP_{max} 和横向水平荷载 T 对吊车梁横截面的弯曲中心是偏心的,如图 3-70 所示。

每个吊车产生的扭矩按两种情况计算:

① 静力计算时,考虑两台吊车

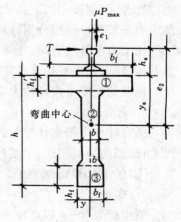

图 3-70

$$t=(\mu P_{\max}e_1+Te_2)\times0.7 \tag{3-39}$$

② 疲劳验算时,只考虑一台吊车,且不考虑吊车横向水平荷载的影响,

$$t^f=0.8\mu P_{\max}e_1 \tag{3-40}$$

式中　t,t^f——静力计算和疲劳强度验算时,由一个吊车轮压产生的扭矩值,上角码 f 表示疲劳;

　　0.7,0.8——扭矩和剪力共同作用的组合系数;

　　e_1——吊车轨道对吊车梁横截面弯曲中心的偏心距,一般取 $e_1=20\text{mm}$;

　　e_2——吊车轨顶至吊车梁横截面弯曲中心的偏心距,$e_2=h_a+y_a$;

　　h_a——吊车轨顶至吊车梁顶面的距离,一般可取 $h_a=200\text{mm}$;

　　y_a——吊车梁横截面弯曲中心至梁顶面的距离,可取 T 形截面时:

$$y_a=\frac{h_f'}{2}+\frac{\dfrac{h}{2}(h-h_f')b^3}{h_f'b_f'^3+(h-h_f'^3)b^3}$$

取工字形截面时:

$$y_a=\frac{\sum(I_{yi}\times y_i)}{\sum I_{yi}}$$

式中　h,b,h_f',b_f'——截面高、肋宽和翼缘的高、宽;

　　I_{yi}——每一分块截面①,②,③(图 3-70)对 $y\text{-}y$ 轴的惯性矩,均可不考虑预留孔道、钢筋换算等因素;

　　$\sum I_{yi}$——整个截面对 $y\text{-}y$ 轴的惯性矩,$\sum I_{yi}=I_{y1}+I_{y2}+I_{y3}$;

　　y_i——每一块截面的重心至梁顶面的距离。

求出 t 和 t^f 后,再按影响线法求出扭矩 T 和 T^f 的包络图。

2. **吊车梁的形式及构造要点**

(1) 目前我国常用的吊车梁形式有:①钢筋混凝土等高度实腹式吊车梁(图 3-71(a));②先张法预应力混凝土吊车梁(图 3-71(b));③后张法预应力混凝土吊车梁(图2-71c);④后张法预应力混凝土变高度吊车梁(图 3-71d)。

选形原则:①6m 跨度起重量 5～10t 的吊车梁,一般采用钢筋混凝土结构;②6m 跨度起重

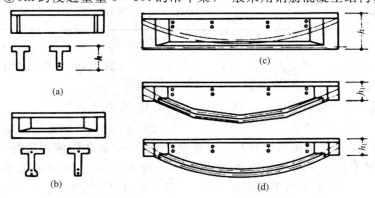

图 3-71　吊车梁的形式

量 15/3～30/5t 的吊车梁,可采用钢筋混凝土结构,也可以采用预应力混凝土结构;③6m 跨度起重量 30/5t 及以上的吊车梁一般采用预应力混凝土结构;④12m 跨度的吊车梁一般采用预应力混凝土结构;⑤有预应力钢筋张拉台座的施工现场,应优先采用先张法预应力混凝土吊车梁;⑥对后张法预应力混凝土吊车梁一般设计成等高度梁。当梁的跨度或吊车起重吨位较大时(如 12m 跨 20t 以上或 6m 跨 50t 以上),宜设计成变高度吊车梁。

置于中间柱距和伸缩缝或厂房端部的变高度吊车梁,可以仅将靠近伸缩缝或厂房端部一侧的梁端水平段加长。

(2)混凝土强度等级可采用 C30～C50,预应力混凝土吊车梁一般宜采用 C40,必要时采用 C50。

吊车梁中的预应力钢筋,可采用预应力钢丝、钢铰线和预应力螺纹钢筋。非预应力钢筋,除纵向受力钢筋、腹板纵筋采用 HRB335,HRB400、HRB500 级钢筋外,其他部位的钢筋可采用 HPB300 级钢筋。

(3)吊车梁的构造要点。梁的上翼缘沿梁长按轨道连接要求埋设间距为 600mm 的钢管,钢管内径为 22mm(锚 M16 螺栓,用于 5t 吊车)、25mm(锚 M20 螺栓,用于 10～30t 吊车)或32m(锚 M24 螺栓,用于 50t 及以上吊车),以便轨道与吊车梁的连接。钢筋可以用直径 6mm 的 HPB300 级钢筋电焊定位。梁端加厚处可设置斜放钢管或预埋螺栓,锚固长度为 $30d$(d 为螺栓直径)。

梁的腹板应配合吊车滑触线支架预留安装孔,孔的直径为 25 mm。

为方便脱模一般将腹板与上翼缘交接处做成加腋或圆角。

预应力混凝土端头加厚段的长度和变厚度倾角宜参考表 3-17 确定。

表 3-17　　　　　　　　　　预应力混凝土端头加厚段的长度和变厚度倾角

简　图			
	A	B	α
先张法吊车梁	$h/3$	$1.0h$	$5°～10°$
后张法吊车梁	$h/2.5$	$h/3～h/2.5$	$10°～15°$

注:表中 h 为梁端高。

等高度吊车梁的梁高和变高度吊车梁支座处的高度应取 100mm 的倍数;有条件时,应尽量取 300m 的倍数。

吊车梁的截面尺寸按计算确定,一般应符合表 3-18 的要求。

吊车梁配筋的构造要求:

① 纵向受力钢筋:考虑吊车梁直接承受重复荷载,故一般非预应力钢筋宜采用锚固力较好的变形钢筋,如 HRB335,HRB400 级钢筋;骨架一般采用绑扎,不得采用焊接;对工作级别不小于 A4 的吊车梁,纵筋不得采用绑扎接头,也不宜采用焊接接头,此外,不得在钢筋上焊接任何附件(端头锚固除外)。

表 3-18　　　　　　　　　　　吊车梁的截面形式及尺寸一般要求　　　　　　　　　　单位:mm

跨度		6 000	12 000
梁长		5 950	11 950
形式		T 形(钢筋混凝土吊车梁) 工字形(预应力混凝土吊车梁)	
腹板厚度		≥140(钢筋混凝土吊车梁) ≥100(平卧浇灌时的先张法预应力混凝土吊车梁) ≥120(竖直浇灌时的先张法预应力混凝土吊车梁) ≥140(后张法预应力混凝土吊车梁)	
等高度预应力混凝土吊车梁的高度 h		$l/7 \sim l/4$	$l/10 \sim l/8$(吊车为 20t 及其以下) $l/7 \sim l/5$(吊车为 30t 及其以上)
等高度 实腹式 吊车梁	上翼缘 宽度	400($h<900$) 500($900 \leqslant h \leqslant 1 200$) 600($h=1 500$)	600($h \leqslant 1 800$) 700($h=2 100$) 800($h=2 400$)
	上翼缘 厚度	100($h \leqslant 1 200$) 120($1 200<h \leqslant 1 500$) 140($1 200<h \leqslant 1 500$)	120($h \leqslant 1 800$) 140($h=2 100$) 160($h=2 400$)

注:① 对后张法预应力混凝土吊车梁,梁的制作长度尚应考虑外露锚具的尺寸,梁长作相应减小;

　　② 吊车梁除两端加厚区段处,腹板的最大厚度宜取 180mm;

　　③ l 为梁的计算跨度。

② 附加纵向钢筋:钢筋混凝土吊车梁上翼缘不应小于 $\phi10$;预应力混凝土吊车梁 6m 跨时不应小于 $\phi8$,12m 跨时四角不应小于 $\phi12$,其他不小于 $\phi8$;下翼缘不小于 $\phi8$;腹板不小于 $\phi10$;

③ 箍筋:采用封闭式,对上翼缘和下翼缘,当梁高 $h \leqslant 600$mm 时,箍筋配置不小于 $\phi6$ @ 250,梁高 $h>600$mm 时,不小于 $\phi6$ @300;腹板当梁高 $h \leqslant 600$mm 时,箍筋配置不小于 $\phi8$ @ 250,梁高 $h>600$mm 时,不小于 $\phi8$ @300;在梁端部 $l_a+1.5h$ 范围内,箍筋面积应比跨中增加 20%～50%,间距一般为 150～200mm,此处,h 为梁的跨中截面高度,l_a 为主筋锚固长度。上翼缘和下翼缘内的箍筋一般按构造要求配置,间距取 200mm 或与腹板中的箍筋间距相同。

对钢筋混凝土吊车梁纵向受力钢筋多排时,其配置范围应不超过梁高,同时使梁的有效高度不小于 0.85 梁高;最下两排钢筋的截面面积之和约占纵向受力钢筋总截面面积的 70%;最下三排钢筋的截面面积之和约占纵向受力钢筋总截面面积的 80%;当符合上述要求时,可用一部分纵向受力钢筋兼作附加纵向钢筋。在梁端部,纵向受力钢筋末端应焊在钢垫板和角钢上;角钢与梁端竖向钢筋相焊接;钢垫板厚度不小于 12mm 且焊在角钢的长边上;角钢不宜小于 $L125 \times 80 \times 10$;梁端竖向构造钢筋应伸入上翼缘内,其直径不宜小于 16mm。

先张法预应力混凝土吊车梁下部预应力钢筋每排钢筋应呈方阵排列;直径≤12mm 的下部预应力钢筋兼作下翼缘的架力钢筋,排列布置时应避免与腹板中的箍筋相碰。受压区预应力钢筋的截面面积 A'_p 一般宜为受拉区预应力钢筋截面面积 A_p 的 1/6～1/4。上部预应力钢筋宜上、下排对齐对称布置于上翼缘两侧。梁端横向钢筋按计算确定,其截面面积不宜小于

$(0.2\sim0.3)A_p$（需考虑不同的钢筋强度设计值的折算）；梁端横向钢筋宜采用不小于 12mm 的 HRB335 级钢筋，并以直径 6mm、间距 100mm 的箍筋绑扎成骨架；梁端横向钢筋自梁端起 $h/4$ 的范围内。预应力钢筋两侧加插直径为 $8\sim10$mm 的钢筋网 $4\sim8$ 片等局部加强措施。

后张法预应力混凝土吊车梁受压区预应力钢筋的截面面积 A_p' 一般宜为受拉区预应力钢筋截面面积 A_p 的 $1/8\sim1/6$。冷拉Ⅳ级钢筋的钢筋束，上、下部应分别不少于 3 根和 4 根，也不多于 7 根。$3\sim4$ 根、$4\sim6$ 根和 7 根钢筋束孔道直径分别为 42mm，54mm 和 60mm。折线配筋的变高度吊车梁应在孔道弯折处适当增大孔道上壁的厚度和加密封闭箍筋设计值的折算），横向钢筋宜采用不小于 12mm 的 HRB335 级钢筋；下部预应力钢筋锚具下应设置螺旋式钢筋（直径 $6\sim8$mm，螺距 $40\sim50$mm）或横向钢筋网片（直径 $6\sim8$mm，网片间距 $30\sim50$mm）；弯起钢筋锚具下的钢板面应与孔道轴线成 $90°$ 角，梁端面应做直头，不做斜头。外露金属锚具应采用涂刷油漆和砂浆封闭等防锈措施。

3. 钢筋混凝土等截面吊车梁的计算要点

（1）一般规定。钢筋混凝土吊车梁的设计应进行静力计算和疲劳验算，静力计算包括承载力计算和裂缝宽度及变形验算。承载力计算时，应考虑水平荷载、竖向荷载及动力系数。对不小于 A4 级工作级别的吊车梁设计应考虑 2 台吊车同时工作，小于 A4 级的吊车梁设计应考虑 1 台吊车工作。变形及裂缝宽度验算只考虑不小于 A4 级的吊车梁，计算时只考虑一台吊车且只考虑竖向荷载的作用，取标准值，不考虑动力系数。疲劳验算时，荷载应取标准值；对吊车荷载的动力系数应按现行国家标准《建筑结构荷载规范》（GB 50009—2001）的规定取用。对跨度不大于 12m 的吊车梁，可取用一台吊车荷载。

吊车梁工作时受到双向弯曲和剪力、扭矩的共同作用，故应按弯、剪、扭共同作用下的构件进行设计。

对于双向受弯，仅在正截面承载力计算中予以考虑，并且当同时满足下式时，可以忽略水平弯矩，只按竖向弯矩计算。

$$\frac{M_y}{M_x}=\frac{T}{\mu P_{max}}\leqslant0.1 \tag{3-41}$$

$$\frac{M_{u,x}}{M_x}\geqslant1.05 \tag{3-42}$$

式中　M_y,M_x——水平弯矩、竖向弯矩设计值；

$M_{u,x}$——竖向弯曲时的正截面受弯承载力。

T 形及工字形截面的抗扭计算可以采用把整个截面所承受的扭矩分配给各个矩形分块的办法。

① 静力计算时，按各矩形块的受扭塑性抵抗矩分配

$$T_i=T\cdot\frac{W_{t,i}}{W_t} \tag{3-43}$$

② 疲劳验算时，按各矩形分块的受扭弹性抵抗矩分配

$$T_i^f=T^f\cdot\frac{I_{t,i}}{I_t} \tag{3-44}$$

式中　T,T^f——静力计算、疲劳验算时，整个截面所承受的扭矩；

T_i，T_i^f——静力计算、疲劳验算时，任一矩形分块 i 所承担的扭矩；

W_t——整个截面的受扭塑性抵抗矩，可近似地按 $W_t = \sum I_{t,i}$；

$W_{t,i}$——任一矩形分块 i 的受扭塑性抵抗矩；

I_t——整个截面的受扭弹性抵抗矩，可近似地按 $I_t = \sum W_{t,i}$；

$I_{t,i}$——任一矩形分块 i 的受扭弹性抵抗矩；$I_{t,i}$ 按下式计算

上、下翼缘：

$$I_{t,i} = k_1 b_f' h_f'^3 \qquad I_{t,3} = k_2 b_f h_f^3 \tag{3-45}$$

腹板：

$$I_{t,2} = k_1 b (h - h_f - h_f')^3 \tag{3-46}$$

k_1，k_2——系数，按矩形分块的长边与短边的比值 α 由表 3-19 查得。

表 3-19   系数 k_1，k_2

α	1.0	1.2	1.5	1.75	2.0	2.5	3.0	4	5	6	8	10	∞
k_1	0.141	0.166	0.196	0.214	0.229	0.249	0.263	0.281	0.291	0.299	0.307	0.312	0.33
k_2	0.208	0.219	0.231	0.239	0.246	0.258	0.267	0.282	0.291	0.299	0.307	0.312	0.33

对腹板、受压翼缘及受拉翼缘部分的矩形截面塑性抗扭抵抗矩，可分别按下列规定计算：

① 腹板

$$W_{tw} = \frac{b^2}{6}(3h - b) \tag{3-47}$$

② 受压及受拉翼缘

$$W_{tf}' = \frac{h_f'^2}{2}(b_f' - b) \tag{3-48}$$

$$W_{,tf}' = \frac{h_f^2}{2}(b_f - b) \tag{3-49}$$

式中　b，h——腹板宽度、截面高度；

b_f'，b_f——截面受压区、受拉区的翼缘宽度；

h_f'，h_f——截面受压区、受拉区的翼缘高度。

计算时取用的翼缘宽度尚应符合 $b_f' \leqslant b + 6 h_f'$ 及 $b_f \leqslant b + 6 h_f$ 的规定。

这样，腹板处的扭剪应力 $\tau_{t,2}$，$\tau_{t,2}^f$，即

$$\tau_{t,2} = \frac{T_2}{W_{t,2}} \tag{3-50}$$

$$\tau_{t,2}^f = \frac{T_2^f}{W_{t,2}^f} \tag{3-51}$$

式中　$\tau_{t,2}$，$\tau_{t,2}^f$——静力计算、疲劳验算时，腹板处的扭剪应力；

T_2，T_2^f——静力计算、疲劳验算时，腹板分担的扭矩；

$W_{t,2}$——腹板的受扭塑性抵抗矩；

$W_{t,2}^f$——腹板的受扭弹性抵抗矩，$W_{t,2}^f = k_2(h - h^f - h_t')b^2$，其中 k_2 是系数，按腹板的高与宽的比值 α 由表 3-19 查得。

（2）钢筋混凝土等截面 T 形吊车梁的计算要点。

① 静力承载力计算。正截面受弯承载力：为减小垂直裂缝的开展，薄腹吊车梁的纵向受拉钢筋可沿梁高分成数排布置。此时如果截面有效高度 $h_0 > 0.85h$，则在正截面计算中自梁底算起 $(h-x)/2$ 范围内的主筋可用钢筋抗拉设计强度 f_y 计算（h 为截面高度，x 为受压区高度），在此范围以外的纵筋不予考虑。

斜截面受剪承载力：截面应符合以下三个条件。

（i）对于在弯矩、剪力作用下的受弯构件，

当 $h_w/b \leqslant 4$ 时，$V \leqslant 0.25\beta_c f_c b h_0$；

当 $h_w/b \geqslant 6$ 时，$V \leqslant 0.2\beta_c f_c b h_0$；

当 $4 < \dfrac{h_w}{b} < 6$ 时，按直线内插法取用。

式中 V——剪力设计值；

b，h_w——腹板宽度和净高；

β_c——混凝土强度系数，当采用 C50 混凝土时，取 1.0；C80 时，取 0.8；中间直线内插。

（ii）在弯矩、剪力和扭矩共同作用下，对于 $\dfrac{h_w}{b} < 6$ 的矩形、T 形和工字形截面，其截面应符合下列条件。

当 h_w/b（或 h_w/t_w）$\leqslant 4$ 时，

$$\frac{V}{bh_0} + \frac{T}{0.8W_t} \leqslant 0.25\beta_c f_c \tag{3-52}$$

当 h_w/b（或 h_w/t_w）$= 6$ 时，

$$\frac{V}{bh_0} + \frac{T}{0.8W_t} \leqslant 0.2\beta_c f_c \tag{3-53}$$

当 $4 < \dfrac{h_w}{b} < 6$ 时，按线形内插法确定。

式中 T——扭矩设计值；

b——矩形截面的宽度，T 形和工字形截面的腹板宽度；

h_w——截面的腹板高度：对矩形截面取有效高度 h_0；对 T 形截面，取有效高度减去翼缘高度；对工字形截面，取腹板净高。

（iii）为了控制斜裂缝宽度，还应满足

对 A4，A5 级吊车梁：

$$\frac{V'}{f_c bh_0} \leqslant \frac{1}{9m+4.5} + 0.04 \tag{3-54}$$

对 A6 级及以上的吊车梁：

$$\frac{V'}{f_c b h_0} \leqslant \frac{1}{9m+4.5}+0.03 \tag{3-55}$$

式中　m——剪跨比；

　　V 及 V'——剪力设计值及不计吊车动力系数的剪力设计值。

　　V 及 V'，对 A6 级及以上的吊车梁取支座处的数值；对 A1～A5 级吊车梁，可按下述规定减小其取值：取轮压距支座为 h_0 或 $l_0/6$ 出的剪力值（取二者中的较小值，如图 3-72 所示）。此处 h_0 为截面的有效高度，l_0 为计算跨度。这种方法习惯称之为"退轮"，其实质是根据设计经验适当地利用小剪跨时受剪承载力的潜力。

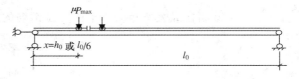

图 3-72　吊车梁按"退轮"方法计算剪力

　　弯起钢筋和腹板内的受剪竖向箍筋用量 A_{sv1}/s，则需要按计算确定，这时对 A1～A5 级吊车梁仍可考虑上述"退轮"方法。

　　受扭承载力计算：由公式求得上翼缘、腹板所承担的扭矩后即可按矩形截面受扭构件有关公式求处上翼缘、腹板内的受扭附加纵向钢筋以及腹板内的受扭附加箍筋用量 A_{st1}/s。注意：腹板计算时考虑按剪扭构件确定腹板内的受扭附加纵向钢筋以及受扭附加箍筋用量；上、下翼缘按纯扭构件计算抗扭纵向钢筋和箍筋；吊车梁的抗弯纵筋确定时，不考虑弯矩、剪力和扭矩的相关作用，按纯弯构件计算。腹板内的箍筋应按受剪竖向箍筋用量 A_{sv1}/s 和受扭附加箍筋用量 A_{st1}/s 的总和进行配筋。

　　② 变形和裂缝宽度验算。验算时，裂缝间应变不均匀系数取 1.0；对 A1～A5 级吊车梁，可将计算所得的最大裂缝宽度乘以 0.85；同时，采用 HRB400 级钢筋作纵筋时，应将计算所得的最大裂缝宽度乘以系数 1.1。

　　对于纵向受拉钢筋沿肋高分散布置的情况，由于上述求得的最大裂缝宽度 W_{max} 是指纵向受拉钢筋重心处的裂缝值，因此还必须验算最下一排钢筋处的最大裂缝宽度 W_{max}，它是由 W_{max} 按平截面假定求得。这时，如果截面的有效高度 $h_0=0.85～0.9h$，可近似地取平均受压区高度为 $0.275h_0$ 计算，通常 W'_{max} 比 W_{max} 大 5%～15%。

　　吊车梁的允许挠度为，手动吊车 $l/500$，电动吊车 $l/600$，l 为吊车梁跨度。

　　③ 疲劳验算，包括正截面和斜截面疲劳强度验算两方面。对前者应验算正截面受压区边缘纤维的混凝土应力和受拉钢筋的应力幅（受压钢筋可不进行疲劳验算）；对后者应验算截面中和轴处混凝土的剪应力和箍筋的应力幅。注意：疲劳验算属于正常使用条件验算，故取一台吊车并取标准值。

　　正截面疲劳应力验算时，按容许应力法进行计算，并采用以下假定：

　　（i）截面应变保持平面；

　　（ii）受压区混凝土的法向应力图形取为三角形；

　　（iii）对钢筋混凝土和允许出现裂缝的预应力混凝土构件，受拉区出现裂缝后，受拉区混凝土不参加工作，拉应力全部由钢筋承担。对不允许出现裂缝的预应力混凝土构件，受拉区混凝土的法向应力图形取为三角形；

　　（iv）计算中采用换算截面。将钢筋截面面积换算为混凝土截面面积，换算系数为：对钢筋混凝土构件取钢筋弹性模量与混凝土疲劳变形模量的比值；对预应力混凝土构件，取钢筋弹性模量与混凝土弹性模量的比值。

非预应力混凝土吊车梁按下列部位验算疲劳强度：

（i）正截面在最大弯矩作用下的受压区边缘纤维的混凝土压应力

$$\sigma_{c,\max}^f = \frac{M_{\max}^f x_0}{I_0^f} \leqslant f_c^f \tag{3-56}$$

（ii）正截面在最大弯矩作用下的受拉钢筋的应力幅

$$\Delta\sigma_{si}^f = \sigma_{si,\max}^f - \sigma_{si,\min}^f \leqslant \Delta f_y^f \tag{3-57}$$

$$\sigma_{si,\min}^f = \alpha_E^f \frac{M_{\min}^f(h_{0i} - x_0)}{I_0^f} \tag{3-58}$$

$$\sigma_{si,\max}^f = \alpha_E^f \frac{M_{\max}^f(h_{0i} - x_0)}{I_0^f} \tag{3-59}$$

式中　$M_{\max}^f$，$M_{\min}^f$——疲劳验算时同一截面上在相应荷载组合下产生的最大弯矩值、最小弯矩值；

$\sigma_{si,\min}^f$，$\sigma_{si,\max}^f$——由弯矩 $M_{\max}^f$，$M_{\min}^f$ 引起相应截面受拉区第 i 层纵向钢筋的应力；

α_E^f——钢筋的弹性模量与混凝土疲劳变形模量的比值：$\alpha_E^f = E_s/E_c^f$；

I_0^f——疲劳验算时相应于弯矩 $M_{\max}^f$ 与 $M_{\min}^f$ 为相同方向时的换算截面惯性矩；

x_0——疲劳验算时相应于弯矩 $M_{\max}^f$ 与 $M_{\min}^f$ 为相同方向时的换算截面受压区高度；

h_{0i}——相应于弯矩 $M_{\max}^f$ 与 $M_{\min}^f$ 为相同方向时的截面受压边缘至受拉区第 i 层纵向钢筋截面重心的距离；

$\sigma_{c,\max}^f$——疲劳验算时截面受压区边缘纤维的混凝土压应力；

$\Delta\sigma_{si}^f$——疲劳验算时截面受拉区第 i 层纵向钢筋的应力幅；

f_c^f——混凝土轴心抗压疲劳强度设计值，按混凝土设计规范确定；

Δf_y^f——钢筋的疲劳应力幅限值，按混凝土设计规范采用。

当弯矩 $M_{\max}^f$ 与 $M_{\min}^f$ 的方向相反时，$\sigma_{si,\min}^f$ 中 h_{0i}、x_0 和 I_0^f 应以截面相反位置的 h_{0i}'、x_0' 和 $I_0^{f'}$ 代替。

钢筋混凝土吊车梁疲劳验算时，换算截面的受压区高度 x_0，x_0' 和惯性矩 I_0^f、$I_0^{f'}$ 应按下列公式计算：

对工字形及翼缘位于受压区的 T 形截面：

当 $x_0 > h_f'$ 时，

$$\frac{b_f' x_0^2}{2} - \frac{(b_f' - b)(x_0 - h_f')}{2} + \alpha_E^f A_s'(x_0 - a_s') - \alpha_E^f A_s(h_0 - x_0) = 0 \tag{3-60}$$

$$I_0^f = \frac{b_f' x_0^3}{3} - \frac{(b_f' - b)(x_0 - h_f')^3}{3} + \alpha_E^f A_s'(x_0 - a_s')^2 - \alpha_E^f A_s(h_0 - x_0)^2 \tag{3-61}$$

当 $x_0 < h_f'$ 时，按宽度为 b_f' 的矩形截面计算。

对 x_0' 和 $I_0^{f'}$ 的计算，仍可采用上述 x_0，I_0^f 的相应公式；当弯矩 $M_{\max}^f$ 与 $M_{\min}^f$ 的方向相反时，与 x_0'，x_0 相应的受压区位置分别在该截面的下侧和上侧；当弯矩 $M_{\max}^f$ 与 $M_{\min}^f$ 的方向相同时，可取 $x_0' = x_0$，$I_0^{f'} = I_0^f$。

一般只验算最外排受拉钢筋的应力,当内排钢筋的疲劳强度小于外排钢筋的疲劳强度时,则应分排验算。

(iii) 斜截面疲劳应力验算时,截面中和轴处的主拉应力(剪应力),凡符合下列条件的区段:

$$\tau^f = \frac{V^f_{max}}{bz_0} \leqslant 0.6 f^f_t \tag{3-62}$$

其主拉应力全部由混凝土承受,此时,箍筋可按构造要求配置。

式中　V^f_{max}——疲劳验算时在相应荷载组合下吊车梁验算截面的最大剪应力;

　　　b——矩形截面宽度、T 形、工字形截面的腹板宽度;

　　　z_0——受压区合力点至受拉区钢筋合力点的距离;

　　　τ^f——截面中和轴处的主拉应力剪应力;

　　　f^f_t——混凝土轴心抗拉疲劳强度设计值,按混凝土设计规范确定。

对 $\tau^f > 0.6 f^f_t$ 的区段其主拉应力由箍筋和混凝土共同承受。此时,箍筋的应力幅 $\Delta\sigma^f_{sv}$ 应符合下列规定:

$$\Delta\sigma^f_{sv} \leqslant \Delta f^f_{yv} \tag{3-63}$$

式中　$\Delta\sigma^f_{sv}$——箍筋的应力幅;

　　　Δf^f_{yv}——箍筋的疲劳应力幅限值。

钢筋混凝土吊车梁斜截面上箍筋的应力幅 $\Delta\sigma^f_{sv}$ 应按下列公式(3-64)进行计算:

$$\Delta\sigma^f_{sv} = \frac{(\Delta V^f_{max} - 0.1\eta f^f_t bh_0)s}{A_{sv}z_0} \tag{3-64}$$

$$\Delta V^f_{max} = V^f_{max} - V^f_{min} \tag{3-65}$$

$$\eta = \Delta V^f_{max}/V^f_{max} \tag{3-66}$$

式中　ΔV^f_{max}——疲劳验算时吊车梁验算截面的最大剪力幅值;

　　　V^f_{min}——疲劳验算时在相应荷载组合下吊车梁验算截面的最大剪应力值;

　　　η——最大剪力幅相对值;

　　　s——箍筋的间距;

　　　A_{sv}——配置在同一截面内箍筋各肢的全部截面面积。

预应力混凝土吊车梁疲劳验算时,应计算下列部位的应力:

(i) 正截面受拉区和受压区边缘纤维的混凝土应力及受拉区纵向预应力钢筋、非预应力钢筋的应力幅。

(ii) 截面重心及截面宽度剧烈改变处的混凝土主拉应力。

注意:受压区纵向预应力钢筋可不进行疲劳验算。

对要求不出现裂缝的预应力混凝土吊车梁,其正截面的混凝土、纵向预应力钢筋和非预应力钢筋的最大、最小应力和应力幅应按下列公式计算:

受拉区或受压区边缘纤维的混凝土应力:

$$\sigma^f_{c,min}, \sigma^f_{c,max} = \sigma_{pc} + \frac{M^f_{min}}{I_0}y_0 \tag{3-67}$$

$$\sigma_{c,max}^f, \sigma_{c,min}^f = \sigma_{pc} + \frac{M_{max}^f}{I_0} y_0 \tag{3-68}$$

受拉区纵向预应力钢筋的应力及应力幅：

$$\Delta\sigma_p^f = \sigma_{p,max}^f - \sigma_{p,min}^f \tag{3-69}$$

$$\sigma_{p,min}^f = \sigma_{pe} + \alpha_{pE} \frac{M_{min}^f}{I_0} y_{0p} \tag{3-70}$$

$$\sigma_{p,max}^f = \sigma_{pe} + \alpha_{pE} \frac{M_{max}^f}{I_0} y_{0p} \tag{3-71}$$

受拉区纵向非预应力钢筋的应力及应力幅：

$$\Delta\sigma_s^f = \sigma_{s,max}^f - \sigma_{s,min}^f \tag{3-72}$$

$$\sigma_{p,min}^f = \sigma_{pe} + \alpha_{pE} \frac{M_{min}^f}{I_0} y_{0p} \tag{3-73}$$

$$\sigma_{p,max}^f = \sigma_{pe} + \alpha_{pE} \frac{M_{max}^f}{I_0} y_{0p} \tag{3-74}$$

式中　$\sigma_{c,min}^f, \sigma_{c,max}^f$——疲劳验算时受拉区或受压区边缘纤维混凝土的最小、最大应力，最小、最大应力以其绝对值进行判别；

σ_{pc}——扣除全部预应力损失后，由预应力在受拉区或受压区边缘纤维处产生的混凝土法向应力；

M_{max}^f, M_{min}^f——疲劳验算时同一截面上在相应荷载组合下产生的最大、最小弯矩值；

α_{pE}——预应力钢筋弹性模量与混凝土弹性模量的比值：$\alpha_{pE} = E_s / E_c$；

I_0——换算截面的惯性矩；

y_0——受拉区边缘或受压区边缘至换算截面重心的距离；

$\sigma_{p,min}^f, \sigma_{p,max}^f$——疲劳验算时受拉区所计算的受拉区一层预应力钢筋的最小、最大应力；

$\Delta\sigma_p^f$——疲劳验算时受拉区所计算的受拉区一层预应力钢筋的应力幅；

σ_{pe}——扣除全部预应力损失后所计算的受拉区一层预应力钢筋的有效预应力；

y_{0s}, y_{0p}——所计算的受拉区一层非预应力钢筋、预应力钢筋截面重心至换算截面重心的距离；

$\sigma_{s,min}^f, \sigma_{s,max}^f$——疲劳验算时所计算的受拉区一层非预应力钢筋的最小、最大应力；

$\Delta\sigma_s^f$——疲劳验算时所计算的受拉区一层非预应力钢筋的应力幅；

σ_{se}——消压弯矩 M_{p0} 作用下所计算的受拉区一层非预应力钢筋中产生的应力；此处，M_{p0} 为受拉区一层非预应力钢筋截面重心处的混凝土法向预应力等于零时的相应弯矩值。

预应力混凝土吊车梁按下式验算疲劳强度。

（i）正截面在最大弯矩作用下，受拉区或受压区边缘纤维的混凝土应力：

当为拉应力时，

$$\sigma_{cc,max}^f \leqslant f_c^f \tag{3-75}$$

当为压应力时，

$$\sigma_{ct,max}^f \leqslant f_t^f \tag{3-76}$$

(ii) 正截面在最大弯矩作用下受拉区纵向预应力钢筋的应力幅：

$$\Delta \sigma_p^f \leqslant \Delta f_{py}^f \tag{3-77}$$

(iii) 正截面在最大弯矩作用下受拉区纵向非预应力钢筋的应力幅：

$$\Delta \sigma_s^f \leqslant \Delta f_y^f \tag{3-78}$$

注意：当受拉区纵向预应力钢筋、非预应力钢筋各为同一钢种时，可仅各验算最外层钢筋。

(iv) 斜截面混凝土的主拉应力应满足下列规定：

$$\sigma_{tp}^f \leqslant f_t^f \tag{3-79}$$

式中，σ_{tp}^f 为预应力混凝土吊车梁斜截面疲劳验算纤维处的混凝土的主拉应力，$\sigma_{tp}^f = \dfrac{\sigma_x + \sigma_y}{2} + \sqrt{\left(\dfrac{\sigma_x - \sigma_y}{2}\right)^2 + \tau^2} \leqslant f_t^f$。

3.6 柱下独立基础及基础梁的设计

单层厂房柱下基础承受上部结构传来的全部荷载，并把荷载传给地基。基础的设计应保证地基和基础不发生破坏。由于基础设计不当可能产生两种情况：一种是基础在上部荷载和地基反力作用下，由于承载力不足发生破坏；另一种是在上部荷载作用下，地基产生过大的变形或失效。因此基础设计的主要目的就是保证基础承载力和控制地基变形。

按受力性能，柱下独立基础可分为轴心受压和偏心受压两种。单层厂房的柱下独立基础均为偏心受压基础。按施工方法，柱下独立基础可分为预制柱基础和现浇柱基础两种。

单层厂房柱下独立基础的常用形式是扩展基础。扩展基础可分为阶梯形和锥形两类。锥形基础边缘高度一般不小于 200mm；阶梯形基础的每阶高度一般为 300～500mm。对于工程中常用的预制柱基础，由于预制钢筋混凝土柱与基础连接是通过在基础中预留杯口，然后将预制柱插入，故也称为杯形基础。单层厂房柱下独立基础主要承受排架柱传来的弯矩、轴力和剪力以及基础梁传来的墙重。因此它是偏心受压基础。

基础的埋置深度应使基础位于地基较好的持力层上，若地基承载力不满足要求，应采用深基础或地基加固措施；一般基础埋深不小于 500mm 且应大于地基土的冬季冻结深度；另外，基础的埋置深度应考虑地下水的影响，一般宜埋在地下水位以上，如必须埋在地下水位以下时，则应采取措施，保证地基土在施工时不受扰动；基础的埋深还应考虑水暖管道穿越的要求，避免管道从基底通过，造成管道破裂进而引起地基沉陷。

在选定了地基持力层、基础形式和埋置深度后，钢筋混凝土柱下独立基础的设计主要包括：按地基承载力确定基础底面积尺寸；按混凝土冲切强度确定基础高度和变阶处高度；按混凝土受弯构件验算受剪承载力，按基础受弯承载力计算基础底板配筋、构造处理及绘制施工图。

3.6.1 基础底面积的确定

基础底面积是根据地基承载力和上部荷载确定的。对于地基基础设计等级为甲级、乙级的建筑物及《建筑地基基础设计规范》规定应验算地基变形的丙级建筑物,除根据地基承载力确定基础底面尺寸外,还必须经地基变形验算最后确定,以防止单层厂房在使用时由于荷载作用引起地基的过大沉降量或沉降差。表 3-20 为可不做地基变形计算设计、等级为丙级的建筑物范围。

表 3-20   可不做地基变形计算设计等级为丙级的建筑物范围

地基主要受力层情况	地基承载力特征 f_{ak}/kPa		$60 \leqslant f_{ak}$ <80	$80 \leqslant f_{ak}$ <100	$100 \leqslant f_{ak}$ <130	$130 \leqslant f_{ak}$ <160	$160 \leqslant f_{ak}$ <200	$200 \leqslant f_{ak}$ <300
	各土层坡度/%		$\leqslant 5$	$\leqslant 5$	$\leqslant 5$	$\leqslant 5$	$\leqslant 5$	$\leqslant 5$
建筑类型	单层排架结构6m柱距	单跨 吊车额定起重量/t	5~10	10~15	15~20	20~30	30~50	50~100
		单跨 厂房跨度/m	$\leqslant 12$	$\leqslant 18$	$\leqslant 24$	$\leqslant 30$	$\leqslant 30$	$\leqslant 30$
		双跨 吊车额定起重量/t	3~5	5~10	10~15	15~20	20~30	30~75
		双跨 厂房跨度/m	$\leqslant 12$	$\leqslant 18$	$\leqslant 24$	$\leqslant 30$	$\leqslant 30$	$\leqslant 30$

注:① 地基主要受力层是指独立基础下为 $1.5b$,且厚度不小于 5m 的范围;
    ② 表中吊车额定起重量的数值是指最大值。

表 3-20 所列范围内设计等级为丙级的建筑物可不做地基变形验算,如有下列情况之一时,仍应做变形验算:①地基承载力特征值小于 130kPa,且体形复杂的建筑物;②在基础上及其附近有地面堆载或相邻基础荷载差异较大,可能引起地基产生过大的不均匀沉降时;③软弱地基上的建筑物存在偏心荷载时;④相邻建筑物过近,可能发生倾斜时;⑤地基内有厚度过大或厚薄不均的填土,其自重固结未完成时。

1. 轴心受压基础

轴心受压时,假定基础底面的压力位均匀分布,如图 3-73 所示,设计时应满足地基承载力的要求,即

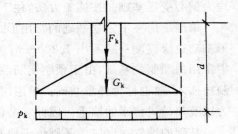

图 3-73 轴心受压基础的计算简图

$$p_k = \frac{F_k + G_k}{A} \leqslant f_a \tag{3-80}$$

式中 F_k——相应于荷载效应标准组合时,上部结构传至基础顶面的竖向力值;

   G_k——基础自重设计值和基础上土重标准值;

   A——基础地面面积;

   f_a——地基承载力特征值,按《建筑地基基础设计规范》(GB 50007—2002)规定采用。

设 d 为基础埋深,γ_m 为基础及其上土的加权平均重度。一般取 $\gamma_m = 20\text{kN/m}^2$。则 $G_k =$

$\gamma_m dA$，代入上式可得

$$A \geqslant \frac{F_k}{f_a - \gamma_m d} \tag{3-81}$$

设计时，先选定一个边长 b，则另一边长 $l = A/b$。轴心受压基础宜采用正方形或长宽接近的矩形。

2. 偏心受压基础

当偏心荷载作用时，假定基础底面的压力为线形非均匀分布，如图 3-74 所示，这时基础底面边缘的最大和最小压力可按下式计算

$$p_{kmax} = \frac{F_k + G_k}{A} + \frac{M_k}{W} \tag{3-82}$$

$$p_{kmin} = \frac{F_k + G_k}{A} - \frac{M_k}{W} \tag{3-83}$$

式中　M_k——相应于荷载效应标准组合时，作用于基础底面的力矩标准值；$M_k = M_c + V_{ck} h$。

　W——基础底面面积的抵抗矩，$W = lb^2/6$，此处 l 为垂直于力矩作用方向的基底边长。

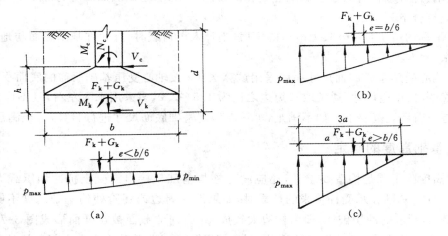

图 3-74　偏心受压基础的计算简图

令偏心距 $e = M/(F+G)$，则上式可写为

$$p_{max} = \frac{F_k + G_k}{lb}\left(1 + \frac{6e}{b}\right) \tag{3-84}$$

$$p_{min} = \frac{F_k + G_k}{lb}\left(1 - \frac{6e}{b}\right) \tag{3-85}$$

由上式可知，当 $e < b/6$ 时，$p_{min} > 0$，这时地基反力图形为梯形（图 3-74(a)）；当 $e = b/6$ 时，$p_{min} = 0$，这时地基反力图形为三角形（图 3-74(b)）；当 $e > b/6$ 时，$p_{min} < 0$，这说明基础底面积的一部分将产生拉应力，由于地基和基础接触面不可能承受拉力，此时这部分基础底面与地基之间是脱离的，故应按图 3-74(c)所示基础反力重新计算最大压应力 p_{max} 值。根据平衡条件，地基反力总和应与偏心荷载 $(F+G)$ 大小相等，而地基反力三角形的重心必须与荷载 $(F+G)$ 的作用线重合，所以应力图的三角形底边长应为 $3a$，此处 a 为偏心荷载作用点至基础底面最大压应力边缘的距离。由平衡条件得：

$$F_k + G_k = \frac{1}{2} p_{kmax} \cdot b \cdot 3a \tag{3-86}$$

则

$$p_{kmax} = \frac{2(F_k + G_k)}{3al} \tag{3-87}$$

式中　l——垂直于力矩作用方向的基础底面边长；

　　a——合力作用点至基础底面最大压应力边缘的距离，$a = \frac{b}{2} - e$。

在确定偏心受压柱下基础底面尺寸时，基底应力值应符合下列规定：

$$p_k = \frac{p_{kmax} + p_{kmin}}{2} \leqslant f_a \tag{3-88}$$

$$p_{kmax} \leqslant 1.2 f_a \tag{3-89}$$

上式中将地基承载力设计值提高 20% 的原因，是因为 p_{kmax} 只在基础边缘的局部范围内出现，而且 p_{kmax} 中的大部分是由活荷载而不是恒荷载产生的。

由于地基土的可压缩性，如果基底反力的最大值和最小值相差太大，在长期不均匀的压力作用下基础可能倾斜，有时还会影响建筑物的使用。因此，基础底面压应力除了应满足以上要求外，还应符合下列规定：

对有吊车的厂房：$e < b/6$；无吊车的厂房，当计入风荷载时，可允许基础底面与地基局部脱开，但要求 $e < b/4$。

确定偏心受压基础底面尺寸一般采用试算法：① 按轴心受压基础所需的底面积增大 20% ~40%；② 定长短边尺寸，通常取长短边之比为 1.5~2.0，多采用 1.5 左右，且不应超过 3.0；③ 验算是否满足规范要求。如不满足，可重新假定基础底面尺寸进行验算，直至满足要求。

3.6.2　基础高度的确定

基础高度除了满足构造要求外，还应满足柱与基础交接出混凝土抗冲切承载力的要求。试验结果表明，基础在承受柱传来的荷载时，如果沿柱周边或变阶处的基础高度不够，将发生如图 3-75(a) 所示的冲切破坏，即沿柱边大致成 45°方向的截面被拉开而形成图 3-75(b) 所示的角锥形（图中阴影部分）破坏。冲切破坏是一种脆性破坏，其破坏形态类似于梁的斜拉破坏。冲切承载力的计算公式是在国内外试验资料分析的基础上提出的经验公式。为了防止基础发生冲切破坏，必须使冲切面外由地基反力产生的冲切力小于或等于冲切面混凝土的抗冲切承载力。

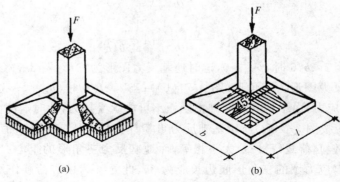

图 3-75　基础冲切破坏简图

对矩形截面柱的矩形基础,应验算柱与基础交接处以及基础变阶处的受冲切承载力;受冲切承载力应按公式(3-90)和式(3-91)进行验算(图3-76):

$$F_l \leqslant 0.7\beta_{hp} f_t a_m h_0 \tag{3-90}$$

$$F_l = p_j A_l \tag{3-91}$$

$$a_m = (a_t + a_b)/2 \tag{3-92}$$

式中　β_{hp}——受冲切承载力截面高度影响系数,当 h 不大于 800mm 时,β_{hp} 取 1.0;当 h 大于等于 2 000mm 时,β_{hp} 取 0.9,其间按线性内插法取用;

　　F_l——相应于荷载效应基本组合时作用在 A_l 上的地基净反力设计值;

　　f_t——混凝土轴心抗拉强度设计值;

　　a_m——冲切破坏锥体最不利一侧计算长度;

　　a_t——冲切破坏锥体最不利一侧斜截面的上边长;当计算柱与基础交接处的受冲切承载力时,取柱宽;当计算基础变阶处的受冲切承载力时,取上阶宽;

　　a_b——冲切破坏锥体最不利一侧斜截面在基础底面积范围内的下边长;当冲切破坏锥体的底面落在基础底面以内(图 3-76(a)、(b)),计算柱与基础交接处的受冲切承载力时,取柱宽加两倍基础有效高度;当计算基础变阶处的受冲切承载力时,取上阶宽加两倍该处基础的有效高度。当冲切破坏锥体的底面在 l 方向落在基础底面以外时,即 $a+2h_0 \geqslant l$(图2-76(c)),$a_b = l$;

　　h_0——基础冲切破坏锥体的有效高度;

　　p_j——扣除基础自重及其上的土重后相应于荷载效应基本组合时地基土单位面积净反力,对偏心受压基础可取基础边缘处最大地基土单位面积净反力;

　　A_l——冲切验算时取用的部分基底面积(图 3-76(a)、(b))中的阴影面积 ABCDEF 或图 3-76(c)中的阴影面积 ABCD)。

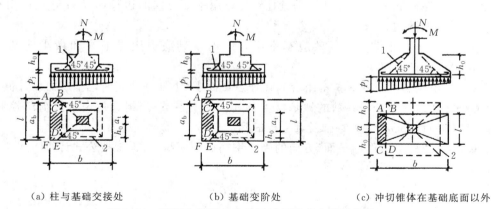

(a) 柱与基础交接处　　　　(b) 基础变阶处　　　　(c) 冲切锥体在基础底面以外

图 3-76　计算阶梯形基础的受冲切承载力截面位置

1—冲切破坏锥体最不利一侧的斜截面;2—冲切破坏锥体的底面线

如果冲切破坏锥体的底面全部落在基础底面范围以外,则不会发生冲切破坏,不必作冲切验算。

在工程设计中,一般先根据构造要求确定基础高度,然后进行冲切验算,如不满足,则增大基础高度。

3.6.3 基础配筋计算

试验表明,基础底板在上部结构传来的荷载和地基净反力的共同作用下,沿底板两个方向将产生向上的弯曲,因此需要在底板的下部沿两个方向配置受力钢筋。配筋计算时底板的控制截面一般取柱与基础交接处和变阶处(对阶梯形基础);计算两个方向的弯矩时,可以把底板看作固定于柱周边而向四面悬挑的悬臂板。为简化计算,可用虚线将底面的四角与柱的四角相连(当计算变阶处弯矩时,将底面的四角与上阶的四角相连),把基础底面积分成四部分,如图 3-77 所示,然后分别计算各部分面积下地基净反力在柱根部和变阶处产生的弯矩。

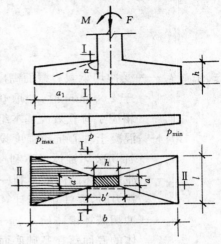

图 3-77　矩形基础底板的计算示意图

在轴心荷载或单向偏心荷载作用下,底板受弯可按下列简化方法计算:

对于矩形基础,当台阶的宽高比小于或等于 2.5 和偏心距小于或等于 1/6 基础宽度时,任意截面的弯矩可按下列计算:

$$M_{\mathrm{I}} = \frac{1}{12} a_1^2 \left[(2l + a') \left(p_{\max} + p - \frac{2G}{A} \right) + (p_{\max} - p) l \right] \tag{3-93}$$

$$M_{\mathrm{II}} = \frac{1}{48} (l - a')^2 (2b + b') \left(p_{\max} + p_{\min} - \frac{2G}{A} \right) \tag{3-94}$$

式中　M_{I},M_{II}——任意截面 I-I,II-II 处相应于荷载效应基本组合时的弯矩设计值;

a_1——任意截面 I-I 至基底边缘最大反力处的距离;

l,b——基础底面的边长(l 为垂直柱弯矩作用平面方向的边长,b 为柱弯矩作用平面方向的边长);

$p_{\max}$,$p_{\min}$——相应于荷载效应基本组合时的基础底边边缘最大和最小地基反力设计值;

p——相应于荷载效应基本组合时在任意截面 I-I 处基础底面地基反力设计值;

G——考虑荷载分项系数的地基自重及其上的土自重;当组合值由永久荷载控制时,$G = 1.35 G_{\mathrm{k}}$,G_{k} 为基础及其上土的标准自重。

沿长边 b(即柱弯矩作用平面)方向的受拉钢筋截面面积,可近似按公式计算

$$A_{s\mathrm{I}} = \frac{M_{\mathrm{I}}}{0.9 f_y h_{0\mathrm{I}}} \tag{3-95}$$

式中,0.9 为根据经验确定的内力臂系数。

沿短边 l(即垂直柱弯矩作用平面)方向的受拉钢筋,因该方向基础底板所受的弯矩较小,故其受力钢筋一般置于上层,则截面 II-II 处的有效高度 $h_{0\mathrm{II}} = h_{0\mathrm{I}}$,于是,沿短边方向的钢筋截面面积可近似按公式计算

$$A_{s\mathrm{II}} = \frac{M_{\mathrm{II}}}{0.9 f_y (h_{0\mathrm{I}} - d)} \tag{3-96}$$

式中,d 为弯矩作用平面内受力钢筋的直径。

3.6.4 基础的构造要求

1. 一般要求

轴心受压基础一般采用正方形。偏心受压基础应采用矩形,长边与弯矩作用方向平行,长、短边边长之比一般在 1.5~2.0,最大不应超过 3.0。

锥形基础的边缘高度,不宜小于 200mm,也不宜大于 500mm;阶梯形基础的每阶高度,宜为 300~500mm,基础高度 500~900mm 时,用两阶,大于 900mm 时用三阶,基础长、短边相差过大时,短边方向可减少一阶;柱基础下通常要做混凝土垫层,垫层的混凝土强度等级应为 C15,厚度不宜小于 70mm 一般取 70~100mm,每边伸出基础 50~10mm。

底板钢筋的面积由计算确定。底板钢筋一般采用 HPB300、HRB335 级钢筋。基础宜设混凝土垫层,基础中钢筋的混凝土保护层厚度应从垫层顶面算起,不应小于 40mm。混凝土强度等级不应低于 C20,当位于潮湿环境时不应低于 C25。底板配筋宜沿长边和短边方向均匀布置,且长边钢筋放置在下排。钢筋直径不宜小于 10mm,间距不宜大于 200mm,也不宜小于 100mm。当基础边长 B 大于 3m 时可采用 $0.9l(l=B-50)$。

钢筋混凝土独立柱基础的插筋的钢种、直径、根数及间距应与上部柱内的纵向钢筋相同;插筋的锚固及与柱纵向受力钢筋的搭接长度,应符合《混凝土结构设计规范》(GB 50010—2010) 和《建筑抗震设计规范》(GB 50011—2010) 的要求;箍筋直径与上部柱内的箍筋直径相同,在基础内应不少于两个箍筋;在柱内纵筋与基础纵筋搭接范围内,箍筋的间距应加密且不大于

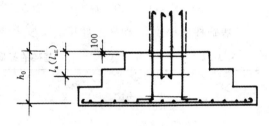

图 3-78 现浇柱的基础中插筋构造示意图

100mm;基础的插筋应伸至基础底面,用光圆钢筋(末端有弯钩)时放在钢筋网上。

现浇柱的基础,其插筋的数量、直径以及钢筋种类应与柱内的纵向钢筋相同;插筋的锚固长度应满足《混凝土结构设计规范》(GB 50010—2010) 和《建筑抗震设计规范》(GB 50011—2010) 的要求,插筋与柱的纵向钢筋的连接方法应符合现行《混凝土结构设计规范》的规定。插筋下端宜作成直钩放在基础底板钢筋网上。当符合下列条件之一时,可仅将四角的插筋伸至基础底板钢筋网上,其余插筋锚固在基础顶面下 l_a 或 l_{aE}(有抗震设防要求)处。见图 3-78。

柱为轴心受压或小偏心受压,基础高度大于等于 1200mm;

柱为大偏心受压,基础高度大于等于 1400mm。

2. 基础的杯口形式和柱的插入深度

当预制柱的截面为矩形及工字形时,柱基础采用单杯口基础;当为双肢柱时,可采用双杯口,也可采用单杯口形式。杯口的构造见图3-79。

预制柱插入基础杯口应有足够的深度,使柱可靠地嵌固在基础中;插入深度 h_1 可按表 3-21 选用。此外,h_1 还应满足柱纵向受力钢筋锚固长度 l_a 的要求和柱吊装时稳定性

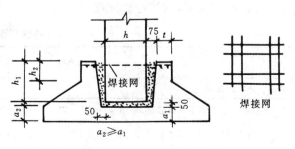

图 3-79 预制钢筋混凝土柱独立基础的杯口形式示意图

的要求,即应使 $h_1 \geqslant 0.5$ 倍柱长(指吊装时的柱长)。

表 3-21   预制柱基础的杯口尺寸   单位:mm

矩形或工字形柱长边 h	杯口基础尺寸			备 注
	杯底厚度 a_1	杯壁厚度 t	柱插入深度 h_1	
$h < 500$	$\geqslant 150$	$150 \sim 200$	$1 \sim 1.2h$	单肢管柱 $h_1 = 1.5d$ 且 $\geqslant 500$ 双肢柱 $h_1 = (1/3 \sim 2/3)h_a$ $= (1.5 \sim 1.8)h_b$
$500 \leqslant h < 800$	$\geqslant 200$	$\geqslant 200$	h	
$800 \leqslant h < 1000$	$\geqslant 200$	$\geqslant 300$	$0.9h$ 且 $\geqslant 800$	
$1000 \leqslant h < 1500$	$\geqslant 250$	$\geqslant 350$	$0.8h$ 且 $\geqslant 1000$	
$1500 \leqslant h < 2000$	$\geqslant 300$	$\geqslant 400$	$0.8h$ 且 $\geqslant 1000$	

注:① 柱的插入深度 h_1 除满足上表外,还应满足锚固长度的要求,一般为 20 倍纵向受力钢筋的直径,并应考虑吊装时的稳定性,即 $h_1 \geqslant 0.05$ 倍柱长(指吊装时的柱长);
   ② h 为柱截面长边尺寸;d 为管柱的外直径;h_a 为双肢柱整个截面长边尺寸;h_b 为双肢柱整个截面短边尺寸;
   ③ 柱轴心受压或小偏心受压时,h_1 可适当减小,偏心距 $e_0 > 2h$(或 $e_0 > 2d$)时,h_1 适当加大;
   ④ 柱为双肢柱时,a_1 值可适当加大;
   ⑤ 当有基础梁时,基础梁下的杯壁厚度应满足其支承宽度的要求。

基础杯底厚度 a_1 和杯壁厚度 t 可按表 3-22 采用。

表 3-22   基础的杯底厚度和杯壁厚度

柱截面长边尺寸 h/mm	杯底厚度 a_1/mm	杯壁厚度 t/mm
$h < 500$	$\geqslant 150$	$150 \sim 200$
$500 \leqslant h < 800$	$\geqslant 200$	$\geqslant 200$
$800 \leqslant h < 1000$	$\geqslant 200$	$\geqslant 300$
$1000 \leqslant h < 1500$	$\geqslant 250$	$\geqslant 350$
$1500 \leqslant h < 2000$	$\geqslant 300$	$\geqslant 400$

注:① 双肢柱的杯底厚度值,可适当加大;
   ② 当有基础梁时,基础梁下的杯壁厚度,应满足其支承宽度的要求;
   ③ 柱子插入杯口部分的表面应凿毛,柱与杯口之间的空隙,应用比基础混凝土强度等级高一级的细石混凝土填密实,当达到材料设计强度的 70% 以上时,方能进行上部吊装。

3. 无短柱基础的杯口的配筋构造

当柱为轴心或小偏心受压且 $t/h_2 \geqslant 0.65$ 时,或大偏心受压 $t/h_2 \geqslant 0.65$ 时,杯壁可不配筋;当柱为轴心或小偏心受压且 $0.5 \leqslant t/h_2 < 0.65$ 时,杯壁可按表 3-23 的要求构造配筋见图 3-77;其他情况下,应按计算配筋。

表 3-23   杯壁构造配筋

柱截面长边尺寸 /mm	$h < 1000$	$1000 \leqslant h < 1500$	$1500 \leqslant h \leqslant 2000$
钢筋直径/mm	$8 \sim 10$	$10 \sim 12$	$12 \sim 16$

注:表中钢筋置于杯口顶部,每边两根(图 3-77)。

当双杯口基础的中间隔板宽度大于 250mm 且小于等于 400mm 时,应在隔板内配置 $\phi 12 @ 200$ 的纵向钢筋和 $\phi 8 @ 300$ 的横向钢筋,见图 3-80(a);当双杯口基础的中间隔板宽度等于 250mm 时除了在隔板内配置 $\phi 12 @ 200$ 的纵向钢筋和 $\phi 8 @ 300$ 的横向钢筋外,还应对隔板进行槽钢加固,见图 3-80(b)。

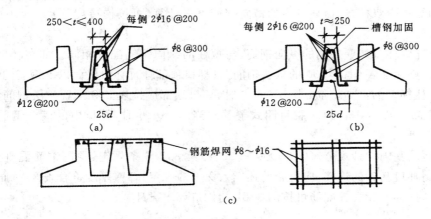

(a)   (b)

(c)

图 3-80 双杯口基础杯口配筋

3.6.5 带短柱独立基础(高杯口基础)设计要点

带短柱独立基础(图 3-81),其底面尺寸的确定、底板冲切验算和配筋计算,以及柱与杯口的连接构造等均与普通独立基础相同。对短柱和杯口部分的计算和构造可参考《冶金工业厂房钢筋混凝土柱基础设计规程》的规定:

(1)短柱计算。一般根据偏心距的大小,按矩形截面混凝土偏心受压构件验算短柱底部截面。当 $e_0 < 0.225h$ 时,按矩形应力图形验算抗压强度;当 $0.225h \leqslant e_0 \leqslant 0.45h$ 时,考虑塑性系数 $\gamma = 1.75$ 验算其抗拉强度;当 $e_0 > 0.45h$ 或虽 $e_0 \leqslant 0.45h$,但抗拉强度验算不足时,则按钢筋混凝土对称配筋偏心受压构件验算其强度。

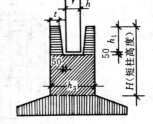

图 3-81 带短柱独立基础

(2)杯口计算。杯口为空心矩形截面,根据上述划分的 e_0 条件对杯底截面的混凝土抗压或抗拉承载力分别进行验算,或按钢筋混凝土构件确定纵向钢筋。

(3)构造要求。杯口的杯壁厚度 t 应满足表 3-24 的要求。

表 3-24 高杯口基础的杯壁厚度 t

h/mm	t/mm	h/mm	t/mm
$600 < h \leqslant 800$	$t \geqslant 250$	$1000 < h \leqslant 1400$	$t \geqslant 350$
$800 < h \leqslant 1000$	$t \geqslant 300$	$1400 < h \leqslant 1600$	$t \geqslant 400$

基础短柱符合偏心距 $e_0 < 0.225h$,且满足混凝土抗压强度 f_c,或 $e_0 \geqslant 0.225h$,且满足混凝土抗拉强度 f_t 时,其周边的纵向钢筋应按构造配筋,其直径采用 12～16mm,间距 300～500mm;当 $0.225h \leqslant e_0 \leqslant 0.45h$,满足混凝土抗压强度 f_c 但满足混凝土抗拉强度 f_t 时,其受力方向每边的配筋率不应小于短柱全截面面积的 0.05%,非受力方向每边按构造配筋。

基础短柱四角的纵向钢筋应伸至基础底部的钢筋网上,中间的纵向钢筋应每隔 1m 左右伸下一根,并做 150mm 长的直钩,以支撑整个钢筋骨架。其余钢筋应满足锚固长度要求。

短柱内的箍筋直径不应大于 8mm,间距不应大于 300mm;当短柱长边小于 $h \leqslant 2000mm$

时,采用双肢封闭式箍筋;当 $h > 2000mm$ 时,采用四肢封闭式箍筋。

当基础短柱为双杯口时,杯口内的横向钢筋不需计算,可按构造配置 $\phi8 \sim \phi10$ @150 的四肢封闭式箍筋。

基础短柱内杯口杯壁外侧的纵向钢筋,与短柱的纵向钢筋配置相同。如在杯壁内侧配置纵向钢筋时,则应配置 $\phi10$ @500 的构造钢筋,自杯口顶部伸过杯口底面以下钢筋的锚固长度。

基础短柱杯口的横向钢筋,当 $e_0 \leqslant h/6$ 时,杯口顶部应按表 3-8 配置一层钢筋网,并在杯壁外侧配置 $\phi8 \sim \phi10$ @150 的双肢封闭式箍筋。当 $e_0 > h/6$ 时,杯口内的横向钢筋应按计算配置。

《建筑地基基础设计规范》(GB 50007—2002)第 8.2.6 条规定:预制钢筋混凝土柱(包括双肢柱)与高杯口基础的连接,应符合前述插入深度的规定;杯壁厚度符合表 3-24 的规定且符合下列条件时,杯壁和短柱配筋可按图 3-82 的构造要求设计。

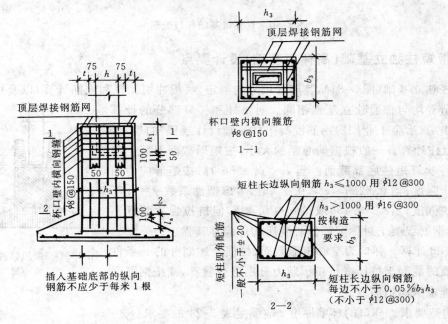

图 3-82　高杯口基础构造配筋

① 起重机起重量在 75t 以下,轨顶标高 14m 以下,基本风压小于 $0.5kN/m^2$ 的工业厂房,且基础短柱的高度不大于 5m;

② 起重机起重量在 75t 以上,基本风压小于 $0.5kN/m^2$ 且符合下列表达式:

$$E_2 I_2 / E_1 I_1 \geqslant 10$$

式中　E_1——预制钢筋混凝土柱的弹性模量;

　　　I_1——预制钢筋混凝土柱对其短轴的惯性矩;

　　　E_2——短柱的钢筋混凝土弹性模量;

　　　I_2——短柱对其短轴的惯性矩。

③ 当短柱的高度大于 5m,并符合下列公式:

$$\frac{\Delta_2}{\Delta_1} \leqslant 1.1$$

式中　　Δ_1——单位水平力作用在以高杯口基础顶面为固定端的柱顶时,柱顶的水平位移;

　　　　Δ_2——单位水平力作用在以短柱底面为固定端的柱顶时,柱顶的水平位移。

　　④ 高杯口基础短柱的纵向钢筋,除满足计算要求外非地震区级抗震设防烈度低于 9 度地区,且满足本条 1,2,3 款的要求时,短柱四角纵向钢筋直径不宜小于 20mm,并延伸至底板的钢筋网上。短柱长边的纵向钢筋,当长边尺寸小于或等于1000mm时,其钢筋直径不应小于12mm,间距不应大于 300mm;当长边尺寸大于1000mm时,其钢筋直径不应小于 16mm,间距不应大于 300mm,且每隔 1000mm 左右伸下一根并做 150mm 的直钩支承于基础底部的钢筋网上,其余钢筋锚固至基础顶面下 l_a 处。短柱短边每隔 300mm 应配置直径不小于 12mm 的纵向钢筋,且每边的配筋率不少于 0.05% 短柱的截面面积。短柱内的箍筋直径不应大于 8mm,间距不应大于 300mm;当抗震设防烈度为 8 度和 9 度时,箍筋直径不应小于 8mm,间距不应大于 150mm。

3.6.6　基础梁的内力计算

　　预制基础梁虽然对搁置在基础杯口上的简支梁,但由于梁上墙体的连续性和刚性,因此受力情况比较复杂。对基础梁的设计可采用以下两种方法。

　　① 按组合梁考虑。当基础上墙体的砂浆固结后,在整个受力过程中墙体既是外荷载又与梁在一定程度上共同工作,形成一个组合梁。基础梁位于组合梁的受拉区。

　　② 按半无限体弹性地基上的梁计算。将墙体看成是基础的半无限体的弹性地基,而把支座反力看作集中荷载,然后按弹性力学的原理求出地基梁顶面处墙体内的应力分布,并以此应力分布作为施加在基础梁上的荷载,将基础梁按简支梁进行计算。在目前设计中多采用这种方法。

3.7　单层厂房排架设计实例

3.7.1　设计资料

1. 概况

　　某金工装配车间,为两跨等高厂房,厂房总长 $6.0 \times 11 = 66.00$m,宽度 39m,其中 AB 跨度为 18m,设有两台 15/3t 吊车,工作级别为 A4,BC 跨度为 21m,设有两台 20/5t 吊车,工作级别为 A4,轨顶标高为 10.2m,厂房平面图如图 3-83 所示。

2. 屋面做法及围护结构

（1）屋面做法：三毡四油防水层

　　　　　　　　20 厚 1：3 水泥砂浆找平层

　　　　　　　　250 厚珍珠岩水泥制品保温层

　　　　　　　　一毡二油隔气层

　　　　　　　　20 厚 1：2 水泥砂浆找平层

　　　　　　　　预应力钢筋混凝土大型屋面板

　　　　　　　　板下喷大白浆两遍

（2）围护结构：240mm 厚普通砖墙,钢框玻璃窗：3.6m×3.6m,1.8m×3.6m。

3. 自然条件

基本风压：0.45kN/m^2

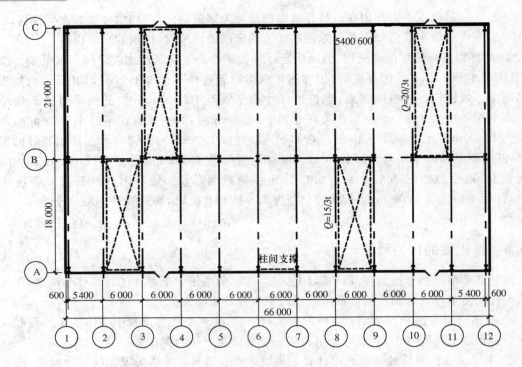

图 3-83　厂房结构平面图

基本雪压：0.35kN/m²

建筑场地地为Ⅱ类，基础座落在粘土层上，修正后的地基承载力特征值为 $f_a = 200\text{kPa}$，地下水位低于自然地面 5m，本例不考虑地震作用。

4. 材料

钢筋：采用 HRB335，HRB400。

混凝土：基础采用 C25，柱采用 C30。

3.7.2　结构方案及主要承重构件

根据厂房跨度、柱顶高度及吊车起重量大小，本车间采用钢筋混凝土排架结构，厂房剖面图如图 3-84 所示。

为了保证屋盖的整体性及空间刚度，屋盖采用无檩体系。根据厂房具体条件，柱间支撑设置如图 3-83 所示。厂房主要承重构件选用如下。

(1) 屋面板：采用标准图集 G410（一）中的 1.5m×6m 预应力混凝土屋面板（YWB—2Ⅱ），板重标准值（包括灌缝在内）为 1.4kN/m²。

(2) 屋架：采用标准图集 G415 中的预应力混凝土折线型屋架，其中 AB 跨选用 YWJA—18—2，其自重标准值为 68.2kN/榀，BC 跨选用 YWJA—21—2，自重标准值为 85.21kN/榀。

(3) 吊车梁：采用标准图集 G425 中的先张法预应力混凝土吊车梁，AB 跨选用 YXDL6—5B，梁高 1.2m，自重标准值为 44.2kN/根，BC 跨选用 YXDL6—6B，梁高 1.2m，自重标准值 44.2 kN/根，轨道及连接件自重取 0.8kN/m。

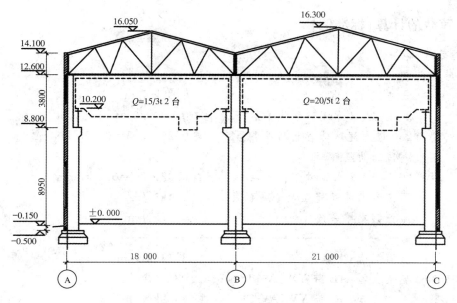

图 3-84　厂房剖面图

3.7.3　计算简图及柱截面尺寸确定

1. 计算简图

可以从整个厂房中选择具有代表性的排架作为计算单元,计算单元的宽度为6m。计算简图如图3-85所示。

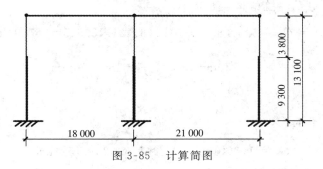

图 3-85　计算简图

上柱高:$H_1 = 12.6 - 10.2 + 1.2 + 0.2 = 3.8\text{m}$

下柱高:$H_3 = 10.2 - 1.2 - 0.2 + 0.5 = 9.3\text{m}$

柱总高:$H_2 = 3.8 + 9.3 = 13.1\text{m}$

2. 柱截面几何参数(表3-25)

表 3-25　　　　　　　　　　　　　　　　　柱截面几何参数

柱列	上柱			下柱		
	$b \times h / \text{mm} \times \text{mm}$	A / mm^2	I / mm^4	$b \times h \times h_f \times b_w / (\text{mm} \times \text{mm} \times \text{mm} \times \text{mm})$	A / mm^2	I / mm^4
A	400×400	1.6×10^5	2.13×10^9	$400 \times 800 \times 150 \times 100$	1.77×10^5	1.44×10^{10}
B	400×600	2.4×10^5	7.2×10^9	$400 \times 1\ 000 \times 150 \times 100$	1.97×10^5	2.56×10^{10}
C	400×400	1.6×10^5	2.13×10^9	$400 \times 1000 \times 150 \times 100$	1.97×10^5	2.56×10^{10}

3.7.4 荷载的计算(标准值)

1. 恒荷载

(1) 屋盖自重。

三毡四油防水层	0.35kN/m^2
20 厚 1 : 3 水泥砂浆找平层	$0.02 \times 20 = 0.4 \text{ kN/m}^2$
250 厚水泥珍珠岩制品保温层	$0.25 \times 3.5 = 0.875 \text{ kN/m}^2$
一毡二油隔气层	0.05 kN/m^2
20 厚 1 : 2 水泥砂浆找平层	$0.02 \times 20 = 0.4 \text{ kN/m}^2$
预应力钢筋混凝土大型屋面板	1.4kN/m^2
屋盖钢支撑系统	0.07kN/m^2

屋面恒荷载	3.545kN/m^2
屋架自重:AB 跨 YWJA—18—2	68.2kN/榀
BC 跨 YWJA—21—2	85.2kN/榀

故作用于 AB 跨两端柱顶的屋盖结构自重为

$$G_{1A} = G_{1BA} = 0.5 \times 68.2 + 0.5 \times 6 \times 18 \times 3.545 = 225.53\text{kN}$$

$$e_{1A} = \frac{400}{2} - 150 = 50\text{mm}, e_{1BA} = 150\text{mm}$$

作用于 BC 跨两端柱顶的屋盖结构自重为

$$G_{1BC} = G_{1C} = 0.5 \times 85.2 + 0.5 \times 6 \times 21 \times 3.545 = 265.94\text{kN}$$

$$e_{1BC} = 150\text{mm}, e_{1C} = \frac{400}{2} - 150 = 50\text{mm}$$

(2) 柱自重。

边柱 A:上柱 $A_1 = 1.6 \times 10^5 \text{mm}^2$

$$G_{2A} = 1.6 \times 10^5 \times 10^{-6} \times 3.8 \times 25 = 15.2\text{kN}$$

$$e_{2A} = \frac{800}{2} - \frac{400}{2} = 200\text{mm}$$

下柱 $A_2 = 1.77 \times 10^5 \text{mm}^2$

$$G_{4A} = \left[1.77 \times 10^5 \times 10^{-6} \times 9.3 + \left(0.2 \times 0.5 + \frac{0.2^2}{2} \right) \times 0.4 \right] \times 25 = 42.35\text{kN}$$

$$e_{4A} = 0$$

中柱 B:上柱 $A_1 = 2.4 \times 10^5 \text{mm}^2$

$$G_{2B} = 2.4 \times 10^5 \times 10^{-6} \times 3.8 \times 25 = 22.8\text{kN}$$

$$e_{2B} = 0$$

下柱 $A_2 = 1.97 \times 10^5 \text{mm}^2$

$$G_{4B}\left[1.97\times10^{5}\times10^{-6}\times9.3+\left(0.45\times0.3+\frac{0.45^{2}}{2}\right)\times0.4\right]\times25=48.2\text{kN}$$

$$e_{4B}=0$$

边柱 C：上柱 $G_{2C}=G_{2A}=15.2\text{kN}$

$$e_{2C}=\frac{1000}{2}-\frac{400}{2}=300\text{mm}$$

下柱 $A_{2}=1.97\times10^{5}\text{mm}^{2}$

$$G_{4C}=\left[1.97\times10^{5}\times10^{-6}\times9.3+\left(0.2\times0.5+\frac{0.2^{2}}{2}\right)\times0.4\right]\times25=47.0\text{kN}$$

$$e_{4C}=0$$

（3）吊车梁及轨道自重。

AB 跨
$$G_{3}=44.2+6\times0.8=49\text{kN}$$

$$e_{3A}=750-\frac{800}{2}=350\text{mm}$$

BC 跨
$$G_{3}=44.2+6\times0.8=49\text{kN}$$

$$e_{3BA}=e_{3BC}=750\text{mm}$$

$$e_{3C}=750-\frac{1000}{2}=250\text{mm}$$

各恒荷载作用位置如图 3-86 所示。

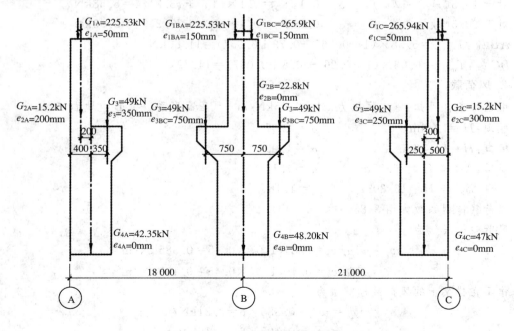

图 3-86 恒荷载作用位置

2. 屋面活荷载

由《荷载规范》查得,屋面活荷载标准值 $0.5kN/m^2$,而雪荷载的标准值为 $0.35kN/m^2$,所以仅按屋面活荷载计算。

AB 跨:$Q_{AB} = Q_{BA} = 0.5 \times 6 \times 18 \times 0.5 = 27kN$

BC 跨:$Q_{BC} = Q_{CB} = 0.5 \times 6 \times 21 \times 0.5 = 31.5kN$

3. 吊车荷载

本车间选用的吊车参数如下。

AB 跨:15/3t 吊车,工作级别 A4,吊车梁高 1.2m,$B = 5.66m$,$k = 4.4m$,$P_{max} = 155kN$,$P_{min} = 42kN$,$G = 244kN$,$g = 73.2kN$

BC 跨:20/5t 吊车,工作级别 A4,吊车梁高 1.2m,$B = 5.6m$,$k = 4.4m$,$P_{max} = 191kN$,$P_{min} = 53.3kN$,$G = 288.5kN$,$g = 77.2kN$

吊车梁及支座反力影响线如图 3-87 所示。

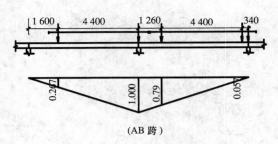
(AB 跨)

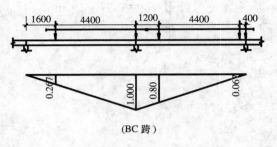
(BC 跨)

图 3-87 吊车轮压计算图

故作用于排架柱上的吊车竖向荷载分别为:

AB 跨 $\qquad D_{max,k} = 155 \times (1 + 0.267 + 0.79 + 0.057) = 327.67kN$

$\qquad\qquad D_{min,k} = 42 \times (1 + 0.267 + 0.79 + 0.057) = 88.79kN$

BC 跨 $\qquad D_{max,k} = 191 \times (1 + 0.267 + 0.8 + 0.067) = 407.59kN$

$\qquad\qquad D_{min,k} = 53.3 \times (1 + 0.267 + 0.8 + 0.067) = 113.74kN$

作用在每个轮上的吊车横向水平荷载标准值:

对于 15/3t 软钩吊车 $\qquad \alpha = 0.1$,$T_Q = 0.1 \times (150 + 73.2)/4 = 5.58kN$

对于 20/5t 软钩吊车 $\qquad \alpha = 0.1$,$T_Q = 0.1 \times (200 + 77.2)/4 = 6.93kN$

AB 跨:$T_{max,k} = 5.58 \times (1 + 0.267 + 0.79 + 0.057) = 11.80kN$

BC 跨:$T_{min,k} = 6.93 \times (1 + 0.267 + 0.8 + 0.067) = 14.79kN$

4. 风荷载

由已知条件可知:基本风压为 $w_0 = 0.45kN/m^2$,风压高度系数按 B 类地面取:

柱顶:$H = 12.6m$ $\qquad\qquad \mu_z = 1.07$

檐口:$H = 14.10m$ $\qquad\qquad \mu_z = 1.09$

屋顶:AB 跨 $H = 16.05m$ $\qquad \mu_z = 1.17$

$\qquad$ BC 跨 $H = 16.30m$ $\qquad \mu_z = 1.18$

风荷载体型系数如图 3-88。

风荷载标准值为

$$w_1 = \mu_{s1}\mu_z w_0 = 0.8 \times 1.07 \times 0.45 = 0.385kN/m^2$$

$$w_1 = \mu_{s2}\mu_z w_0 = 0.4 \times 1.07 \times 0.45 = 0.193kN/m^2$$

作用在排架上的风荷载标准值为

$$q_1 = w_{1B} = 0.385 \times 6 = 2.31kN/m$$

$$q_2 = w_{2B} = 0.193 \times 6 = 1.16kN/m$$

左吹风时:

$$F_W = [(\mu_{s1} + \mu_{s2})\mu_z h_1 w_0 + (\mu_{s3} + \mu_{s4})\mu_z h_2 w_0]B$$

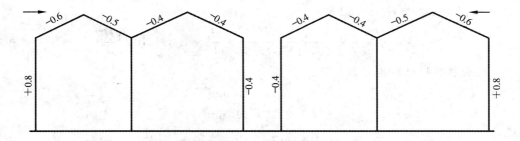

图 3-88　风荷载体型系数

$$= [(0.8+0.4) \times 1.09 \times (14.10-12.6) \times$$
$$0.45 + (-0.6+0.5) \times 1.17$$
$$\times (16.05-14.10) \times 0.45] \times 6$$
$$= 4.68 \text{kN}$$

右吹风时：
$$F_w = [(0.8+0.4) \times 1.09 \times (14.10-12.6) \times$$
$$0.45 + (-0.6+0.5) \times 1.18$$
$$\times (16.30-14.10) \times 0.45] \times 6$$
$$= 4.59 \text{kN}$$

风荷载作用示意图如图 3-89 所示。

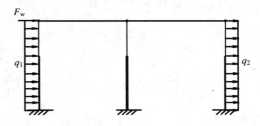

图 3-89　风荷载作用示意图

3.7.5　内力分析

本厂房为两跨等高排架，可用剪力分配系数法来进行内力分析。

1. 剪力分配系数的计算

(1) A 列柱柱顶位移 δ_A 的值的计算。

上柱　　　　　　　　　　　$I_1 = 2.13 \times 10^9 \text{mm}^4$

下柱　　　　　　　　　　　$I_2 = 1.44 \times 10^{10} \text{mm}^4$

$$n = \frac{I_1}{I_2} = \frac{2.13 \times 10^9}{1.44 \times 10^{10}} = 0.148$$

$$\lambda = \frac{H_1}{H_2} = \frac{3.8}{13.1} = 0.29$$

查本章附图 3-1 得 $C_0 = 2.63$ 则

$$\delta_A = \frac{H_2^3}{EI_2 C_0} = \frac{1}{1.44 \times 10^{10} \times 2.63} \cdot \frac{H_2^3}{E} = 2.64 \times 10^{-11} \frac{H_2^3}{E}$$

(2) B 列柱柱顶位移 δ_B 值的计算。

上柱　　　　　　　　　　　$I_1 = 7.2 \times 10^9 \text{mm}^4$

下柱　　　　　　　　　　　$I_2 = 2.56 \times 10^{10} \text{mm}^4$

$$n = \frac{I_1}{I_2} = \frac{7.2 \times 10^9}{2.56 \times 10^{10}} = 0.281$$

$$\lambda = \frac{H_1}{H_2} = \frac{3.8}{13.1} = 0.29$$

查本章附图 3-1 得 $C_0 = 2.82$ 则

$$\delta_B = \frac{H_2^3}{EI_2 C_0} = \frac{1}{2.56 \times 10^{10} \times 2.82} \cdot \frac{H_2^3}{E} = 1.39 \times 10^{-11} \frac{H_2^3}{E}$$

（3）C 列柱柱顶位移 δ_C 值的计算。

上柱 $I_1 = 2.13 \times 10^9 \text{mm}^4$

下柱 $I_2 = 2.56 \times 10^{10} \text{mm}^4$

$$n = \frac{I_1}{I_2} = \frac{2.13 \times 10^9}{2.56 \times 10^{10}} = 0.083$$

$$\lambda = 0.29$$

查本章附图 3-1 得 $C_0 = 2.36$

$$\delta_C = \frac{H_2^3}{EI_2 C_0} = \frac{1}{2.56 \times 10^{10} \times 2.36} \cdot \frac{H_2^3}{E} = 1.66 \times 10^{-11} \frac{H_2^3}{E}$$

（4）各柱剪力分配系数 η_i。

$$\sum_{i=1}^3 \frac{1}{\delta_i} = \left(\frac{1}{2.64} + \frac{1}{1.39} + \frac{1}{1.66} \right) \times 10^{11} \bigg/ \frac{E}{H_2^3} = 1.7 \times 10^{11} \frac{H_2^3}{E}$$

$$\eta_A = \frac{\frac{1}{2.64} \times 10^{11}}{1.7 \times 10^{11}} = 0.223$$

$$\eta_B = \frac{\frac{1}{1.39} \times 10^{11}}{1.7 \times 10^{11}} = 0.423$$

$$\eta_C = \frac{\frac{1}{1.66} \times 10^{11}}{1.7 \times 10^{11}} = 0.354$$

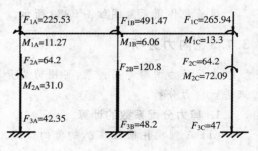

2. 恒荷载作用下的内力分析

恒载下排架的计算简图，如图 3-90 所示。

A 列柱 $F_{1A} = G_{1A} = 225.53 \text{kN}$

$$M_{1A} = G_{1A} \cdot e_{1A} = 225.53 \times 0.05 = 11.27 \text{kN} \cdot \text{m}(\curvearrowright)$$

$$F_{2A} = (G_{2A} + G_{3A}) = 15.2 + 49 = 64.2 \text{kN}$$

$$M_{2A} = (G_{1A} + G_{2A}) \cdot e_{2A} - G_{3A} \cdot e_{3A}$$

$$= (225.53 + 15.2) \times 0.2 - 49 \times 0.35 = 31 \text{kN} \cdot \text{m}(\curvearrowright)$$

$$F_{3A} = G_{4A} = 42.35 \text{kN}$$

B 列柱 $F_{1B} = G_{1BA} + G_{1BC} = 225.53 + 265.94 = 491.47 \text{kN}$

$$M_{1B} = G_{1BA} \cdot e_{1BA} - G_{1BC} \cdot e_{1BC} = (225.53 - 265.94) \times 0.15 = -6.06 \text{kN} \cdot \text{m}(\curvearrowright)$$

$$F_{2B} = G_{3BA} + G_{2B} + G_{3BC} = 49 + 22.8 + 49 = 120.8 \text{kN}$$

$$M_{2B} = 0$$

$$F_{3B} = G_{4B} = 48.2 \text{kN}$$

C 列柱 $F_{1C} = G_{1C} = 265.94 \text{kN}$

$$M_{1C} = G_{1C} \cdot e_{1C} = 265.94 \times 0.05 = 13.3 \text{kN} \cdot \text{m}(\curvearrowright)$$

$$F_{2C} = (G_{2C} + G_{3C}) = 15.2 + 49 = 64.2 \text{kN}$$

$$M_{2C} = (G_{1A} + G_{2A}) \cdot e_{2C} - G_{3C} \cdot e_{3C}$$

图 3-90   恒荷载作用图
[单位：$M(\text{kN} \cdot \text{m}), N(\text{kN})$]

$$=(265.94+15.2)\times0.3-49\times0.25=72.09\text{kN}\cdot\text{m}(\curvearrowright)$$
$$F_{3C}=G_{4C}=47\text{kN}$$

各柱不动铰支座反力为

A 列柱：$n=0.148,\lambda=0.29$，查附图 3-2 和附图 3-6 得：$C_1=1.965,C_3=1.2$

$$R_1=\frac{M_{1A}}{H_2}C_1=\frac{11.27}{13.1}\times1.965=1.69\text{kN}(\rightarrow)$$

$$R_2=C_2\frac{M_{2A}}{H_2}=1.2\times\frac{31}{13.1}=2.84\text{kN}(\rightarrow)$$

$$R_A=R_1+R_2=1.69+2.84=4.53\text{kN}(\rightarrow)$$

B 列柱：$n=0.281,\lambda=0.29$，查附图 3-2 得 $C_1=1.7$

$$R_B=R_1=C_1\frac{M_{1B}}{H_2}=1.7\times\frac{6.06}{13.1}=0.79\text{kN}(\leftarrow)$$

C 列柱：$n=0.083,\lambda=0.29$，查附图 3-2、3-6 得：$C_1=2.32,C_3=1.08$

$$R_1=C_1\frac{M_{1C}}{H_2}=2.32\times\frac{13.3}{13.1}=2.36\text{kN}(\leftarrow)$$

$$R_2=C_3\frac{M_{2C}}{H_2}=1.08\times\frac{72.09}{13.1}=5.94\text{kN}(\leftarrow)$$

$$R_C=R_1+R_2=2.36+5.94=8.3\text{kN}(\leftarrow)$$

所以，排架柱不动铰支座总反力：

$$R=R_A+R_B+R_C=-4.53+0.79+8.3=4.56\text{kN}(\leftarrow)$$

各柱柱顶最后剪力为

$$V_A=R_A-\eta_A\cdot R=-4.53-0.223\times4.56=-5.55\text{kN}(\rightarrow)$$

$$V_B=R_B-\eta_B\cdot R=0.79-0.423\times4.56=-1.14\text{kN}(\leftarrow)$$

$$V_C=R_C-\eta_C\cdot R=8.3-0.354\times4.56=6.69\text{kN}(\leftarrow)$$

恒荷载作用下排架柱弯矩图和轴力图如图 3-91 所示。

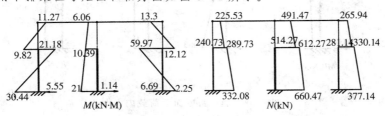

图 3-91　恒载作用下内力图

3. 屋面活荷载作用下的内力分析

（1）由屋面活荷载在每侧柱顶产生的压力：

$$Q_{1A}=Q_{1B}=27\text{kN}$$

在 A,B 柱顶及变截面处引起的弯矩分别为

$$M_{1A}=Q_{1A}\cdot e_{1A}=27.8\times0.05=1.39\text{kN}\cdot\text{m}(\curvearrowright)$$

$$M_{2A}=Q_{1A}\cdot e_{2A}=27.8\times0.2=5.56\text{kN}\cdot\text{m}(\curvearrowright)$$

$$M_{1B}=Q_{1B}\cdot e_{1B}=27.8\times0.15=4.17\text{kN}\cdot\text{m}(\curvearrowright)$$

$$M_{2B}=0$$

各柱不动铰支座反力分别为

A 列柱：$n=0.148, \lambda=0.29, C_1=1.965, C_3=1.2$

$$R_1=C_1 \frac{M_{1A}}{H_2}=1.965 \times \frac{1.39}{13.1}=0.209 \mathrm{kN}(\rightarrow)$$

$$R_2=C_3 \frac{M_{2A}}{H_2}=1.2 \times \frac{5.56}{13.1}=0.509 \mathrm{kN}(\rightarrow)$$

$$R_A=0.209+0.509=0.718 \mathrm{kN}(\rightarrow)$$

B 列柱：$n=0.281, \lambda=0.29, C_1=1.7$

$$R_B=R_1=C_1 \frac{M_{1B}}{H_2}=1.7 \times \frac{4.17}{13.1}=0.54 \mathrm{kN}(\rightarrow)$$

排架柱不动铰支座总反力

$$R=R_A+R_B+R_C=0.718+0.54=1.258 \mathrm{kN}(\rightarrow)$$

排架柱最后剪力分别为

$$V_A=R_A-\eta_A \cdot R=0.718-0.223 \times 1.258=0.437 \mathrm{kN}(\rightarrow)$$

$$V_B=R_B-\eta_B \cdot R=0.54-0.423 \times 1.258=0.008 \mathrm{kN}(\rightarrow)$$

$$V_C=R_C-\eta_C \cdot R=-0.354 \times 1.258=-0.445 \mathrm{kN}(\leftarrow)$$

AB 跨作用有屋面活荷载时，排架柱的弯矩图和轴力图如图 3-92 所示。

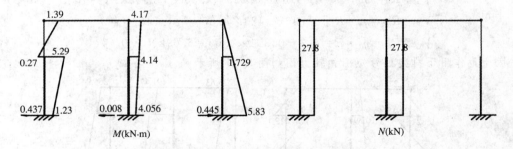

图 3-92　AB 跨屋面活荷载内力图

(2) BC 跨作用有屋面活荷载时，由屋面活荷载在每侧柱上产生的压力为

$$Q_{1B}=Q_{1C}=31.5 \mathrm{kN}$$

其在 B, C 柱顶及变截面处引起的弯矩：

$$M_{1B}=Q_{1B} \cdot e_{1B}=31.5 \times 0.15=4.37 \mathrm{kN} \cdot \mathrm{m}(\frown)$$

$$M_{2B}=0$$

$$M_{1C}=Q_{1C} \cdot e_{1C}=31.5 \times 0.05=1.575 \mathrm{kN} \cdot \mathrm{m}(\frown)$$

$$M_{2C}=Q_{1C} \cdot e_{2C}=31.5 \times 0.3=9.45 \mathrm{kN} \cdot \mathrm{m}(\frown)$$

各柱不动铰支反力分别为

B 列柱：$n=0.281, \lambda=0.29, C_1=1.7$

$$R_B = R_1 = 1.7 \times \frac{4.73}{13.1} = 0.614 \text{kN}(\leftarrow)$$

C 列柱：$n=0.083, \lambda=0.29, C_1=2.32, C_3=1.08$

$$R_1 = C_1 \frac{M_{1C}}{H_2} = 2.32 \times \frac{1.575}{13.1} = 0.279 \text{kN}(\leftarrow)$$

$$R_2 = C_3 \frac{M_{2C}}{H_2} = 1.08 \times \frac{9.45}{13.1} = 0.779 \text{kN}(\leftarrow)$$

$$R_C = 0.279 + 0.779 = 1.058 \text{kN}(\leftarrow)$$

排架柱不动铰支座总反力

$$R = R_A + R_B + R_C = 0.614 + 1.058 = 1.672 \text{kN}(\leftarrow)$$

各柱柱顶最后剪力分别为

$$V_A = R_A - \eta_A \cdot R = 0 - 0.223 \times 1.672 = -0.373 \text{kN}(\rightarrow)$$

$$V_B = R_B - \eta_B \cdot R = 0.614 - 0.423 \times 1.672 = -0.093 \text{kN}(\rightarrow)$$

$$V_C = R_C - \eta_C \cdot R = 1.058 - 0.354 \times 1.672 = 0.466 \text{kN}(\leftarrow)$$

BC 跨作用有屋面活荷载时，排架柱的弯矩图和轴力图如图 3-93 所示。

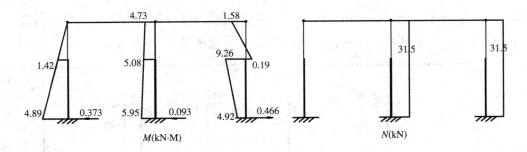

图 3-93　BC 跨屋面活荷载内力图

4. 吊车竖向荷载作用下的内力分析（不考虑厂房整体空间工作）

（1）AB 跨 $D_{max,k}$ 作用于 A 列柱时，由于吊车竖向荷载 $D_{max,k}, D_{min,k}$ 的偏心作用而在柱中引起的弯矩为

$$M_1 = D_{max,k} \cdot e_{3A} = 327.67 \times 0.35 = 114.68 \text{kN} \cdot \text{m}(\curvearrowright)$$

$$M_2 = D_{min,k} \cdot e_{3BA} = 88.79 \times 0.75 = 66.59 \text{kN} \cdot \text{m}(\curvearrowleft)$$

其计算简图如图 3-94 所示。

各柱不动铰支座反力分别为

A 列柱：$n=0.148, \lambda=0.29, C_3=1.2$

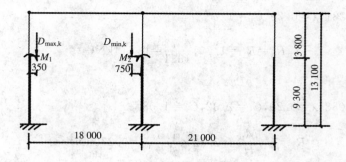

图 3-94 $D_{max,k}$ 作用于 A 列柱计算简图

$$R_A = R_2 = C_3 \frac{M_1}{H_2} = 1.2 \times \frac{141.68}{13.1} = 10.51(\text{kN})(\leftarrow)$$

B 列柱：$n=0.281, \lambda=0.29, C_3=1.26$

$$R_B = R_2 = C_3 \frac{M_2}{H_2} = 1.26 \times \frac{66.59}{13.1} = 6.4\text{kN}(\rightarrow)$$

所以排架柱不动铰支座总反力为

$$R = R_A + R_B + R_C = 10.51 - 6.4 = 4.11\text{kN}(\leftarrow)$$

故排架柱顶最后剪力为

$$V_A = R_A - \eta_A \cdot R = 10.51 - 0.223 \times 4.11 = 9.59\text{kN}(\leftarrow)$$

$$V_B = R_B - \eta_B \cdot R = -6.4 - 0.423 \times 4.11 = -8.14\text{kN}(\rightarrow)$$

$$V_C = R_C - \eta_C \cdot R = 0 - 0.354 \times 4.11 = -1.45\text{kN}(\rightarrow)$$

当 AB 跨 $D_{max,k}$ 作用于 A 列柱时，排架各柱的内力图如图 3-95 所示。

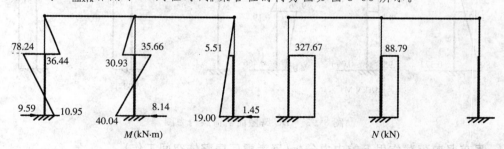

图 3-95 $D_{max,k}$ 作用于 A 列柱内力图

（2）AB 跨 $D_{max,k}$ 作用于 B 列柱左侧时，由于 AB 跨 $D_{max,k}$ 与 $D_{min,k}$ 的偏心作用而在柱中引起的弯矩为

$$M_1 = D_{max,k} \cdot e_{3A} = 88.79 \times 0.35 = 31.1\text{kN} \cdot \text{m}(\frown)$$

$$M_2 = D_{min,k} \cdot e_{3BA} = 327.67 \times 0.75 = 245.75\text{kN} \cdot \text{m}(\frown)$$

其计算简图如图 3-96 所示。

各柱不动铰支座反力分别为

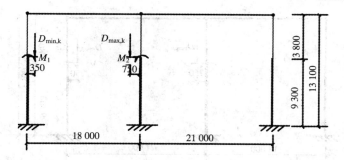

图 3-96 $D_{\mathrm{max,k}}$ 作用于 B 列柱左侧时计算简图

A 列柱：$n=0.148, \lambda=0.29, C_3=1.2$

$$R_A=R_2=C_3\frac{M_1}{H_2}=1.2\times\frac{31.1}{13.1}=2.85\mathrm{kN}(\leftarrow)$$

B 列柱：$n=0.281, \lambda=0.29, C_3=1.26$

$$R_B=R_2=C_3\frac{M_2}{H_2}=1.26\times\frac{245.75}{13.1}=23.64\mathrm{kN}(\rightarrow)$$

排架柱顶不动铰支座总反力为

$$R=R_A+R_B+R_C=-2.85+23.64+0=20.79\mathrm{kN}$$

故排架柱顶最后剪力为

$$V_A=R_A-\eta_A \cdot R=-2.85-0.223\times20.79=-7.49\mathrm{kN}(\leftarrow)$$

$$V_B=R_B-\eta_B \cdot R=23.64-0.423\times20.79=14.85\mathrm{kN}(\rightarrow)$$

$$V_C=R_C-\eta_C \cdot R=0-0.354\times20.79=-7.36\mathrm{kN}(\leftarrow)$$

当 AB 跨 $D_{\mathrm{max,k}}$ 作用于 B 列柱左侧时，排架各柱的内力图如图 3-97 所示。

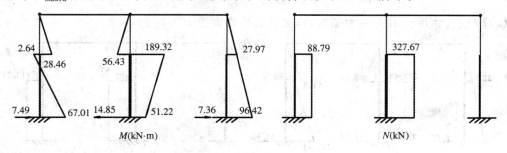

图 3-97 $D_{\mathrm{max,k}}$ 作用于 B 列柱左侧时内力图

（3）BC 跨 $D_{\mathrm{max,k}}$ 作用于 B 列柱右侧时，由于 BC 跨 $D_{\mathrm{max,k}}$ 与 $D_{\mathrm{min,k}}$ 的偏心作用而在柱中引起的弯矩为

$$M_1=D_{\mathrm{max,k}} \cdot e_{3BC}=407.59\times0.75=305.69\mathrm{kN} \cdot \mathrm{m}(\frown)$$

$$M_2=D_{\mathrm{min,k}} \cdot e_{3C}=113.74\times0.25=28.44\mathrm{kN} \cdot \mathrm{m}(\smile)$$

其计算简图如图 3-98 所示。

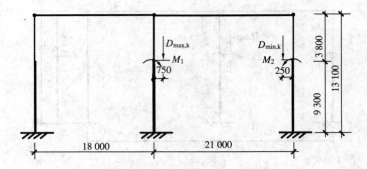

图 3-98　$D_{max,k}$ 作用于 B 列柱右侧时计算简图

各柱不动铰支座反力分别为

B 列柱：$n = 0.281, \lambda = 0.29, C_3 = 1.26$

$$R_B = C_3 \frac{M_1}{H_2} = 1.26 \times \frac{305.69}{13.1} = 29.4 \text{kN}(\leftarrow)$$

C 列柱：$n = 0.083, \lambda = 0.29, C_3 = 1.08$

$$R_C = C_3 \frac{M_2}{H_2} = 1.08 \times \frac{28.44}{13.1} = 2.34 \text{kN}(\rightarrow)$$

所以排架柱不动铰支座总反力为

$$R = R_A + R_B + R_C = 29.40 - 2.34 = 27.06 \text{kN}(\leftarrow)$$

故排架柱顶最后剪力为

$$V_A = R_A - \eta_A \cdot R = 0 - 0.223 \times 27.06 = -6.03 \text{kN}(\rightarrow)$$

$$V_B = R_B - \eta_B \cdot R = 29.4 - 0.423 \times 27.06 = 17.95 \text{kN}(\leftarrow)$$

$$V_C = R_C - \eta_C \cdot R = -2.34 - 0.354 \times 27.06 = -11.92 \text{kN}(\rightarrow)$$

当 BC 跨 $D_{max,k}$ 作用于 B 列柱右侧时，排架各柱的内力图如图 3-99 所示。

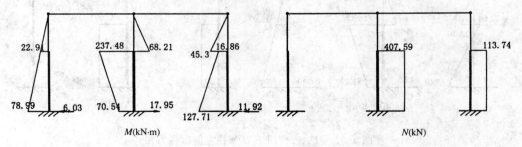

图 3-99　$D_{max,k}$ 作用于 B 列柱右侧时内力图

（4）BC 跨 $D_{max,k}$ 作用于 C 列柱右侧时，由于 BC 跨 $D_{max,k}$ 与 $D_{min,k}$ 的偏心作用而在柱中引起的弯矩为

$$M_1 = D_{max,k} \cdot e_{3BC} = 113.74 \times 0.75 = 85.31 \text{kN} \cdot \text{m}(\frown)$$

$$M_2 = D_{min,k} \cdot e_{3C} = 407.59 \times 0.25 = 101.9 \text{kN} \cdot \text{m}(\frown)$$

其计算简图如图 3-100 所示。

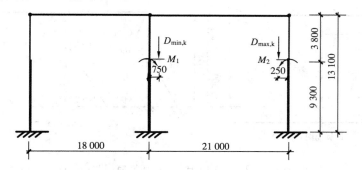

图 3-100 $D_{max,k}$ 作用于 C 列柱计算简图

各柱不动铰支座反力分别为

B 列柱：$n=0.281,\lambda=0.29,C_3=1.26$

$$R_B=C_3\frac{M_1}{H_2}=1.26\times\frac{85.31}{13.1}=8.21kN(\leftarrow)$$

C 列柱：$n=0.083,\lambda=0.29,C_3=1.08$

$$R_C=C_3\frac{M_2}{H_2}=1.08\times\frac{101.9}{13.1}=8.40kN(\rightarrow)$$

所以排架柱不动铰支座总反力为

$$R=R_A+R_B+R_C=0-8.21+8.4=0.19kN(\rightarrow)$$

故排架柱顶最后剪力为

$$V_A=R_A-\eta_A\cdot R=0-0.223\times0.19=-0.04kN(\leftarrow)$$

$$V_B=R_B-\eta_B\cdot R=-8.21-0.423\times0.19=-8.29kN(\leftarrow)$$

$$V_C=R_C-\eta_C\cdot R=8.4-0.354\times0.19=8.33kN(\rightarrow)$$

当 BC 跨 $D_{max,k}$ 作用于 C 列柱时，排架各柱的内力图如图 3-101 所示。

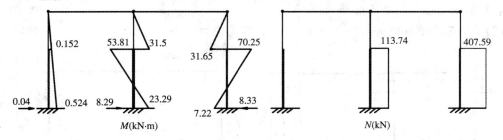

图 3-101 $D_{max,k}$ 作用于 C 列柱内力图

5. 吊车水平荷载作用下的内力分析（不考虑厂房整体空间工作）

（1）AB 跨作用有横向水平荷载 T_{max} 时计算简图如图 3-102 所示，$T_{max,k}=11.08kN$。

各柱不动铰支座反力分别为

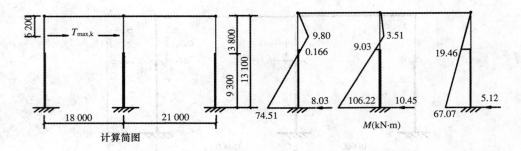

图 3-102 $T_{max,k}$ 作用于 AB 跨计算简图与内力图

A 列柱：$n=0.148$，$\lambda=0.29$，$\dfrac{x}{H_1}=\dfrac{2.6}{3.8}=0.684$

查本章末附图 3-4 和附图 3-5 得 $C_5=0.593$

$$R_A=C_5 T_{max,k}=0.593\times11.8=7.0\text{kN}(\leftarrow)$$

B 列柱：$n=0.281$，$\lambda=0.29$，$\dfrac{x}{H_1}=\dfrac{2.6}{3.8}=0.684$

查本章末附图 3-4 和附图 3-5 得 $C_5=0.634$

$$R_B=C_5 T_{max}=0.634\times11.8=7.48\text{kN}(\leftarrow)$$

排架柱顶不动铰支座的总反力为

$$R=R_A+R_B+R_C=7.0+7.48+0=14.48\text{kN}(\leftarrow)$$

排架柱顶最后剪力分别为

$$V_A=R_A-\eta_A\cdot R=7.0-0.223\times14.48=3.77\text{kN}(\leftarrow)$$

$$V_B=R_B-\eta_B\cdot R=7.48-0.423\times14.48=1.35\text{kN}(\leftarrow)$$

$$V_C=R_C-\eta_C\cdot R=0-0.354\times14.48=-5.12\text{kN}(\rightarrow)$$

排架各柱的弯矩图如图 3-102 所示。

（2）BC 跨作用有横向水平荷载 T_{max} 时，计算简图如图 3-103 所示，$T_{max,k}=14.79\text{kN}$。

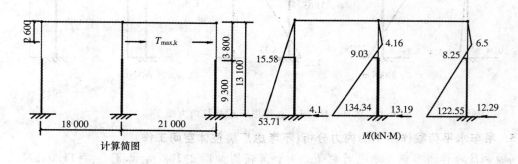

图 3-103 $T_{max,k}$ 作用于 BC 跨计算简图与内力图

B 列柱：$n=0.281,\lambda=0.29,C_5=0.634$

$$R_B=C_5 \cdot T_{max,k}=0.634\times14.79=9.38kN\ (\leftarrow)$$

C 列柱：$n=0.083,\lambda=0.29,\dfrac{x}{H_1}=\dfrac{2.6}{3.8}=0.684$

查本章后附录附图 3-4 和 2-5 得 $C_5=0.610$

$$R_C=C_5 T_{max}=0.610\times14.79=9.02kN(\leftarrow)$$

排架柱顶不动铰支座的总反力为

$$R=R_A+R_B+R_C=0+9.38+9.02=18.4kN(\leftarrow)$$

排架柱顶最后剪力分别为

$$V_A=R_A-\eta_A \cdot R=0-0.223\times18.4=-4.1kN(\rightarrow)$$

$$V_B=R_B-\eta_B \cdot R=9.38-0.423\times18.4=1.60kN(\leftarrow)$$

$$V_C=R_C-\eta_C \cdot R=9.02-0.354\times18.4=2.5kN(\leftarrow)$$

排架各柱的弯矩图如图 3-103 所示。

6. 风荷载作用下的内力分析

(1) 左吹风时，计算简图如图 3-104 所示，各柱不动铰支座反力分别为

A 列柱：$n=0.148,\lambda=0.29$，查附图 3-8 得 $C_{11}=0.343$

$$R_A=C_{11}q_1H_2=0.343\times2.31\times13.1=10.38kN(\leftarrow)$$

C 列柱：$n=0.083,\lambda=0.29$，查附图 3-8 得 $C_{11}=0.312$

$$R_C=C_{11}q_2H_2=0.312\times1.16\times13.1=4.74kN(\leftarrow)$$

排架柱顶不动铰支座的总反力为

$$R=F_w+R_A+R_B+R_C=4.68+10.38+4.74=19.8kN(\leftarrow)$$

排架柱顶剪力分别为

$$V_A=R_A-\eta_A \cdot R=10.38-0.223\times19.8=5.96kN(\leftarrow)$$

$$V_B=R_B-\eta_B \cdot R=0-0.423\times19.8=-8.38kN(\rightarrow)$$

$$V_C=R_C-\eta_C \cdot R=4.74-0.354\times19.8=-2.26kN(\rightarrow)$$

排架各柱的弯矩图如图 3-104 所示。

(2) 右吹风时，计算简图如图 3-105 所示，各柱不动铰支座反力分别为

A 列柱：$n=0.148,\lambda=0.29,C_{11}=0.343$

$$R_A=C_{11}q_2H_2=0.343\times1.16\times13.1=5.21kN(\rightarrow)$$

C 列柱：$n=0.083,\lambda=0.29,C_{11}=0.312$

$$R_C=C_{11}q_1H_2=0.312\times2.31\times13.1=9.44kN(\rightarrow)$$

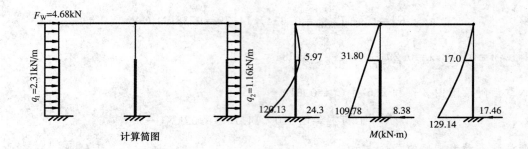

图 3-104　左吹风时计算简图与内力图

排架柱顶不动铰支座的总反力为

$$R = F_W + R_A + R_B + R_C = 4.59 + 5.21 + 9.44 = 19.24 \text{kN} (\rightarrow)$$

排架柱顶柱剪力分别为

$$V_A = R_A - \eta_A \cdot R = 5.21 - 0.223 \times 19.24 = 0.92 \text{kN}(\rightarrow)$$

$$V_B = R_B - \eta_B \cdot R = 0 - 0.423 \times 19.24 = -8.14 \text{kN}(\leftarrow)$$

$$V_C = R_C - \eta_C \cdot R = 9.44 - 0.354 \times 19.24 = 2.63 \text{kN}(\rightarrow)$$

排架各柱的弯矩图如图 3-105 所示。

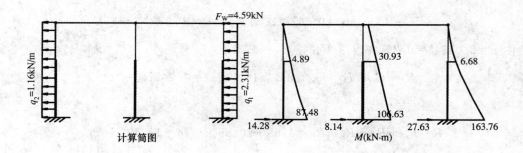

图 3-105　右吹风时计算简图与内力图

3.7.6　内力组合

不考虑厂房整体空间工作，对 A 柱进行最不利组合，具体方法和数据见表 3-26（其他柱同理进行，此处从略）。

3.7.7　柱的截面设计

（以 A 柱为例，混凝土采用 C30，纵筋采用 HRB400，箍筋采用 HRB335）。

3.7.7.1　A 柱的纵向钢筋计算（采用对称配筋）

1. 上柱

根据内力组合表 3-26，经过分析比较，最不利内力为：

① $\begin{cases} M_0 = 57.56 \text{kN} \cdot \text{m} \\ N = 323.95 \text{kN} \end{cases}$　　② $\begin{cases} M_0 = 57.22 \text{kN} \cdot \text{m} \\ N = 288.80 \text{kN} \end{cases}$

查表 3-15，得有吊车厂房排架方向：$l_0 = 2H_0 = 2 \times 3\,800 = 7\,600$mm

根据上柱的受力特点，上柱上端弯矩为零，下端弯矩不为零，其配筋按排架结构柱计算，考虑二阶效应的弯矩设计值按《混凝土结构设计规范》（GB 50010—2010）B.0.4 条计算。

（1）按第①组内力计算。

$$e_{01} = \frac{M_0}{N} = \frac{57.56 \times 10^3}{323.95} = 177.68 \text{mm}$$

$$h_0 = h - 40 = 360 \text{mm}$$

$$e_a = \frac{h}{30} = \frac{400}{30} = 13.3 \text{mm} < 20 \text{mm}$$

取　　$e_a = 20 \text{mm}$

则　　$e_{i1} = e_{01} + e_a = 177.68 + 20 = 197.68 \text{mm}$

$$\zeta_c = \frac{0.5 f_c A}{N} = \frac{0.5 \times 14.3 \times 400 \times 400}{323.95 \times 10^3} = 3.53 > 1.0，取 \zeta_c = 1.0$$

$$\eta_s = 1 + \frac{1}{1\,500 e_{i1}/h_0} \left(\frac{l_0}{h}\right)^2 \zeta_c = 1 + \frac{1}{1\,500 \times \frac{197.68}{360}} \left(\frac{7\,600}{400}\right)^2 \times 1.0 = 1.438$$

$$M = \eta_s M_0 = 1.438 \times 57.56 = 82.77 \text{kN} \cdot \text{m}$$

$$x = \frac{N}{\alpha_1 f_c b} = \frac{323.95 \times 10^3}{1.0 \times 14.3 \times 400} = 56.63 \text{mm}$$

$$x = 56.63 \text{mm} < \xi_b h_0 = 0.518 \times 360 = 186.48 \text{mm} 且 x < 2a_s' = 80 \text{mm}$$

属大偏心受压构件

$$e_0 = \frac{M}{N} = \frac{82.77 \times 10^3}{323.95} = 255.5 \text{mm}$$

$$e_i = e_0 + e_a = 255.5 + 20 = 275.5 \text{mm}$$

$$e' = e_i - \frac{h}{2} + a_s' = 275.5 - \frac{400}{2} + 40 = 115.5 \text{mm}$$

则　　$$A_s = A_s' = \frac{Ne'}{f_y(h_0 - a_s')} = \frac{323.95 \times 10^3 \times 115.5}{360 \times (360 - 40)} = 325 \text{mm}^2$$

（2）按第②组力内计算。

$$e_{01} = \frac{M_0}{N} = \frac{57.22 \times 10^3}{288.8} = 198.13 \text{mm}$$

则

$$e_{i1} = e_{01} + e_a = 198.13 + 20 = 218.13 \text{mm}$$

$$\zeta_c = \frac{0.5 f_c A}{N} = \frac{0.5 \times 14.3 \times 400 \times 400}{288.8 \times 10^3} = 3.96 > 1.0, \text{取} \zeta_c = 1.0$$

$$\eta_s = 1 + \frac{1}{1\,500 e_{i1}/h_0} \left(\frac{l_0}{h}\right)^2 \zeta_c = 1 + \frac{1}{1\,500 \times \frac{218.13}{360}} \left(\frac{7\,600}{400}\right)^2 \times 1.0 = 1.397$$

$$M = \eta_s M_0 = 1.397 \times 57.22 = 79.94 \text{kN} \cdot$$

$$x = \frac{N}{\alpha_1 f_c b} = \frac{288.8 \times 10^3}{1.0 \times 14.3 \times 400} = 50.49 \text{mm}$$

$x = 50.49 \text{mm} < \xi_b h_0 = 0.518 \times 360 = 186.48 \text{mm}$ 且 $x = 2a'_s = 80 \text{mm}$

属大偏心受压构件。

$$e_0 = \frac{M}{N} = \frac{79.94 \times 10^3}{288.8} = 276.8 \text{mm}$$

$$e_i = e_0 + e_a = 276.8 + 20 = 296.8 \text{mm}$$

$$e' = e_i - h/2 + a'_s = 296.8 - 400/2 + 40 = 136.8 \text{mm}$$

则

$$A_s = A'_s = \frac{Ne'}{f_y(h_0 - a'_s)} = \frac{288.8 \times 10^3 \times 136.8}{360 \times (360 - 40)} = 343 \text{mm}^2$$

最小配筋率

$$A_{smin} = \rho_{min} bh = 0.002 \times 400 \times 400 = 320 \text{mm}^2$$

选用 4 Φ 16($A_s = 804 \text{mm}^2$)。

(3) 垂直于弯矩作用平面承载力验算。

有吊车厂房有柱间支撑时,柱在垂直排架方向的计算长度

$$l_0 = 1.25 H_u = 1.25 \times 3\,800 = 4\,750 \text{mm}$$

$$l_0/b = 4\,750/400 = 11.875 \quad \text{查表得} \quad \varphi = 0.952$$

$$N_u = 0.9 \varphi (f_c bh + f'_y A'_s) = 0.9 \times 0.952 \times (14.3 \times 400 \times 400 + 360 \times 804 \times 2)$$

$$= 2\,456.34 \text{kN} > 323.95 \text{kN}$$

满足要求。

2. 下柱

根据下柱的受力特点,下柱上端和下端弯矩均不为零,下柱的配筋按框架结构柱计算,其考虑二阶效应的柱端弯矩设计值按《混凝土结构设计规范》(GB 50010—2010)6.2.3条计算。

由Ⅲ-Ⅲ截面的内力组合选出不利组合:

① $\begin{cases} M = 344.53 \text{kN} \cdot \text{m} \\ N = 398.5 \text{kN} \end{cases}$ ② $\begin{cases} M = 235.74 \text{kN} \cdot \text{m} \\ N = 534.32 \text{kN} \end{cases}$

在①的不利组合情况下,对应Ⅱ-Ⅱ截面处的弯矩设计值为

$$M = 1.2 \times (-21.18) + 0.9 \times 1.4 \times [1.42 + 0.9 \times (22.91 + 15.58) + (-5.79)]$$

$$= 12.73 \text{kN} \cdot \text{m}$$

或 $M = 1.2 \times (-21.18) + 0.9 \times 1.4 \times [1.42 + 0.9 \times (22.91 - 15.58) + (-5.79)]$

$\qquad = -22.61 \text{kN} \cdot \text{m}$

在②的不利组合情况下，对应Ⅱ-Ⅱ截面处的弯矩设计值为

$M = 1.2 \times (-21.18) + 0.9 \times 1.4 \times [(-5.29) + 0.9 \times (2.64 + 0.166) + (-4.89)]$

$\qquad = -35.06 \text{kN} \cdot \text{m}$

或

$M = 1.2 \times (-21.18) + 0.9 \times 1.4 \times ((-5.29) + 0.9 \times (2.64 + (-0.166)) + (-4.89))$

$\qquad = -35.44 \text{kN} \cdot \text{m}$

则不利组合设计值为

① $M_1 = 22.61 \text{kN} \cdot \text{m}$　　$M_2 = 344.53 \text{kN} \cdot \text{m}$　　$N = 398.5 \text{kN}$

② $M_1 = 35.44 \text{kN} \cdot \text{m}$　　$M_2 = 235.74 \text{kN} \cdot \text{m}$　　$N = 534.32 \text{kN}$

由Ⅱ-Ⅱ截面的内力组合选出不利组合：

③ $\begin{cases} M = 96 \text{kN} \cdot \text{m} \\ N = 667.96 \text{kN} \end{cases}$

在②的不利组合情况下，对应Ⅲ-Ⅲ截面处的弯矩设计值为

$M = 1.2 \times 30.44 + 0.9 \times 1.4 \times [4.89 + 0.8 \times (-10.95 + 78.99) + 0.9 \times (+53.71)]$

$\qquad = 172.18 \text{kN} \cdot \text{m}$

或

$M = 1.2 \times 30.44 + 0.9 \times 1.4 \times [4.89 + 0.8 \times (-10.95 + 78.99) + 0.9 \times (-53.71)]$

$\qquad = 50.37 \text{kN} \cdot \text{m}$

相应Ⅲ-Ⅲ截面处的轴力设计值为

$N = 1.2 \times 322.08 + 0.9 \times 1.4 \times [0 + 0.8 \times (327.6 + 0) + 0.9 \times 0] = 716.71 \text{kN}$

则不利组合设计值为

$\qquad M_1 = 96.0 \text{kN} \cdot \text{m}$　　$M_2 = 172.18 \text{kN} \cdot \text{m}$　　$N = 716.71 \text{kN}$

查表得，有吊车厂房排架方向　　$l_0 = 1.0H = 1.0 \times 9\,300 = 9\,300 \text{mm}$

（1）按第①组内力计算。

弯矩比　　　　　　　　$M_1 / M_2 = 22.61 / 344.53 = 0.066 < 0.9$

轴压比　　　　　　$\mu = \dfrac{N}{f_c A} = \dfrac{398.5 \times 10^3}{14.3 \times 1.77 \times 10^5} = 0.157 < 0.9$

$$i = \sqrt{\dfrac{I}{A}} = \sqrt{\dfrac{1.44 \times 10^{10}}{1.77 \times 10^5}} = 285.23 \text{mm}$$

则　　　　　　　　$l_0 / i = 32.6 < 34 - 12 M_1 / M_2 = 33.2$

根据《混凝土结构设计规范》(GB 50010—2010)6.2.3条可知在该组内力组合工况下，可以不考虑轴向压力在该方向柱中产生的附加弯矩影响，即柱端弯矩最终设计值取 $M = M_2 = 344.53 \text{kN} \cdot \text{m}$。

$$e_0 = M / N = \dfrac{344.53 \times 10^6}{398.5 \times 10^3} = 864.6 \text{mm}$$

$$h_0 = 800 - 40 = 760\text{mm}$$

$$h/30 = 800/30 = 26.7\text{mm} > 20\text{mm}$$

取　　　$e_a = 26.7\text{mm}$

则　　　$e_i = e_0 + e_a = 864.6 + 26.7 = 891.3\text{mm}$

$$e = e_i + \frac{h}{2} - a_s = 891.3 + \frac{800}{2} - 40 = 1\,251.3\text{mm}$$

$$x = \frac{N}{\alpha_1 f_c b} = \frac{398.5 \times 10^3}{1.0 \times 14.3 \times 400} = 69.7\text{mm}$$

$$x < \xi_b h_0 = 0.518 \times 760 = 393.7\text{mm} \text{ 且 } x < 2a'_s = 2 \times 40 = 80\text{mm}$$

中和轴在翼缘内,且属大偏心受压构件。

$$e' = e_i - \frac{h}{2} + a'_s = 891.3 - \frac{800}{2} + 40 = 531.3\text{mm}$$

$$A_s = A'_s = \frac{Ne'}{f_y(h_0 - a'_s)} = \frac{398.5 \times 10^3 \times 531.3}{360 \times (760 - 40)} = 816.8\text{mm}^2$$

(2) 按第②组内力计算。

弯矩比　　　$M_1/M_2 = 35.44/235.74 = 0.15 < 0.9$

轴压比　　　$\mu = \dfrac{N}{f_c A} = \dfrac{534.32 \times 10^3}{14.3 \times 1.77 \times 10^5} = 0.211 < 0.9$

$$i = \sqrt{\frac{I}{A}} = \sqrt{\frac{1.44 \times 10^{10}}{1.77 \times 10^5}} = 285.23\text{mm}$$

则　　　$l_0/i = 32.6 > 34 - 12M_1/M_2 = 32.2$

根据《混凝土结构设计规范》(GB 50010—2010)6.2.3条可知,在该组内力组合工况下,需要考虑轴向压力在该方向柱中产生的附加弯矩影响,即柱端弯矩最终设计值重新计算确定。

$$\zeta_c = \frac{0.5 f_c A}{N} = \frac{0.5 \times 14.3 \times 1.77 \times 10^5}{534.32 \times 10^3} = 2.37 > 1.0, \text{取 } \zeta_c = 1.0$$

$$C_m = 0.7 + 0.3 \frac{M_1}{M_2} = 0.745$$

$$h_0 = 800 - 40 - 760\text{mm}$$

$$\frac{h}{30} = \frac{800}{30} = 26.7\text{mm} > 20\text{mm}$$

取　　　$e_a = 26.7\text{mm}$

$$\eta_{ns} = 1 + \frac{1}{1\,300(M_2/N + e_a)/h_0}\left(\frac{l_0}{h}\right)^2 \zeta_c$$

$$= 1 + \frac{1}{1\,300(235.74 \times 10^3/534.32 + 26.7)/760}\left(\frac{9\,300}{800}\right)^2 \times 1.0 = 1.169$$

$$C_m \eta_{ns} = 0.745 \times 1.169 = 0.871 < 1.0, \text{取 } C_m \eta_{ns} = 1.0$$

$$M = C_m \eta_{ns} M_2 = 1.0 \times 235.74 = 235.74 \text{kN} \cdot \text{m}$$

$$e_0 = M/N = \frac{235.74 \times 10^6}{534.32 \times 10^3} = 441.2 \text{mm}$$

则

$$e_i = e_0 + e_a = 441.2 + 26.7 = 467.9 \text{mm}$$

$$e = e_i + \frac{h}{2} - a_s = 467.9 + \frac{800}{2} - 40 = 827.9 \text{mm}$$

$$x = \frac{N}{\alpha_1 f_c b} = \frac{534.32 \times 10^3}{1.0 \times 14.3 \times 400} = 93.4 \text{mm}$$

$$x < \xi_b h_0 = 0.518 \times 760 = 393.7 \text{mm} \text{ 且 } x > 2a_s' = 2 \times 40 = 80 \text{mm}$$

中和轴在翼缘内,且属大偏心受压构件。

则

$$A_s = A_s' = \frac{Ne - \alpha_1 f_c b x \left(h_0 - \dfrac{x}{2}\right)}{f_y'(h_0 - a_s')}$$

$$= \frac{534.32 \times 10^3 \times 827.9 - 1.0 \times 14.3 \times 400 \times 93.4 \times \left(760 - \dfrac{93.4}{2}\right)}{360 \times (760 - 40)}$$

$$= 236.4 \text{mm}^2$$

(3) 按第③组内力计算。

弯矩比
$$M_1/M_2 = 96/172.18 = 0.56 < 0.9$$

轴压比
$$\mu = \frac{N}{f_c A} = \frac{716.71 \times 10^3}{14.3 \times 1.77 \times 10^4} = 0.283 < 0.9$$

$$i = \sqrt{\frac{I}{A}} = \sqrt{\frac{1.44 \times 10^{10}}{1.77 \times 10^5}} = 285.23 \text{mm}$$

则
$$l_0/i = 32.6 > 34 - 12 M_1/M_2 = 27.3$$

根据《混凝土结构设计规范》(GB 50010—2010)6.2.3条可知,在该组内力组合工况下,需要考虑轴向压力在该方向柱中产生的附加弯矩影响,即柱端弯矩最终设计值重新计算确定。

$$\zeta_c = \frac{0.5 f_c A}{N} = \frac{0.5 \times 14.3 \times 1.77 \times 10^5}{716.71 \times 10^3} = 1.77 > 1.0, \quad 取 \quad \zeta_c = 1/0$$

$$C_m = 0.7 + 0.3 \frac{M_1}{M_2} = 0.868$$

$$h_0 = 800 - 40 = 760 \text{mm}$$

$$h/30 = 800/30 = 26.7 \text{mm} > 20 \text{mm}$$

取
$$e_a = 26.7 \text{mm}$$

$$\eta_{ns} = 1 + \frac{1}{1\,300(M_2/N + e_a)/h_0} \left(\frac{l_0}{h}\right)^2 \zeta_c$$

$$= 1 + \frac{1}{1\,300(172.18 \times 10^3/716.71 + 26.7)/760} \left(\frac{9\,300}{800}\right)^2 \times 1.0 = 1.296$$

$$C_m \eta_{ns} = 0.868 \times 1.296 = 1.125 > 1.0, \quad 取 C_m \eta_{ns} = 1.125$$

$$M = C_m \eta_{ns} M_2 = 1.125 \times 172.18 = 193.7 \text{kN} \cdot \text{m}$$

$$e_0 = M/N = \frac{193.7 \times 10^6}{716.71 \times 10^3} = 270.3 \text{mm}$$

则

$$e_i = e_0 + e_a = 270.3 + 26.7 = 297 \text{mm}$$

$$e = e_i + \frac{h}{2} - a_s = 297 + \frac{800}{2} - 40 = 657 \text{mm}$$

$$x = \frac{N}{\alpha_1 f_c b} = \frac{716.71 \times 10^3}{1.0 \times 14.3 \times 400} = 125.3 \text{mm}$$

$x < \xi_b h_0 = 0.518 \times 760 = 393.7 \text{mm}$ 且 $x > 2a_s' = 2 \times 40 = 80 \text{mm}$

中和轴在翼缘内,且属大偏心受压构件。

则

$$A_s = A_s' = \frac{Ne - \alpha_1 f_c bx \left(h_0 - \dfrac{x}{2} \right)}{f_y' (h_0 - a_s')}$$

$$= \frac{716.71 \times 10^3 \times 657 - 1.0 \times 14.3 \times 400 \times 125.3 \times \left(760 - \dfrac{125.3}{2} \right)}{360 \times (760 - 40)} < 0$$

$$\rho_{min} A = 0.002 \times 1.77 \times 10^5 = 354 \text{mm}^2$$

按计算结果,并满足构造要求,下柱纵向钢筋选用 4 Φ 20, $A_s = 1256 \text{mm}^2$。

(4) 垂直于弯矩作用于平面承载力验算。

垂直于弯矩作用于平面下柱计算长度 $l_0 = 0.8 \times 9300 = 7440 \text{mm}$

$A = 1.77 \times 10^5 \text{mm}^2$

$I_y = 1.642 \times 10^9 \text{mm}^4$

$$i = \sqrt{\frac{I_y}{A}} = \sqrt{\frac{1.642 \times 10^9}{1.77 \times 10^5}} = 96.3 \text{mm}$$

$\dfrac{l_0}{i} = \dfrac{7440}{96.3} = 77.3$ 稳定系数 $\varphi = 0.691$

$N_c = 0.9 \varphi (f_c A + f_y' A_s')$

$\quad = 0.9 \times 0.691 \times (14.3 \times 1.77 \times 10^5 + 360 \times 1256 \times 2)$

$\quad = 2136.5 \text{kN} > N_{max} = 716.71 \text{kN}$

满足要求。

3.7.7.2 柱内箍筋的配置

由于没有考虑地震作用,柱内箍筋一般按构造要求控制,箍筋直径不应小于 $d/4$,且不应小于 6mm,d 为纵向钢筋的最大直径;箍筋间距不应大于 400mm 及构件截面的短边尺寸,且不应大于 $15d$,d 为纵向钢筋的最小直径。上、下柱均采用 Φ 8@200 箍筋,加密区为 Φ 8@100。

3.7.7.3 柱的裂缝宽度验算

按《混凝土结构设计规范》(GB 50010—2010)规定,排架柱的裂缝控制等级为三级,按荷载效应的准永久组合并考虑长期作用影响计算的最大裂缝宽度 $W_{max} < W_{lim} = 0.3 \text{mm}$;另外,

对于 $e_0 = \dfrac{M_q}{N_q} < 0.55h_0$ 的情况可不进行裂缝宽度的验算。

1. 上柱

A 柱 Ⅰ－Ⅰ截面

$$e_0 = \frac{M_q}{N_q} = \frac{41.44 \times 10^6}{268.53 \times 10^3} = 154.32\text{mm} < 0.55h_0 = 0.55 \times 360 = 198\text{mm}$$

A 柱 Ⅱ－Ⅱ截面

$$e_0 = \frac{M_q}{N_q} = \frac{65.05 \times 10^6}{551.87 \times 10^3} = 117.9\text{mm} < 0.55h_0 = 0.55 \times 360 = 198\text{mm}$$

可不进行裂缝宽度验算。

2. 下柱

A 柱 Ⅲ－Ⅲ截面

$$e_0 = \frac{M_q}{N_q} = \frac{237.6 \times 10^6}{332.08 \times 10^3} = 715.5\text{mm} > 0.55h_0 = 0.55 \times 760 = 418\text{mm}$$

需进行作裂缝宽度验算。

$$W_{\max} = \alpha_{cr}\psi\frac{\sigma_s}{E_s}\left(1.9c_s + 0.08 \times \frac{d_{eq}}{\rho_{te}}\right)$$

$$\alpha_{cr} = 1.9$$

$$d_{eq} = \frac{\sum n_i d_i^2}{\sum n_i v_i d_i} = 20\text{mm}$$

$$l_0/h = 11.625 < 14, \quad \eta_s = 1.0$$

$$a_s = c_s + \frac{d}{2} = 30 + \frac{20}{2} = 40\text{mm}$$

$$h_0 = h - a_s = 800 - 40 = 760\text{mm}$$

$$e = \eta_s e_0 + y_s = \eta_s e_0 + \frac{h}{2} - a_s = 715.5 + 400 - 40 = 1\,075.5\text{mm}$$

$$\gamma_f' = \frac{(b_f - b)h_f}{bh_0} = \frac{(400 - 100) \times 150}{100 \times 760} = 0.592$$

$$z = \left[0.87 - 0.12(1 - \gamma_f')\left(\frac{h_0}{e}\right)^2\right]h_0$$

$$= \left[0.87 - 0.12 \times (1 - 0.592) \times \left(\frac{760}{1\,075.5}\right)^2\right] \times 760$$

$$= 642.6\text{mm} < 0.86h_0 = 0.87 \times 760 = 661.2\text{mm}$$

$$\sigma_{sq} = \frac{N_q(e - z)}{A_s z} = \frac{332.08 \times (1\,075.5 - 642.6) \times 10^3}{1\,256 \times 642.6} = 178.1\text{N/mm}^2$$

$$\rho_{te} = \frac{A_s}{0.5bh + h_f(b_f - b)} = \frac{1\,256}{0.5 \times 100 \times 800 + 150 \times (400 - 100)} = 0.015 > 0.01$$

$$\psi = 1.1 - \frac{0.65 f_{tk}}{\rho_{te} \sigma_{sk}} = 1.1 - \frac{0.65 \times 2.01}{0.015 \times 178.1} = 0.611 \begin{matrix} <1.0 \\ >0.2 \end{matrix}$$

则　　$$W_{max} = \alpha_{cr} \psi \frac{\sigma_s}{E_s} \left(1.9 c_s + 0.08 \times \frac{d_{eq}}{\rho_{te}} \right)$$

$$= 1.9 \times 0.611 \times \frac{178.1}{2.0 \times 10^5} \times \left(1.9 \times 30 + 0.08 \times \frac{20}{0.015} \right)$$

$$= 0.169 mm < W_{lim} = 0.3 mm$$

满足要求。

3.7.7.4　牛腿设计

1. 牛腿几何尺寸的确定

牛腿截面宽度与柱宽度相等为 400mm，若取吊车梁外侧至牛腿外边缘的距离 $C_1 = 80mm$，吊车梁端部宽为 340mm，吊车梁轴线到柱外侧的距离为 750mm，则牛腿顶面的长度为 $750 - 400 + \frac{340}{2} + 80 =$ 600mm，牛腿外缘高度 $h_f = 500mm$，牛腿的截面高度为 700mm，牛腿的几何尺寸如图 3-106 所示。

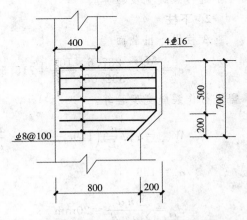

图 3-106　牛腿的几何尺寸及配筋示意图

2. 牛腿高度验算

作用于牛腿顶部按荷载标准组合计算的竖向力值：

$$F_{vk} = D_{max,k} + G_3 = 327.67 + 49 = 376.76 kN$$

牛腿顶部按荷载标准组合计算的水平拉力值：

$$F_{hk} = 0$$

牛腿截面有效高度　$h_0 = h - a_s = 700 - 40 = 600mm$

竖向力 F_{vk} 作用点位于下柱截面内　$a = 0$

$$\beta \left(1 - 0.5 \frac{F_{hk}}{F_{vk}} \right) \frac{f_{tk} b h_0}{0.5 + \frac{a}{h_0}} = 0.65 \times \frac{2.01 \times 400 \times 660}{0.5 + \frac{0}{660}}$$

$$= 689.8 kN > F_{vk} = 376.67 kN$$

满足要求。

3. 牛腿的配筋

由于吊车垂直荷载作用于下柱截面内，即　$a = 750 - 800 = -50mm < 0$。故该牛腿可按构造要求配筋，纵向钢筋取 4$\Phi$16，箍筋取$\Phi$8@100。

4. 牛腿局部受压验算

$0.75 f_c A = 0.75 \times 14.3 \times 400 \times 340 = 1458.6 kN > F_{vk}$，满足要求。

3.7.7.5　柱吊装验算

采用翻身吊，吊点设牛腿与下柱交接处，起吊时，混凝土达到设计强度的 100%，牛腿截面高度 700mm，取柱插入基础的深度为 900mm，则柱吊装验算时的下柱计算长度为 9300 - 700 + 900 = 9500mm，计算简图如图 3-107 所示。

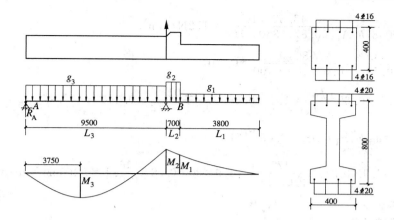

图 3-107　柱吊装验算计算简图

1. 荷载的计算

自重线荷载(kN/m),考虑动力系数 1.5,各段荷载标准值分别为

上柱:$g_1=1.5\times0.4\times0.4\times25=6\text{kN/m}$

牛腿:$g_2=\dfrac{1.5\times(1.0\times0.7-0.5\times0.2\times0.2)\times0.4\times25}{0.7}=14.6\text{kN/m}$

下柱:$g_3=1.5\times1.1\times0.177\times25=7.3\text{kN/m}$(考虑到牛腿根部及柱底部为矩形截面,下柱自重乘以系数 1.1)

2. 内力分析

$$M_1=\frac{1}{2}g_1L_1^2=\frac{1}{2}\times6\times3.8^2=43.32\text{kN}\cdot\text{m}$$

$$M_2=\frac{1}{2}g_1(L_1+L_2)^2+\frac{1}{2}(g_2-g_1)L_2^2$$

$$=\frac{1}{2}\times6\times(3.8+0.7)^2+\frac{1}{2}\times(14.6-6)\times0.7^2$$

$$=62.86\text{kN}\cdot\text{m}$$

由 $R_AL_3+M_2-\dfrac{1}{2}g_3L_3^2=0$　得

$$R_A=\frac{1}{2}g_3L_3-M_2/L_3=\frac{1}{2}\times7.3\times9.5-\frac{62.86}{9.5}=28.1\text{kN}$$

所以　$M_3=R_Ax-\dfrac{1}{2}g_3x^2$,令 $R_A-g_M3x=0$,得下柱最大弯矩发生在

$$x_0=\frac{R_A}{g_3}=\frac{28.1}{7.3}=3.85\text{m}\ \text{处}$$

则　$M_3=28.1\times3.85-\dfrac{1}{2}\times7.3\times3.85^2=54.1\text{kN}\cdot\text{m}$

3. 上柱吊装验算

上柱配筋 $A_s=A_s'=804\text{mm}^2$,受弯承载力验算:

$$M_u=f_y'A_s'(h_0-a_s')=360\times804\times(360-40)\times10^{-6}=92.62\text{kN}\cdot\text{m}>$$

$$\gamma_0M_1\gamma_G=0.9\times43.32\times1.2=46.79\text{kN}\cdot\text{m},满足要求$$

裂缝宽度验算:

$$\sigma_{sq} = \frac{M_q}{0.87h_0 A_s} = \frac{43.32 \times 10^6}{0.87 \times 360 \times 804} = 172\text{N/mm}^2$$

$$\rho_{te} = \frac{A_s}{0.5bh} = \frac{804}{0.5 \times 400 \times 400} = 0.010$$

$$\psi = 1.1 - 0.65 \frac{f_{tk}}{\rho_{te}\sigma_{sk}} = 1.1 - 0.65 \times \frac{2.01}{0.01 \times 172} = 0.340$$

$$w_{max} = \alpha_{cr}\psi\frac{\sigma_s}{E_s}\left(1.9c_s + 0.08\frac{d_{eq}}{\rho_{te}}\right)$$

$$= 1.9 \times 0.340 \times \frac{172}{2.0 \times 10^5} \times \left(1.9 \times 30 + 0.08 \times \frac{16}{0.01}\right) = 0.103\text{mm} < w_{lim} = 0.3\text{mm}$$

满足要求。

4. 下柱吊装验算

$A_s = A'_s = 1256\text{mm}^2$，受弯承载力验算。

$$M_u = 360 \times 1256 \times (760 - 40) = 325.6\text{kN} \cdot \text{m} >$$

$$\gamma_0 M_2 \gamma_G = 0.9 \times 62.86 \times 1.2 = 67.9\text{kN} \cdot \text{m}$$

（裂缝宽度不需验算）

柱配筋图及模板图如图 3-108 所示。

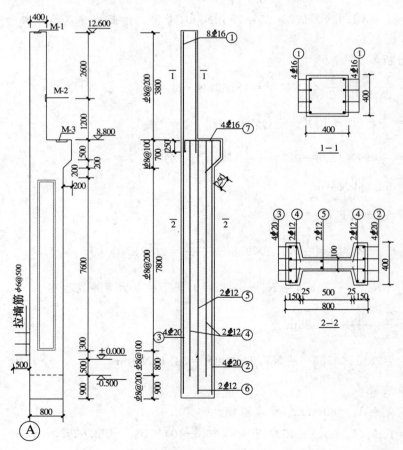

图 3-108　柱配筋图及模板图

3.7.8 基础设计

（混凝土为 C25,钢筋采用 HRB335 级）

1. 荷载计算

(1) 由 A 柱内力组合表选出如下三组最不利内力进行基础设计,括号中的数值为标准值。

① $\begin{cases} M = 344.53(237.6)\text{kN} \cdot \text{m} \\ N = 398.5(332.08)\text{kN} \\ V = 49.24(39.94)\text{kN} \end{cases}$ ② $\begin{cases} M = -235.74(-147.06)\text{kN} \cdot \text{m} \\ N = 534.22(431.45)\text{kN} \\ V = -20.65(-12.06)\text{kN} \end{cases}$

③ $\begin{cases} M = 339.42(234.47)\text{kN} \cdot \text{m} \\ N = 763.74(613.62)\text{kN} \\ V = 43.36(32.66)\text{kN} \end{cases}$

(2) 按构造要求拟定基础高度。

$$h = h_1 + a_1 + 50 = 800 + 300 + 50 = 1\,150\text{mm}$$

基础顶面标高为 -0.500m,

基础埋深 $d = h + 500 = 1\,650\text{mm}$。

(3) 由基础梁传至基础顶面的外墙及钢窗自重设计值。

基础梁自重 $\quad 0.24 \times 0.45 \times 6 \times 25 = 16.2\text{kN}$

墙重 $\quad [(14.23 + 0.5 - 0.45) \times 6 - 3.6 \times 3.6 - 1.8 \times 3.6] \times 0.24 \times 19 = 302.1\text{kN}$

钢窗自重 $\quad (3.6 + 1.8) \times 3.6 \times 0.45 = 8.75\text{kN}$

墙体荷载标准值 $\quad G_{wk} = 327.05\text{kN}$

设计值 $\quad G_w = 1.2 \times 327.05 = 392.46\text{kN}$

偏心距 $\quad e_w = \dfrac{800}{2} + \dfrac{240}{2} = 400 + 120 = 520\text{mm}$

(4) 初估基础底面积。

$$A \geqslant (1.2 \sim 1.4) \frac{N_{max,k} + G_{wk}}{f_a - \gamma_G \times d} = (1.2 \sim 1.4) \times \frac{613.62 + 327.05}{200 - 20 \times 1.65} = 6.76 \sim 7.89\text{m}^2$$

取 $\quad A = a \times b = 3.5 \times 2.5 = 8.75\text{m}^2$

(5) 基础与基础上部土自重。

$$G_k = \gamma_G \cdot ab \cdot d = 20 \times 3.5 \times 2.5 \times 1.65 = 288.75\text{kN}$$

(6) 作用于基底的总荷载标准值和设计值,见表 3-27。

表 3-27 基底总荷载标准值和设计值

内力值 组别	$M_{botk}/(\text{kN} \cdot \text{m})$	N_{botk}/kN	$M_{botk}/(\text{kN} \cdot \text{m})$	N_{botk}/kN
①	113.49	947.83	197.11	790.90
②	−330.97	1047.20	−463.54	926.62
③	101.99	1229.37	185.24	1156.14

注:设计值已扣除基础自重及其上部土重。

2. 地基承载力验算

$$W = \frac{a^2 b}{6} = \frac{3.5^2 \times 2.5}{6} = 5.10 \text{m}^3$$

（1）按第①组荷载计算

$$\frac{P_{kmax}}{P_{kmin}} = \frac{N_{botk}}{A} \pm \frac{M_{botk}}{W} = \frac{947.83}{8.75} \pm \frac{113.49}{5.1} = 108.32 \pm 22.25 = \frac{130.57}{86.07} \text{kPa}$$

$$P_{kmax} = 130.57 \text{kPa} < 1.2 f_a = 1.2 \times 200 \text{kPa} = 240 \text{kPa}$$

$$P = \frac{1}{2}(P_{kmax} + P_{kmin}) = \frac{1}{2}(130.57 + 86.07) = 108.32 \text{kPa} < f_a = 200 \text{kPa}$$

满足要求。

（2）按第②组荷载计算。

$$\frac{P_{k\,max}}{P_{k\,min}} = \frac{N_{botk}}{A} \pm \frac{M_{botk}}{W} = \frac{1\,047.20}{8.75} \pm \frac{330.97}{5.1} = 119.68 \pm 64.90 = \frac{184.58}{54.78} \text{kPa}$$

$$P_{k\,min} = 184.58 \text{kPa} < 1.2 f_a = 1.2 \times 200 \text{kPa} = 240 \text{kPa}$$

$$P = \frac{1}{2}(P_{k\,max} + P_{k\,min}) = \frac{1}{2}(184.58 + 54.79) = 119.68 \text{kPa} < f_a = 200 \text{kPa}$$

满足要求。

（3）按第③组荷载计算。

$$\frac{P_{k\,max}}{P_{k\,min}} = \frac{N_{botk}}{A} \pm \frac{M_{botk}}{W} = \frac{1\,229.37}{8.75} \pm \frac{101.99}{5.1} = 140.50 \pm 20.00 = \frac{160.50}{120.50} \text{kPa}$$

$$P_{k\,min} = 160.50 \text{kPa} < 1.2 f_a = 240 \text{kPa}$$

$$P = \frac{1}{2}(P_{k\,max} + P_{k\,min}) = \frac{1}{2}(160.50 + 120.50) = 140.50 \text{kPa} < f_a = 200 \text{kPa}$$

满足要求。

故所设计的基础底面尺寸合适。

3. 确定基础高度

前面已初步假定基础的高度为 1.15m，采用锥形杯口基础，根据构造要求，初步确定的基础剖面尺寸如图 3-109 所示。

（1）在各组荷载设计值作用下基底净反力。

第①组

$$\frac{P_{s\,max}}{P_{s\,min}} = \frac{N_{bot}}{A} \pm \frac{M_{bot}}{W} = \frac{790.90}{8.75} \pm \frac{197.11}{5.1} = 90.39 \pm 38.65 = \frac{129.04}{51.74} \text{kPa}$$

第②组

$$\frac{P_{s\,max}}{P_{s\,min}} = \frac{N_{bot}}{A} \pm \frac{M_{bot}}{W} = \frac{926.62}{8.75} \pm \frac{463.54}{5.1} = 105.90 \pm 90.89 = \frac{196.79}{15.01} \text{kPa}$$

第③组

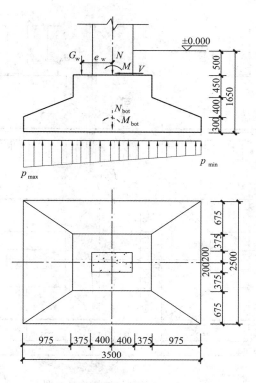

图 3-109　基础尺寸

$$\begin{matrix}P_{s\,max}\\P_{s\,min}\end{matrix}=\frac{N_{bot}}{A}\pm\frac{M_{bot}}{W}=\frac{1\,156.\,14}{8.\,75}\pm\frac{185.\,24}{5.\,1}=132.\,13\pm36.\,32=\begin{matrix}168.\,45\\95.\,81\end{matrix}kPa$$

因第②组 $P_{s\,max}$ 高,故按第②组荷载值验算基础抗冲切强度。

(2) 柱根处抗冲切承载力验算(图 3-110)。

因有 $b_c+2h_0=0.\,4+2\times1.\,11=2.\,62m>b=2.\,5m$　故

$$A=\left(\frac{a}{2}-\frac{a_c}{2}-h_0\right)\cdot b=\left(\frac{3.\,5}{2}-\frac{0.\,8}{2}-1.\,11\right)\times2.\,5=0.\,6m^2$$

则　　　　$F_l=P_{s\,max}\cdot A=196.\,79\times0.\,6=118.\,07kN$

由于基础宽度小于冲切锥体底边宽

$$b_m\approx\frac{b_c+b}{2}=\frac{0.\,4+2.\,5}{2}=1.\,45m$$

$$F_{lu}=0.\,7\beta_h f_t b_m h_0=0.\,7\times0.\,971\times1.\,27\times1.\,45\times1.\,11\times10^3$$

$$=1\,389.\,35kN>F_l=118.\,07kN,满足要求。$$

(3) 变阶处抗冲切承载力验算(图 3-110)。

$$A=\left(\frac{a}{2}-\frac{a_c}{2}-h_0\right)\cdot b-\left(\frac{b}{2}-\frac{b_c}{2}-h_0\right)^2$$

$$=\left(\frac{3.\,5}{2}-\frac{1.\,55}{2}-0.\,66\right)\times2.\,5-\left(\frac{2.\,5}{2}-\frac{1.\,15}{2}-0.\,66\right)^2=0.\,787\,3m^2$$

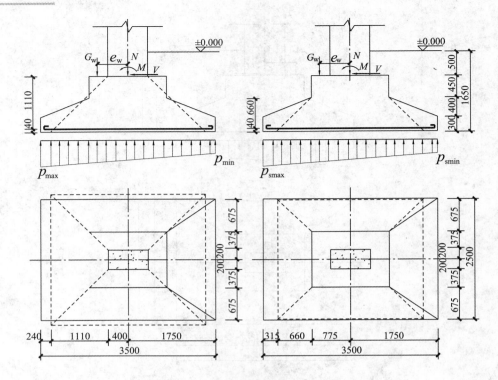

图 3-110　基础抗冲切验算简图

则　$F_l = P_{smax} \cdot A = 196.79 \times 0.787 - 3 = 154.93\text{kN}$

$$b_m = \frac{b_c + b_b}{2} = \frac{1.15 + 1.15 + 2 \times 0.66}{2} = 1.81\text{m}$$

$$F_{lu} = 0.7\beta_h f_t b_m h_0 = 0.7 \times 1.0 \times 1.27 \times 1.81 \times 0.6 \times 10^3$$
$$= 1062\text{kN} > F_l = 154.93\text{kN}，满足要求。$$

4. 基础配筋计算

包括沿长边和短边两方向的配筋计算。沿长边方向的钢筋用量，应按第②组荷载设计值作用下的基底净反力进行计算，而短边方向的钢筋用量，应按第③组荷载设计值作用下的基底净反力进行计算。

（1）沿长边方向的配筋计算：

$$M = \frac{1}{48} \times (P_{smax} + P_{si}) \times (a - a_c)^2 (2b + b_c)$$

$$A_S = \frac{M}{0.9 h_0 f_y}$$

$$M_I = \frac{1}{48} \times (196.79 + 126.67) \times (3.5 - 0.8)^2 \times (2 \times 2.5 + 0.5) = 265.28\text{kN} \cdot \text{m}$$

$$M_{III} = \frac{1}{48} \times (196.79 + 146.15) \times (3.5 - 1.55)^2 \times (2 \times 2.5 + 1.15) = 167.08\text{kN} \cdot \text{m}$$

相应于 I - I 和 III - III 截面的配筋为：

$$A_{sI} = \frac{265.28 \times 10^6}{0.9 \times 300 \times 1110} = 885.2\text{mm}^2$$

$$A_{sIII} = \frac{167.08 \times 10^6}{0.9 \times 300 \times 660} = 937.6\text{mm}^2$$

选取 $\phi 8@120, A_s = 1048 mm^2$。

（2）沿短边方向的配筋计算：

$$M = \frac{1}{48} \times (P_{s\,max} + P_{s\,min}) \times (b - b_c)^2 (2a + a_c)$$

$$A_s = \frac{M}{0.9(h_o - d)f_y}$$

$$M_{\text{II}} = \frac{1}{48} \times (168.45 + 95.81) \times (2.5 - 0.4)^2 \times (2 \times 3.5 + 0.8) = 189.38 \text{kN} \cdot \text{m}$$

$$M_{\text{IV}} = \frac{1}{48} \times (168.45 + 95.81) \times (2.5 - 1.15)^2 \times (2 \times 3.5 + 1.55) = 85.79 \text{kN} \cdot \text{m}$$

相应于 II-II 和 IV-IV 截面的配筋为

$$A_{s\text{II}} = \frac{189.38 \times 10^6}{0.9 \times 300 \times (1110 - 10)} = 637.6 \text{mm}^2$$

$$A_{s\text{IV}} = \frac{85.79 \times 10^6}{0.9 \times 300 \times (660 - 10)} = 488.8 \text{mm}^2$$

选取 $\phi 8@200, A_s = 880 mm^2$。

基础配筋图见图 3-111。

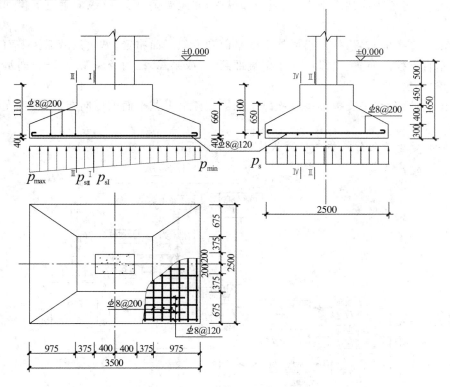

图 3-111　基础配筋图

本章小结

（1）单层厂房屋盖结构的类型：有檩体系、无檩体系和梁板合一体系。

有檩体系屋盖：屋架、檩条和小型屋面板（或瓦材）组成。

无檩体系屋盖：大型屋面板、屋架或屋面梁。

梁板合一体系屋盖：F板、V形板等。

（2）单层厂房排架上的荷载。

恒荷载：屋盖自重（屋盖结构及建筑构造层自重、支撑和天窗架自重）、吊车梁及轨道自重、连系梁及墙体自重。

活荷载：包括屋面活荷载（屋面均布活荷载、雪荷载、积灰荷载）、吊车荷载（竖向 D_{max} 和 D_{min}）、水平荷载（横向水平荷载 T_{max} 和纵向水平荷载 T_0）、风荷载（柱上均布荷载、柱顶集中荷载）。

（3）单层厂房的支撑：分屋盖支撑和柱间支撑。

屋盖支撑：包括屋架支撑和天窗架支撑。

屋架支撑：可分为屋架水平支撑（横向和纵向）和屋架垂直支撑（纵向垂直支撑和纵向水平系杆）。

屋架水平支撑的布置：横向沿屋架上弦平面和下弦平面布置；纵向只沿下弦平面布置。

屋架垂直支撑的布置：沿纵向在屋架端部第一（或第二）柱间及屋架中部；纵向水平系杆沿屋架上下弦布置。

天窗架支撑：分水平支撑和垂直支撑。水平支撑沿上弦平面的横向布置；垂直支撑沿侧面纵向布置。

（4）单层厂房竖向荷载和水平荷载传递路径如下：

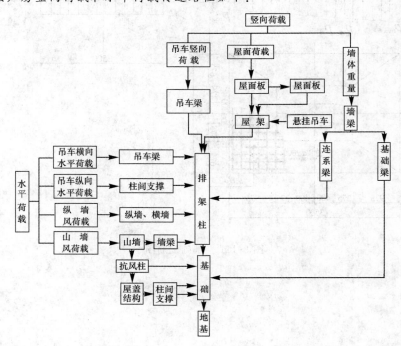

（5）排架内力分析步骤：

① 确定计算单元和计算简图；选取有代表性的一榀中间横向排架进行计算。

② 荷载计算；确定计算单元内恒荷载、活荷载（施工活荷载、雪荷载及积灰荷载）、风荷载；确定吊车计算参数及台数。

③ 不同荷载作用下排架的内力分析。等高排架按剪力分配法；不等高排架可用力法。

④ 进行柱控制截面的内力组合，确定最不利荷载组合；注意吊车竖向荷载和横向水平荷载的关系。

（6）柱下独立基础设计的主要内容

根据地基承载力及变形确定基础底面尺寸；

根据冲切承载力要求，确定基础高度；

根据受弯承载力要求，计算基础底板的配筋；

根据计算及构造要求画施工图。

思考题

3-1 单层厂房结构是由哪几部分组成的？

3-2 单层厂房排架结构计算简图采用了哪些基本假定？

3-3 单层厂房横向平面排架和纵向平面排架各由哪些构件组成？荷载的传递途径如何？

3-4 单层厂房的支撑分几类？其作用是什么？简述其布置原则。

3-5 作用在单层厂房排架结构上的荷载有哪些？试画出每种荷载单独作用下的计算简图。

3-6 写出等高排架柱顶作用水平集中力时，柱顶剪力的计算公式。并说明公式中各符号的物理意义。

3-7 简述等高排架在任意荷载作用下，利用剪力分配法进行内力计算的步骤。

3-8 D_{max}，D_{min} 和 T_{max} 是怎样求得的？

3-9 如何确定一阶变截面柱的控制截面？为什么这样确定？

3-10 柱的最不利内力组合有几种？为什么选择这几种组合？

3-11 荷载效应组合时，应注意哪些问题？

3-12 单层厂房柱的牛腿有几种破坏形态？牛腿的计算公式是根据哪种破坏形态建立的？

3-13 什么是厂房的整体空间作用？

3-14 牛腿计算简图如何选取？写出纵向受力钢筋的计算公式。

3-15 简述屋面梁、屋架的设计要点。

3-16 吊车梁的受力特点是什么？

3-17 简述柱下独立基础的设计内容。

3-18 柱下独立基础底面积如何确定？基础高度如何确定？

3-19 为什么在确定基底尺寸时要采用全部地基反力？而在确定基础高度和基础配筋时又采用地基净反力（不考虑基础及台阶上回填土自重）？

3-20 杯形基础底板配筋如何计算？设计时应注意哪些构造要求？

3-21 基础梁如何设计？如何选择标准图？

习　题

3-1 单跨厂房柱距为 6m，内设两台软钩桥式吊车，起重 $Q=300/50kN$，若水平制动力按一台考虑，求柱承受的吊车最大垂直荷载和水平荷载设计值。吊车数据如表 3-28 所列。

表 3-28 吊车数据

起重量 /kN	跨度 /m	最大轮压 /kN	卷扬机小 车自重 /kN	总重力 /kN	轮距 /mm	吊车宽 /mm
300/50	22.5	297	107.6	370	5000	6260

3-2 利用图乘法推导单阶悬臂柱在 $F=1$（见习题图 3-2）作用下水平位移的计算公式。

3-3 用力法计算如图所示结构铰支端的反力。M 作用在牛腿顶面处（见习题图 3-3）。

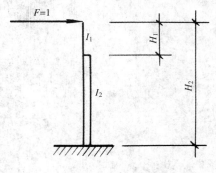

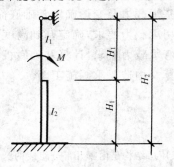

习题图 3-2

习题图 3-3

3-4 已知单层工业厂房柱距为 6m，基本风压 $w_0=0.35\text{kN/m}^2$，其体形系数和外形尺寸见习题图 3-4，求作用在排架上的风荷载。

3-5 如习题图 3-5 所示的两跨排架，在 A 柱牛腿顶面处作用的力矩为 $M_{\max}=221.1\text{kN}\cdot\text{m}$，在 B 柱牛腿顶面处作用的力矩 $M_{\max}=160.5\text{kN}\cdot\text{m}$，$I_1=2.13\times10^9\text{mm}^4$，$I_2=14.52\times10^9\text{mm}^4$，$I_3=5.21\times10^9\text{mm}^4$，$I_4=17.76\times10^9\text{mm}^4$，上柱高 $H_u=3.48\text{m}$，全柱高 $H=12.9\text{m}$，求排架内力。

3-6 某单层工业厂房柱网布置和排架尺寸如习题 3-6 所示，厂房内设有两台 $Q=200/50\text{kN}$，跨度 $l=16.5\text{mA5}$ 级吊车，$p_{\max}=202\text{kN}$，$p_{\min}=60\text{kN}$，$B=5600\text{mm}$，$K=4400\text{mm}$，$I_1/I_2=0.144$，$\lambda=H_u/H=0.26$，试求最大轮压作用在 A 轴线柱上时排架柱的内力。

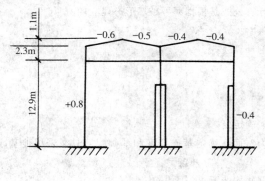

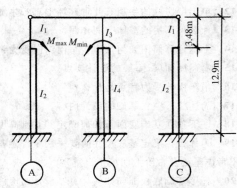

习题图 3-4

习题图 3-5

3-7 某厂房如习题图 3-7 所示，中柱、上柱截面为 $500\text{mm}\times600\text{mm}$，下柱截面为 $500\text{mm}\times1000\text{mm}$，混凝土强度等级为 C35，HRB335 级钢筋，柱左牛腿承受 A7 级吊车传来的荷载，最大垂直荷载设计值（包括吊车梁及轨道等）$D_{\max}=760\text{kN}$，试确定中柱左边牛腿尺寸及配筋。

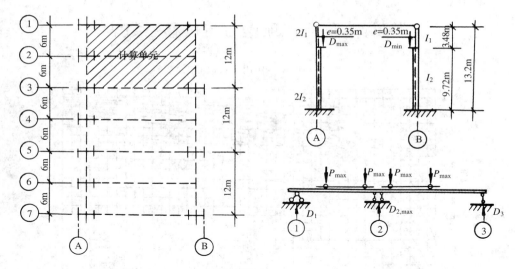

习题图 3-6

3-8 某单层工业厂房柱（截面 400mm×800mm）下的独立基础，杯口顶面承受荷载的设计值为 $N=660$kN，$M=200$kN·m，$V=21$kN，地基承载力设计值 $f_a=180$kN/m²，基底埋深 $d=1.55$m，混凝土强度等级为 C30，HRB400 级钢筋，垫层 100mm 厚，设计该基础。

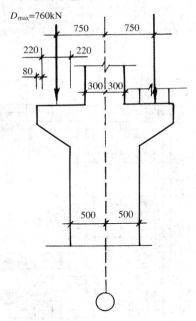

习题图 3-7

3-9 某排架结构柱截面为 400mm×400mm，柱计算长度 $l_0=5.4$m，采用 C30 混凝土，HRB400 级钢筋，对称配筋，该柱承受的最不利内力设计值为

第一组　　$N=695$kN　　$M_0=200$kN·m

第二组　　$N=405$kN　　$M_0=175$kN·m

试问：应采用哪一组内力设计值进行配筋计算？$A_s=A_s'=$？

附图:单阶柱柱顶反力与位移系数表

柱顶单位集中荷载作用下系数 C_0 的数值

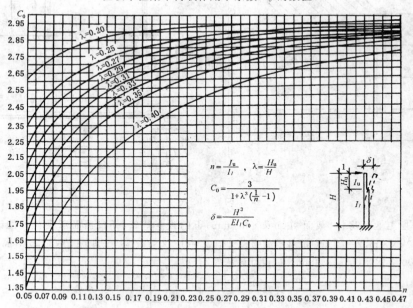

附图 3-1

力矩作用在柱顶时系数 C_1 的数值

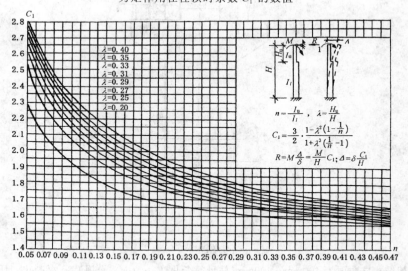

附图 3-2

力矩作用在上柱($y=0.4H_u$)系数 C_2 的数值

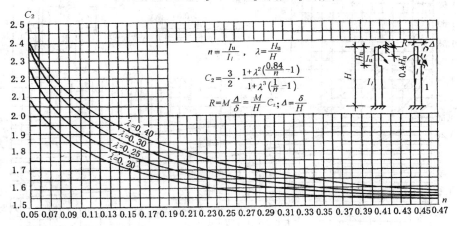

附图 3-3

力矩作用在上柱($y=0.6H_u$)系数 C_2 的数值

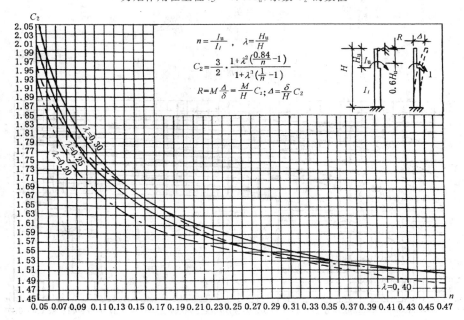

附图 3-4

力矩作用在上柱$(y=0.8H_u)$系数C_2的数值

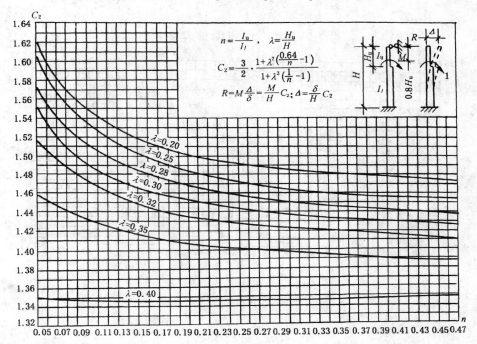

附图 3-5

力矩作用在牛腿面系数C_3的数值

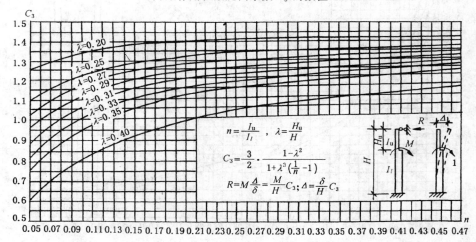

附图 3-6

力矩作用在下柱($y=0.8H_l$)系数 C_4 的数值

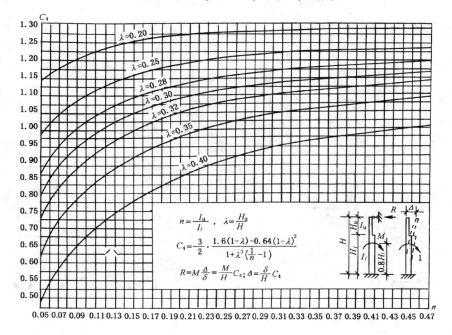

附图 3-7

力矩作用在下柱($y=0.6H_l$)系数 C_4 的数值

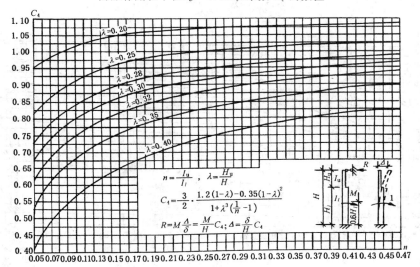

附图 3-8

力矩作用在下柱($y=0.4H_l$)系数 C_4 的数值

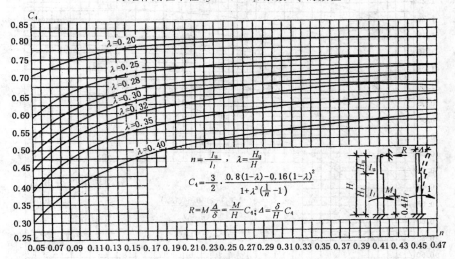

附图 3-9

集中荷载作用在上柱($y=0.5H_u$)系数 C_5 的数值

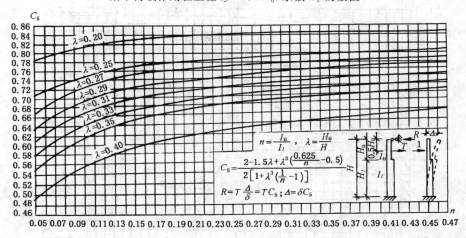

附图 3-10

集中荷载作用在上柱$(y=0.6H_u)$系数 C_5 的数值

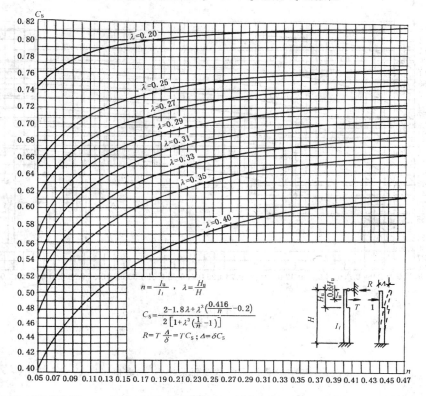

附图 3-11

集中荷载作用在上柱$(y=0.7H_u)$系数 C_5 的数值

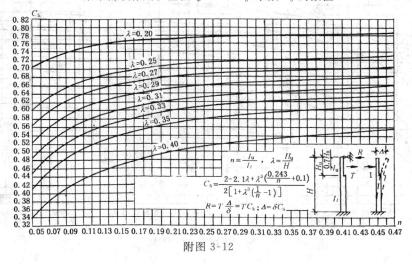

附图 3-12

集中荷载作用在上柱($y=0.8H_u$)系数 C_5 的数值

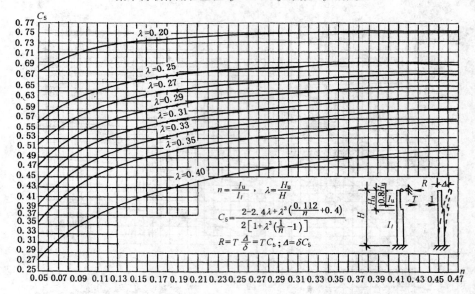

$$n=\frac{I_u}{I_l}, \quad \lambda=\frac{H_u}{H}$$

$$C_5=\frac{2-2.4\lambda+\lambda^3\left(\frac{0.112}{n}+0.4\right)}{2\left[1+\lambda^3\left(\frac{1}{n}-1\right)\right]}$$

$$R=T\frac{\Delta}{\delta}=TC_5; \quad \Delta=\delta C_5$$

附图 3-13

集中荷载作用在牛腿面系数 C_6 的数值

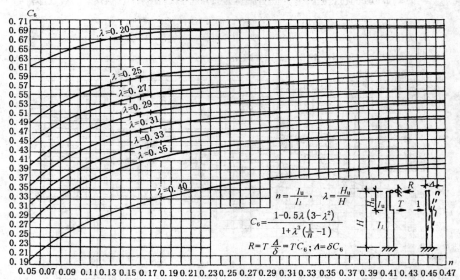

$$n=\frac{I_u}{I_l}, \quad \lambda=\frac{H_u}{H}$$

$$C_6=\frac{1-0.5\lambda\left(3-\lambda^2\right)}{1+\lambda^3\left(\frac{1}{n}-1\right)}$$

$$R=T\frac{\Delta}{\delta}=TC_6; \quad \Delta=\delta C_6$$

附图 3-14

集中荷载作用在下柱($y=0.8H_l$)系数 C_7 的数值

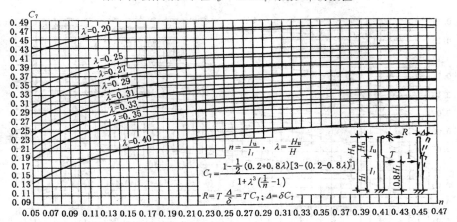

附图 3-15

集中荷载作用在下柱($y=0.6H_l$)系数 C_7 的数值

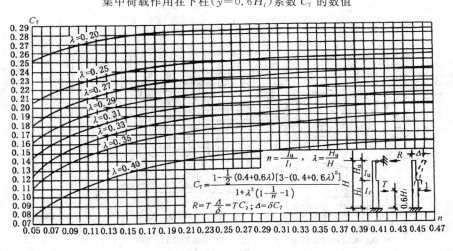

附图 3-16

集中荷载作用在下柱($y=0.4H_l$)系数 C_7 的数值

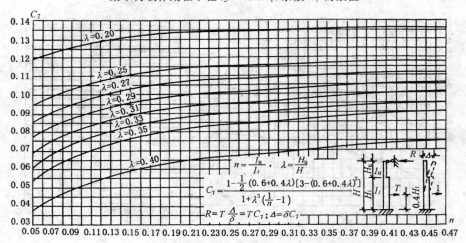

附图 3-17

集中荷载作用在下柱($y=0.2H_l$)系数 C_7 的数值

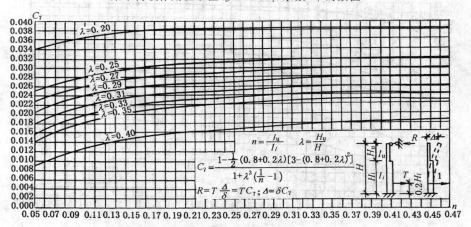

附图 3-18

均布荷载作用在上柱($y=0.4H_u$)系数 C_8 的数值

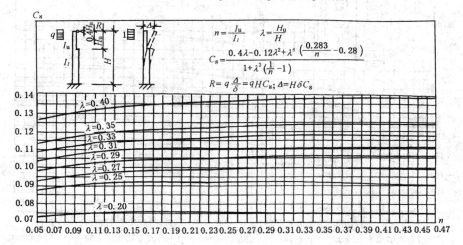

附图 3-19

均布荷载作用在上柱($y=0.6H_u$)系数 C_8 的数值

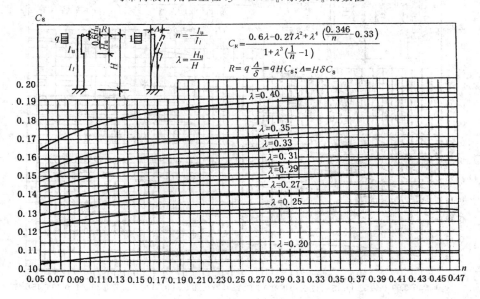

附图 3-20

均布荷载作用在上柱（$y=0.8H_u$）系数 C_8 的数值

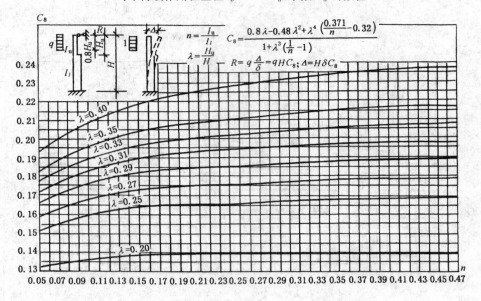

附图 3-21

均布荷载作用在整个上柱系数 C_9 的数值

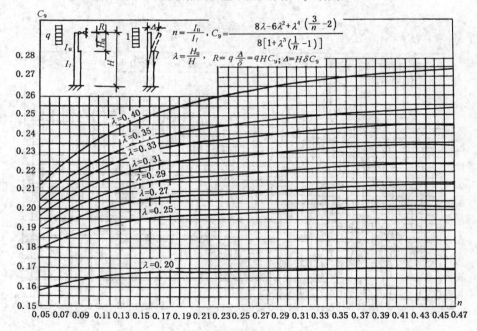

附图 3-22

均布荷载作用在上、下柱($y=0.8H_l$)系数 C_{10} 的数值

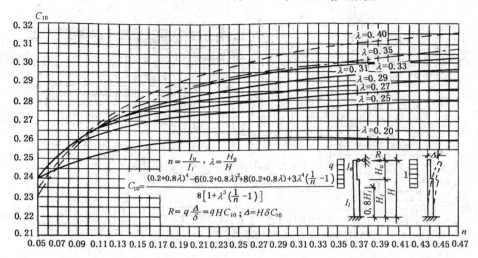

附图 3-23

均布荷载作用在上、下柱($y=0.6H_l$)系数 C_{10} 的数值

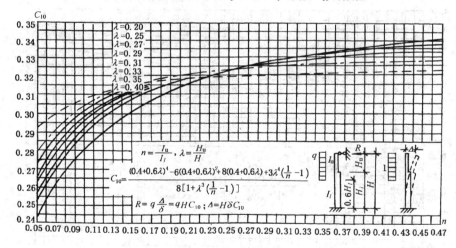

附图 3-24

均布荷载作用在上、下柱($y=0.4H_l$)系数 C_{10} 的数值

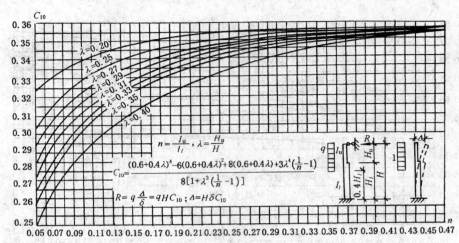

附图 3-25

均布荷载作用在整个上、下柱系数 C_{11} 的数值

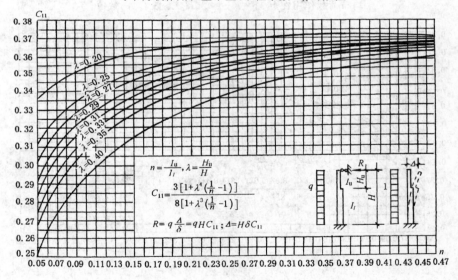

附图 3-26

均布荷载作用在整个下柱系数 C_{12} 的数值

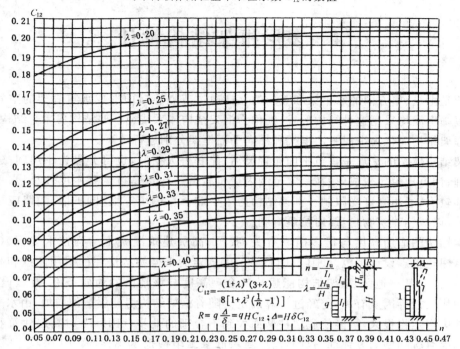

图 3-27

4 多层框架结构设计

　　框架是由纵、横方向的水平梁和竖向的立柱通过节点连接而形成承重骨架的空间结构体系。如整幢房屋均采用这种结构形式,则称为框架结构体系或纯框架结构房屋。结构设计时,通常将框架结构简化为纵向平面框架和横向平面框架分别进行计算。

　　框架结构体系的优点是建筑平面布置灵活,能获得大空间,也可分隔为小房间;建筑立面容易处理;计算理论比较成熟;在一定范围内造价较低。缺点是抗侧移刚度较小,水平荷载作用下侧移较大,适用高度受限制。框架结构房屋中非承重的填充墙、围护墙、隔墙应尽量采用轻质材料,以减轻建筑物自重,对抗震有利。

　　框架结构的适用高度与很多因素有关,我国《高层建筑混凝土结构技术规程》(JG J3—2010)和《建筑抗震设计规范》(GB 50011—2010)规定的框架结构房屋的适用高度和高宽比限值见表4-1。对某一地区,框架结构能建造的合理高度与该地区的地质条件、抗震设防烈度、建筑的使用功能等因素有关,需经过计算确定。随着框架结构房屋层数的增加,由水平荷载所引起的柱中弯矩将很大,可能使底层柱截面大到不合理的地步。国际上对高层建筑和多层建筑的界限没有统一的划分标准,我国《高层建筑混凝土结构技术规程》将10层及10层以上或房屋高度大于28m的住宅建筑以及房屋高度大于24m的其他建筑物称为高层建筑。在有抗震设防的地区,一般的框架结构难以达到10层,故为多层框架结构。

表 4-1　　　　　　　　　　　　　框架结构房屋的最大适用高度和最大高宽比

	非抗震设计	抗震设防烈度				
		6 度	7 度	8 度(0.2g)	8 度(0.3g)	9 度
高度限值/m	70	60	50	40	35	24
高宽比限值	5	4	4	3	3	2

4.1 结构布置和梁、柱尺寸及计算简图

　　框架体系的结构布置主要是确定框架柱在平面上的排列方式(柱网布置)和选择框架结构的承重方案,在满足建筑使用功能要求的前提下,还应使结构传力简单、受力合理。

4.1.1 框架体系的结构布置

　　1. 结构布置的基本原则

　　建筑的平面、立面形状对其结构体系的受力是否合理有极大影响,如果一幢建筑物的体型不规则,则其结构布置及受力就不合理,这种缺陷是无论采用多么精确的内力分析方法都无法弥补的,因此,在进行结构计算之前,应对结构布置从总体上加以把握。结构的平面布置和竖向布置宜遵循以下基本原则。

　　(1) 平面布置。平面宜简单、规则、对称,减少偏心;平面长度不宜过长,突出部分长度 l 不宜过大(图 4-1);L、l 等值宜满足表 4-2 的要求;不宜采用角部重叠的平面图形或细腰形平

面图形;结构的平面布置应减少扭转的影响。

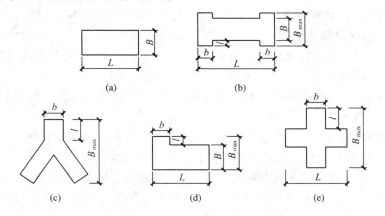

图 4-1 建筑平面

表 4-2 L、l 的限值

设防烈度	L/B	l/B_{max}	l/b
6,7 度	≤6.0	≤0.35	≤2.0
8,9 度	≤5.0	≤0.30	≤1.5

（2）竖向布置。建筑的竖向体型宜规则、均匀,避免有过大的外挑和内收。结构的侧向刚度宜下大上小,逐渐均匀变化,不应采用竖向布置严重不规则的结构,具体规定可参考有关的设计规范。

抗震设计时,当结构上部楼层收进部位到室外地面的高度 H_1 与房屋高度 H 之比大于 0.2 时,上部楼层收进后的水平尺寸 B_1 不宜小于下部楼层水平尺寸 B 的 0.75 倍(图 4-2(a),(b));当上部结构楼层相对于下部楼层外挑时,下部楼层的水平尺寸 B 不宜小于上部楼层水平尺寸 B_1 的 0.9 倍,且水平外挑尺寸 a 不宜大于4m(图4-2(c)、(d))。

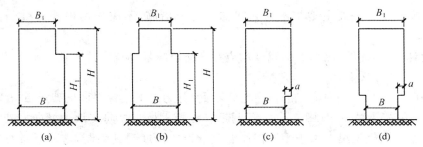

图 4-2 结构竖向收进和外挑示意

（3）变形缝设置。变形缝包括伸缩缝、沉降缝和防震缝。

① 伸缩缝。当混凝土结构体积较大(例如建筑物较长)时,由于温度变化、混凝土收缩等原因将产生内应力。而当拉应力超过混凝土材料的抗拉强度时,会出现裂缝。伸缩缝的设置就是为了防止内应力积聚过大,将较长的建筑物分成几个温度区段,从而达到控制裂缝的目的。《高层建筑混凝土结构技术规程》规定的现浇框架结构伸缩缝的最大间距为55m。

当采用下列构造措施和施工措施减小温度和混凝土收缩对结构的影响时,可适当放宽伸缩缝的间距。

(i) 顶层、底层、山墙和纵墙端开间等温度变化影响较大的部位提高配筋率;

(ii) 顶层加强保温隔热措施,外墙设置外保温层;

(iii) 每 30～40m 间距留出施工后浇带,带宽 800～1 000mm,钢筋采用搭接接头,后浇带混凝土宜在 45 天后浇灌;

(iv) 顶部楼层改用刚度较小的结构形式或顶部设局部温度缝,将结构划分为长度较短的区段;

(v) 采用收缩小的水泥、减小水泥用量、在混凝土中加入适宜的外加剂;

(vi) 提高每层楼板的构造配筋率或采用部分预应力结构。

② 沉降缝。高层建筑的主楼与裙房之间,由于层数相差很大,荷载悬殊,为避免因两部分沉降差过大将结构拉裂,常设置沉降缝将其完全分开。沉降缝的做法是从房屋的基础底面到上部结构顶部完全分开,以使各部分自由沉降。

③ 防震缝。体型或结构布置不规则的结构,在受力上存在较多薄弱部位,在风或地震作用下会产生复杂的振动形式,若设计不当,会导致严重后果。

抗震设计时,宜调整建筑的平面形状和结构布置,避免结构不规则,不设防震缝。当建筑物平面形状复杂又无法调整其平面形状和结构布置使之成为较规则的结构时,宜设置防震缝将其划分为较简单的几个结构单元。防震缝做法是将基础以上部分分开,而基础可以不分开。

《建筑抗震设计规范》(GB 50011—2010)对防震缝做出如下规定:

(i) 防震缝的最小宽度:框架结构房屋,高度不超过 15m 时,可取 100mm;超过 15m 时,6度、7度、8度和9度相应每增加高度 5m,4m,3m 和 2m,宜加宽 20mm。

(ii) 防震缝两侧结构体系不同时,防震缝宽度应按不利的结构类型确定;防震缝两侧的房屋高度不同时,防震缝宽度应按较低的房屋高度确定。

(iii) 当相邻结构的基础存在较大沉降差时,宜增大防震缝的宽度。

(iv) 防震缝宜沿房屋全高设置;地下室、基础可不设防震缝,但在与上部防震缝对应处应加强构造和连接。

(v) 结构单元之间或主楼与裙房之间如无可靠措施,不应采用牛腿托梁的做法设置防震缝。

抗震设计时,伸缩缝、沉降缝的宽度均应符合防震缝最小宽度的要求。此所谓三缝合一。

2. 平面框架的承重方案

根据楼(屋)面板上竖向荷载的传递路线不同,分为以下三种平面框架承重方案。

(1) 横向框架承重方案(图 4-3)。预制钢筋混凝土板沿纵向支承于横向框架梁上。板上竖向荷载传给横向框架梁。由于预制钢筋混凝土板的跨度受到限制,这种承重方案的横向平面框架数量较多,横向框架梁的截面高度比纵向梁的截面高度大,因而房屋的横向刚度得到加强。纵向梁的截面高度较小,梁下可以开设大的门窗洞口。这种承重方案的缺点是,因横向梁的高度大而使得由多个开间组成的大面积房间的净空减小,房屋开间的布置不太灵活,且不利于纵向管道的敷设。尽管如此,由于横向框架承重方案的横向刚度较大,结构的性能好,因而在实际中应用较多。

(2) 纵向框架承重方案(图 4-4)。预制钢筋混凝土板沿横向支承于纵向框架梁上。板上竖向荷载传给纵向框架梁。这种承重方案的纵向框架梁截面高度较大,使纵向平面框架的刚度更大(因纵向柱列中的柱数量多,原本纵向刚度就比较大),对建于软弱地基或不均匀地基上的狭长房屋,能获得较好的抵抗不均匀沉降的能力。由于横向梁的截面高度较小,可获得较大的房间净空,并有利于纵向管道的敷设。但这种承重方案房屋的横向刚度较差,因而在实际中较少采用。

当楼(屋)面板采用预制钢筋混凝土板时,才可以将板上竖向荷载视为沿单向传递,因此,严格说来,上述横向框架承重方案和纵向框架承重方案是当楼(屋)盖采用预制板时才存在的。

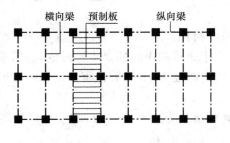 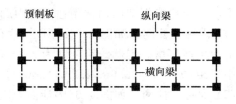

图 4-3　横向框架承重方案　　　　　　　图 4-4　纵向框架承重方案

(3) 纵横向框架承重方案(图 4-5)。板上竖向荷载既传给横向框架梁又传给纵向框架梁。图 4-5(a)中,预制板有的沿横向支承于纵向框架梁上,有的沿纵向支承于横向框架梁上;图 4-5(b)中,预制板一端支于横向框架梁上,另一端支于次梁上,而次梁又支于纵向框架梁上,因此板上竖向荷载除传给横向梁外,还通过次梁传给纵向梁。

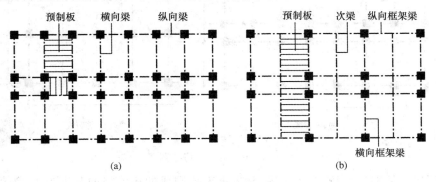

(a)　　　　　　　　　　　　　　　　(b)

图 4-5　纵横向框架承重方案

如果框架体系采用整体式(即全现浇)钢筋混凝土楼(屋)盖,则无论由钢筋混凝土梁(框架梁或次梁)围成的板区格为单向板还是双向板,板上竖向荷载均会传给其四周的支承梁(尽管单向板上荷载大部分传给长边支承梁,小部分传给短边支承梁,为简化,计算时可以按单向传力考虑,但实际上仍为双向传力),因而当框架体系采用整体式钢筋混凝土楼(屋)盖时,均为纵横向框架承重方案,此时,纵向平面框架和横向平面框架均为承重框架。

纵横向框架承重方案中,由于纵、横两个方向的框架共同承重,因此结构的空间刚度较大,结构整体性较好,对结构抗震有利。特别当采用整体式楼盖时,这种承重方案适用于一些工艺复杂、设备较重、楼板开有较大洞口的多层工业厂房以及各种民用建筑房屋。

框架体系中,纵、横向框架梁和框架柱之间一般均采用刚性连接,不应采用铰接,这样有利于增大整个结构的刚度和整体性,对抗震有利。需要说明的是,横向框架承重方案中的纵向梁,以及纵向框架承重方案中的横向梁,由于不直接承受板上竖向荷载,因而其截面高度可以比跨度相同的承重框架梁的截面高度小一些,但这并非意味着它不重要,也并非只起到连系承重框架的作用(过去习惯称连系梁,实不妥当)。因为这种梁与框架柱所形成的平面框架还要承受由该方向风荷载或地震作用所产生的内力,并与另一方向的平面框架共同组成建筑物的空间承重骨架,所以这种梁与框架柱之间不应采用铰接,而应为刚接,其重要性不容忽视。

3. 柱网及层高

平面上框架柱在纵、横方向的排列即形成柱网。柱网布置就是确定纵向柱列的柱距和横向柱列的柱距(通常称为跨度)。框架结构的柱网尺寸根据建筑的使用功能要求而定,设计时应对多个可选方案进行技术经济比较后择优选取。

多层工业厂房框架结构常用柱网有内廊式和等跨式两种:

(1) 内廊式柱网。如图4-6(a)所示,这种柱网由两个边跨和中间的走廊跨形成,适用于一些轻工业生产厂房。走廊跨跨度常为2.4～3.0m,两边跨跨度为6～9m;柱距多用6m,也可采用较小柱距,如3.3m,3.6m,4.2m,4.8m等。

(2) 等跨式柱网。如图4-6(b)所示,将厂房沿横向划分为两跨或三跨,跨度可以相等或基本相等,这样便于布置大规模生产线。常用柱网有:

$$(6+6)\times6m、(7.5+7.5)\times6m、(9+9)\times6m、(12+12)\times6m$$

等。对于电视机、录像机和计算机装配线的生产厂房,也可采用多跨相连的方案,如:

$$(9+9+9+9)\times6m$$

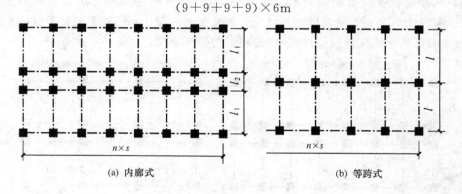

(a) 内廊式 (b) 等跨式

图4-6 工业厂房柱网

工业厂房的柱网尺寸较大,则由纵、横向框架梁围成的板区格的跨度也大,为了使楼板厚度不因此而过大,可在框架梁跨内另外布置若干根次梁,以减小板区格的跨度,从而减小板厚。

工业厂房层高的确定,应考虑车间工艺设备、管道布置和通风采光等因素。一般可采用4.2m,4.5m,4.8m,5.4m,6.0m,7.2m等,并应符合有关国家标准或行业标准的规定。

民用建筑由于使用功能要求复杂多变,因此柱网布置也各不相同。纵向柱列的柱距与房间的开间尺寸有关,如住宅、旅馆、办公楼的开间多为3.3～4.5m。开间较大时,可采用一个开间一个柱距方案;而开间较小时,若为一开间一柱距,则柱网过密,建筑布置不灵活,也不经济,此时可采用两个开间一个柱距的方案。横向平面框架有四根柱组成的三跨组合式布置,也有一大一小的两跨组合式布置。跨度的大小主要与房间进深尺寸有关,例如,办公楼、旅馆常采用三跨内廊式,两边跨的跨度为5～5.7m,走廊跨跨度2～2.5m;旅馆建筑也有采用中间跨比两边跨大的三跨组合式,边跨跨度按客房进深确定,一般为5m左右,在中间的大跨内,布置两侧客房的卫生间和走廊,跨度为7m左右。民用建筑除沿纵、横向柱列布置框架梁外,还应于隔墙下设置楼盖次梁,以承受墙体传来的集中线荷载。

4.1.2　梁、柱截面尺寸及计算简图

1. 梁、柱截面形式及尺寸

框架梁的截面形式与楼盖施工方法有关。当楼板与框架梁、柱全现浇时,现浇板可视为梁的翼缘参加工作,框架梁的截面形式为 T 形(两侧有板的中框架梁)或倒 L 形(仅一侧有板的边框架梁);当采用预制板时,框架梁截面可做成矩形、T 形、花篮形和十字形等;当采用预制和现浇相结合的迭合梁时,框架梁形式有花篮形和十字形。各种框架梁的截面形式如图 4-7 所示。

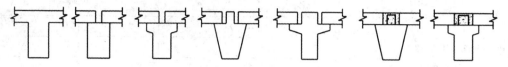

图 4-7　框架梁的截面形式

框架柱的截面形式常采用矩形或方形,方形截面便于布置钢筋,施工不易出错,应用较多。

框架梁、柱的截面尺寸与框架所受荷载及内力的大小有关,而荷载、内力的计算又需要用到框架梁、柱的截面尺寸(用于计算自重、刚度),因此它们是相互依赖、相互影响的。在结构设计中,一般是先按经验公式初步拟定梁、柱截面尺寸,再根据计算结果对不合适的尺寸进行修正。

(1) 框架梁。框架梁截面高度可按 $h_b = (1/18 \sim 1/10)l_b$ 确定,l_b 为梁的计算跨度;为了防止梁发生剪切脆性破坏,梁净跨与截面高度之比不宜小于 4。梁的截面宽度可取 $b_b = (1/3 \sim 1/2)h_b$,且不宜小于 200mm,梁截面的高宽比不宜大于 4。为了降低楼层高度,或便于敷设管道,必要时可设计成宽度较大的扁梁,扁梁的截面高度和宽度可取 $h_b = (1/25 \sim 1/18)l_b$,$b_b = (1 \sim 3)h_b$。抗震设计时,当采用梁宽大于柱宽的扁梁时,楼板应现浇,梁中线宜与柱中线重合,扁梁应双向布置,且不宜用于一级框架。扁梁的截面尺寸应符合下列要求,并应满足现行有关规范对挠度和裂缝宽度的规定:

$$b_b \leqslant 2b_c \tag{4-1}$$

$$b_b \leqslant b_c + h_b \tag{4-2}$$

$$h_b \geqslant 16d \tag{4-3}$$

式中　b_c——框架柱截面宽度,圆形截面取柱直径的 0.8 倍;

　　　d——柱纵筋直径。

需要注意的是,当一根框架梁的各跨跨度相差较大时,这种框架梁各跨的截面宽度应该相同,以利于梁内上部纵筋的贯通和下部纵筋的锚固;但梁各跨的截面高度应该取不同值,跨度较小跨(例如内廊式组合的走廊跨)的截面高度应予以减小,以使梁各跨的线刚度不致相差过于悬殊,从而使框架梁的受力以及配筋趋于合理。

因为框架梁端弯矩的大小随梁线刚度的增大而增大,当内廊式框架梁的各跨采用同样的截面高度时,走廊跨的线刚度将为边跨的 2 倍以上,这将导致走廊跨的梁端弯矩及剪力过大,计算需要的纵向受力钢筋及箍筋过多、过密,施工困难,甚至不满足正截面受弯承载力或斜截面受剪承载力计算时的最小截面尺寸条件。

当采用预制叠合梁时,根据施工阶段承载力和刚度的要求,梁的预制部分截面高度不宜小

于 $l_b/15$，后浇部分截面高度不宜小于 120mm。

框架梁截面惯性矩 I_b 的确定，要根据楼盖的类型，并考虑楼板与梁的连接使梁的惯性矩增加的有利影响。为简化计算，对各种钢筋混凝土楼盖，在进行框架结构内力分析时，框架梁的截面惯性矩 I_b 可按表 4-3 的规定近似计算。表中 I_r 为梁截面矩形部分的惯性矩，即 $I_r = \frac{1}{12}b_b h_b^3$；框架梁的线刚度为 $i_b = \frac{E_c I_b}{l_b}$（其中 E_c 为框架梁的混凝土弹性模量）。

表 4-3 框架梁截面惯性矩 I_b 计算表

楼(屋)盖类别	边框架梁	中框架梁
整体式楼(屋)盖	$1.5I_r$	$2I_r$
装配整体式楼(屋)盖	$1.2I_r$	$1.5I_r$
装配式楼(屋)盖	I_r	I_r

框架梁、柱中心线宜重合，这样对受力有利。若框架梁、柱中心线之间存在偏心（例如，为了使外墙与框架柱外侧平齐，或走廊两侧墙体与框架柱内侧平齐，而将填充墙下框架梁偏置），则 9 度抗震设计时，偏心距不应大于柱截面在该方向宽度的1/4；非抗震设计和 6～8 度抗震设计时，偏心距不宜大于柱截面在该方向宽度的 1/4，如偏心距大于该方向柱宽的1/4 时，可采取增设梁的水平加腋（图 4-8）等措施。

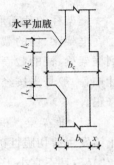

图 4-8 水平加腋梁

梁的水平加腋厚度可取梁截面高度，其水平尺寸宜满足下列要求。

$$b_x/l_x \leqslant 1/2 \qquad (4-4)$$

$$b_x/b_b \leqslant 2/3 \qquad (4-5)$$

$$b_b + b_x + x \geqslant b_c/2 \qquad (4-6)$$

式中 b_x——梁水平加腋宽度；

l_x——梁竖向加腋长度；

b_b——梁截面宽度；

b_c——沿偏心方向柱截面宽度；

x——非加腋侧梁边到柱边的距离。

梁采用水平加腋时，框架节点有效宽度 b_j 宜符合下式要求。

当 $x=0$ 时，b_j 按下式计算：

$$b_j \leqslant b_b + b_x \qquad (4-7)$$

当 $x \neq 0$ 时，b_j 取（4-8）和（4-9）二式计算的较大值，且应满足公式（4-10）的要求：

$$b_j \leqslant b_b + b_x + x \qquad (4-8)$$

$$b_j \leqslant b_b + 2x \qquad (4-9)$$

$$b_j \leqslant b_b + 0.5h_c \qquad (4-10)$$

式中，h_c 为柱截面高度。

（2）框架柱。框架柱截面一般为矩形或方形，其截面尺寸可参考同一地区与其地质条件、荷载相当的同类建筑初步拟定或根据柱的轴压比估算。非地震区柱截面边长可近似取 $h_c = (1/20\sim1/15)h_i$，其中 h_i 为层高。

地震区，通过限制框架柱的轴压比来保证框架结构满足延性要求，因而框架柱截面尺寸可按柱的轴压比（地震作用组合下柱的轴向压力设计值与柱的全截面面积和混凝土轴心抗压强度设计值乘积之比值）近似估算。

例如，抗震设计时要求框架柱的轴压比满足下式要求：

$$\frac{N}{f_c A_c} \leqslant [\mu_N] \tag{4-11}$$

式中，地震作用组合下的柱轴向压力设计值 N，可根据框架柱的负载面积先按竖向荷载计算，再乘以增大系数而得，即

$$N = \beta F g_E n \tag{4-12}$$

式中　N——地震作用组合下柱的轴向压力设计值；

　　　F——按简支状态计算的柱的负载面积；

　　　g_E——折算在单位建筑面积上的重力荷载代表值，可近似取 $12\sim15\text{kN/m}^2$；

　　　β——考虑地震作用组合后柱的轴向压力增大系数，边柱取 1.3，不等跨内柱取 1.25，等跨内柱取 1.2；

　　　n——验算截面以上楼层层数；

　　　A_c——柱截面面积；

　　　f_c——混凝土轴心抗压强度设计值；

　　　$[\mu_N]$——框架柱轴压比限值，对一、二、三、四级抗震等级，分别取 0.65、0.75、0.85、0.9。

当上、下层框架柱截面高度不相同时，边柱一般为外侧平齐、上层柱内侧缩小；中柱为两侧同时缩小，使上、下层柱形心线保持重合。柱边长每次缩小的尺寸宜为 $100\sim150\text{mm}$。

矩形截面柱的边长，非抗震设计时不宜小于 250mm；抗震等级为四级或层数不超过 2 层时，其最小截面尺寸不宜小于 300mm，一级、二级、三级抗震等级且层数超过 2 层时不宜小于 400mm。圆形截面直径，抗震等级为四级或层数不超过 2 层时不宜小于 350mm；一级、二级、三级抗震等级且层数超过 2 层时不宜小于 450mm。柱剪跨比宜大于 2，柱截面长边与短边的边长比不宜大于 3。

框架柱为矩形截面，其截面惯性矩 $I_c = \frac{1}{12}b_c h_c^3$，框架柱的线刚度 $i_c = \frac{E_c I_c}{h_i}$。

按以上方法初拟的框架梁、柱截面尺寸合适与否，应在后面的设计计算中进行检验并加以修正，例如当框架的层间侧移验算不满足要求时，应加大柱的截面高度或提高柱的混凝土强度等级以增大其抗侧移刚度。但对地震区的框架结构，框架梁、柱的截面尺寸应追求配合适当，并非越大越好。因为，梁、柱截面尺寸越大，使框架结构的刚度增大，自振周期变短，则框架所受地震作用越大，更难满足计算要求。

2. 框架计算简图

框架结构是由横向平面框架和纵向平面框架组成的空间结构，为简化计算，通常将空间的框架结构化为若干个横向或纵向平面框架后进行内力和位移计算。每一榀平面框架为一个结构计算单元。

计算简图是实际结构理想化后的力学模型。框架结构计算简图中，将框架梁、柱用其杆件

截面形心线代替,框架梁、柱的连接节点视为刚接,框架的底层柱底视为固定端,固结于基础顶面处;框架梁的计算跨度等于相邻框架柱形心线之间的距离,各层框架柱的高度等于相邻框架梁形心线之间的距离。整体式钢筋混凝土楼盖中,框架梁为 T 形或倒 L 形,其截面形心线可近似取至现浇楼板底面处。当框架柱由于层间截面尺寸变化(下大上小)使各层柱的截面形心线不重合时,此时,框架梁的计算跨度可近似取顶层柱形心线之间的距离。对斜梁或折线形框架梁,当倾斜度不超过1/8时,在计算简图中可用水平线代替。一榀平面框架的计算简图如图4-9 所示。

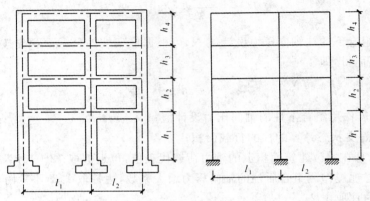

图 4-9　平面框架计算简图

4.1.3　框架上的荷载

框架上的荷载分为竖向荷载和水平荷载(作用)两大类。

竖向荷载有:结构构件自重以及各种建筑构造层自重(即永久荷载)和楼面活荷载,屋面活荷载、雪荷载等。

水平荷载(作用)有:风荷载和水平地震作用。

各种自重标准值可按结构构件的设计尺寸与材料单位体积的自重计算确定;楼(屋)面活荷载、雪荷载、风荷载等可变荷载的标准值根据《建筑结构荷载规范》(GB 50009—2001)(2006版)确定;水平地震作用标准值根据《建筑抗震设计规范》(GB 50011—2010)确定。

1. 竖向荷载

平面框架上所承受的楼板传来的竖向荷载的大小和分布与平面框架的承重方案有关。

当采用预制板时,认为板上竖向荷载按简支传给其两端的支承梁。即对横向(纵向)承重方案中的横向(纵向)平面框架,框架梁受到的板传来的竖向荷载为均布荷载;而此时相应的纵向(横向)平面框架不承受板上竖向荷载。图 4-10 所示为横向框架承重方案时,一榀横向平面框架的荷载计算单元(受荷范围)。框架梁上竖向荷载同时还包括梁自重及梁上的墙体自重。

当采用整体式楼盖时,一般为纵横向框架承重方案,即现浇楼板上竖向荷载同时传给两个方向的平面框架。板上竖向荷载的传递方式取决于每个板区格是单向板还是双向板。单向板上的竖向荷载沿板的短跨方向传给两个长边支承梁(一边一半);对于四边支承的矩形双向板,通过四个分角线及其交点的连线将板区格分成四部分,每一部分的板上竖向荷载传给最近的支承梁,则长、短边支承梁上承受的板上竖向荷载分别为梯形、三角形。

图 4-11 所示为整体式楼盖时,一榀横向平面框架两侧各半个柱距范围内板上竖向荷载的

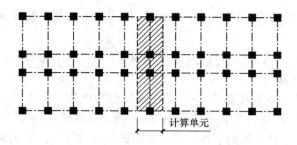

图 4-10 横向框架承重时，横向平面框架的计算单元

传递方式。图中用平行线标出的阴影部分内板上竖向荷载直接传给横向框架梁；而用小点标出的阴影部分内板上竖向荷载则直接传给纵向框架梁。图 4-11(a)及图 4-11(b)分别是三跨内廊式布置的小柱网及大柱网情形，当为双向板肋梁楼盖时，板上竖向荷载的传递图；图 4-12 为横向框架梁跨内设有两根次梁的单向板肋梁楼盖中板上竖向荷载向一榀横向平面框架的传递图，此时，板上竖向荷载通过次梁传给横向框架梁，此荷载为集中荷载。

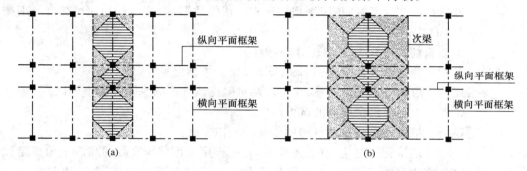

图 4-11 整体式双向板楼盖时，板上竖向荷载传递图

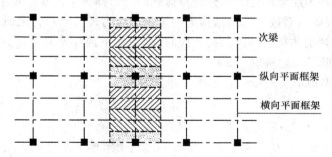

图 4-12 整体式单向板楼盖时，板上竖向荷载传递图

由于每根框架柱同时属于一榀横向平面框架和一榀纵向平面框架，因此，用于配筋计算的框架柱轴力应为二方向平面框架算得的柱轴力之和。当采用手算方法只计算一个方向的平面框架并进行配筋计算（如学生搞毕业设计）时，可进行以下近似处理得到框架柱的总轴力：一种方法是采用每根柱的负载面积（与周围框架柱各分一半面积）进行逐层累加，近似求柱轴力；另一种方法是将图 4-11 及图 4-12 中小点标出的阴影部分内板上竖向荷载，再通过纵向梁传至横向框架，作为节点竖向集中荷载，当求出框架梁、柱弯矩后，再按静力平衡条件求框架柱轴力。

当框架梁、柱中心线不重合时，在计算中应考虑偏心对梁柱节点核心区受力和构造的不利影响,以及梁荷载对柱子的偏心影响。设置水平加腋后,仍需考虑梁柱偏心的不利影响。

2. 水平荷载

框架结构上的水平荷载(作用),即风荷载和地震作用,均化为节点水平集中力后进行框架内力分析和水平侧移计算。

框架结构上所受风荷载的确定:取一榀平面框架作为结构计算单元,其受荷范围(即荷载计算单元)为所计算平面框架两侧各半个柱距的宽度,先计算其受风面单位面积的水平风荷载,再化为节点水平集中力。如此求得的节点水平风荷载的值沿框架高度方向近似为均匀分布。

主体结构计算时,垂直于建筑物表面的风荷载标准值应按下式计算:

$$w_k = \beta_z \mu_s \mu_z w_0 \tag{4-13}$$

式中　w_k——风荷载标准值(kN/m^2);

w_0——基本风压(kN/m^2),应按《建筑结构荷载规范》附录 D.4 中的附表给出的 50 年一遇的风压采用,但不得小于 $0.3kN/m^2$。对于特别重要或对风荷载比较敏感的高层建筑,其基本风压应按 100 年重现期的风压值采用;

μ_z——风压高度变化系数,位于平坦或稍有起伏的地形,μ_z 应根据地面粗糙度类别按表 4-4 确定。

地面粗糙度可分为 A,B,C,D 四类:

A 类　指近海海面和海岛、海岸、湖岸及沙漠地区;

B 类　指田野、乡村、丛林、丘陵以及房屋比较稀疏的乡镇和城市郊区;

C 类　指有密集建筑群的城市市区;

D 类　指有密集建筑群且房屋较高的城市市区。

对多层框架结构,查表 4-4 时,每一楼层取该层半高处的高度 z 值确定风压高度变化系数 μ_z,近似认为风荷载在一层高度范围内均布,最后再将框架节点上、下各半层范围内二部分均布荷载的合力作为节点水平集中力。

μ_s——风荷载体型系数。框架结构上的风荷载应为迎风面和背风面上作用的风荷载之和,计算主体结构的风荷载效应时,μ_s 可按下列规定采用:

① 圆形平面建筑取 0.8;

② 正多边形及截角三角形平面建筑,由下式计算:

$$\mu_s = 0.8 + 1.2/\sqrt{n} \tag{4-14}$$

式中,n 为多边形的边数。

③ 高宽比 H/B 不大于 4 的矩形、方形、十字形平面建筑取 1.3;

④ 下列建筑取 1.4:

(i) V 形、Y 形、弧形、双十字形、井字形平面建筑;

(ii) L 形、槽形和高宽比 H/B 大于 4 的十字形平面建筑;

(iii) 高宽比 H/B 大于 4,长宽比 L/B 不大于 1.5 的矩形、鼓形平面建筑。

⑤ 在需要更细致进行风荷载计算的场合,风荷载体型系数可按《建筑结构荷载规范》(GB 50009—2001)(2006 年版)附录 A 采用,或由风洞试验确定。

β_z——结构在 z 高度处的风振系数,可按下式计算:

$$\beta_z = 1 + \frac{\varphi_z \xi \nu}{\mu_z} \tag{4-15}$$

φ_z——振型系数,可由结构动力学计算确定,计算时可仅考虑受力方向基本振型的影响；对于质量和刚度沿高度分布比较均匀的弯剪型结构，也可近似采用振型计算点距室外地面高度 z 与房屋高度 H 的比值；

ξ——脉动增大系数，可按表 4-5 采用；

ν——脉动影响系数，外形、质量沿高度比较均匀的结构可按表 4-6 采用。

表 4-4　　　　　　　　　　风压高度变化系数 μ_z

离地面或海平面高度/m	地面粗糙度类别			
	A	B	C	D
5	1.17	1.00	0.74	0.62
10	1.38	1.00	0.74	0.62
15	1.52	1.14	0.74	0.62
20	1.63	1.25	0.84	0.62
30	1.80	1.42	1.00	0.62
40	1.92	1.56	1.13	0.73
50	2.03	1.67	1.25	0.84
60	2.12	1.77	1.35	0.93
70	2.20	1.86	1.45	1.02
80	2.27	1.95	1.54	1.11
90	2.34	2.02	1.62	1.19
100	2.40	2.09	1.70	1.27
150	2.64	2.38	2.03	1.61
200	2.83	2.61	2.30	1.92
250	2.99	2.80	2.54	2.19
300	3.12	2.97	2.75	2.45
350	3.12	3.12	2.94	2.68
400	3.12	3.12	3.12	2.91
$\geqslant$450	3.12	3.12	3.12	3.12

表 4-5　　　　　　　　　　脉动增大系数 ξ

$w_0 T_1^2$	地面粗糙度类别			
	A 类	B 类	C 类	D 类
0.06	1.21	1.19	1.17	1.14
0.08	1.23	1.21	1.18	1.15
0.10	1.25	1.23	1.19	1.16
0.20	1.30	1.28	1.24	1.19
0.40	1.37	1.34	1.29	1.24
0.60	1.42	1.38	1.33	1.28
0.80	1.45	1.42	1.36	1.30
1.00	1.48	1.44	1.38	1.32
2.00	1.58	1.54	1.46	1.39
4.00	1.70	1.65	1.57	1.47
6.00	1.78	1.72	1.63	1.53
8.00	1.83	1.77	1.68	1.57
10.00	1.87	1.82	1.73	1.61
20.00	2.04	1.96	1.85	1.73
30.00	—	2.06	1.94	1.81

注：表中 w_0 为基本风压；T_1 为结构基本自振周期，可由结构动力学计算确定。对比较规则的结构，也可采用近似公式计算：框架结构 $T_1=(0.08\sim0.1)n$，n 为结构层数。

表 4-6 　　　　　　　　　　　　　　　　**脉动影响系数 v**

H/B	粗糙度类别	房屋总高度 H/m							
		≤30	50	100	150	200	250	300	350
≤0.5	A	0.44	0.42	0.33	0.27	0.24	0.21	0.19	0.17
	B	0.42	0.41	0.33	0.28	0.25	0.22	0.20	0.18
	C	0.40	0.40	0.34	0.29	0.27	0.23	0.22	0.20
	D	0.36	0.37	0.34	0.30	0.27	0.25	0.27	0.22
1.0	A	0.48	0.47	0.41	0.35	0.31	0.27	0.26	0.24
	B	0.46	0.46	0.42	0.36	0.36	0.29	0.27	0.26
	C	0.43	0.44	0.42	0.37	0.34	0.31	0.29	0.28
	D	0.39	0.42	0.42	0.38	0.36	0.33	0.32	0.31
2.0	A	0.50	0.51	0.46	0.42	0.38	0.35	0.33	0.31
	B	0.48	0.50	0.47	0.42	0.40	0.36	0.35	0.33
	C	0.45	0.49	0.48	0.44	0.42	0.38	0.38	0.36
	D	0.41	0.46	0.48	0.46	0.44	0.42	0.42	0.39
3.0	A	0.53	0.51	0.49	0.45	0.42	0.38	0.38	0.36
	B	0.51	0.50	0.49	0.45	0.43	0.40	0.40	0.38
	C	0.48	0.49	0.49	0.48	0.46	0.43	0.43	0.41
	D	0.43	0.46	0.49	0.49	0.48	0.46	0.46	0.45
5.0	A	0.52	0.53	0.51	0.49	0.46	0.44	0.42	0.39
	B	0.50	0.53	0.52	0.50	0.48	0.45	0.44	0.42
	C	0.47	0.50	0.52	0.52	0.50	0.48	0.47	0.45
	D	0.43	0.48	0.52	0.53	0.53	0.52	0.51	0.50
8.0	A	0.53	0.54	0.53	0.51	0.48	0.46	0.43	0.42
	B	0.51	0.53	0.54	0.52	0.50	0.49	0.46	0.44
	C	0.48	0.51	0.54	0.53	0.52	0.52	0.50	0.48
	D	0.43	0.48	0.54	0.53	0.55	0.55	0.54	0.53

　　框架结构上所受水平地震作用的确定:取一个独立的防震缝单元(内含若干榀平面框架),按整体计算其总水平地震作用,再按平面框架的抗侧移刚度分配到每一榀平面框架。如此求得的节点水平地震作用取值沿框架高度方向呈上大下小的倒三角形分布。框架结构水平地震作用的具体计算方法参见《建筑抗震设计规范》。

　　如图 4-13 所示为一榀平面框架上的水平荷载(作用)及其分布示意图。

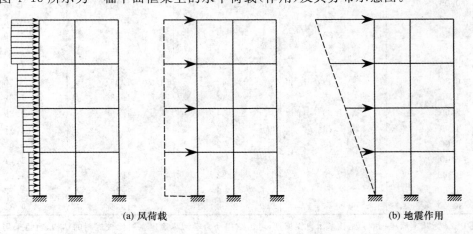

(a) 风荷载　　　　　　　　　　　　　(b) 地震作用

图 4-13　框架上的水平荷载(作用)

4.2 框架内力分析

框架结构内力分析采用弹性方法,因而框架梁、柱均采用弹性刚度。

竖向荷载作用下框架内力分析的近似方法有:分层法、弯矩二次分配法。

水平荷载作用下框架内力分析的近似方法有:反弯点法、D 值法。

在电子计算机已经普及的今天,对于框架结构以及更加复杂的结构体系,已有按照空间结构及平面结构的计算机分析程序可用,它们可以考虑更多因素,且计算结果精确度高。从表面看来,适于手算的近似计算方法,其意义似乎越来越小了,其实不然。利用近似方法进行框架内力分析,其优点是简便、快捷、概念清楚,在一定条件下具有较好的精确度;另外,所需计算工具简单,一般借助计算器即可进行。当身边没有计算机或计算程序时,也可利用近似方法进行设计计算。熟悉近似计算方法,还有利于判断程序计算结果的正确性。

4.2.1 在竖向荷载作用下的近似计算——分层法、弯矩二次分配法

1. 竖向荷载作用下框架结构的受力特点

精确分析结果表明,框架结构在竖向荷载作用下具有以下受力特点:① 竖向荷载作用下,框架所产生的侧移较小,若不计侧移,即按照无侧移计算,对框架结构的内力影响不大。② 当整个框架仅在某一层横梁上受有竖向荷载时,则直接承受荷载的框架梁及与之相连的上、下层框架柱端的弯矩较大,其他各层梁柱的弯矩均很小,且距离直接承受荷载的框架梁越远,框架梁柱的弯矩越小。

2. 分层法的基本假定及计算要点

根据框架结构在竖向荷载作用下的受力特点,采用以下基本假定:① 框架结构在竖向荷载作用下,按节点无侧移进行内力计算;② 每层框架梁上的竖向荷载只在本层梁及与之相连的上、下层柱上产生弯矩,而在其余层梁柱上产生的弯矩忽略不计。

根据上述假定,在竖向荷载作用下,可将多层框架化为若干个分层框架(只含有一层横梁的敞口框架),进行弯矩计算,分层后的计算简图如图 4-14 所示。图中每个分层框架在梁上竖向荷载作用下,当不计节点侧移时,成为只有节点转角未知量的框架结构,可采用弯矩分配法分析梁柱端弯矩。弯矩分配法的要点为:

计算框架梁 → 将各节点不平衡弯矩 → 将各杆件的近端分配弯矩
的固端弯矩　　反号后进行第一次分配　　向远端进行第一次传递

→ 新的节点不平衡 → 再传递……
　弯矩反号后再分配

当节点不平衡弯矩绝对值很小时即可停止计算,最后求各杆端固端弯矩及各轮分配、传递弯矩之代数和,即得分层框架的梁、柱端弯矩值。

由于除底层柱柱底固定于基础顶面处之外,其余框架柱端均有转角产生,实际上为弹性嵌固端。在分层框架计算简图中,将分层框架柱的远端均视为固定端,由此带来的误差修正如下:① 除底层柱外,其余各层柱的线刚度均乘以折减系数 0.9;② 底层柱以外的其余框架柱的弯矩传递系数改取 1/3,而底层柱和框架梁的弯矩传递系数仍取 1/2。

3. 分层法的步骤

用分层法求竖向荷载作用下框架内力的步骤如下:

① 画出分层框架计算简图。

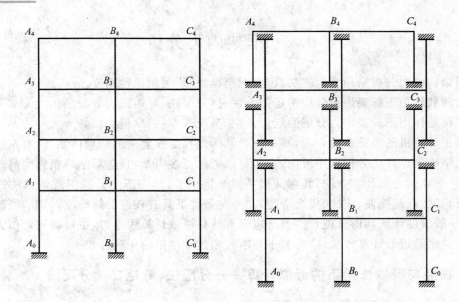

图 4-14 分层法的计算简图

② 计算框架梁、柱的线刚度。注意底层柱以外的各柱线刚度应乘以折减系数 0.9。

③ 用弯矩分配法或其他方法（如迭代法）计算各分层框架的梁柱端弯矩。

④ 确定框架梁、柱端最终弯矩。由于底层柱以外的其他各层柱分别属于上、下两个分层框架，因此，这种柱端弯矩应为两个分层框架该柱端弯矩之和；底层柱端弯矩和框架梁端弯矩直接取按分层框架计算的杆端弯矩。

如果以上求得的框架节点不平衡弯矩偏大，可将该节点不平衡弯矩反号后在近端进行一次分配（不再传递），这样可使框架节点弯矩达到表面上的平衡。

⑤ 梁柱剪力、柱轴力。当框架梁、柱端弯矩求出之后，则可由静力平衡条件求梁的跨中弯矩，梁、柱剪力及柱轴力。

从以上计算步骤可知，按分层法分析竖向荷载作用下的框架内力时，某层框架梁的弯矩、剪力主要由该层梁上竖向荷载产生，某根框架柱的弯矩和剪力主要由该柱上、下两层框架梁上竖向荷载产生，而柱轴力则由该柱以上各层框架梁上竖向荷载共同产生。

分层法特别适用于框架梁线刚度与框架柱线刚度相比较大的情形。这可从弯矩分配法的计算过程来理解：当框架柱的线刚度较小时，其弯矩分配系数也小，则柱端弯矩在节点不平衡弯矩中所占比例就小，因而其分配弯矩、传递弯矩值均较小；直接承受荷载的框架梁上固端弯矩经多次分配、传递后，向其上下左右不断衰减，当框架梁线刚度比框架柱线刚度大很多时，框架柱的弯矩衰减得更快，因而对相距较远的梁柱弯矩影响越小。即当框架梁线刚度比框架柱线刚度大很多时，分层框架计算简图比较符合实际。

4. 弯矩二次分配法

分层法只有当框架的层数较多，且中间若干层的分层框架相同（此时需单独计算的分层框架数量较少）时，应用起来才比较简便；如果分层框架的数目与整个框架的层数相近，则用此方法并不简便。

在与分层法类似的基本假定（竖向荷载作用下不计框架节点侧移，某层框架梁上竖向荷载仅在上、下相邻各两层柱及一层梁上产生弯矩）下，当分层框架各不相同时，采用整体框架计算简图(不分层)的弯矩二次分配法比分层法更加简便。

用弯矩二次分配法分析竖向荷载作用下的框架内力,步骤如下:

① 计算框架梁的固端弯矩(表 4-7)。

② 第一次弯矩分配:对所有的框架节点,求出节点不平衡弯矩后,反号分配至相交于该节点的各杆件的近端。

③ 将所有杆件的第一次分配弯矩向其远端传递。

④ 第二次弯矩分配:对所有的框架节点,求出新的节点不平衡弯矩后,反号分配至相交于该节点的各杆件的近端。

⑤ 计算框架梁、柱端最终弯矩:对所有的框架梁、柱端部,求以上四步各弯矩值之代数和即得梁、柱端最终弯矩。

表 4-7　　　　　　　　　　　　等截面梁固端弯矩及杆端剪力

简　　图	杆 端 弯 矩		杆 端 剪 力	
	M_{AB}	M_{BA}	V_{AB}	V_{BA}
	$-Pa\cdot\beta^2$	$-Pb\cdot\alpha^2$	$P\beta^2(1+2\alpha)$	$-P\alpha^2(1+2\beta)$
	$-Pa(1-\alpha)$	$Pa(1-\alpha)$	P	$-P$
	$-\dfrac{1}{12}ql^2$	$\dfrac{1}{2}ql^2$	$\dfrac{ql}{2}$	$-\dfrac{ql}{2}$
	$-\dfrac{qa^2}{12}(6-8\alpha+3\alpha^2)$	$\dfrac{qa^2}{12}(4-3\alpha)\alpha$	$\dfrac{qa}{2}(2-2\alpha^2+\alpha^3)$	$-\dfrac{qa}{2}(2-\alpha)\alpha^2$
	$-\dfrac{qbl}{24}(3-\beta^2)$	$\dfrac{qbl}{24}(3-\beta^2)$	$\dfrac{qb}{2}$	$-\dfrac{qb}{2}$
	$-\dfrac{1}{30}ql^2$	$\dfrac{1}{20}ql^2$	$\dfrac{3}{20}ql$	$-\dfrac{7}{20}ql$
	$-\dfrac{qa^2}{6}\left(2-3\alpha+\dfrac{6\alpha^2}{5}\right)$	$\dfrac{qa^2}{4}\left(1-\dfrac{4\alpha}{5}\right)\alpha$	$\dfrac{qa}{4}\left(2-3\alpha^2+\dfrac{8\alpha^3}{5}\right)$	$-\dfrac{qa}{4}\left(3-\dfrac{8\alpha}{5}\right)\alpha^2$
	$-\dfrac{qb^2}{12}\left(1-\dfrac{3\beta}{5}\right)\beta$	$\dfrac{qb^2}{12}\left(2\alpha+\dfrac{3\beta^2}{5}\right)$	$\dfrac{qb}{4}\left(1-\dfrac{2\beta}{5}\right)\beta^2$	$-\dfrac{qb}{4}\left(2-\beta^2+\dfrac{2\beta^3}{5}\right)$

续表

简 图	杆 端 弯 矩		杆 端 剪 力	
	M_{AB}	M_{BA}	V_{AB}	V_{BA}
	$-\dfrac{ql^2}{12}(1-2\alpha^2+\alpha^3)$	$\dfrac{ql^2}{12}(1-2\alpha^2+\alpha^3)$	$\dfrac{ql}{2}(1-\alpha)$	$-\dfrac{ql}{2}(1-\alpha)$
	$-\dfrac{5}{96}ql^2$	$\dfrac{5}{96}ql^2$	$\dfrac{1}{4}ql$	$-\dfrac{1}{4}ql$

注：$\alpha=a/l$，$\beta=b/l$。表中梁端弯矩以顺时针转动方向为正，梁端剪力以使梁产生顺时针转动趋势为正。

⑥ 由静力平衡条件求梁的跨中弯矩，梁、柱剪力及柱轴力。

应用上述方法时应注意的问题与结构力学相同。首先应规定好弯矩的正方向，如杆端弯矩以顺时针为正，而节点弯矩则以逆时针为正；杆端弯矩分配系数是当某节点发生单位转角时，节点处各杆件近端弯矩所占比例的系数，与该节点处各杆件的基本结构有关（例如，当节点处各杆件均为两端固定时，近端弯矩为 $4i$，此时的杆端弯矩分配系数即等于各杆件线刚度之间的比例系数）；弯矩传递系数是当各杆件近端发生单位转角时，其远端弯矩与近端弯矩的比值，也与杆件的基本结构有关（如两端固定时，传递系数为 $1/2$）。另外，当与所计算平面框架相垂直方向的框架梁与框架柱的截面形心间存在偏心或边柱外设有悬挑构件（如阳台、挑檐）时，该框架梁或悬挑构件传来的荷载将使框架节点处受到集中力矩的作用。在弯矩二次分配法中，节点集中力矩仅作为第一次弯矩分配时不平衡弯矩的组成部分加以考虑。

4.2.2 在水平荷载作用下的近似计算——反弯点法

如前所述，框架结构受到的水平荷载（风荷载或水平地震作用）均可化为节点集中荷载进行内力分析。

1. 水平荷载作用下框架结构的受力与变形特点

在节点水平集中荷载作用下，框架结构的内力和变形具有以下特点：

① 框架梁、柱的弯矩均为线性分布，且每跨梁及每根柱均有一零弯矩点即反弯点存在，如图 4-15 所示。

② 框架每一层柱的总剪力（称层间剪力）及单根柱的剪力均为常数。

③ 若不考虑梁、柱轴向变形对框架侧移的影响，则同层各框架节点的水平侧移相等。

④ 除底层柱底为固定端外，其余杆端（或节点）既有水平侧移又有转角变形，节点转角随梁柱线刚度比的增大而减小。

根据框架结构在水平荷载作用下的上述受力特点，即各层柱的层间剪力为定值、柱弯矩图为直线且存在反弯点，则用反弯点法求解框架结构内力时，只需解决如下两个关键问题：第一，确定层间剪力在同层各柱间如何分配，

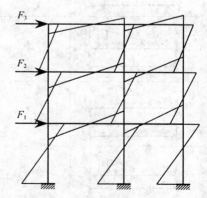

图 4-15 水平荷载作用下
的框架弯矩图

即求每根柱的剪力;第二,确定各柱的反弯点位置。

当所有柱的剪力和反弯点位置求出后,则框架结构在水平荷载作用下的内力,即可根据静力平衡条件确定。

2. 反弯点法的基本假定

为了简化计算,在反弯点法中采用以下基本假定:

① 在进行框架柱的剪力分配时,假定框架梁的线刚度为无穷大,则每根框架柱的上下端转角为零,只发生水平侧移;

② 在确定框架柱的反弯点位置时,假定除底层柱外,其余柱的上下端转角相等。

3. 反弯点法的计算步骤

(1) 柱剪力计算——柱的抗侧移刚度 D_0。根据以上第一条假定,反弯点法中柱的抗侧移刚度(柱上、下端产生单位相对侧移所需要的剪力)计算图式如图 4-16 所示,即框架柱的抗侧移刚度按下式计算:

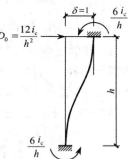

$$D_0 = \frac{12i_c}{h^2} \tag{4-16}$$

式中　　i_c——柱的线刚度;

　　　　h——层高。

第 i 层:假想将该层所有框架柱从各自反弯点处切开,则反弯点所在的柱截面沿水平方向只有剪力(柱轴力未画出),如图 4-17 所示。

图 4-16　确定柱的抗侧移刚度

第 i 层柱总剪力(即层间剪力)为

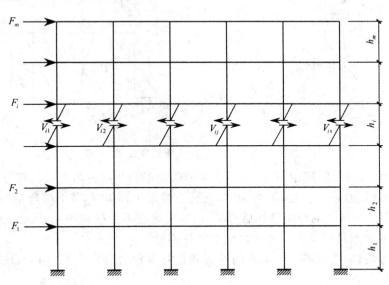

图 4-17　水平荷载作用下框架柱剪力计算

$$V_i = \sum_{k=i}^{m} F_k = \sum_{j=1}^{s} V_{ij} \tag{4-17}$$

对第 i 层第 j 柱,由柱抗侧移刚度 D_{0ij} 的物理意义,可得

$$V_{ij} = D_{0ij}\delta_{ij} \tag{4-18}$$

因为第 i 层所有柱的层间相对侧移相等，即有 $\delta_{ij} = \delta_i (j = 1 \sim s)$，对上式两端求和得

$$V_i = \sum_{j=1}^{s} V_{ij} = \sum_{j=1}^{s} D_{0ij}\delta_{ij} = \delta_i \sum_{j=1}^{s} D_{0ij} = \delta_i D_{0i} \qquad (4\text{-}19)$$

由上式可解得层间侧移 $\delta_i = \dfrac{V_i}{D_{0i}}$，代入式（4-18）可得第 i 层第 j 柱的剪力为

$$V_{ij} = \frac{D_{0ij}}{D_{0i}} V_i \qquad (4\text{-}20)$$

式中　V_{ij}——第 i 层第 j 柱的剪力；

　　　V_i——第 i 层柱的总剪力，为该层柱顶以上所有节点集中荷载之和，见式（4-17）；

　　　D_{0ij}——第 i 层第 j 柱的抗侧移刚度，由式（4-16）计算；

　　　D_{0i}——第 i 层柱的层间抗侧移刚度，$D_{i0} = \sum\limits_{j=1}^{s} D_{0ij}$。

（2）柱的反弯点位置。一般层柱：如图 4-18(a)所示，柱的变形为侧移变形和节点转角变形两部分之和。当柱两端之间发生相对侧移时，在柱两端产生的弯矩值相等；由反弯点法的第二条假定，当假定柱两端转角相等时，在柱两端产生的弯矩值也相等。将以上两部分弯矩叠加后可知，一般层柱的反弯点在柱高的 1/2 处。

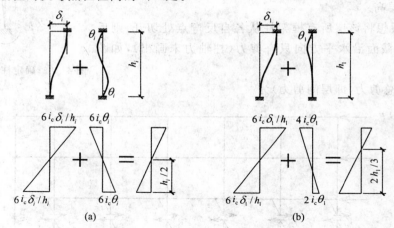

图 4-18　柱的反弯点位置

底层柱：如图 4-18(b)所示，柱的变形亦为侧移变形和节点转角变形两部分之和。与一般层柱不同，由于底层柱底为固结，转角为零，当柱上端发生转角时，其上端弯矩为下端弯矩值的 2 倍。将两部分变形相应的弯矩叠加后，底层柱的反弯点不在柱高中点，而在比中点偏上的某处。一般近似取底层柱的反弯点在距柱底 2/3 柱高处。

（3）柱端弯矩、梁端弯矩。框架柱的剪力和反弯点位置确定之后，则梁、柱端弯矩可由静力平衡条件求得。

对第 i 层第 j 柱，其上、下端弯矩如下：

$$M_{ij}^{t} = M_{ij}^{b} = \frac{1}{2} h_i V_{ij} \qquad (4\text{-}21)$$

底层柱的上、下端弯矩为

$$
\begin{cases}
M_{1j}^{\rm t} = \dfrac{1}{3} h_1 V_{1j} \\[3mm]
M_{1j}^{\rm b} = \dfrac{2}{3} h_1 V_{1j}
\end{cases}
\tag{4-22}
$$

框架边节点(图 4-19(a))的梁端弯矩可直接由节点弯矩平衡条件求得。顶层边节点：$M_{\rm b}$ $=M_{\rm c}$，一般层边节点：$M_{\rm b}=M_{\rm c1}+M_{\rm c2}$。

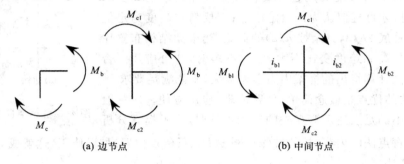

(a) 边节点　　　　　　　　　(b) 中间节点

图 4-19　框架梁端弯矩计算图式

框架中间节点(图 4-19(b))处，可由节点弯矩平衡条件先求得梁端弯矩之和，再按照两侧梁的线刚度比例分配至梁端，即

$$
\begin{cases}
M_{\rm b1} = \dfrac{i_{\rm b1}}{i_{\rm b1}+i_{\rm b2}}(M_{\rm c1}+M_{\rm c2}) \\[4mm]
M_{\rm b2} = \dfrac{i_{\rm b2}}{i_{\rm b1}+i_{\rm b2}}(M_{\rm c1}+M_{\rm c2})
\end{cases}
\tag{4-23}
$$

(4) 梁柱剪力、柱轴力。求节点水平荷载作用下的框架梁、柱剪力时，只需取一跨梁或一层柱为隔离体，根据求得的梁、柱端弯矩，由隔离体的静力平衡条件即可求其剪力。如图 4-20 所示梁、柱，其剪力分别为

$$
V_{\rm b} = \frac{M_{\rm b}^l + M_{\rm b}^r}{l}
\tag{4-24}
$$

$$
V_{\rm c} = \frac{M_{\rm c}^{\rm t} + M_{\rm c}^{\rm b}}{h}
\tag{4-25}
$$

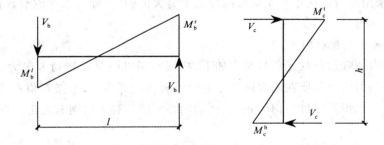

图 4-20　框架梁、柱剪力计算图式

在节点水平荷载作用下，某层框架柱的轴力由其上各层框架梁剪力累加而得，如图 4-21 所示。图 4-21(a)为框架第 i 层边柱从其反弯点处切开的隔离体图，显然，由竖直方向力的平

衡条件,即可求得第 i 层边柱轴力 N_{i1}(以受压为正);图 4-21(b) 为第 i 层中柱从其反弯点处切开的隔离体图,中柱轴力 N_{i2} 为其上左右两侧梁端剪力之代数和。

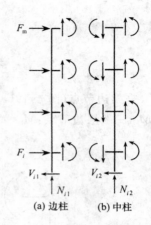

4. 反弯点法的适用条件

反弯点法在确定柱的分配剪力时,假定框架梁的线刚度为无穷大,在实际中当框架节点处的梁柱线刚度比 $\sum i_b / \sum i_c \geqslant 5$,或 $i_b / i_c \geqslant 3$ 时,才可近似认为该假定成立;而反弯点高度为定值(底层柱取距柱底 $2h/3$,其余柱 $h/2$)的假定,当框架结构布置比较规则均匀、层高和跨度变化不大,层数不多时,才可应用。否则,用反弯点法计算得出的框架内力误差太大,不能满足要求。

图 4-21　框架柱轴力计算图式

反弯点法的优点是概念简单,思路清晰,应用方便。对一般框架结构,当不满足上述反弯点法的适用条件时,为了提高分析精度,应对反弯点法的内容(柱的抗侧移刚度 D_0、反弯点位置)加以修正,这就成为改进的反弯点法——D 值法。

4.2.3　在水平荷载作用下的近似计算——D 值法

D 值法在反弯点法的基础上做了两方面的修正:一是将原抗侧移刚度 D_0 修正为 D 值("D 值法"即由此得名);二是柱的反弯点位置不再取定值,而随多种因素变化。

D 值法除了进行柱剪力分配时用修正后的抗侧移刚度 D 值,以及反弯点位置为变量外,其计算思路、计算步骤与反弯点法完全相同。

D 值法继承了反弯点法概念简单,思路清晰,应用方便的特点,不同的是它比反弯点法具有更高的精度,且适用范围更广,因而在实际中得到了广泛应用。

1. D 值法的基本假定

对于图 4-22 所示框架的一般层柱 AB,为推导其修正后的抗侧移刚度 D,需要用到框架在节点水平荷载作用下的变形曲线,为了简化,引入以下基本假定:

① 柱 AB 的上下两端节点及与之相邻各杆的远端转角 θ 均相等;

② 柱 AB 及与之相邻的上下层柱的弦转角 $\varphi(\varphi = \delta/h)$ 均相等;

③ 柱 AB 及与之相邻的上下层柱的线刚度 i_c 均相等。

这里不再采用反弯点法中框架梁线刚度为无穷大的假定,即可以考虑节点转动的影响,比反弯点法更进一步。

2. 修正后的柱抗侧移刚度 D

图 4-22 中内力和位移的正负号规定如下:杆端弯矩以顺时针转动方向为正,节点弯矩以逆时针方向为正,剪力以使所在隔离体产生顺时针转动趋势为正;节点转角 θ 以顺时针方向为正,柱的弦转角 φ 也以顺时针方向为正,柱两端的相对线位移 δ 以向右为正。图中所示均为正方向。

由上述基本假定,并根据杆件的转角位移方程,可写出各框架梁、柱的弯矩如下:

框架柱 AB 的 A 端弯矩 M_{AB} 和 B 端弯矩 M_{BA} 为

$$M_{AB} = M_{BA} = 6i_c(\theta - \varphi)$$

则柱 AB 的剪力为

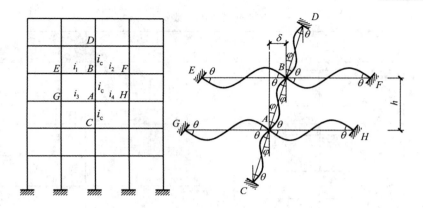

图 4-22　框架柱的抗侧移刚度计算图式

$$V=-\frac{M_{AB}+M_{BA}}{h}=\frac{12i_c}{h}(\varphi-\theta)=\frac{12i_c}{h^2}\left(1-\frac{\theta}{\varphi}\right)\delta \qquad (4\text{-}26)$$

注意到,框架柱的抗侧移刚度 D 的物理意义为:柱上、下端发生单位层间相对侧移所需的剪力,可得修正后的柱抗侧移刚度为

$$D=\frac{V}{\delta}=\frac{12i_c}{h^2}\left(1-\frac{\theta}{\varphi}\right)=\alpha_c\frac{12i_c}{h^2}=\alpha_c D_0 \qquad (4\text{-}27)$$

其中 $\alpha_c=1-\dfrac{\theta}{\varphi}$,称为节点转动影响系数,一般有 $\alpha_c<1$,即考虑节点转动影响后框架柱的抗侧移刚度减小。

对图 4-22 所示的一般层柱 AB,节点转动影响系数 α_c 推导如下:

相交于节点 A 处各杆件 A 端的弯矩分别为

$$M_{AB}=M_{AC}=6i_c(\theta-\varphi),\quad M_{AG}=6i_3\theta,\quad M_{AH}=6i_4\theta$$

由节点 A 的弯矩平衡条件 $\sum M_A=0$ 得

$$M_{AB}+M_{AC}+M_{AG}+M_{AH}=0$$

即

$$12i_c(\theta-\varphi)+6(i_3+i_4)\theta=0$$

同理,由节点 B 的弯矩平衡条件 $\sum M_B=0$,可得

$$12i_c(\theta-\varphi)+6(i_1+i_2)\theta=0$$

将以上两式相加并整理得

$$4i_c\theta+(i_1+i_2+i_3+i_4)\theta-4i_c\varphi=0 \qquad (4\text{-}28)$$

令 $\overline{K}=\dfrac{i_1+i_2+i_3+i_4}{2i_c}$,代入式(4-28)可解得 $\dfrac{\theta}{\varphi}=\dfrac{2}{2+\overline{K}}$

再代入 $\alpha_c=1-\dfrac{\theta}{\varphi}$ 中,可得

$$\alpha_c=\frac{\overline{K}}{2+\overline{K}} \qquad (4\text{-}29)$$

式中,$\overline{K}$ 对一般层柱为与框架柱 AB 相邻的框架梁的线刚度之和与 $2i_c$ 的比值,$\overline{K}$ 称为梁柱线刚度比。

与一般层柱不同,顶层框架柱的上一层无柱,底层框架柱底的约束条件不同,因而,其节点转动影响系数 α_c 也有区别,各种情形的 α_c 表达式见表 4-8。

表 4-8   节点转动影响系数 α_c

柱位置		简图	$\overline{K}$	α_c
顶层		i_1 i_2 i_c i_3 i_4	$\overline{K} = \dfrac{i_1 + i_2 + i_3 + i_4}{2i_c}$	$\alpha_c = \dfrac{\overline{K}}{1.5 + \overline{K}}$
一般层		i_1 i_2 i_c i_3 i_4	$\overline{K} = \dfrac{i_1 + i_2 + i_3 + i_4}{2i_c}$	$\alpha_c = \dfrac{\overline{K}}{2 + \overline{K}}$
底层	固接	i_1 i_2 i_c	$\overline{K} = \dfrac{i_1 + i_2}{i_c}$	$\alpha_c = \dfrac{0.5 + \overline{K}}{2 + \overline{K}}$
	铰接	i_1 i_2 i_c	$\overline{K} = \dfrac{i_1 + i_2}{i_c}$	$\alpha_c = \dfrac{0.5\overline{K}}{1 + 2\overline{K}}$

由式(4-27)和式(4-29)及 $\overline{K}$ 的表达式可知,影响框架柱抗侧移刚度 D 的因素有:柱的线刚度 $i_c = \dfrac{E_c I_c}{h}$,层高 h 和梁柱线刚度比 $\overline{K}$。

3. 框架柱的反弯点高度 yh

D 值法中,认为框架柱的反弯点位置是变化的,从柱反弯点到柱下端的高度(即反弯点高度)为 yh(图 4-23)。柱的反弯点高度与其上、下端的约束条件有关,当柱的上、下端转角相同时,反弯点在柱高中点;当柱的上下端转角不同时,反弯点将向转角较大的一端移动,即向约束较弱方向移动;当一端为铰接(支承刚度为 0)时,此处弯矩为 0,即反弯点与该点重合。

D 值法中框架柱的反弯点高度按下式确定:

$$yh = (y_0 + y_1 + y_2 + y_3)h \qquad (4-30)$$

式中　y——框架柱的反弯点高度比,即反弯点高度与柱高度之比;

$\quad\quad h$——柱高度,一般为结构层高;

$\quad\quad y_0$——标准反弯点高度比;

$\quad\quad y_1$——柱上、下端框架梁相对线刚度变化时,反弯点高度比的修正值;

$\quad\quad y_2$——柱的上层层高变化时,反弯点高度比的修正值;

$\quad\quad y_3$——柱的下层层高变化时,反弯点高度比的修正值。

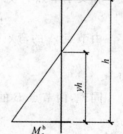

图 4-23 D 值法中框架柱的反弯点位置

(1)标准反弯点高度比 y_0。所谓标准反弯点高度比 y_0,是指按照"标准框架"计算得出的柱反弯点高度比,是柱反弯点高度比的基本值。一般计算的框架并非标准框架,其反弯点高度比 y,是在标准反弯点高度比 y_0 基础上,根据所计算的框架与标准框架的差异,进行多项修正(y_1,y_2,y_3)而得。

标准框架是指框架的层高、跨度及框架梁、柱的线刚度分别相等的框架。在各种节点集中水平荷载作用下,标准框架的反弯点高度比 y_0 的值根据梁柱线刚度比 $\overline{K}$、框架的总层数 m、柱所在的楼层数 n 及荷载形式查表 4-9~表 4-11 确定。

（2）柱上、下端框架梁相对线刚度变化时，反弯点高度比的修正值 y_1。y_1 值由梁柱线刚度比 $\overline{K}$ 及柱上、下端框架梁线刚度比 $\alpha_1 = \dfrac{i_1 + i_2}{i_3 + i_4}$ 查表 4-12 确定。由表 4-12 可见，当 $i_1 + i_2 < i_3 + i_4$ 时，y_1 值为正，反弯点向上移动；当 $i_1 + i_2 > i_3 + i_4$ 时，可由 $\overline{K}$ 及 $\alpha_1 = \dfrac{i_3 + i_4}{i_1 + i_2}$ 查表 4-12，但此时 y_1 应取负值，反弯点向下移动。对底层柱不进行此项修正。

（3）柱的上、下层层高变化时，反弯点高度比的修正值 y_2、y_3。y_2 由梁柱线刚度比 $\overline{K}$ 及所计算柱的上层层高与本层层高的比值 α_2 查表 4-13 确定。由表 4-13 可见，当 $\alpha_2 > 1$ 时，y_2 值为正，反弯点向上移动。对顶层柱（因其没有上一层柱）不进行此项修正。

表 4-9　　　　　　　　　均布水平荷载作用下各层柱标准反弯点高度比 y_0

m	n / $\overline{K}$	0.1	0.2	0.3	0.4	0.5	0.6	0.7	0.8	0.9	1.0	2.0	3.0	4.0	5.0
1	1	0.80	0.75	0.70	0.65	0.65	0.60	0.60	0.60	0.60	0.55	0.55	0.55	0.55	0.55
2	2	0.45	0.40	0.35	0.35	0.35	0.35	0.40	0.40	0.40	0.40	0.45	0.45	0.45	0.45
	1	0.95	0.80	0.75	0.70	0.65	0.65	0.65	0.60	0.60	0.60	0.55	0.55	0.55	0.50
3	3	0.15	0.20	0.20	0.25	0.30	0.30	0.30	0.35	0.35	0.35	0.40	0.45	0.45	0.45
	2	0.55	0.50	0.45	0.45	0.45	0.45	0.45	0.45	0.45	0.45	0.50	0.50	0.50	0.50
	1	1.00	0.85	0.80	0.75	0.70	0.70	0.65	0.65	0.65	0.60	0.55	0.55	0.55	0.55
4	4	−0.05	0.05	0.15	0.20	0.25	0.30	0.30	0.35	0.35	0.35	0.40	0.45	0.45	0.45
	3	0.25	0.30	0.30	0.35	0.35	0.40	0.40	0.40	0.40	0.45	0.45	0.50	0.50	0.50
	2	0.65	0.55	0.50	0.50	0.45	0.45	0.45	0.45	0.45	0.45	0.50	0.50	0.50	0.50
	1	1.10	0.90	0.80	0.75	0.70	0.70	0.65	0.65	0.65	0.60	0.55	0.55	0.55	0.55
5	5	−0.20	0.00	0.15	0.20	0.25	0.30	0.30	0.30	0.35	0.35	0.40	0.45	0.45	0.45
	4	0.10	0.20	0.25	0.30	0.35	0.35	0.40	0.40	0.40	0.45	0.45	0.45	0.50	0.50
	3	0.40	0.40	0.40	0.40	0.45	0.45	0.45	0.45	0.45	0.45	0.50	0.50	0.50	0.50
	2	0.65	0.55	0.50	0.50	0.50	0.50	0.50	0.50	0.50	0.50	0.50	0.50	0.50	0.50
	1	1.20	0.95	0.80	0.75	0.75	0.70	0.70	0.65	0.65	0.65	0.55	0.55	0.55	0.55
6	6	−0.30	0.00	0.10	0.20	0.25	0.25	0.30	0.30	0.35	0.35	0.40	0.45	0.45	0.45
	5	0.00	0.20	0.25	0.30	0.35	0.35	0.40	0.40	0.40	0.40	0.45	0.45	0.50	0.50
	4	0.20	0.30	0.35	0.35	0.40	0.40	0.40	0.45	0.45	0.45	0.45	0.50	0.50	0.50
	3	0.40	0.40	0.40	0.45	0.45	0.45	0.45	0.45	0.45	0.45	0.50	0.50	0.50	0.50
	2	0.70	0.60	0.55	0.50	0.50	0.50	0.50	0.50	0.50	0.50	0.50	0.50	0.50	0.50
	1	1.20	0.95	0.85	0.80	0.75	0.70	0.70	0.65	0.65	0.65	0.55	0.55	0.55	0.55
7	7	−0.35	−0.05	0.10	0.20	0.20	0.25	0.30	0.30	0.35	0.35	0.40	0.45	0.45	0.45
	6	−0.10	0.15	0.25	0.30	0.35	0.35	0.35	0.40	0.40	0.40	0.45	0.45	0.50	0.50
	5	0.10	0.25	0.30	0.35	0.40	0.40	0.40	0.45	0.45	0.45	0.45	0.50	0.50	0.50
	4	0.30	0.35	0.40	0.40	0.40	0.45	0.45	0.45	0.45	0.45	0.50	0.50	0.50	0.50
	3	0.50	0.45	0.45	0.45	0.45	0.45	0.45	0.45	0.45	0.45	0.50	0.50	0.45	0.45
	2	0.75	0.60	0.55	0.50	0.50	0.50	0.50	0.50	0.50	0.50	0.50	0.50	0.50	0.50
	1	1.20	0.95	0.85	0.80	0.75	0.70	0.70	0.65	0.65	0.65	0.55	0.55	0.55	0.55
8	8	−0.35	−0.15	0.10	0.10	0.25	0.25	0.30	0.30	0.35	0.35	0.40	0.45	0.45	0.45
	7	−0.10	0.15	0.25	0.30	0.35	0.35	0.40	0.40	0.40	0.40	0.45	0.45	0.50	0.50
	6	0.05	0.25	0.30	0.35	0.40	0.40	0.40	0.45	0.45	0.45	0.45	0.50	0.50	0.50
	5	0.20	0.30	0.35	0.40	0.40	0.45	0.45	0.45	0.45	0.45	0.50	0.50	0.50	0.50
	4	0.35	0.40	0.40	0.45	0.45	0.45	0.45	0.45	0.45	0.45	0.50	0.50	0.50	0.50
	3	0.50	0.45	0.45	0.45	0.45	0.45	0.45	0.50	0.50	0.50	0.50	0.50	0.50	0.50
	2	0.75	0.60	0.55	0.55	0.50	0.50	0.50	0.50	0.50	0.50	0.50	0.50	0.50	0.50
	1	1.20	1.00	0.85	0.80	0.75	0.70	0.70	0.65	0.65	0.65	0.55	0.55	0.55	0.55

续表

m	n / $\overline{K}$	0.1	0.2	0.3	0.4	0.5	0.6	0.7	0.8	0.9	1.0	2.0	3.0	4.0	5.0
9	9	−0.40	−0.05	0.10	0.20	0.25	0.25	0.30	0.30	0.35	0.35	0.45	0.45	0.45	0.45
	8	−0.15	0.15	0.25	0.30	0.35	0.35	0.35	0.40	0.40	0.40	0.45	0.45	0.50	0.50
	7	0.05	0.25	0.30	0.35	0.40	0.40	0.40	0.45	0.45	0.45	0.50	0.50	0.50	
	6	0.15	0.30	0.35	0.40	0.40	0.45	0.45	0.45	0.45	0.45	0.50	0.50	0.50	0.50
	5	0.25	0.35	0.40	0.40	0.45	0.45	0.45	0.45	0.45	0.45	0.50	0.50	0.50	0.50
	4	0.40	0.40	0.40	0.45	0.45	0.45	0.45	0.45	0.45	0.45	0.50	0.50	0.50	0.50
	3	0.55	0.45	0.45	0.45	0.45	0.45	0.45	0.50	0.50	0.50	0.50	0.50	0.50	0.50
	2	0.80	0.65	0.55	0.55	0.50	0.50	0.50	0.50	0.50	0.50	0.50	0.50	0.50	0.50
	1	1.20	1.00	0.85	0.80	0.75	0.70	0.70	0.65	0.65	0.65	0.55	0.55	0.55	0.55
10	10	−0.40	−0.05	0.10	0.20	0.25	0.30	0.30	0.30	0.30	0.35	0.40	0.45	0.45	0.45
	9	−0.15	0.15	0.25	0.30	0.35	0.35	0.40	0.40	0.40	0.40	0.45	0.45	0.50	0.50
	8	0.00	0.25	0.30	0.35	0.40	0.40	0.40	0.45	0.45	0.45	0.50	0.50	0.50	0.50
	7	0.10	0.30	0.35	0.40	0.40	0.45	0.45	0.45	0.45	0.45	0.50	0.50	0.50	0.50
	6	0.20	0.35	0.40	0.40	0.45	0.45	0.45	0.45	0.45	0.45	0.50	0.50	0.50	0.50
	5	0.30	0.40	0.40	0.45	0.45	0.45	0.45	0.45	0.45	0.50	0.50	0.50	0.50	0.50
	4	0.40	0.40	0.45	0.45	0.45	0.45	0.45	0.45	0.45	0.50	0.50	0.50	0.50	0.50
	3	0.55	0.50	0.45	0.45	0.45	0.50	0.50	0.50	0.50	0.50	0.50	0.50	0.50	0.50
	2	0.80	0.65	0.55	0.55	0.55	0.50	0.50	0.50	0.50	0.50	0.50	0.50	0.50	0.50
	1	1.30	1.00	0.85	0.80	0.75	0.70	0.70	0.65	0.65	0.65	0.60	0.55	0.55	0.55
11	11	−0.40	0.05	0.10	0.20	0.25	0.30	0.30	0.30	0.35	0.35	0.40	0.45	0.45	0.45
	10	−0.15	0.15	0.25	0.30	0.35	0.35	0.40	0.40	0.40	0.40	0.45	0.45	0.50	0.50
	9	0.00	0.25	0.30	0.35	0.40	0.40	0.40	0.45	0.45	0.45	0.50	0.50	0.50	0.50
	8	0.10	0.30	0.35	0.40	0.40	0.45	0.45	0.45	0.45	0.45	0.50	0.50	0.50	0.50
	7	0.20	0.35	0.40	0.45	0.45	0.45	0.45	0.45	0.45	0.45	0.50	0.50	0.50	0.50
	6	0.25	0.35	0.40	0.45	0.45	0.45	0.45	0.45	0.45	0.45	0.50	0.50	0.50	0.50
	5	0.35	0.40	0.40	0.45	0.45	0.45	0.45	0.45	0.45	0.50	0.50	0.50	0.50	0.50
	4	0.40	0.45	0.45	0.45	0.45	0.45	0.45	0.50	0.50	0.50	0.50	0.50	0.50	0.50
	3	0.55	0.50	0.50	0.50	0.50	0.50	0.50	0.50	0.50	0.50	0.50	0.50	0.50	0.50
	2	0.80	0.65	0.60	0.55	0.55	0.50	0.50	0.50	0.50	0.50	0.50	0.50	0.50	0.50
	1	1.30	1.00	0.85	0.80	0.75	0.70	0.70	0.65	0.65	0.65	0.60	0.55	0.55	0.55
12以上	自上1	−0.40	−0.05	0.10	0.20	0.25	0.30	0.30	0.30	0.35	0.35	0.40	0.45	0.45	0.45
	2	−0.15	0.15	0.25	0.30	0.35	0.35	0.40	0.40	0.40	0.40	0.45	0.45	0.50	
	3	0.00	0.25	0.30	0.35	0.40	0.40	0.40	0.45	0.45	0.45	0.50	0.50	0.50	0.50
	4	0.10	0.30	0.35	0.40	0.40	0.45	0.45	0.45	0.45	0.45	0.50	0.50	0.50	0.50
	5	0.20	0.35	0.40	0.40	0.45	0.45	0.45	0.45	0.45	0.45	0.50	0.50	0.50	0.50
	6	0.25	0.35	0.40	0.45	0.45	0.45	0.45	0.45	0.45	0.45	0.50	0.50	0.50	0.50
	7	0.30	0.40	0.40	0.45	0.45	0.45	0.45	0.45	0.50	0.50	0.50	0.50	0.50	0.50
	8	0.35	0.40	0.45	0.45	0.45	0.45	0.45	0.50	0.50	0.50	0.50	0.50	0.50	0.50
	中间	0.40	0.40	0.45	0.45	0.45	0.45	0.50	0.50	0.50	0.50	0.50	0.50	0.50	0.50
	4	0.45	0.45	0.45	0.45	0.50	0.50	0.50	0.50	0.50	0.50	0.50	0.50	0.50	0.50
	3	0.60	0.50	0.50	0.50	0.50	0.50	0.50	0.50	0.50	0.50	0.50	0.50	0.50	0.50
	2	0.80	0.65	0.60	0.55	0.55	0.50	0.50	0.50	0.50	0.50	0.50	0.50	0.50	0.50
	自下1	1.30	1.00	0.85	0.80	0.75	0.70	0.70	0.65	0.65	0.65	0.55	0.55	0.55	0.55

表 4-10　　　　　倒三角形分布水平荷载作用下各层柱标准反弯点高度比 y_0

m	n	$\overline{K}$ 0.1	0.2	0.3	0.4	0.5	0.6	0.7	0.8	0.9	1.0	2.0	3.0	4.0	5.0
1	1	0.80	0.75	0.70	0.65	0.65	0.60	0.60	0.60	0.60	0.55	0.55	0.55	0.55	0.55
2	2	0.50	0.45	0.40	0.40	0.40	0.40	0.40	0.40	0.40	0.45	0.45	0.45	0.45	0.50
	1	1.00	0.85	0.75	0.70	0.70	0.65	0.65	0.65	0.60	0.60	0.55	0.55	0.55	0.55
3	3	0.25	0.25	0.25	0.30	0.30	0.35	0.35	0.35	0.40	0.40	0.45	0.45	0.45	0.50
	2	0.60	0.50	0.50	0.50	0.50	0.45	0.45	0.45	0.45	0.45	0.50	0.50	0.50	0.50
	1	1.15	0.90	0.80	0.75	0.75	0.70	0.70	0.65	0.65	0.65	0.60	0.55	0.55	0.55
4	4	0.10	0.15	0.20	0.25	0.30	0.30	0.35	0.35	0.35	0.40	0.45	0.45	0.45	0.45
	3	0.35	0.35	0.35	0.40	0.40	0.40	0.40	0.45	0.45	0.45	0.45	0.50	0.50	0.50
	2	0.70	0.60	0.55	0.50	0.50	0.50	0.50	0.50	0.50	0.50	0.50	0.50	0.50	0.50
	1	1.20	0.95	0.85	0.80	0.75	0.70	0.70	0.70	0.65	0.65	0.55	0.55	0.55	0.55
5	5	−0.05	0.10	0.20	0.25	0.30	0.30	0.35	0.35	0.35	0.35	0.40	0.45	0.45	0.45
	4	0.20	0.25	0.35	0.35	0.40	0.40	0.40	0.40	0.40	0.45	0.45	0.50	0.50	0.50
	3	0.45	0.40	0.45	0.45	0.45	0.45	0.45	0.45	0.45	0.50	0.50	0.50	0.50	0.50
	2	0.75	0.60	0.55	0.55	0.50	0.50	0.50	0.50	0.50	0.50	0.50	0.50	0.50	0.50
	1	1.30	1.00	0.85	0.80	0.75	0.70	0.70	0.65	0.65	0.65	0.65	0.55	0.55	0.55
6	6	−0.15	0.05	0.15	0.20	0.25	0.30	0.30	0.35	0.35	0.35	0.40	0.45	0.45	0.45
	5	0.10	0.25	0.30	0.35	0.35	0.40	0.40	0.40	0.45	0.45	0.45	0.50	0.50	0.50
	4	0.30	0.35	0.40	0.40	0.45	0.45	0.45	0.45	0.45	0.45	0.50	0.50	0.50	0.50
	3	0.50	0.45	0.45	0.45	0.45	0.45	0.45	0.45	0.45	0.50	0.50	0.50	0.50	0.50
	2	0.80	0.65	0.55	0.55	0.55	0.55	0.50	0.50	0.50	0.50	0.50	0.50	0.50	0.50
	1	1.30	1.00	0.85	0.80	0.75	0.70	0.70	0.65	0.65	0.65	0.60	0.55	0.55	0.55
7	7	−0.20	0.05	0.15	0.20	0.25	0.30	0.30	0.35	0.35	0.35	0.45	0.45	0.45	0.45
	6	0.05	0.20	0.30	0.35	0.35	0.40	0.40	0.40	0.40	0.45	0.45	0.50	0.50	0.50
	5	0.20	0.30	0.35	0.40	0.40	0.45	0.45	0.45	0.45	0.45	0.50	0.50	0.50	0.50
	4	0.35	0.40	0.40	0.45	0.45	0.45	0.45	0.45	0.45	0.50	0.50	0.50	0.50	0.50
	3	0.55	0.50	0.50	0.50	0.50	0.50	0.50	0.50	0.50	0.50	0.50	0.50	0.50	0.50
	2	0.80	0.65	0.60	0.55	0.55	0.55	0.50	0.50	0.50	0.50	0.50	0.50	0.50	0.50
	1	1.30	1.00	0.90	0.80	0.75	0.70	0.70	0.70	0.65	0.65	0.60	0.55	0.55	0.55
8	8	−0.20	0.05	0.15	0.20	0.25	0.30	0.30	0.35	0.35	0.35	0.45	0.45	0.45	0.45
	7	0.00	0.20	0.30	0.35	0.35	0.40	0.40	0.40	0.40	0.45	0.45	0.50	0.50	0.50
	6	0.15	0.30	0.35	0.40	0.40	0.45	0.45	0.45	0.45	0.45	0.50	0.50	0.50	0.50
	5	0.30	0.45	0.40	0.45	0.45	0.45	0.45	0.45	0.50	0.50	0.50	0.50	0.50	0.50
	4	0.40	0.45	0.45	0.45	0.45	0.45	0.45	0.50	0.50	0.50	0.50	0.50	0.50	0.50
	3	0.60	0.50	0.50	0.50	0.50	0.50	0.50	0.50	0.50	0.50	0.50	0.50	0.50	0.50
	2	0.85	0.65	0.60	0.55	0.55	0.55	0.50	0.50	0.50	0.50	0.50	0.50	0.50	0.50
	1	1.30	1.00	0.90	0.80	0.75	0.70	0.70	0.70	0.65	0.65	0.60	0.55	0.55	0.55

续表

m	n＼K̄	0.1	0.2	0.3	0.4	0.5	0.6	0.7	0.8	0.9	1.0	2.0	3.0	4.0	5.0
9	9	−0.25	0.00	0.15	0.20	0.25	0.30	0.30	0.35	0.35	0.40	0.45	0.45	0.45	0.45
	8	0.00	0.20	0.30	0.35	0.35	0.40	0.40	0.40	0.40	0.45	0.50	0.50	0.50	0.50
	7	0.15	0.30	0.35	0.40	0.40	0.45	0.45	0.45	0.45	0.50	0.50	0.50	0.50	0.50
	6	0.25	0.35	0.40	0.40	0.45	0.45	0.45	0.45	0.45	0.50	0.50	0.50	0.50	0.50
	5	0.35	0.40	0.45	0.45	0.45	0.45	0.45	0.45	0.50	0.50	0.50	0.50	0.50	0.50
	4	0.45	0.45	0.45	0.45	0.45	0.50	0.50	0.50	0.50	0.50	0.50	0.50	0.50	0.50
	3	0.65	0.50	0.50	0.50	0.50	0.50	0.50	0.50	0.50	0.50	0.50	0.50	0.50	0.50
	2	0.80	0.65	0.65	0.55	0.55	0.55	0.55	0.50	0.50	0.50	0.50	0.50	0.50	0.50
	1	1.35	1.00	1.00	0.80	0.75	0.75	0.70	0.70	0.65	0.65	0.60	0.55	0.55	0.55
10	10	−0.25	0.00	0.15	0.20	0.25	0.30	0.30	0.35	0.35	0.40	0.45	0.45	0.45	0.45
	9	−0.05	0.20	0.30	0.35	0.35	0.40	0.40	0.40	0.40	0.45	0.45	0.50	0.50	0.50
	8	0.10	0.30	0.35	0.40	0.40	0.40	0.45	0.45	0.45	0.50	0.50	0.50	0.50	0.50
	7	0.20	0.35	0.40	0.40	0.45	0.45	0.45	0.45	0.45	0.50	0.50	0.50	0.50	0.50
	6	0.30	0.40	0.40	0.45	0.45	0.45	0.45	0.45	0.45	0.50	0.50	0.50	0.50	0.50
	5	0.40	0.45	0.45	0.45	0.45	0.45	0.45	0.50	0.50	0.50	0.50	0.50	0.50	0.50
	4	0.50	0.45	0.45	0.45	0.50	0.50	0.50	0.50	0.50	0.50	0.50	0.50	0.50	0.50
	3	0.60	0.55	0.50	0.50	0.50	0.50	0.50	0.50	0.50	0.50	0.50	0.50	0.50	0.50
	2	0.85	0.65	0.60	0.55	0.55	0.55	0.55	0.50	0.50	0.50	0.50	0.50	0.50	0.50
	1	1.35	1.00	0.90	0.80	0.75	0.75	0.70	0.70	0.65	0.65	0.60	0.55	0.55	0.55
11	11	−0.25	0.00	0.15	0.20	0.25	0.30	0.30	0.30	0.35	0.35	0.45	0.45	0.45	0.45
	10	−0.05	0.20	0.25	0.30	0.35	0.40	0.40	0.40	0.40	0.45	0.45	0.50	0.50	0.50
	9	0.10	0.30	0.35	0.40	0.40	0.40	0.45	0.45	0.45	0.45	0.50	0.50	0.50	0.50
	8	0.20	0.35	0.40	0.40	0.45	0.45	0.45	0.45	0.45	0.50	0.50	0.50	0.50	0.50
	7	0.25	0.40	0.40	0.45	0.45	0.45	0.45	0.45	0.45	0.50	0.50	0.50	0.50	0.50
	6	0.35	0.40	0.45	0.45	0.45	0.45	0.45	0.50	0.50	0.50	0.50	0.50	0.50	0.50
	5	0.40	0.45	0.45	0.45	0.45	0.50	0.50	0.50	0.50	0.50	0.50	0.50	0.50	0.50
	4	0.50	0.50	0.50	0.50	0.50	0.50	0.50	0.50	0.50	0.50	0.50	0.50	0.50	0.50
	3	0.65	0.55	0.50	0.50	0.50	0.50	0.50	0.50	0.50	0.50	0.50	0.50	0.50	0.50
	2	0.85	0.65	0.60	0.55	0.55	0.55	0.55	0.50	0.50	0.50	0.50	0.50	0.50	0.50
	1	1.35	1.00	0.90	0.80	0.75	0.75	0.70	0.70	0.65	0.65	0.60	0.55	0.55	0.55
12以上	自上1	−0.30	0.00	0.15	0.20	0.25	030	0.30	0.30	0.35	0.35	0.40	0.35	0.35	0.35
	2	−0.10	0.20	0.25	0.30	0.35	0.40	0.40	0.40	0.40	0.40	0.45	0.45	0.45	0.45
	3	0.05	0.25	0.35	0.40	0.40	0.45	0.45	0.45	0.45	0.45	0.45	0.50	0.50	0.50
	4	0.15	0.30	0.40	0.40	0.45	0.45	0.45	0.45	0.45	0.45	0.45	0.50	0.50	0.50
	5	0.25	0.30	0.40	0.45	0.45	0.45	0.45	0.45	0.45	0.45	0.50	0.50	0.50	0.50
	6	0.30	0.40	0.40	0.45	0.45	0.45	0.45	0.50	0.50	0.50	0.50	0.50	0.50	0.50
	7	0.35	0.40	0.40	0.45	0.45	0.45	0.50	0.50	0.50	0.50	0.50	0.50	0.50	0.50
	8	0.35	0.45	0.45	0.45	0.50	0.50	0.50	0.50	0.50	0.50	0.50	0.50	0.50	0.50
	中间	0.45	0.45	0.45	0.50	0.50	0.50	0.50	0.50	0.50	0.50	0.50	0.50	0.50	0.50
	4	0.55	0.50	0.50	0.50	0.50	0.50	0.50	0.50	0.50	0.50	0.50	0.50	0.50	0.50
	3	0.65	0.55	0.50	0.50	0.50	0.50	0.50	0.50	0.50	0.50	0.50	0.50	0.50	0.50
	2	0.70	0.70	0.60	0.55	0.55	0.55	0.55	0.50	0.50	0.50	0.50	0.50	0.50	0.50
	自下1	1.35	1.05	0.90	0.80	0.75	0.70	0.70	0.70	0.65	0.65	0.60	0.55	0.55	0.55

表 4-11　　　　　　　　　　顶点集中水平荷载作用下各层柱标准反弯点高度比 y_0

m	n \ $\overline{K}$	0.1	0.2	0.3	0.4	0.5	0.6	0.7	0.8	0.9	1.0	2.0	3.0	4.0	5.0
1	1	0.80	0.75	0.70	0.65	0.65	0.60	0.60	0.60	0.60	0.55	0.55	0.55	0.55	0.55
2	2	0.55	0.50	0.45	0.45	0.45	0.45	0.45	0.45	0.45	0.45	0.45	0.50	0.50	0.50
	1	1.15	0.95	0.85	0.80	0.75	0.70	0.70	0.65	0.65	0.65	0.60	0.55	0.55	0.55
3	3	0.40	0.40	0.40	0.40	0.40	0.40	0.40	0.45	0.45	0.45	0.45	0.50	0.50	0.50
	2	0.75	0.60	0.55	0.55	0.55	0.50	0.50	0.50	0.50	0.50	0.50	0.50	0.50	0.50
	1	1.30	1.00	0.90	0.80	0.75	0.70	0.70	0.70	0.65	0.65	0.60	0.55	0.55	0.55
4	4	0.35	0.35	0.35	0.40	0.40	0.40	0.40	0.45	0.45	0.45	0.45	0.50	0.50	0.50
	3	0.60	0.50	0.50	0.50	0.50	0.50	0.50	0.50	0.50	0.50	0.50	0.50	0.50	0.50
	2	0.85	0.65	0.60	0.55	0.55	0.55	0.55	0.55	0.50	0.50	0.50	0.50	0.50	0.50
	1	1.35	1.05	0.90	0.80	0.75	0.75	0.70	0.70	0.65	0.65	0.60	0.55	0.55	0.55
5	5	0.30	0.35	0.35	0.40	0.40	0.40	0.40	0.45	0.45	0.45	0.45	0.50	0.50	0.50
	4	0.50	0.45	0.45	0.50	0.50	0.50	0.50	0.50	0.50	0.50	0.50	0.50	0.50	0.50
	3	0.65	0.55	0.50	0.50	0.50	0.50	0.50	0.50	0.50	0.50	0.50	0.50	0.50	0.50
	2	0.90	0.70	0.60	0.55	0.55	0.55	0.55	0.55	0.50	0.50	0.50	0.50	0.50	0.50
	1	1.40	1.05	0.90	0.80	0.75	0.75	0.70	0.70	0.65	0.65	0.60	0.55	0.55	0.55
6	6	0.30	0.35	0.35	0.40	0.40	0.40	0.40	0.45	0.45	0.45	0.45	0.50	0.50	0.50
	5	0.45	0.45	0.45	0.45	0.50	0.50	0.50	0.50	0.50	0.50	0.50	0.50	0.50	0.50
	4	0.55	0.50	0.50	0.50	0.50	0.50	0.50	0.50	0.50	0.50	0.50	0.50	0.50	0.50
	3	0.65	0.55	0.55	0.50	0.50	0.50	0.50	0.50	0.50	0.50	0.50	0.50	0.50	0.50
	2	0.90	0.70	0.60	0.60	0.55	0.55	0.55	0.55	0.50	0.50	0.50	0.50	0.50	0.50
	1	1.40	1.05	0.90	0.80	0.75	0.75	0.70	0.70	0.65	0.65	0.60	0.55	0.55	0.55
7	7	0.30	0.35	0.35	0.40	0.40	0.40	0.40	0.45	0.45	0.45	0.45	0.50	0.50	0.50
	6	0.40	0.45	0.45	0.45	0.50	0.50	0.50	0.50	0.50	0.50	0.50	0.50	0.50	0.50
	5	0.50	0.50	0.50	0.50	0.50	0.50	0.50	0.50	0.50	0.50	0.50	0.50	0.50	0.50
	4	0.55	0.50	0.50	0.50	0.50	0.50	0.50	0.50	0.50	0.50	0.50	0.50	0.50	0.50
	3	0.70	0.55	0.55	0.50	0.50	0.50	0.50	0.50	0.50	0.50	0.50	0.50	0.50	0.50
	2	0.90	0.70	0.60	0.60	0.55	0.55	0.55	0.55	0.50	0.50	0.50	0.50	0.50	0.50
	1	1.40	1.05	0.90	0.80	0.75	0.75	0.70	0.70	0.65	0.65	0.60	0.55	0.55	0.55
8	8	0.30	0.35	0.35	0.40	0.40	0.40	0.40	0.45	0.45	0.45	0.45	0.50	0.50	0.50
	7	0.40	0.40	0.45	0.45	0.50	0.50	0.50	0.50	0.50	0.50	0.50	0.50	0.50	0.50
	6	0.45	0.50	0.50	0.50	0.50	0.50	0.50	0.50	0.50	0.50	0.50	0.50	0.50	0.50
	5	0.50	0.50	0.50	0.50	0.50	0.50	0.50	0.50	0.50	0.50	0.50	0.50	0.50	0.50
	4	0.60	0.50	0.50	0.50	0.50	0.50	0.50	0.50	0.50	0.50	0.50	0.50	0.50	0.50
	3	0.70	0.55	0.55	0.50	0.50	0.50	0.50	0.50	0.50	0.50	0.50	0.50	0.50	0.50
	2	0.90	0.70	0.60	0.60	0.55	0.55	0.55	0.55	0.50	0.50	0.50	0.50	0.50	0.50
	1	1.40	1.05	0.90	0.80	0.75	0.75	0.70	0.70	0.65	0.65	0.60	0.55	0.55	0.55

续表

m	n	$\overline{K}$ 0.1	0.2	0.3	0.4	0.5	0.6	0.7	0.8	0.9	1.0	2.0	3.0	4.0	5.0
9	9	0.25	0.35	0.35	0.40	0.40	0.40	0.40	0.45	0.45	0.45	0.45	0.50	0.50	0.50
	8	0.40	0.45	0.45	0.45	0.50	0.50	0.50	0.50	0.50	0.50	0.50	0.50	0.50	0.50
	7	0.45	0.50	0.50	0.50	0.50	0.50	0.50	0.50	0.50	0.50	0.50	0.50	0.50	0.50
	6	0.50	0.50	0.50	0.50	0.50	0.50	0.50	0.50	0.50	0.50	0.50	0.50	0.50	0.50
	5	0.55	0.50	0.50	0.50	0.50	0.50	0.50	0.50	0.50	0.50	0.50	0.50	0.50	0.50
	4	0.60	0.50	0.50	0.50	0.50	0.50	0.50	0.50	0.50	0.50	0.50	0.50	0.50	0.50
	3	0.70	0.55	0.50	0.50	0.50	0.50	0.50	0.50	0.50	0.50	0.50	0.50	0.50	0.50
	2	0.90	0.70	0.60	0.60	0.50	0.50	0.50	0.50	0.50	0.50	0.50	0.50	0.50	0.50
	1	1.40	1.05	0.90	0.80	0.75	0.75	0.70	0.70	0.65	0.60	0.60	0.55	0.55	0.55
10	10	0.25	0.35	0.35	0.40	0.40	0.40	0.40	0.45	0.45	0.45	0.45	0.50	0.50	0.50
	9	0.40	0.45	0.45	0.45	0.50	0.50	0.50	0.50	0.50	0.50	0.50	0.50	0.50	0.50
	8	0.45	0.50	0.50	0.50	0.50	0.50	0.50	0.50	0.50	0.50	0.50	0.50	0.50	0.50
	7	0.50	0.55	0.50	0.50	0.50	0.50	0.50	0.50	0.50	0.50	0.50	0.50	0.50	0.50
	6	0.50	0.50	0.50	0.50	0.50	0.50	0.50	0.50	0.50	0.50	0.50	0.50	0.50	0.50
	5	0.55	0.50	0.50	0.50	0.50	0.50	0.50	0.50	0.50	0.50	0.50	0.50	0.50	0.50
	4	0.60	0.50	0.50	0.50	0.50	0.50	0.50	0.50	0.50	0.50	0.50	0.50	0.50	0.50
	3	0.70	0.55	0.55	0.50	0.50	0.50	0.50	0.50	0.50	0.50	0.50	0.50	0.50	0.50
	2	0.90	0.70	0.60	0.60	0.55	0.55	0.55	0.55	0.50	0.50	0.50	0.50	0.50	0.50
	1	1.40	1.05	0.90	0.80	0.75	0.75	0.70	0.70	0.65	0.65	0.60	0.55	0.55	0.50
11	11	0.25	0.35	0.35	0.40	0.40	0.40	0.40	0.45	0.45	0.45	0.45	0.50	0.50	0.50
	10	0.40	0.45	0.45	0.45	0.50	0.50	0.50	0.50	0.50	0.50	0.50	0.50	0.50	0.50
	9	0.45	0.50	0.50	0.50	0.50	0.50	0.50	0.50	0.50	0.50	0.50	0.50	0.50	0.50
	8	0.50	0.50	0.50	0.50	0.50	0.50	0.50	0.50	0.50	0.50	0.50	0.50	0.50	0.50
	7	0.50	0.50	0.50	0.50	0.50	0.50	0.50	0.50	0.50	0.50	0.50	0.50	0.50	0.50
	6	0.50	0.50	0.50	0.50	0.50	0.50	0.50	0.50	0.50	0.50	0.50	0.50	0.50	0.50
	5	0.55	0.50	0.50	0.50	0.50	0.50	0.50	0.50	0.50	0.50	0.50	0.50	0.50	0.50
	4	0.60	0.50	0.50	0.50	0.50	0.50	0.50	0.50	0.50	0.50	0.50	0.50	0.50	0.50
	3	0.70	0.55	0.55	0.50	0.50	0.50	0.50	0.50	0.50	0.50	0.50	0.50	0.50	0.50
	2	0.90	0.70	0.60	0.60	0.55	0.55	0.55	0.55	0.50	0.50	0.50	0.50	0.50	0.50
	1	1.40	1.05	0.90	0.80	0.75	0.75	0.70	0.70	0.65	0.65	0.60	0.55	0.55	0.60
12	12	0.25	0.35	0.35	0.40	0.40	0.40	0.40	0.45	0.45	0.45	0.45	0.50	0.50	0.50
	11	0.40	0.45	0.45	0.45	0.50	0.50	0.50	0.50	0.50	0.50	0.50	0.50	0.50	0.50
	10	0.45	0.50	0.50	0.50	0.50	0.50	0.50	0.50	0.50	0.50	0.50	0.50	0.50	0.50
	9	0.50	0.50	0.50	0.50	0.50	0.50	0.50	0.50	0.50	0.50	0.50	0.50	0.50	0.50
	8	0.50	0.50	0.50	0.50	0.50	0.50	0.50	0.50	0.50	0.50	0.50	0.50	0.50	0.50
	7	0.50	0.50	0.50	0.50	0.50	0.50	0.50	0.50	0.50	0.50	0.50	0.50	0.50	0.50
	6	0.50	0.50	0.50	0.50	0.50	0.50	0.50	0.50	0.50	0.50	0.50	0.50	0.50	0.50
	5	0.55	0.50	0.50	0.50	0.50	0.50	0.50	0.50	0.50	0.50	0.50	0.50	0.50	0.50
	4	0.60	0.50	0.50	0.50	0.50	0.50	0.50	0.50	0.50	0.50	0.50	0.50	0.50	0.50
	3	0.70	0.55	0.50	0.50	0.50	0.50	0.50	0.50	0.50	0.50	0.50	0.50	0.50	0.50
	2	0.90	0.70	0.60	0.60	0.55	0.55	0.50	0.50	0.50	0.50	0.50	0.50	0.50	0.50
	1	1.40	1.05	0.90	0.80	0.75	0.75	0.70	0.65	0.65	0.65	0.60	0.55	0.55	0.55

表 4-12　　　　　　　　　　　上、下梁相对线刚度变化的修正值 y_1

α_1 \ $\bar{K}$	0.1	0.2	0.3	0.4	0.5	0.6	0.7	0.8	0.9	1.0	2.0	3.0	4.0	5.0
0.4	0.55	0.40	0.30	0.25	0.20	0.20	0.20	0.15	0.15	0.15	0.05	0.05	0.05	0.05
0.5	0.45	0.30	0.20	0.20	0.15	0.15	0.15	0.10	0.10	0.10	0.05	0.05	0.05	0.05
0.6	0.30	0.20	0.15	0.15	0.10	0.10	0.10	0.10	0.05	0.05	0.05	0.05	0.05	0.00
0.7	0.20	0.15	0.10	0.10	0.10	0.10	0.05	0.05	0.05	0.05	0.05	0.05	0.00	0.00
0.8	0.15	0.10	0.05	0.05	0.05	0.05	0.05	0.05	0.05	0.00	0.00	0.00	0.00	0.00
0.9	0.05	0.05	0.05	0.05	0.00	0.00	0.00	0.00	0.00	0.00	0.00	0.00	0.00	0.00

注:表中 $\alpha_1=(i_1+i_2)/(i_3+i_4)$ 为柱的上、下端横梁线刚度比,当 α_1 值大于 1 时,应按其倒数查表,但 y_1 取负值。对底层柱不作此项修正。

表 4-13　　　　　　　　　　　上、下层层高变化的修正值 y_2 和 y_3

α_2	α_3 \ $\bar{K}$	0.1	0.2	0.3	0.4	0.5	0.6	0.7	0.8	0.9	1.0	2.0	3.0	4.0	5.0
2.0		0.25	0.15	0.15	0.10	0.10	0.10	0.10	0.10	0.05	0.05	0.05	0.05	0.0	0.0
1.8		0.20	0.15	0.10	0.10	0.10	0.05	0.05	0.05	0.05	0.05	0.05	0.0	0.0	0.0
1.6	0.4	0.15	0.10	0.10	0.05	0.05	0.05	0.05	0.05	0.05	0.05	0.0	0.0	0.0	0.0
1.4	0.6	0.10	0.05	0.05	0.05	0.05	0.05	0.05	0.05	0.05	0.05	0.0	0.0	0.0	0.0
1.2	0.8	0.05	0.05	0.05	0.05	0.0	0.0	0.0	0.0	0.0	0.0	0.0	0.0	0.0	0.0
1.0	1.0	0.0	0.0	0.0	0.0	0.0	0.0	0.0	0.0	0.0	0.0	0.0	0.0	0.0	0.0
0.8	1.2	−0.05	−0.05	−0.05	0.0	0.0	0.0	0.0	0.0	0.0	0.0	0.0	0.0	0.0	0.0
0.6	1.4	−0.10	−0.05	−0.05	−0.05	−0.05	−0.05	−0.05	−0.05	−0.05	−0.05	0.0	0.0	0.0	0.0
0.4	1.6	−0.15	−0.10	−0.10	−0.05	−0.05	−0.05	−0.05	−0.05	−0.05	−0.05	−0.05	0.0	0.0	0.0
	1.8	−0.20	−0.15	−0.10	−0.10	−0.10	−0.05	−0.05	−0.05	−0.05	−0.05	−0.05	−0.05	0.0	0.0
	2.0	−0.25	−0.15	−0.15	−0.10	−0.10	−0.10	−0.10	−0.10	−0.05	−0.05	−0.05	−0.05	0.0	0.0

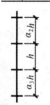

注: y_2——上层层高变化的修正值,由比值 α_2 及 $\bar{K}$ 查表确定,上层较高时为正值,顶层柱不作此项修正;

　　　y_3——下层层高变化的修正值,由比值 α_3 及 $\bar{K}$ 查表确定,底层柱不作此项修正。

y_3 由梁柱线刚度比 $\bar{K}$ 及所计算柱的下层层高与本层层高的比值 α_3 查表 4-13 确定。由表 4-13 可见,当 $\alpha_3>1$ 时,y_3 取负值,反弯点向下移动。对底层柱(无下一层柱)不进行此项修正。

4.框架内力计算

D 值法中,当框架柱的抗侧移刚度 D 及柱的反弯点高度比 y 确定后,框架结构内力计算如下。

第 i 层:设第 i 层所有柱的层间剪力为 V_i,第 i 层第 $j(j=1\sim s)$ 柱的抗侧移刚度为 D_{ij},则

第 i 层所有柱的层间抗侧移刚度为 $D_i = \sum\limits_{j=1}^{s} D_{ij}$，第 i 层第 j 柱的剪力为

$$V_{ij} = \frac{D_{ij}}{D_i} V_i \qquad (4-31)$$

柱的上、下端弯矩为

$$M_c^t = (1-y)hV_{ij} \qquad M_c^b = yhV_{ij} \qquad (4-32)$$

框架梁端弯矩，梁、柱剪力及柱轴力的计算与反弯点法相同，不再赘述。

4.3 在水平荷载作用下框架侧移计算

框架结构在竖向荷载作用下的侧移很小，一般不必计算，因此，框架的侧移主要是由水平荷载(作用)产生的。

1. 框架侧移变形曲线的形式

图 4-24 为一根等截面悬臂柱，在水平均布荷载作用下，柱截面内有弯矩和剪力，因而柱的侧移包括由柱截面弯矩引起的侧移 u_M 和柱截面剪力引起的侧移 u_V，两种侧移曲线的凹向不同。u_M 为下凹，称弯曲型变形；而 u_V 为上凹，称剪切型变形。

框架结构在水平荷载作用下可视作一空腹悬臂柱，如图 4-25 所示。将某层框架柱从反弯点处切开，中柱的轴力较小可忽略不计，因此可近似认为两侧边柱内轴力大小相等，但一拉一压；此外，各柱内还有剪力。则该空腹悬臂柱(视为整体)的截面弯矩由柱轴力产生($M=NB$)，而截面剪力由柱剪力产生，其值就等于框架的层间剪力($V=V_1+V_2+V_3$)。仿照上述等截面悬臂柱的侧移曲线特点可知：框架结构的整体弯曲型变形由柱轴力引起；整体剪切型变形由框架柱的剪力(与框架梁、柱的弯矩及剪力相对应)引起。

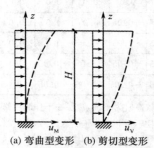

(a) 弯曲型变形　(b) 剪切型变形

图 4-24　水平荷载作用下等截面
悬臂柱的侧移曲线

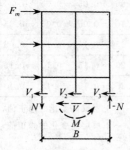

图 4-25　水平荷载作用下空腹
悬臂柱的截面内力

多层框架结构中，框架梁或框架柱的跨度或高度与其截面尺寸相比均比较大(4 倍以上)，因而属于杆系结构，其变形特点是，杆件的变形以弯曲变形为主，而剪切变形及轴向变形所占比例很小，可忽略不计。因此，框架梁、柱作为单个构件时，其变形均以构件的弯曲变形为主。

综上所述，框架结构的整体侧移曲线由弯曲型变形和剪切型变形两部分组成。弯曲型变形由框架柱的轴向变形引起；剪切型变形主要由框架梁、柱的弯曲变形引起。

当框架结构层数不多时，在其总侧移中，柱轴向变形引起的整体弯曲型变形所占比例很小可以不计算，只须计算由框架梁、柱弯曲变形引起的整体剪切型变形；而当框架结构层数较多、

高度较大时,柱轴力加大,此时柱轴向变形引起的侧移不能忽略,也需要计算。一般来说,二者叠加而成的框架结构总侧移曲线总是以剪切型变形为主的。

如图 4-26 所示,框架的弯曲型变形特点是:层间侧移上大下小;剪切型变形特点是:层间侧移上小下大。

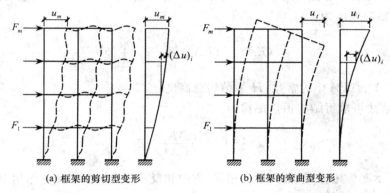

(a) 框架的剪切型变形　　　　　(b) 框架的弯曲型变形

图 4-26　水平荷载作用下框架的侧移曲线

2. 框架梁、柱弯曲变形引起的侧移——剪切型变形

由框架梁、柱弯曲变形引起的框架侧移可用 D 值法计算。

对第 i 层柱,其层间相对侧移为

$$(\Delta u)_i = \frac{V_{ij}}{D_{ij}} = \frac{V_i}{D_i} \tag{4-33}$$

其中,V_i 为第 i 层柱的层间剪力,$V_i = \sum_{j=1}^{s} V_{ij}$,$D$ 为层间抗侧移刚度,$D_i = \sum_{j=1}^{s} D_{ij}$。

第 i 层柱顶面处的绝对位移为

$$u_i = \sum_{k=1}^{i} (\Delta u)_k \tag{4-34}$$

框架结构顶层柱顶面处的总绝对位移为

$$u_m = \sum_{k=1}^{m} (\Delta u)_k \tag{4-35}$$

3. 框架柱轴向变形引起的侧移——弯曲型变形

如前所述,在水平荷载作用下,框架的两侧边柱轴力较大且一拉一压,而中柱轴力较小。由于框架柱的轴向变形引起的框架侧移属于整体弯曲型变形。

柱轴向变形引起的框架侧移可用计算机程序按矩阵位移法进行精确计算,也可近似计算。

如图 4-27 所示为采用连续积分法近似计算柱轴向变形引起的框架侧移时的计算简图。沿高度 z 方向将水平荷载连续化为 $q(z)$,则边柱轴力可近似按下式计算

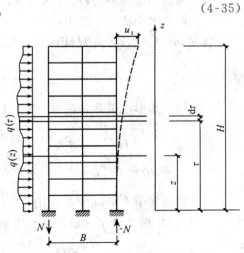

图 4-27　柱轴向变形引起的侧移计算

$$N(z) = \pm \frac{M(z)}{B} = \pm \int_z^H q(\tau)(\tau - z)\mathrm{d}\tau \qquad (4\text{-}36)$$

式中，$M(z)$ 为水平荷载在 z 高度处产生的总倾覆力矩；B 为两侧边柱轴线间的距离。

假定边柱轴向刚度由底部的 $(EA)_b$ 线性地变化到顶部的 $(EA)_t$，则在图 4-27 的坐标系下，z 高度处的轴向刚度为

$$(EA)_z = (EA)_b \left(1 - \frac{b}{H}z\right) \qquad (4\text{-}37)$$

式中，$b = 1 - (EA)_t / (EA)_b$ 为常数；H 为结构总高度。

用单位荷载法可求得结构顶点侧移为

$$u_t = 2 \int_0^H \frac{\overline{N}(z) N(z)}{(EA)_z} \mathrm{d}z \qquad (4\text{-}38)$$

式中，系数 2 表示两侧边柱，其轴力大小相等、方向相反；$\overline{N}(z)$ 为框架顶点作用单位水平力时，在 z 高度处产生的边柱轴力

$$\overline{N}(z) = \pm \frac{\overline{M}(z)}{B} = \pm \frac{H - z}{B} \qquad (4\text{-}39)$$

将式 (4-36)，(4-37) 及 (4-39) 代入式 (4-38)，可得

$$u_t = \frac{2}{B^2 (EA)_b} \int_0^H \left[\frac{(H - z)}{\left(1 - \frac{b}{H}z\right)} \int_z^H q(\tau)(\tau - z)\mathrm{d}\tau \right] \mathrm{d}z \qquad (4\text{-}40)$$

对不同形式的水平荷载，按上式进行积分运算后，可将框架柱轴力引起的顶点侧移 u_t 写成以下统一公式

$$u_t = \frac{V_0 H^3}{B^2 (EA)_b} F(b) \qquad (4\text{-}41)$$

式中，V_0 为结构底部剪力；$F(b)$ 为与 b 有关的函数。

(1) 均布水平荷载 q 作用：

此时，$q(\tau) = q$，$V_0 = qH$；$F(b)$ 按下式计算

$$F(b) = \frac{6b - 15b^2 + 11b^3 + 6(1-b)^3 \cdot \ln(1-b)}{6b^4}$$

(2) 倒三角形水平分布荷载（顶点最大值为 q）作用：

此时，$q(\tau) = q\frac{\tau}{H}$，$V_0 = \frac{1}{2}qH$；$F(b)$ 按下式计算

$$F(b) = \frac{2}{3b^5} \left[b - \frac{1}{2}b^2 - \frac{19}{6}b^3 + \frac{41}{12}b^4 + (1 - b - 3b^2 + 5b^3 - 2b^4)\ln(1-b) \right]$$

(3) 顶点集中水平荷载 F 作用。

此时，也可由公式 (4-41) 计算框架顶点侧移 u_t。$V_0 = F$，$F(b)$ 按下式计算

$$F(b) = \frac{3b^2 - 2b - 2(1-b)^2 \cdot \ln(1-b)}{b^3}$$

由式(4-41)可见,H 越大(房屋越高),B 越小(房屋越窄),则柱轴向变形引起的框架侧移越大。因此,当框架结构房屋很高时,其侧移计算不应忽略柱轴向变形的影响。

4. 框架结构层间弹性位移验算

在正常使用条件下,限制结构层间位移的主要目的有以下两点:① 保证主结构基本处于弹性受力状态,对钢筋混凝土结构来讲,首先要避免混凝土墙或柱出现裂缝;同时,将混凝土梁等楼面构件的裂缝数量、宽度和高度限制在规范允许范围之内。② 保证填充墙、隔墙和幕墙等非结构构件的完好,避免产生明显损伤。

在风荷载或多遇地震(小震)作用下,使结构处于弹性阶段,因而计算层间位移 Δu 时采用弹性方法,结构构件的刚度采用弹性刚度;由于位移验算属于正常使用极限状态,其重要性比保证安全性的承载能力极限状态有所下降,因而计算位移时采用荷载标准值(不考虑荷载分项系数)。

为了保证框架结构具有足够的刚度,避免产生过大的位移而影响结构的承载力、稳定性和使用要求,按弹性方法计算的楼层层间最大位移与层高之比 $\Delta u/h$ 宜符合以下规定:

$$\Delta u/h \leqslant 1/550 \tag{4-42}$$

式中,1/550 为框架结构楼层层间最大位移与层高之比的限值。

4.4 框架内力组合

框架结构上可能有多种荷载作用,当分析出各种分项荷载单独作用下的框架结构内力后,还须根据各种荷载的性质(永久的还是可变的)及它们同时出现的可能性大小,进行荷载组合及内力组合,求出框架梁、柱的最不利内力以确定配筋。

由于框架梁、柱上均有无穷多个截面,且各截面内力沿构件长度是变化的,因而在进行配筋计算时,为了保证构件所有截面的安全,一般取所需配筋量最大的个别截面——控制截面,进行计算。

对构件某一特定截面而言,并非所有荷载同时作用时,在该截面产生的内力为最不利(所需配筋最多),因此,荷载组合的原则应为"不利与可能",即考虑各种荷载同时出现的可能性进行组合,求出构件控制截面的最不利内力,以确定配筋。

1. 控制截面及最不利内力类型

框架梁的控制截面为每跨梁两端的支座截面以及梁的跨中截面(分布荷载作用下在跨内 $V=0$ 处;集中荷载作用下,在某个集中荷载处)。支座截面最不利内力为:最大正弯矩($+M_{max}$)、最大负弯矩($-M_{max}$)、最大剪力($|V|_{max}$);跨中截面最不利内力为:最大正弯矩($+M_{max}$),有时也存在最大负弯矩($-M_{max}$)。这里规定框架梁弯矩以下部纤维受拉为正。

框架柱的控制截面为每层柱的上、下端截面,因为其弯矩值最大。对框架柱进行正截面受压承载力计算时,需要同时采用截面弯矩和轴力,但两者对柱的偏心受压破坏的影响是相关的。当框架柱为对称配筋时,其相关关系为:无论大、小偏心受压破坏,当轴力一定时,弯矩越大越危险(所需配筋多);大偏心受压破坏,当弯矩一定时,轴力越小越危险;小偏心受压破坏,当弯矩一定时,轴力越大越危险。据此,对于对称配筋柱,手算时一般按下列几种情况挑选框架柱控制截面可能的最不利内力:① $|M|_{max}$ 及相应的 N,V;② N_{max} 及相应的 M,V;③ N_{min} 及相应的 M,V;④ $|V|_{max}$ 及相应的 N。

以上前三组组合内力用于按照正截面偏心受压承载力计算柱的纵向受力钢筋;但也可能

存在这样一组内力:其弯矩、轴力均非最大值,而所需配筋量更多,即按照上述目标挑选最不利内力,有时可能会漏掉真正的危险内力。第四组内力用于按照斜截面受剪承载力计算柱的箍筋。

由框架计算简图处可知,内力分析所得框架梁、柱端内力,分别为柱、梁截面形心线处之值,而梁支座截面的最不利位置是柱边缘截面,柱上、下端的危险截面是弯矩作用平面内的梁底边及梁顶面处的柱截面。因此,严格地说,在进行内力组合之前,应先求出各种单项荷载作用下的框架梁、柱边缘处的内力值,然后再组合。

2. 内力组合以及相应的荷载组合表达式

(1) 内力组合。根据《建筑结构荷载规范》的规定,非抗震设计时,框架结构可采用以下内力组合表达式:

① 由可变荷载效应控制的组合

$$S = \gamma_G S_{Gk} + \gamma_{Q1} S_{Q1k} + \sum_{i=2}^{n} \gamma_{Qi} \psi_{ci} S_{Qik} \tag{4-43}$$

② 由永久荷载效应控制的组合

$$S = \gamma_G S_{Gk} + \sum_{i=1}^{n} \gamma_{Qi} \psi_{ci} S_{Qik} \tag{4-44}$$

式中　S——荷载效应(这里指内力)组合的设计值,例如 M, N, V;

　　　S_{Gk}——按永久荷载标准值 G_k 计算的内力标准值;

　　　S_{Qik}——按第 i 个可变荷载标准值 Q_{ik} 计算的内力标准值,其中 S_{Q1k} 为诸可变荷载效应中起控制作用者(也称主导可变荷载,其余称为伴随可变荷载);

　　　ψ_{ci}——第 i 个可变荷载的组合值系数;对一般民用建筑,其楼面均布活荷载的组合值系数 ψ_{ci} 取 0.7,而对书库、档案库、储藏室、密集柜书库以及通风机房、电梯机房等楼面活荷载较大且相对固定情形,则取 $\psi_{ci} = 0.9$;风荷载组合值系数为 $\psi_{ci} = 0.6$;屋面活荷载及雪荷载组合值系数为 $\psi_{ci} = 0.7$;

　　　γ_{Qi}——第 i 个可变荷载的分项系数,一般情况下应取 1.4,而对标准值大于 $4kN/m^2$ 的工业房屋楼面结构的活荷载应取 1.3;

　　　γ_G——永久荷载的分项系数。(i) 当其效应对结构不利时:对由可变荷载效应控制的组合,应取 1.2;对由永久荷载效应控制的组合,应取 1.35,当考虑以竖向的永久荷载效应控制的组合时,参与组合的可变荷载仅限于竖向荷载。(ii) 当其效应对结构有利时:一般情况下应取 1.0;对结构的倾覆、滑移或漂浮验算,应取 0.9;

　　　n——参与组合的可变荷载数。

非抗震设计时,对一般框架结构,为便于手算,允许采用简化的组合规则,也即对所有参与组合的可变荷载的效应设计值,乘以一个统一的组合值系数 0.9,于是,将由可变荷载效应控制的组合式(4-43)简化为以下表达式:

$$S = \gamma_G S_{Gk} + \gamma_{Q1} S_{Q1k}$$

$$S = \gamma_G S_{Gk} + 0.9 \sum_{i=1}^{n} \gamma_{Qi} S_{Qik} \tag{4-45}$$

对地震区的框架结构,须进行抗震设计,其考虑地震作用组合的表达式如:

$$S = \gamma_G S_{GE} + \gamma_{Eh} S_{Ehk} + \gamma_{Ev} S_{Evk} + \psi_w \gamma_w S_{wk} \tag{4-46}$$

式中　γ_G——重力荷载分项系数,一般情况应采用 1.2,当重力荷载效应对构件承载能力有利时,不应大于 1.0;

γ_{Eh}、γ_{Ev}——分别为水平、竖向地震作用分项系数,按表 4-14 采用;

γ_w——风荷载分项系数,取 1.4;

ψ_w——风荷载组合系数,一般结构取 0,风荷载其控制作用的建筑取 0.2;

S_{GE}——重力荷载代表值的效应;

S_{Ehk}——水平地震作用标准值的效应,尚应乘以相应的增大系数或调整系数;

S_{Evk}——竖向地震作用标准值的效应,尚应乘以相应的增大系数或调整系数;

S_{wk}——风荷载标准值的效应。

表 4-14　　　　　　　　　　　　　　地震作用分项系数

地震作用	γ_{Eh}	γ_{Ev}
仅计算水平地震作用	1.3	0.0
仅计算竖向地震作用	0.0	1.3
同时计算水平与竖向地震作用(水平地震为主)	1.3	0.5
同时计算水平与竖向地震作用(竖向地震为主)	0.5	1.3

(2) 荷载组合。

根据框架结构上所作用的荷载种类[恒载、楼(屋)面活荷载、风荷载、雪荷载(与屋面活荷载取大值)],非抗震设计时,与上述内力组合表达式(4-43)和式(4-44)相应的多层框架结构的荷载组合表达式如下:

① $1.2G_k + 1.4Q_{1k} + 1.4\sum\limits_{i=2}^{n}\psi_{ci}Q_{ik}$: $\begin{cases} 1.2\ 恒载 + 1.4\ 活载 + 0.6 \times 1.4\ 风载 \\ 1.2\ 恒载 + 1.4\ 活载组合值 + 1.4\ 风载 \end{cases}$

② $1.35G_k + 1.4\sum\limits_{i=1}^{n}\psi_{ci}Q_{ik}$: 1.35 恒载 + 1.4 活载组合值

与式(4-45)相应的荷载组合表达式如下(可用下式替换以上①):

$$\begin{cases} 1.2G_k + 1.4Q_{1k} : \begin{cases} 1.2\ 恒载 + 1.4\ 活载 \\ 1.2\ 恒载 + 1.4\ 风载 \end{cases} \\ 1.2G_k + 0.9\sum\limits_{i=1}^{n}\gamma_{Qi}Q_{ik} : 1.2\ 恒载 + 0.9 \times 1.4(活载 + 风载) \end{cases}$$

式中,恒载、活载、风载分别指相应的荷载标准值;活载组合值=活荷载组合值系数×活荷载标准值,如前所述,民用建筑的楼面活荷载组合值系数取 0.7(或 0.9)。

注意:由于风荷载的方向是反复的,因此,在组合时,还应将其分为左吹风和右吹风两种情形分别考虑。

3. 内力组合应注意的几个问题

(1) 框架梁端负弯矩调幅。框架节点是梁、柱纵筋交汇处,钢筋过多,混凝土难以振捣密实,施工质量难以保证;同时框架节点又是关乎结构整体性的关键部位。考虑到按弹性分析时,框架梁各控制截面的最大内力值不同时出现,计算的钢筋面积有富余,同时为了避免框架梁支座负弯矩钢筋过分拥挤,以及有利于抗震设计时,形成延性较好的梁铰破坏机构,故在竖向荷载作用下,可考虑框架梁端塑性变形内力重分布对梁端负弯矩乘以调幅系数进行调幅,并应符合下列规定:

① 装配整体式框架梁端负弯矩调幅系数可取为 0.7～0.8;现浇框架梁端负弯矩调幅系数可取为 0.8～0.9;

② 框架梁端负弯矩调幅后,梁跨中弯矩应按平衡条件相应增大;

③ 应先对竖向荷载作用下框架梁的弯矩进行调幅,再与水平作用产生的框架梁弯矩进行组合;

④ 截面设计时,框架梁跨中截面正弯矩设计值不应小于竖向荷载作用下按简支梁计算的跨中弯矩设计值的 50%。

(2) 活荷载最不利布置的考虑。永久荷载(恒载)在建筑的设计使用年限内,其大小和分布几乎保持不变,即荷载变异不大。而框架结构中的楼面活荷载,其大小、分布随时间的变异,在结构设计时应加以考虑。楼面活荷载标准值取等效均布面荷载;对其不同的作用方式(时有时无)的考虑,与求钢筋混凝土楼盖连续梁某控制截面的最不利内力的方法相类似,即对框架结构亦应进行活荷载的最不利布置。

求框架梁、柱某控制截面的某种最不利内力时,通常将梁上活荷载以一跨为单位进行布置(即不考虑半跨作用活荷载情形)。按"分层分跨组合法"的做法是:将框架梁上活荷载逐层逐跨单独作用在框架上,分别计算结构内力;然后,对框架上不同控制截面的不同内力,按照不利与可能的原则进行挑选与叠加,从而得到控制截面的最不利内力。这种方法的计算工作量繁重,适于采用计算机求解。

由于框架结构比连续梁更复杂,若采用与连续梁类似的"最不利荷载位置法"求框架结构某控制截面的最不利内力,虽然其活荷载的不利布置规律一定存在,但很难落实,应用不便。例如,欲求某跨框架梁的跨中最大正弯矩,活荷载应于该跨布置,然后再隔跨隔层布置;而求某跨框架梁的跨中最大负弯矩的活荷载布置恰与上述相反。求框架梁、柱支座最大弯矩的活荷载不利布置要比求梁跨中弯矩的布置复杂、难记,这里不做讨论。可见,采用此方法的计算工作量也很大。

综上所述,对框架结构进行活荷载不利布置,需要进行多次内力分析,大大增加了内力计算工作量,手算不便。在多层民用建筑中,楼面活荷载值一般较小,相应产生的内力与恒载和水平荷载产生的内力相比较小。因此,设计时可近似处理如下:按活荷载满布于所有梁上进行一次活荷载作用下的框架内力分析;在进行内力组合时,梁、柱端弯矩不考虑活荷载不利布置的影响,而将组合后的框架梁跨中截面正弯矩乘以 1.1~1.2 的扩大系数,以考虑活荷载不利布置的影响。但是,对于楼面活荷载较大的工业建筑和某些公共建筑,仍应考虑活荷载的不利布置。

4.5　框架梁、柱截面设计

根据建筑物重要性、设防烈度、房屋高度等因素,将框架结构抗震等级分为四级(表 4-15)。

表 4-15　　　　　　　　　混凝土框架结构的抗震等级

设 防 烈 度	6		7		8		9
高度/m	≤24	>24	≤24	>24	≤24	>24	≤24
普通框架	四	三	三	二	二	一	一
大跨度框架	三	三	二	二	一	一	一

注:1. 建筑场地为 I 类时,除 6 度设防烈度外允许按表内降低一度所对应的抗震等级采取抗震构造措施,但相应的计算要求不应降低;

2. 接近或等于高度分界时,应允许结合房屋不规则程度及场地、地基条件确定抗震等级;

3. 大跨度框架指跨度不小于 18m 的框架;

4. 表中框架结构不包括异形柱框架。

4.5.1　框架梁截面设计

框架梁属于受弯构件,截面内力有弯矩 M 和剪力 V。其承载能力极限状态的计算内容包括正截面受弯承载力和斜截面受剪承载力计算,而斜截面受弯承载力通过构造措施来保证,一般不计算。

当求得框架梁各控制截面的最不利内力之后,即可进行梁的配筋计算。

整体式楼盖中的框架梁为 T 形截面,每跨梁内的纵向钢筋包括配置于梁下部的正弯矩钢筋和上部的负弯矩钢筋。其中梁下部的正弯矩钢筋由梁的跨中及支座截面最大正弯矩值,根据单筋 T 形截面计算确定,钢筋一般在梁跨内通长布置,且应伸入梁端支座内满足锚固要求。梁的上部负弯矩钢筋由梁支座负弯矩值根据双筋矩形截面计算确定,边支座负弯矩钢筋应伸入支座内满足锚固要求;框架梁中间支座的负弯矩钢筋应贯通布置,即不得锚于中柱内,而应穿过中柱后在梁跨内按一定原则将部分钢筋截断。

对多层框架,如果每一层框架梁的配筋各不相同,不仅施工不便,也容易出错,因此,当某些层或同一层内的某些框架梁的截面尺寸及混凝土强度等级相同且配筋量差别不大时,可以将其归并为配筋相同的梁。

1.　正截面承载力

(1)　无地震作用时

$$M \leqslant \alpha_1 f_c b x \left(h_0 - \frac{x}{2} \right) + f'_y A'_s (h_0 - a'_s) \tag{4-47}$$

且应满足

$$x \leqslant \xi_b h_0, \quad x \geqslant 2a'_s$$

(2)　有地震作用时

$$M \leqslant \frac{1}{\gamma_{RE}} \left[\alpha_1 f_c b x \left(h_0 - \frac{x}{2} \right) + f'_y A'_s (h_0 - a'_s) \right] \tag{4-48}$$

式中, γ_{RE} 为承载力抗震调整系数,可按表 4-16 采用。

表 4-16　　　　　　　　　钢筋混凝土构件承载力抗震调整系数

结构构件类别	正截面承载力计算				斜截面承载力计算	受冲切承载力计算	局部受压承载力计算
	受弯构件	偏心受压柱		偏心受拉构件	各类构件及框架节点		
		轴压比小于0.15	轴压比不小于0.15				
γ_{RE}	0.75	0.75	0.8	0.85	0.85	0.85	1.0

注:预埋件锚筋截面计算的承载力抗震调整系数 γ_{RE} 应取为1.0。

梁的变形能力主要取决于梁端的塑性转动幅度,因此梁正截面受弯承载力计算中,计入纵向受压钢筋的梁端混凝土受压区高度应符合下列要求:

一级抗震等级　　　$x \leqslant 0.25 h_0$

二级、三级抗震等级　　$x \leqslant 0.3 h_0$

2.　斜截面承载力

(1)　梁端剪力设计值。

考虑地震作用时,为了控制框架梁弯曲破坏前不出现剪切破坏,应根据不同的抗震等级,按"强剪弱弯"的原则,对梁端剪力进行调整,考虑地震组合的框架梁端剪力设计值 V_b 应按下列规定计算：

一级抗震等级的框架结构和 9 度设防烈度的一级抗震等级框架

$$V_b = 1.1 \frac{(M_{bua}^l + M_{bua}^r)}{l_n} + V_{Gb} \qquad (4-49)$$

其他情况

一级抗震等级 $\qquad V_b = 1.3 \frac{(M_b^l + M_b^r)}{l_n} + V_{Gb} \qquad (4-50)$

二级抗震等级 $\qquad V_b = 1.2 \frac{(M_b^l + M_b^r)}{l_n} + V_{Gb} \qquad (4-51)$

三级抗震等级 $\qquad V_b = 1.1 \frac{(M_b^l + M_b^r)}{l_n} + V_{Gb} \qquad (4-52)$

四级抗震等级，取地震组合下的剪力设计值。

式中　M_{bua}^l，M_{bua}^r——框架梁左、右端按实配钢筋截面面积（计入受压钢筋及梁有效翼缘宽度范围内的楼板钢筋）、料强度标准值，且考虑承载力抗震调整系数的正截面抗震受弯承载力所对应的弯矩值；

M_b^l，M_b^r——考虑地震组合的框架梁左、右端弯矩设计值；

V_{Gb}——考虑地震组合时的重力荷载代表值产生的剪力设计值，可按简支梁计算确定；

l_n——梁的净跨。

在式（4-49）中，M_{bua}^l 与 M_{bua}^r 之和，应分别按顺时针和逆时针方向进行计算，并取其较大值。

式（4-50）～式（4-52）中，M_b^l 与 M_b^r 之和，应分别取顺时针和逆时针方向计算的两端考虑地震组合的弯矩设计值之和的较大值；一级抗震等级，当两端弯矩均为负弯矩时，绝对值较小的弯矩值应取零。

（2）受剪承载力计算。

① 无地震作用时

$$V_{cs} = \alpha_{cv} f_t b h_0 + f_{yv} \frac{A_{sv}}{s} h_0 \qquad (4-53)$$

式中，α_{cv} 为斜截面混凝土受剪承载力系数，对于一般受弯构件取 0.7；对集中荷载作用下（包括作用有多种荷载，其中集中荷载对支座截面或节点边缘所产生的剪力值占总剪力的 75% 以上的情况）的独立梁，取 α_{cv} 为 $\frac{1.75}{\lambda+1}$，λ 为计算截面的剪跨比，可取 λ 等于 a/h_0，当 λ 小于 1.5 时，取 1.5，当 λ 大于 3 时，取 3，a 取集中荷载作用点至支座截面或节点边缘的距离；

② 有地震作用时

试验表明，在反复荷载作用下，梁的斜截面受剪承载力降低。将非抗震设计时梁的斜截面受剪承载力计算公式的第一项乘以 0.6 的折减系数：

$$V_b = \frac{1}{\gamma_{RE}} \left[0.6 \alpha_{cv} f_t b h_0 + f_{yv} \frac{A_{sv}}{s} h_0 \right] \qquad (4-54)$$

（3）截面限制条件。

① 无地震作用时

当 $h_w/b \leqslant 4$ 时 $\qquad V \leqslant 0.25\beta_c f_c bh_0$ (4-55)

当 $h_w/b \geqslant 6$ 时 $\qquad V \leqslant 0.2\beta_c f_c bh_0$ (4-56)

当 $4 < h_w/b < 6$ 时,按线性内插法确定。

② 有地震作用时

矩形、T 形和工字型截面框架梁当跨高比大于 2.5 时,其受剪截面应符合下列条件:

$$V_b \leqslant \frac{1}{\gamma_{RE}}(0.20\beta_c f_c bh_0)$$ (4-57)

当跨高比不大于 2.5 时,其受剪截面应符合下列要求:

$$V_b \leqslant (0.15)\beta_c f_c bh_0)$$ (4-58)

4.5.2 框架柱截面设计

框架柱属于偏心受压构件,截面内力有弯矩 M、轴力 N 和剪力 V。用弯矩 M 和轴力 N 进行柱的正截面受压承载力计算以确定柱的纵向钢筋;而用剪力 V 进行其斜截面受剪承载力计算,并考虑轴压力 N 对柱受剪承载力的提高作用,以确定柱的箍筋。

框架柱正截面受压承载力计算中要用到柱的计算长度 l_0,一般多层房屋中梁柱为刚接的框架结构,各层柱的计算长度 l_0 可按表 4-17 取用。

表 4-17 框架结构各层柱的计算长度

楼 盖 类 型	柱 的 类 别	l_0
现 浇 楼 盖	底层柱	$1.0H$
	其余各层柱	$1.25H$
装 配 式 楼 盖	底层柱	$1.25H$
	其余各层柱	$1.5H$

注:表中 H 对底层柱为从基础顶面到一层楼盖顶面的高度;对其余各层柱为上、下两层楼盖顶面之间的高度。

1. 正截面承载力

框架柱一般采用对称配筋,正截面设计表达式可按以下情况计算。

（1）无地震作用

当为大偏心时 $$\xi = \frac{N}{\alpha_1 f_c bh_0}$$ (4-59)

当为小偏心时 $$\xi = \frac{N - \xi_b \alpha_1 f_c bh_0}{\dfrac{Ne - 0.43\alpha_1 f_c bh_0^2}{(\beta_1 - \xi_b)(h_0 - a_s')} + \alpha_1 f_c bh_0} + \xi_b$$ (4-60)

$$A_s = A_s' = \frac{Ne - \xi(1 - 0.5\xi)\alpha_1 f_c bh_0^2}{f_y'(h_0 - a_s')}$$ (4-61)

（2）有地震作用时

在框架结构设计中,为实现地震作用下"强柱弱梁"的原则,使框架结构在水平地震作用下梁端先出现塑性铰,可以有目的地增大柱端弯矩设计值,对框架柱节点上、下端弯矩设计值应按下列规定采用。

除框架顶层柱、轴压比小于 0.15 的柱外,框架柱节点上、下端的截面弯矩设计值应符合下列要求:

一级抗震等级的框架结构和 9 度设防烈度的一级抗震等级框架

$$\sum M_c = 1.2 \sum M_{bua} \tag{4-62}$$

框架结构

二级抗震等级 $\qquad \sum M_c = 1.5 \sum M_b$ (4-63)

三级抗震等级 $\qquad \sum M_c = 1.3 \sum M_b$ (4-64)

四级抗震等级 $\qquad \sum M_c = 1.2 \sum M_b$ (4-65)

式中 $\sum M_c$ ——考虑地震组合的节点上、下柱端的弯矩设计值之和;柱端弯矩设计值的确定,在一般情况下,可将式(4-62)—式(4-65)计算的弯矩之和,按上、下柱端弹性分析所得的考虑地震组合的弯矩比进行分配。

$\sum M_{bua}$ ——同一节点左、右梁端按顺时针和逆时针方向采用实配钢筋和材料强度标准值,且考虑承载力抗震调整系数计算的正截面受弯承载力所对应的弯矩值之和的较大值。当有现浇板时,梁端的实配钢筋应包含梁有效翼缘宽度范围内楼板的纵向钢筋;

$\sum M_b$ ——同一节点左、右梁端,按顺时针和逆时针方向计算的两端考虑地震组合的弯矩设计值之和的较大值;一级抗震等级,当两端弯矩均为负弯矩时,绝对值较小的弯矩值应取零。

一级、二级、三级、四级抗震等级框架结构的底层,柱下端截面组合的弯矩设计值,应分别乘以增大系数 1.7,1.5,1.3 和 1.2。底层柱纵向钢筋应按柱上、下端的不利情况配置。(注:底层指无地下室的基础以上或地下室以上的首层)。

2. 斜截面承载力

(1) 剪力设计值。

有地震作用时,框架柱的剪力设计值 V_c 应按下列公式计算:

一级抗震等级的框架结构和 9 度设防烈度的一级抗震等级框架

$$V_c = 1.2 \frac{M_{cua}^t + M_{cua}^b}{H_n} \tag{4-66}$$

框架结构

二级抗震等级 $\qquad V_c = 1.3 \frac{(M_c^t + M_c^b)}{H_n}$ (4-67)

三级抗震等级 $\qquad V_c = 1.2 \frac{(M_c^t + M_c^b)}{H_n}$ (4-68)

四级抗震等级 $\qquad V_c = 1.1 \frac{(M_c^t + M_c^b)}{H_n}$ (4-69)

式中 M_{cua}^t, M_{cua}^b ——框架柱上、下端按实配钢筋截面面积和材料强度标准值,且考虑承载力抗震承载力所对应的弯矩值;

M_c^t, M_c^b ——考虑地震组合,且经调整后的框架柱上、下端弯矩设计值;

H_n ——柱的净高。

在式(4-66)中,$M_{\text{cua}}^{\text{t}}$ 与 $M_{\text{cua}}^{\text{b}}$ 之和应分别按顺时针和逆时针方向进行计算,并取其较大值;N 可取重力荷载代表值产生的轴向压力设计值。

在式(4-67)—式(4-69)中,M_{c}^{t} 与 M_{c}^{b} 之和应分别按顺时针和逆时针方向进行计算,并取其较大值。$M_{\text{c}}^{\text{t}},M_{\text{c}}^{\text{b}}$ 的取值应是考虑"强柱弱梁"调整以后的值。

各级抗震等级的框架角柱,其弯矩、剪力设计值应在考虑"强柱弱梁"调整以后的基础上再乘以不小于 1.1 的增大系数。

(2) 受剪承载力。

① 无地震作用时

$$V \leqslant \frac{1.75}{\lambda+1}f_{\text{t}}bh_0 + f_{\text{yv}}\frac{A_{\text{sv}}}{s}h_0 + 0.07N \tag{4-70}$$

式中　λ——偏心受压构件计算截面的剪跨比,取为 $M/(Vh_0)$;

　　　N——与剪力设计值 V 相应的轴向压力设计值,当大于 $0.3f_{\text{c}}A$ 时,取 $0.3f_{\text{c}}A$,此处,A 为构件的截面面积。

② 有地震作用时

考虑地震组合的矩形截面框架柱,其斜截面受剪承载力应符合下列规定:

$$V_{\text{c}} \leqslant \frac{1}{\gamma_{\text{RE}}}\left[\frac{1.05}{\lambda+1}f_{\text{t}}bh_0 + f_{\text{yv}}\frac{A_{\text{sv}}}{s}h_0 + 0.056N\right] \tag{4-71}$$

式中　λ——框架柱的计算剪跨比;当 λ 小于 1.0 时,取 1.0;当 λ 大于 3.0 时,取 3.0;

　　　N——考虑地震组合的框架柱轴向压力设计值,当 N 大于 $0.3f_{\text{c}}A$ 时,取 $0.3f_{\text{c}}A$。

考虑地震组合的矩形截面框架柱,当出现拉力时,其斜截面抗震受剪承载力应符合下列规定:

$$V_{\text{c}} \leqslant \frac{1}{\gamma_{\text{RE}}}\left[\frac{1.05}{\lambda+1}f_{\text{t}}bh_0 + f_{\text{yv}}\frac{A_{\text{sv}}}{s}h_0 - 0.2N\right] \tag{4-72}$$

式中,N 为考虑地震组合的框架柱轴向拉力设计值。

当式(4-72)右边括号内的计算值小于 $f_{\text{yv}}\dfrac{A_{\text{sv}}}{s}h_0$ 时,取等于 $f_{\text{yv}}\dfrac{A_{\text{sv}}}{s}h_0$,且 $f_{\text{yv}}\dfrac{A_{\text{sv}}}{s}h_0$ 值不应小于 $0.36f_{\text{t}}bh_0$。

(3) 截面限制条件。

① 无地震作用时

$$V \leqslant 0.25\beta_{\text{c}}f_{\text{c}}bh_0 \tag{4-73}$$

② 有地震作用时

考虑地震组合的矩形截面框架柱,其受剪截面应符合下列条件:

剪跨比 λ 大于 2 时

$$V_{\text{c}} \leqslant \frac{1}{\gamma_{\text{RE}}}(0.2\beta_{\text{c}}f_{\text{c}}bh_0) \tag{4-74}$$

剪跨比 λ 不大于 2 时

$$V_{\text{c}} \leqslant \frac{1}{\gamma_{\text{RE}}}(0.15\beta_{\text{c}}f_{\text{c}}bh_0) \tag{4-75}$$

式中 λ——框架柱的计算剪跨比,取 $M/(Vh_0)$;此处,M 宜取柱上、下端考虑地震组合的弯矩设计值的较大值,V 取与 M 对应的剪力设计值,h_0 为柱截面有效高度;当框架结构中的框架柱的反弯点在柱层高范围内时,可取 λ 等于 $H_n/(2h_0)$,此处,H_n 为柱净高。

4.5.3 框架节点核心区设计

框架节点是结构抗震的薄弱部位,在水平地震作用下,框架节点受到梁、柱传来的弯矩、剪力和轴力作用,节点核心区处于复杂的应力状态,设计时应根据"强节点"的要求,使节点核心区的承载力强于相连杆件的承载力。一级、二级、三级抗震等级的框架应进行节点核心区抗震受剪承载力验算;四级抗震等级的框架节点可不进行计算,但应符合抗震构造措施的要求。

1. 节点核心区剪力设计值

一级、二级、三级抗震等级的框架梁柱节点核心区的剪力设计值 V_j,应按下列规定计算。

(1) 顶层中间节点和端节点

一级抗震等级的框架结构和 9 度设防烈度的一级抗震等级框架:

$$V_j = \frac{1.15\sum M_{bua}}{h_{b0} - a'_s} \tag{4-76}$$

其他情况

$$V_j = \frac{\eta_{jb}\sum M_b}{h_{b0} - a'_s} \tag{4-77}$$

(2) 其他层中间节点和端节点

一级抗震等级的框架结构和 9 度设防烈度的一级抗震等级框架:

$$V_j = \frac{1.15\sum M_{bua}}{h_{b0} - a'_s}\left(1 - \frac{h_{b0} - a'_s}{H_c - h_b}\right) \tag{4-78}$$

其他情况

$$V_j = \frac{\eta_{jb}\sum M_b}{h_{b0} - a'_s}\left(1 - \frac{h_{b0} - a'_s}{H_c - h_b}\right) \tag{4-79}$$

式中 M_{bua}——节点左、右两侧的梁端反时针或顺时针方向实配的正截面抗震受弯承载力所对应的弯矩值之和,可根据实配钢筋面积(计入纵向受压钢筋)和材料强度标准值确定;

$\sum M_b$——节点左、右两侧的梁端反时针或顺时针方向组合弯矩设计值之和,一级抗震等级框架节点左、右梁端均为负弯矩时,绝对值较小的弯矩应取零;

η_b——节点剪力增大系数,对于框架结构,一级取 1.50,二级取 1.35,三级取 1.20;对于其他结构中的框架,一级取 1.35,二级取 1.20,三级取 1.10;

h_{b0},h_b——分别为梁的截面有效高度、截面高度,当节点两侧梁高不相同时,取其平均值;

H_c——节点上柱和下柱反弯点之间的距离;

a_s——梁纵向受压钢筋合力点至截面近边的距离。

2. 节点核心区截面限制条件

框架梁柱节点核心区的受剪水平截面应符合下列条件：

$$V_j \leqslant \frac{1}{\gamma_{RE}}(0.3\eta_j\beta_c f_c b_j h_j) \tag{4-80}$$

式中　h_j——框架节点核心区的截面高度,可取验算方向的柱截面高度 h_c;

　　　　b_j——框架节点核心区的截面有效验算宽度,当 b_b 不小于 $b_c/2$ 时,可取 b_c;当 b_b 小于 $b_c/2$ 时,可取 $(b_b+0.5h_c)$ 和 b_c 中的较小值;当梁与柱的中线不重合且偏心距 e_0 不大于 $b_c/4$ 时,可取 $(b_b+0.5h_c)$、$(0.5b_b+0.5b_c+0.25h_c-e_0)$ 和 b_c 三者中的最小值。此处,b_b 为验算方向梁截面宽度,b_c 为该侧柱截面宽度;

　　　　η_j——正交梁对节点的约束影响系数:当楼板为现浇、梁柱中线重合、四侧各梁截面宽度不小于该侧柱截面宽度 1/2,且正交方向梁高度不小于较高框架梁高度的 3/4 时,可取 η_j 为 1.50,但对 9 度设防烈度宜取 η_j 为 1.25;当不满足上述条件时,应取 η_j 为 1.00。

3. 节点核心区受剪承载力验算

框架梁柱节点的抗震受剪承载力应符合下列规定:

9 度设防烈度的一级抗震等级框架

$$V_j \leqslant \frac{1}{\gamma_{RE}}\left(0.9\eta_j f_t b_j h_j + f_{yv}A_{svj}\frac{h_{b0}-a'_s}{s}\right) \tag{4-81}$$

其他情况

$$V_j \leqslant \frac{1}{\gamma_{RE}}\left(1.1\eta_j f_t b_j h_j + 0.05\eta_j N\frac{b_j}{b_c} + f_{yv}A_{svj}\frac{h_{b0}-a'_s}{s}\right) \tag{4-82}$$

式中　N——对应于考虑地震组合剪力设计值的节点上柱底部的轴向力设计值;当 N 为压力时,取轴向压力设计值的较小值,且当 N 大于 $0.5f_c b_c h_c$ 时,取 $0.5f_c b_c h_c$;当 N 为拉力时,取为 0;

　　　　A_{svj}——核心区有效验算宽度范围内同一截面验算方向箍筋各肢的全部截面面积;

　　　　h_{b0}——框架梁截面有效高度,节点两侧梁截面高度不等时取平均值。

4.5.4　框架梁、柱纵筋及箍筋的构造要求

1. 框架梁

(1)非抗震设计时,框架梁纵向受拉钢筋的最小配筋百分率 ρ_{min}(%)不应小于 0.2 和 0.45 $\frac{f_t}{f_y}$ 两者的较大值。

非抗震设计时,框架梁箍筋配筋构造应符合下列规定:

① 应沿梁全长设置箍筋。

② 截面高度大于 800mm 的梁,其箍筋直径不宜小于 8mm,其余截面高度的梁不宜小于 6mm。在受力钢筋搭接长度范围内,箍筋直径不应小于搭接钢筋最大直径的 0.25 倍。

③ 箍筋间距不应大于表 4-18 的规定;在纵向受拉钢筋的搭接长度范围内,箍筋间距尚不应大于搭接钢筋较小直径的 5 倍,且不应大于 100mm;在纵向受压钢筋的搭接长度范围内,箍筋间距尚不应大于搭接钢筋较小直径的 10 倍,且不应大于 200mm。

表 4-18 非抗震设计梁箍筋最大间距 单位:mm

h_b(mm) \\ V	$V>0.7f_tbh_0$	$V\leqslant 0.7f_tbh_0$
$h_b\leqslant 300$	150	200
$300<h_b\leqslant 500$	200	300
$500<h_b\leqslant 800$	250	350
$h_b>800$	300	400

④ 当梁的剪力设计值大于 $0.7f_tbh_0$ 时,其箍筋面积配筋率应符合下列要求:

$$\rho_{sv}\geqslant 0.24f_t/f_{yv} \tag{4-83}$$

⑤ 当梁中配有计算需要的纵向受压钢筋时,其箍筋配置上应符合下列要求:

(i) 箍筋直径不应小于纵向受压钢筋最大直径的 0.25 倍;

(ii) 箍筋应做成封闭式;

(iii) 箍筋间距不应大于 $15d$ 且不应大于 400mm;当一层内的受压钢筋多于 5 根且直径大于 18mm 时,箍筋间距不应大于 $10d$(d 为纵向受压钢筋的最小直径);

(iv) 当梁截面宽度大于 400mm 且一层内的纵向受压钢筋多于 3 根时,或当梁截面宽度不大于 400mm 但一层内的纵向受压钢筋多于 4 根时,应设置复合箍筋。框架梁的纵向钢筋不应与箍筋、拉筋及预埋件等焊接。

(2) 抗震设计时,框架梁设计应符合下列要求:

① 计入受压钢筋作用的梁端截面混凝土受压区高度与截面有效高度之比值,一级抗震等级不应大于 0.25,二级、三级抗震等级不应大于 0.35。

② 纵向受拉钢筋的最小配筋百分率 ρ_{min}(%)不应小于表 4-19 规定的数值;

③ 梁端纵向受拉钢筋的配筋率不宜大于 2.5%。

④ 梁端截面的底面和顶面纵向钢筋截面面积的比值,除按计算确定外,一级抗震等级不应小于0.5,二级、三级抗震等级下不应小于 0.3。

⑤ 梁端箍筋的加密区长度、箍筋最大间距和最小直径应符合表 4-20 的要求;当梁端纵向钢筋配筋率大于 2% 时,表中箍筋最小直径应增大 2mm。

在箍筋加密区范围内的箍筋肢距:一级抗震等级下不宜大于 200mm 和 20 倍箍筋直径的较大值,二级、三级抗震等级下不宜大于 250mm 和 20 倍箍筋直径的较大值;一级、二级、三级、四级各抗震等级下,均不宜大于 300mm。

表 4-19 抗震设计时梁纵向受拉钢筋最小配筋百分率 ρ_{min} 单位:%

抗震等级	位 置	
	支座(取较大值)	跨中(取较大值)
一级	0.40 和 $80f_t/f_y$	0.30 和 $65f_t/f_y$
二级	0.30 和 $65f_t/f_y$	0.25 和 $55f_t/f_y$
三、四级	0.25 和 $55f_t/f_y$	0.20 和 $45f_t/f_y$

表 4-20　　　　　　　　梁端箍筋加密区的长度、箍筋最大间距和最小直径

抗震等级	加密区长度（取较大值）/mm	箍筋最大间距（取较小值）/mm	箍筋最小直径/mm
一	$2.0h_b$,500	$h_b/4,6d,100$	10
二	$1.5h_b$,500	$h_b/4,8d,100$	8
三	$1.5h_b$,500	$h_b/4,8d,150$	8
四	$1.5h_b$,500	$h_b/4,8d,150$	6

注：d 为纵向钢筋直径，h_b 为梁截面高度。

⑥ 沿梁全长顶面和底面应至少各配置两根纵向钢筋，一、二级抗震设计时钢筋直径不应小于 14mm，且分别不应小于梁两端顶面和底面纵向配筋中较大截面面积的 1/4；三、四级抗震设计和非抗震设计时钢筋直径不应小于 12mm。

⑦ 一、二级抗震等级的框架梁内贯通中柱的每根纵向钢筋的直径，对矩形截面柱，不宜大于柱在该方向截面尺寸的 1/20；对圆形截面柱，不宜大于纵向钢筋所在位置柱截面弦长的 1/20。

⑧ 框架梁沿梁全长箍筋的面积配筋率应符合下列要求：

一级抗震等级　　　　　　　$\rho_{sv} \geqslant 0.30 f_t / f_{yv}$　　　　　　　　（4-84）

二级抗震等级　　　　　　　$\rho_{sv} \geqslant 0.28 f_t / f_{yv}$　　　　　　　　（4-85）

三、四级抗震等级　　　　　$\rho_{sv} \geqslant 0.26 f_t / f_{yv}$　　　　　　　　（4-86）

式中，ρ_{sv} 为框架梁沿梁全长箍筋的面积配筋率。

⑨ 第一个箍筋应设置在距支座边缘不大于 50mm 处；箍筋应有 135°弯钩，弯钩端头直段长度不应小于 10 倍的箍筋直径；在纵向钢筋搭接长度范围内的箍筋间距，不应大于搭接钢筋较小直径的 5 倍，且不应大于 100mm。框架梁非加密区箍筋最大间距不宜大于加密区箍筋间距的 2 倍。

2. 框架柱

（1）非抗震设计。

非抗震设计时，框架柱全部纵向钢筋的配筋率，不应小于 0.6%，且柱截面每一侧纵向钢筋配筋率不应小于 0.2%；截面尺寸大于 400mm 的柱，其纵向钢筋间距不应大于 350mm；柱纵向钢筋净距不应小于 50mm；全部纵向钢筋的配筋率不宜大于 5%、不应大于 6%；柱的纵筋不应与箍筋、拉筋及预埋件等焊接。

非抗震设计时，柱中箍筋应符合以下规定：

① 周边箍筋应为封闭式。

② 箍筋间距不应大于 400mm，且不应大于构件截面的短边尺寸和最小纵向受力钢筋直径的 15 倍。

③ 箍筋直径不应小于最大纵向钢筋直径的 1/4，且不应小于 6mm。

④ 当柱中全部纵向受力钢筋的配筋率超过 3% 时，箍筋直径不应小于 8mm，箍筋间距不应大于最小纵向钢筋直径的 10 倍，且不应大于 200mm；箍筋末端应做成 135°弯钩且弯钩末端平直段长度不应小于 10 倍箍筋直径。

⑤ 当柱截面短边尺寸大于 400mm 且各边纵向钢筋多于 3 根时，或当柱截面短边尺寸不

大于 400mm 但各边纵向钢筋多于 4 根时,应设置复合箍筋。如图 4-28 所示。

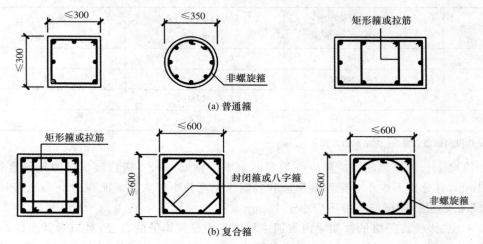

图 4-28　柱箍筋形式示例

⑥ 柱内纵向钢筋采用搭接做法时,搭接长度范围内箍筋直径不应小于搭接钢筋较大直径的 0.25 倍;在纵向受拉钢筋的搭接长度范围内的箍筋间距不应大于搭接钢筋较小直径的 5 倍,且不应大于 100mm;在纵向受压钢筋的搭接长度范围内的箍筋间距不应大于搭接钢筋较小直径的 10 倍,且不应大于 200mm。当受压钢筋直径大于 25mm 时,尚应在搭接接头端面外 100mm 的范围内各设置两道箍筋。

框架节点核心区应设置水平箍筋,非抗震设计时,箍筋配置应符合上述柱中箍筋的有关规定,但箍筋间距不宜大于 250mm。对四边有梁与之相连的节点,可仅沿节点周边设置矩形箍筋。

（2）抗震设计。

① 框架柱轴压比,一、二、三、四级抗震等级时,不宜超过 0.65,0.75,0.85,0.90。但须注意以下几点:

（i）建造于 IV 类场地且较高的高层建筑,柱轴压比限值应适当减小。

（ii）以上限值适用于剪跨比大于 2、混凝土强度等级不高于 C60 的柱;剪跨比不大于 2 的柱轴压比限值应降低 0.05;剪跨比小于 1.5 的柱,轴压比限值应专门研究并采取特殊构造措施。

（iii）沿柱全高采用井字复合箍且箍筋肢距不大于 200mm、间距不大于 100mm、直径不小于 12mm,或沿柱全高采用复合螺旋箍、螺旋间距不大于 100mm、箍筋肢距不大于 200mm、直径不小于 12mm,或沿柱全高采用连续复合矩形螺旋箍、螺旋净距不大于 80mm、箍筋肢距不大于 200mm、直径不小于 10mm,轴压比限值均可增加 0.10;上述三种箍筋的配箍特征值均应按增大的轴压比确定。

（iv）在柱的截面中部附加芯柱,其中另加的纵向钢筋的总面积不少于柱截面面积的 0.8%,轴压比限值可增加 0.05;此项措施与以上（c）的措施共同采用时,轴压比限值可增加 0.15,但箍筋的配箍特征值仍可按轴压比增加 0.10 的要求确定。

（v）柱轴压比不应大于 1.05。

② 柱的纵向钢筋宜对称配置;截面尺寸大于 400mm 的柱,纵向钢筋间距不宜大于

200mm;柱总配筋率不应大于5%;一级且剪跨比不大于2的柱,每侧纵向钢筋配筋率不宜大于1.2%;边柱、角柱在地震作用组合产生小偏心受拉时,柱内纵筋总截面面积应比计算值增加25%;柱纵向钢筋的绑扎接头应避开柱端的箍筋加密区。

柱纵向钢筋的最小总配筋率应按表4-21采用,同时每一侧配筋率不应小于0.2%;对建造于Ⅳ类场地且较高的高层建筑,表中的数值应增加0.1。

表 4-21　　　　　　　　柱全部纵向受力钢筋最小配筋百分率　　　　　　　　单位:%

柱类型	抗 震 等 级			
	一级	二级	三级	四级
中柱、边柱	1.0	0.8	0.7	0.6
角柱、框支柱	1.1	0.9	0.8	0.7

注:1. 采用335MPa级、400MPa级纵向受力钢筋时,应分别按表中数值增加0.1和0.05采用;

2. 当混凝土强度等级为C60以上时,应按表中数值增加0.1采用。

③ 抗震设计时,框架柱箍筋的确定分为加密区和非加密区。

(i) 柱的箍筋加密范围应按下列规定采用:柱端,取截面高度(圆柱直径),柱净高的1/6和500mm三者的最大值。底层柱,柱根不小于柱净高的1/3;当有刚性地面时,除柱端外尚应取刚性地面上下各500mm。剪跨比不大于2的柱和因设置填充墙等形成的柱净高与柱截面高度之比不大于4的柱,取全高且间距应符合表4-22一级抗震等级要求。一级及二级框架的角柱,取全高。

(ii) 柱箍筋加密区的箍筋间距和直径,应符合下列要求。

一般情况下,箍筋的最大间距和最小直径,应按表4-22采用;

表 4-22　　　　　　　　柱箍筋加密区的箍筋最大间距和最小直径

抗 震 等 级	箍筋最大间距(采用较小值)/mm	箍筋最小直径/mm
一	6d,100	10
二	8d,100	8
三	8d,150(柱根100)	8
四	8d,150(柱根100)	6(柱根8)

注:d为柱纵筋最小直径;柱根指框架底层柱的嵌固部位。

一级抗震等级框架柱的箍筋直径大于12mm且箍筋肢距不大于150mm及二级抗震等级框架柱的直径不小于10mm且箍筋肢距不大于200mm时,除底层柱下端外,箍筋间距应允许采用150mm;四级抗震等级框架柱剪跨比不大于2时,箍筋直径不应小于8mm。

框支柱和剪跨比不大于2的柱,箍筋间距不应大于100mm。

(iii) 柱箍筋加密区箍筋肢距,一级抗震等级不宜大于200mm,二级、三级抗震等级不宜大于250mm和20倍箍筋直径的较大值,四级抗震等级不宜大于300mm。至少每隔一根纵向钢筋宜在两个方向有箍筋或拉筋约束;采用拉筋复合箍时,拉筋宜紧靠纵向钢筋并钩住箍筋。

(iv) 柱箍筋加密区的体积配箍率,应符合下列要求:

$$\rho_v \geqslant \lambda_v f_c / f_{yv} \tag{4-87}$$

其中　ρ_v——柱箍筋加密区的体积配箍率,一级不应小于0.8%,二级不应小于0.6%,三、四级不应小于 0.4%；计算复合箍的体积配箍率时，应扣除重叠部分的箍筋体积；

f_c——混凝土轴心抗压强度设计值；强度等级低于 C35 时，应按 C35 计算；

f_{yv}——箍筋或拉筋抗拉强度设计值，超过 $360N/mm^2$ 时，应取 $360N/mm^2$ 计算；

λ_v——最小配箍特征值，宜按表 4-23 采用。

(v) 柱箍筋非加密区的体积配箍率不宜小于加密区的 50%；箍筋间距，一、二级抗震等级框架柱不应大于 10 倍纵向钢筋直径，三、四级抗震等级框架柱不应大于 15 倍纵向钢筋直径。

(vi) 框架节点核心区箍筋的最大间距和最小直径宜按以上(b)采用，一、二、三级框架节点核心区配箍特征值分别不宜小于 0.12,0.10 和 0.08 且体积配箍率分别不宜小于 0.6%，0.5% 和 0.4%。柱剪跨比不大于 2 的框架节点核心区配箍特征值不宜小于核心区上、下柱端的较大配箍特征值。

3. 框架梁、柱节点纵筋构造要求

(1) 非抗震设计时，框架梁、柱的纵向钢筋在框架节点区的锚固和搭接，应符合下列要求（图 4-29）。

表 4-23 柱箍筋加密区的箍筋最小配箍特征值 λ_v

抗震等级	箍筋形式	柱轴压比								
		≤0.3	0.4	0.5	0.6	0.7	0.8	0.9	1.0	1.05
一	普通箍、复合箍	0.10	0.11	0.13	0.15	0.17	0.20	0.23	—	—
	螺旋箍、复合或连续复合矩形螺旋箍	0.08	0.09	0.11	0.13	0.15	0.18	0.21	—	—
二	普通箍、复合箍	0.08	0.09	0.11	0.13	0.15	0.17	0.19	0.22	0.24
	螺旋箍、复合或连续复合矩形螺旋箍	0.06	0.07	0.09	0.11	0.13	0.15	0.17	0.20	0.22
三	普通箍、复合箍	0.06	0.07	0.09	0.11	0.13	0.15	0.17	0.20	0.22
	螺旋箍、复合或连续复合矩形螺旋箍	0.05	0.06	0.07	0.09	0.11	0.13	0.15	0.18	0.20

注：1. 普通箍指单个矩形箍和单个圆形箍；复合箍指由矩形、多边形、圆形箍或拉筋组成的箍筋；复合螺旋箍指由螺旋箍与其矩形、多边形、圆形箍或拉筋组成的箍筋；连续复合矩形螺旋箍指全部螺旋箍为同一根钢筋加工而成的箍筋；

2. 框支柱宜采用复合螺旋箍或井字复合箍，其最小配箍特征值应比表内数值增加 0.02，且体积配箍率不应小于1.5%；

3. 剪跨比不大于 2 的柱宜采用复合螺旋箍或井字复合箍，其体积配箍率不应小于1.2%，9 度时不应小于1.5%；

4. 计算复合螺旋箍的体积配箍率时，其非螺旋箍的箍筋体积应乘以换算系数 0.8。

5. 混凝土强度等级高于 C60 时，箍筋宜采用复合箍、复合螺旋箍或连续复合矩形螺旋箍，当轴压比不大于 0.6 时，其加密区的最小配箍特征值宜按表中数值增加 0.02；当轴压比大于 0.6 时，宜按表中数值增加 0.03。

① 顶层中节点柱纵向钢筋和边节点柱内侧纵向钢筋应伸至柱顶；当从梁底边计算的直线锚固长度不小于 l_a 时，可不必水平弯折，否则应向柱内或梁、板内水平弯折，当充分利用柱纵向钢筋的抗拉强度时，其锚固段弯折前的竖直投影长度不应小于 $0.5l_a$，弯折后的水平投影长度不宜小于 12 倍的柱纵向钢筋直径。

② 顶层端节点处，在梁宽范围以内的柱外侧纵向钢筋可与梁上部纵向钢筋搭接，搭接长度不应小于 $1.5l_a$；在梁宽范围以外的柱外侧纵向钢筋可伸入现浇板内，其伸入长度与伸入梁内的相同。当柱外侧纵向钢筋的配筋率大于 1.2% 时，伸入梁内的柱纵向钢筋宜分两批截断，其截断点之间的距离不宜小于 20 倍的柱纵向钢筋直径。

③ 梁上部纵向钢筋伸入端节点的锚固长度，直线锚固时不应小于 l_a，且伸过柱中心线的

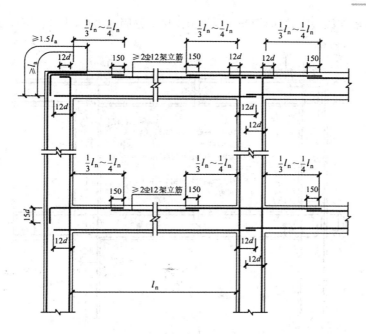

图 4-29　非抗震设计时框架梁、柱纵向钢筋在节点区的锚固要求

长度不宜小于 5 倍的梁纵向钢筋直径；当柱截面尺寸不足时，梁上部纵向钢筋应伸至节点对边并向下弯折，锚固段弯折前的水平投影长度不应小于 $0.4l_a$，弯折后的竖直投影长度应取 15 倍的梁纵向钢筋直径。

④ 当计算中不利用梁下部纵向钢筋的强度时，其伸入节点内的锚固长度应取不小于 12 倍的梁纵向钢筋直径。当计算中充分利用梁下部钢筋的抗拉强度时，梁下部纵向钢筋可采用直线方式或向上 90° 弯折方式锚固于节点内，直线锚固时的锚固长度不应小于 l_a；弯折锚固时，锚固段的水平投影长度不应小于 $0.4l_a$，竖直投影长度应取 15 倍的梁纵向钢筋直径。

（2）抗震设计时，纵向钢筋的锚固长度和搭接长度比非抗震设计具有更高要求。纵向受力钢筋的最小锚固长度为

一、二级抗震等级　　　　　　　　$l_{aE} = 1.15 l_a$　　　　　　　　（4-88）

三级抗震等级　　　　　　　　　　$l_{aE} = 1.05 l_a$　　　　　　　　（4-89）

四级抗震等级　　　　　　　　　　$l_{aE} = 1.00 l_a$　　　　　　　　（4-90）

其中　l_a——受拉钢筋的锚固长度；

　　　l_{aE}——抗震设计时受拉钢筋的锚固长度。

当采用绑扎搭接接头时，其搭接长度不应小于下式的计算值：

$$l_{lE} = \zeta l_{aE} \qquad\qquad (4-91)$$

其中　l_{lE}——抗震设计时受拉钢筋的搭接长度；

　　　ζ——受拉钢筋搭接长度修正系数，应按表 4-24 采用。

表 4-24　　　　　　　　　　纵向受拉钢筋搭接长度修正系数 ζ

同一连接区段内搭接钢筋面积百分率/%	≤25	50	100
受拉搭接长度修正系数 ζ	1.2	1.4	1.6

注：同一连接区段内搭接钢筋面积百分率取在同一连接区段内有搭接接头的受力钢筋与全部受力钢筋面积之比。

抗震设计时,框架梁、柱的纵向钢筋在框架节点区的锚固和搭接,应符合下列要求(图 4-30):

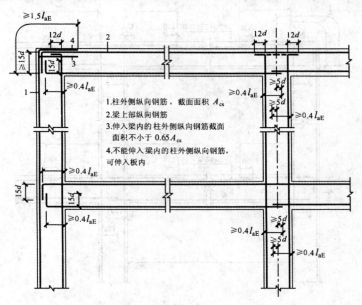

图 4-30　抗震设计时框架梁、柱纵向钢筋在节点区的锚固要求

① 顶层中节点柱纵向钢筋和边节点柱内侧纵向钢筋应伸至柱顶;当从梁底边计算的直线锚固长度不小于 l_{aE} 时,可不必水平弯折,否则应向柱内或梁内、板内水平弯折,锚固段弯折前的竖直投影长度不应小于 $0.5l_{aE}$,弯折后的水平投影长度不宜小于 12 倍的柱纵向钢筋直径。

② 顶层端节点处,柱外侧纵向钢筋可与梁上部纵向钢筋搭接,搭接长度不应小于 $1.5l_{aE}$,且伸入梁内的柱外侧纵向钢筋截面面积不宜小于柱外侧全部纵向钢筋截面面积的 65%;在梁宽范围以外的柱外侧纵向钢筋可伸入现浇板内,其伸入长度与伸入梁内的相同。当柱外侧纵向钢筋的配筋率大于 1.2% 时,伸入梁内的柱纵向钢筋宜分两批截断,其截断点之间的距离不宜小于 20 倍的柱纵向钢筋直径。

③ 梁上部纵向钢筋伸入端节点的锚固长度,直线锚固时不应小于 l_{aE},且伸过柱中心线的长度不应小于 5 倍的梁纵向钢筋直径;当柱截面尺寸不足时,梁上部纵向钢筋应伸至节点对边并向下弯折,锚固段弯折前的水平投影长度不应小于 $0.4l_{aE}$,弯折后的竖直投影长度应取 15 倍的梁纵向钢筋直径。

④ 梁下部纵向钢筋的锚固与梁上部纵向钢筋相同,但采用 90° 弯折方式锚固时,竖直段应向上弯入节点内。

4.6　框架结构设计实例

4.6.1　工程概况

该工程为六层综合办公楼,建筑平面如图 4-31 所示,建筑剖面如图 4-32 所示。层高为 3.5m,室内外高差 0.45m,基础顶面距室外地面为 500mm。承重结构体系拟采用现浇钢筋混凝土框架结构。

1. 主要建筑做法

(1)屋面做法(自上而下):300×300×25 水泥砖、20 厚 1∶2.5 水泥砂浆结合层、高聚物

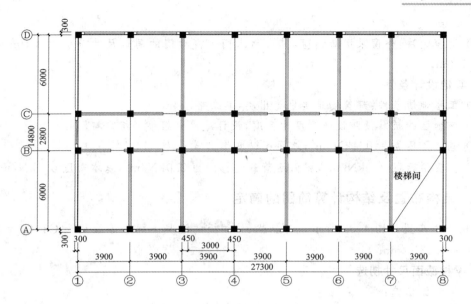

图 4-31　建筑平面图

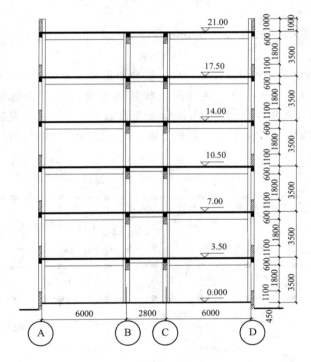

图 4-32　建筑剖面图

改性沥青防水卷材、基层处理剂、20厚1∶3水泥砂浆找平层、水泥膨胀珍珠岩保温兼找坡层（最薄处30mm，2‰自两侧檐口向中间找坡）、100厚现浇钢筋混凝土屋面板。

（2）楼面做法（自上而下）：13厚缸砖面层、2厚纯水泥浆一道、20厚1∶2水泥砂浆结合层、100厚钢筋混凝土楼板。

（3）墙身做法：190mm厚混凝土空心小砌块填充墙，用1∶2.5水泥砂浆砌筑，内墙粉刷为混合砂浆底，低筋灰面，厚20mm，"803"内墙涂料两度。外墙粉刷为20mm厚1∶3水泥砂浆底,外墙涂料。

(4) 门窗做法:外窗采用塑钢窗,其余为木门。窗和门的洞口尺寸分别为 $3.0m×1.8m$,$2.1m×1.0m$。

2. 其他设计条件

(1) 工程地质条件:建筑场地类别为 Ⅲ 类,其余略。

(2) 该地区的抗震设防设防烈度为 8 度,设计地震分组第一组。

(3) 基本风压 $\omega_0 = 0.4kN/m^2$,地面粗糙度属 B 类。

(4) 楼面活荷载 $2.0kN/m^2$,屋面活荷载(上人)为 $2.0kN/m^2$,基本雪压 $0.4kN/m^2$。

4.6.2 结构布置及结构计算简图的确定

结构平面布置如图 4-33 所示。各层梁、柱和板的混凝土强度等级均为 C30($f_c = 14.3N/mm^2$,$f_t = 1.43N/mm^2$)。

1. 梁柱截面尺寸初选

(1) 梁截面初选:

边跨梁(AB、CD 跨) 取 $h = l/10 = 6\ 000/10 = 600mm$,取 $b = 250mm$

中跨梁(BC 跨) 取 $h = 450, b = 250$

纵向框架梁 取 $b×h = 250mm×400mm$

(2) 柱截面初选:

柱截面初选,要同时满足最小截面、侧移限值和轴压比等诸多因素影响。对于较低设防烈度地区的多层民用框架结构,一般可通过满足轴压比限值进行截面估计。本例房屋高度 < 24m,由抗震规范可知,抗震等级为二级,按轴压比限值为 0.75 进行截面估计。各层的重力荷载代表值近似取 $12kN/m^2$,由结构平面布置图(图 4-33)可知,中柱的负载面积为 $(1.4+3)×3.9 = 17.16m^2$,则

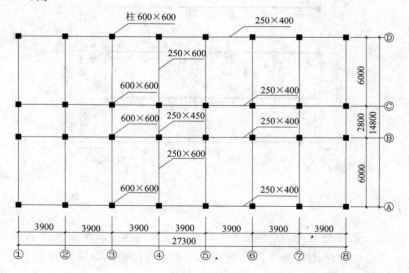

图 4-33 结构平面布置图

竖向荷载产生的轴力估计值 $N_V = 1.25×12×17.16×6 = 1\ 544.40kN$

水平荷载下轴力增大系数按 1.1 估计,即 $N = 1.1×N_V = 1.1×1544.4 = 1\ 698.84kN$

$$A_c \geqslant \frac{N}{\mu_N f_c} = \frac{1\,698.84 \times 10^3}{0.75 \times 14.3} = 158\,400\,mm^2$$

选柱截面为　$b \times h = 600\,mm \times 600\,mm$

2. 结构计算简图

结构计算简图如图 4-34 所示。各梁柱构件线刚度（表 4-25—表 4-27）经计算后示于图 4-34 中。其中，在求梁截面惯性矩时考虑到现浇板的作用，中框架取 $I = 2I_0$（I_0 为不考虑楼板翼缘作用的梁截面惯性矩）。

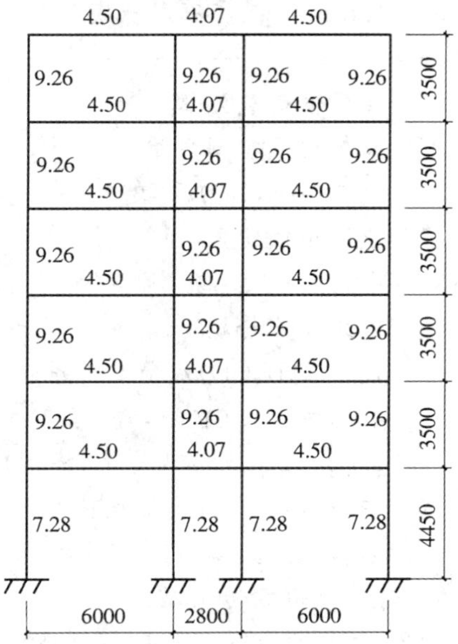

表 4-25　中框架梁的线刚度

类别	$Ec/$ $(\times 10^4$ $N \cdot mm^{-2})$	$b \times h$ $/(mm \times mm)$	计算长度 l /mm	$2.0\frac{EI_0}{l}$ $(\times 10^{10}$ $N \cdot mm)$
AB、CD 跨	3.0	250×600	6 000	4.50
BC 跨	3.0	250×450	2 800	4.07
纵向梁	3.0	250×400	3 900	2.05

表 4-26　边框架梁的线刚度

类别	$Ec/(\times 10^4 N \cdot mm^{-2})$	$b \times h/(mm \times mm)$	计算长度 l/mm	$1.5\frac{EI_0}{l}(\times 10^{10} N \cdot mm)$
AB、CD 跨	3.0	250×600	6 000	3.38
BC 跨	3.0	250×450	2 800	3.05

表 4-27　柱的线刚度

层次	$Ec/(\times 10^4 N \cdot mm^{-2})$	$b \times h/(mm \times mm)$	计算高度 $l/(mm)$	$\frac{Ec I_0}{l}(\times 10^{10} N \cdot mm)$
底层	3.0	600×600	4450	7.28
其他层	3.0	600×600	3500	9.26

注：图中数字为线刚度，单位：$\times 10^{10}$

图 4-34　结构计算简图

4.6.3　荷载计算

1. 恒载计算

（1）屋面框架梁线荷载标准值。

① 屋面恒荷载标准值计算

300×300×25 水泥砖	$0.025 \times 19.8 = 0.50\,kN/m^2$
20 厚 1：2.5 水泥砂浆结合层	$0.02 \times 20 = 0.40\,kN/m^2$
高聚物改性沥青防水卷材	$0.35\,kN/m^2$
20 厚 1：3 水泥砂浆找平层	$0.02 \times 20 = 0.40\,kN/m^2$
水泥膨胀珍珠岩找坡层（平均厚度 105mm）	$0.105 \times 13 = 1.37\,kN/m^2$
100mm 厚钢筋混凝土楼板	$0.10 \times 25 = 2.50\,kN/m^2$

15mm 厚低筋石灰抹底 $0.015 \times 16 = 0.24 \text{kN/m}^2$

屋面恒荷载汇总 5.76kN/m^2

② 框架梁及粉刷自重

边跨（AB,CD）自重 $0.25 \times 0.60 \times 25 = 3.75 \text{kN/m}$

边跨梁侧粉刷 $2 \times (0.6 - 0.1) \times 0.02 \times 17 = 0.34 \text{kN/m}$

中跨（BC）自重 $0.25 \times 0.45 \times 25 = 2.81 \text{kN/m}$

中跨梁侧粉刷 $2 \times -(0.45 - 0.1) \times 0.02 \times 17 = 0.24 \text{kN/m}$

③ 边跨（AB、CD）线荷载标准值

$g_{6AB1} = g_{6CD1}$（自重，均布） 4.09kN/m

$g_{6AB2} = g_{6CD2}$（恒载传来，梯形） $5.76 \times 3.9 = 22.46 \text{kN/m}$

④ 中跨（BC）线荷载标准值

g_{6BC1}（自重，均布） 3.05kN/m

g_{6BC2}（恒载传来，三角形） $5.76 \times 2.8 = 16.13 \text{kN/m}$

（2）楼面框架梁线荷载标准值。

① 楼面恒荷载标准值计算

13mm 厚缸砖面层 $0.013 \times 21.5 = 0.28 \text{kN/m}^2$

20 厚水泥浆 $0.002 \times 16 = 0.03 \text{kN/m}^2$

20 厚 1:2 水泥砂浆结合层 $0.02 \times 20 = 0.40 \text{kN/m}^2$

100mm 厚钢筋混凝土楼板 $0.10 \times 25 = 2.50 \text{kN/m}^2$

15mm 厚低筋石灰抹底 $0.015 \times 136 = 0.24 \text{kN/m}^2$

楼面恒荷载汇总 3.45kN/m^2

② 边跨框架梁及粉刷自重（均布） 4.09kN/m

③ 边跨框架梁填充墙自重 $0.19 \times (3.5 - 0.6) \times 11.8 = 6.50 \text{kN/m}$

填充墙墙面粉刷自重 $2 \times (3.5 - 0.6) \times 0.02 \times 17 = 1.97 \text{kN/m}$

④ 中跨框架梁及粉刷自重（均布） 3.05kN/m

⑤ 楼面边跨框架梁上的线荷载

g_{AB1}, g_{CD1}（自重，均布） $4.09 + 8.47 = 12.56 \text{kN/m}$

$g_{AB2} = g_{CD2}$（恒载传来，梯形） $3.45 \times 3.9 = 13.46 \text{kN/m}$

⑥ 楼面中跨（BC）线荷载标准值

g_{BC1}（自重，均布） 3.05kN/m

g_{BC2}（恒载传来，三角形） $3.45 \times 2.8 = 9.66 \text{kN/m}$

（3）屋面框架节点集中荷载标准值。

① 顶层边节点集中荷载

边柱纵向框架梁自重 $0.25 \times 0.40 \times 3.9 \times 25 = 9.75 \text{kN}$

边柱纵向框架梁粉刷 $2 \times (0.4 - 0.1) \times 0.02 \times 3.9 \times 17 = 0.80 \text{kN}$

1m 高女儿墙自重 $1 \times 0.19 \times 3.9 \times 11.8 = 8.74 \text{kN}$

1m 高女儿墙粉刷 $1 \times 0.02 \times 3.9 \times 17.0 = 2.65 \text{kN}$

纵向框架梁传来屋面自重 $0.5 \times 3.9 \times 0.50 \times 3.9 \times 5.76 = 21.90 \text{kN}$

汇总 $\qquad$ $G_{6A}=G_{6D}=43.84\text{kN}$

② 顶层中节点集中荷载

中柱纵向框架梁自重 $\qquad$ $0.25\times0.40\times3.9\times25=9.75\text{kN/m}$

中柱纵向框架梁粉刷 $\qquad$ $2\times0.02\times(0.40-0.10)\times3.9\times17=0.80\text{kN/m}$

纵向框架梁传来屋面自重 $\qquad$ $0.5\times(3.9+3.9-2.8)\times2.8/2\times5.76=20.16\text{kN}$

$\qquad$ $0.5\times3.9\times3.9/2\times5.76=21.90\text{kN}$

汇总 $\qquad$ $G_{6B}=G_{6C}=52.61\text{kN}$

(4) 楼面框架节点集中荷载标准值。

① 中间层边节点集中荷载

边柱纵向框架梁自重 $\qquad$ 9.75kN

边柱纵向框架梁粉刷 $\qquad$ 0.80kN

塑钢窗自重 $\qquad$ $3.0\times2.0\times0.45=2.7\text{kN}$

窗下墙体自重 $\qquad$ $0.19\times0.9\times(3.9-0.45)\times11.8=6.96\text{kN}$

窗下墙体粉刷 $\qquad$ $2\times0.02\times0.9\times3.45\times17=2.11\text{kN}$

窗边墙体自重 $\qquad$ $0.45\times0.19\times(3.5-0.6-0.9)\times11.8=2.02\text{kN}$

窗边墙体粉刷 $\qquad$ $2\times0.02\times0.45\times(3.5-1.5)\times17=0.61\text{kN}$

框架柱自重 $\qquad$ $0.60\times0.60\times3.5\times25=31.50\text{kN}$

框架柱粉刷 $\qquad$ $(0.60\times4-0.19\times3)\times0.02\times(3.5-0.4)\times17=3.13\text{kN}$

纵向框架梁传来楼面自重 $\qquad$ $0.5\times3.9\times3.9/2\times3.45=13.12\text{kN}$

汇总： $\qquad$ $G_A=G_D=72.70\text{kN}$

② 中间层中节点集中荷载

中柱纵向框架梁自重 $\qquad$ 9.75kN

中柱纵向框架梁粉刷 $\qquad$ 0.80kN

内纵墙自重 $\qquad$ $0.19\times(3.5-0.4)\times(3.9-0.45)\times11.8=23.98\text{kN}$

内纵墙粉刷 $\qquad$ $2\times0.02\times(3.5-0.4)\times(3.9-0.45)\times17=7.27\text{kN}$

扣除门洞重加上门重

$\qquad$ $-2.1\times1.0\times(0.19\times11.8+2\times0.02\times17-0.2)=-5.72\text{kN}$

框架柱自重 $\qquad$ 31.50kN

框架柱粉刷 $\qquad$ 3.13kN

中柱纵向框架梁传来楼面自重 $0.5\times(3.9+3.9-2.8)\times2.8/2\times3.45=12.08\text{kN}$

$\qquad$ $0.5\times3.9\times3.9/2\times3.45=13.12\text{kN}$

汇总： $\qquad$ $G_B=G_C=95.91\text{kN}$

恒荷载作用下的结构计算简图如图 4-35 所示。

2. 楼面活荷载计算

楼面活荷载作用下的结构计算简图如图 4-36 所示。

$P_{6AB}=P_{6CD}=2.0\times3.9=7.80\text{kN/m}$

$P_{6BC}=2.0\times2.8=5.60\text{kN/m}$

$P_{6A}=P_{6D}=0.5\times3.9\times3.9/2\times2=7.61\text{kN}$

$P_{6B}=P_{6C}=0.5\times(3.9+3.9-2.8)\times2.8/2\times2+0.5\times3.9\times3.9/2\times2=14.61\text{kN}$

$P_{AB}=P_{CD}=2.0\times3.9=7.80\text{kN/m}$

$P_{BC}=2.0\times2.8=5.60\text{kN/m}$

$P_{A}=P_{D}=0.5\times3.9\times3.9/2\times2=7.61\text{kN}$

$P_{B}=P_{C}=0.5\times(3.9+3.9-2.8)\times2.8/2\times2+0.5\times3.9\times3.9/2\times2=14.61\text{kN}$

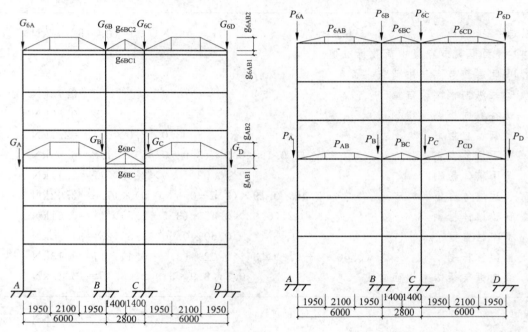

图 4-35 恒荷载作用下结构计算简图　　　　图 4-36 楼面活荷载作用下结构计算简图

3. 屋面雪荷载计算

屋面雪荷载作用下的结构计算简图如图 4-36 所示。

$P_{6AB}=P_{6CD}=0.4\times3.9=1.56\text{kN/m}$

$P_{6BC}=0.4\times2.8=1.12\text{kN/m}$

$P_{6A}=P_{6D}=0.5\times3.9\times3.9/2\times0.4=1.521\text{kN}$

$P_{6B}=P_{6C}=0.5\times(3.9+3.9-2.8)\times2.8/2\times0.4+0.5\times3.9\times3.9/2\times0.4=2.921\text{kN}$

4. 重力荷载计算

(1) 顶层。

楼板　$5.76\times27.3\times14.8=2\,327.27\text{kN}$

　　　女儿墙　$11.8\times1\times(0.19\times27.3+0.19\times14.8)\times2+17.0\times1\times0.02$
　　　　　　$\times(27.2+14.8)\times2=217.40\text{kN}$

梁　$4.09\times6\times16+3.05\times2.8\times8+[0.25\times0.4\times25+2\times(0.4-0.1)\times0.02\times17]$
　　　$\times27.3\times4=756.24\text{kN}$

门　木门单位面积重力荷载为 0.2kN/m^2，塑钢窗单位面积重力荷载为 0.45kN/m^2

$\left(2.1-\dfrac{3.5}{2}\right)\times1.0\times0.2\times9=0.63\text{kN}$

$$\left(\frac{3.5}{2}-0.6\right)\times3\times0.45\times14+\left(\frac{3.5}{2}-0.6\times1.8\times0.45\times2=23.5\text{kN}\right.$$

柱　$0.6\times0.6\times\dfrac{3.5}{2}\times25\times1.1\times32=554.4\text{kN}$

其中，1.1 为考虑柱粉刷的增大系数。

墙体：

Ⓐ＋Ⓓ轴墙体

$(27.3+0.3\times2-0.6\times8)\times0.19\times(0.6-0.4)\times11.8\times2+(27.3+0.3\times2-0.6\times8$
$-0.3\times7)\times0.19\times(3.5/2-0.6)\times11.8\times2+(27.3+0.3\times2-0.6\times8)\times0.02\times$
$(0.6-0.4)\times17\times4+(27.3+0.3\times2-0.6\times8-3.0\times7)\times0.02\times(3.5/2-0.6)\times$
$17\times4=41.11\text{kN}$

Ⓒ轴墙体

$(27.3+0.3\times2-0.6\times8)\times0.19\times(3.5-2.1-0.4)\times11.8+(27.3+0.3\times2-0.6$
$\times8-1.0\times5)\times0.19\times\left(2.1-\dfrac{3.5}{2}\right)\times11.8+(27.3+0.3\times2-0.6\times8)\times0.02\times$
$(3.5-2.1-0.4)\times17\times2+(27.3+0.3\times2-0.6\times8-1.0\times5)\times0.02\times$
$\left(2.1-\dfrac{3.5}{2}\right)\times17=86.01\text{kN}$

Ⓑ轴墙体

$(27.3-3.9-0.6\times6)\times(3.5-2.1-0.4)\times(0.19\times11.8+0.02\times17\times2)+(27.3-$
$3.9-0.6\times6-1.0\times4)\times\left(2.1-\dfrac{3.5}{2}\right)\times(0.19\times11.8+0.02\times17\times2)=74.01\text{kN}$

①＋⑧横墙

$(14.8+0.3\times2-4\times0.6-1.8)\times\left(\dfrac{3.5}{2}-0.6\right)\times(0.19\times11.8+0.02\times17\times4)+$
$(2.8-0.6)\times(0.6-0.45)\times(0.19\times11.8\times2+0.02\times17\times4)=77.2\text{kN}$

②～⑦横墙

$(6.0-0.6)\times\left(\dfrac{3.5}{2}-0.6\right)\times(0.19\times11.8+0.02\times17\times2)\times8=145.16\text{kN}$

$G_6=4\,303.03\text{kN}$

（2）标准层。

楼板　$3.45\times27.3\times14.8=1\,393.94\text{kN}$

梁　$4.09\times6\times16+3.05\times2.8\times8+[0.25\times0.4\times25+2\times(0.4-0.1)\times0.02\times17]\times27.3\times4$
$=756.24\text{kN}$

门　木门单位面积重力荷载为 0.2kN/m^2，塑钢窗单位面积重力荷载为 0.45kN/m^2
$2.1\times1.0\times0.2\times9=3.78\text{kN}$
$3.0\times1.8\times0.45\times14+1.8\times1.8\times0.45\times2=36.94\text{kN}$

柱　$0.6\times0.6\times3.5\times25\times1.1\times32=1\,108.8\text{kN}$

其中，1.1 为考虑柱粉刷的增大系数。

墙体：

Ⓐ＋Ⓓ轴墙体

$(3.5-1.8-0.4)\times(27.3-0.6\times7)\times(0.19\times11.8+0.02\times17\times2)\times2$

$(27.3-0.6\times7-3.0\times7)\times1.8\times(0.19\times11.8+0.02\times17\times2)\times2=197.58\text{kN}$

ⓒ轴墙体

$(27.3-0.6\times7)\times(3.5-2.1-0.4)\times(0.19\times11.8+0.02\times17\times2)$

$+(27.3-0.6\times7-1.0\times5)\times2.1\times(0.19\times11.8+0.02\times17\times2)=178.57\text{kN}$

Ⓑ轴墙体

$(27.3-3.9-0.6\times6)\times(3.5-2.1-0.4)\times(0.19\times11.8+0.02\times17\times2)$

$+(27.3-3.9-0.6\times6-1.0\times4)\times2.1\times(0.19\times11.8+0.02\times17\times2)=154.8\text{kN}$

①+⑧横墙

$(14.8+0.3\times2-4\times0.6-1.8)\times1.8\times11.8\times0.19\times2+(14.8+0.3\times2-4\times0.6)$

$\times0.19\times1.1\times11.8\times2+(2.8-0.6)\times(0.6-0.45)\times(0.19\times11.8\times2+0.02\times17\times4)$

$+(14.8+0.3\times2-4\times0.6-1.8)\times0.02\times1.8\times17\times4+(14.8+0.3\times2-4\times0.6)\times0.02$

$\times1.1\times17\times4=203.32\text{kN}$

②～⑦横墙

$(6.0-0.6)\times(3.5-0.6)\times(0.19\times11.8+0.02\times17\times2)\times8=366.07\text{kN}$

$G_i=4\,400.04\text{kN}$

（3）底层。

楼板　$3.45\times27.3\times14.8=1\,393.94\text{kN}$

梁　$4.09\times6\times16+3.05\times2.8\times8+[0.25\times0.4\times25+2\times(0.4-0.1)\times0.02\times17]\times27.3\times4$

$=756.24\text{kN}$

门　木门单位面积重力荷载为 0.2kN/m^2，塑钢窗单位面积重力荷载为 0.45kN/m^2

$2.1\times1.0\times0.2\times9=3.78\text{kN}$

$3.0\times1.8\times0.45\times14+1.8\times1.8\times0.45\times2=36.94\text{kN}$

柱　$0.6\times0.5\times\left(\dfrac{3.5}{2}+\dfrac{4.45}{2}\right)\times25\times1.1\times32=1\,259.28\text{kN}$

Ⓐ+Ⓓ轴墙体

$(27.3-0.6\times7)\times\left(\dfrac{3.5}{2}+\dfrac{4.45}{2}-1.8\right)\times(0.19\times11.8+0.02\times17\times2)\times2$

$+(27.3-0.6\times7-3.0\times7)\times(0.19\times11.8+0.02\times17\times2)\times1.8\times2=315.7\text{kN}$

ⓒ轴墙体

$(27.3-0.6\times7)\times\left(\dfrac{3.5}{2}+\dfrac{4.45}{2}-2.1-0.4\right)\times(0.19\times11.8+0.02\times17\times2)$

$+(27.3-0.6\times7-1.0\times5)\times2.1\times(0.19\times11.8+0.02\times17\times2)=210.63\text{kN}$

Ⓑ轴墙体

$(27.3-3.9-0.6\times6)\times\left(\dfrac{3.5}{2}+\dfrac{4.45}{2}-2.1-0.4\right)\times(0.19\times11.8+0.02\times17\times2)$

$+(27.3-3.9-0.6\times6-1.0\times4)\times2.1\times(0.19\times11.8+0.02\times17\times2)=182.29\text{kN}$

①+⑧轴墙体

$(14.8-0.6\times3)\times\left(\dfrac{3.5}{2}+\dfrac{4.45}{2}-1.8-0.6\right)\times(0.19\times11.8+0.02\times17\times2)\times2$

$+(14.8-0.6\times3-1.8)\times1.8\times(0.19\times11.8+0.02\times17\times2)\times2+(2.8-0.6)\times$

$(0.6-0.45)\times(0.19\times11.8+0.02\times17\times2)\times2=239.40\text{kN}$

②～⑦轴墙体

$$(6.0-0.6)\times\left(\frac{3.5}{2}+\frac{4.45}{2}-0.6\right)\times(0.19\times11.8+0.02\times17\times2)\times8=426.03\text{kN}$$

$$G_1=4\,824.24\text{kN}$$

4.6.4　框架侧移刚度计算

框架侧移刚度按 4.2.3 节中求 D 值的方法计算,在计算梁的线刚度 i_b 时,考虑到楼板对框架梁截面惯性矩的影响,中框架梁取 $I_b=2.0I_0$,边框架梁取 $I_b=1.5I_0$。因此,中框架的线刚度和柱的线刚度可采用图 4-32 的结果,边框架梁的线刚度为中框架梁的线刚度的 $1.5/2=0.75$ 倍。所有梁、柱的线刚度见表 4-28 所示。

表 4-28　　　　　　　　　　　梁柱线刚度表　　　　　　　　　　单位:10^{10} N·mm

层　次	边框架梁		中框架梁		柱
	$i_{AB}(i_{CD})$	i_{BC}	$i_{AB}(i_{CD})$	i_{BC}	i_c
2～6	3.38	3.05	4.50	4.07	9.26
1	3.38	3.05	4.50	4.07	7.28

柱的侧移刚度按式(4-27)计算,式中系数 α_c 由表 4-8 所列公式计算。根据梁、柱线刚度比 $\overline{K}$ 的不同,图 4-33 中的柱可分为中框架中柱和边柱、边框架中柱和边柱。现以第 2 层 ⓒ-③柱的侧移刚度计算为例,说明计算过程,其余柱的计算过程从略,计算过程分别见表 4-29 和表 4-30。

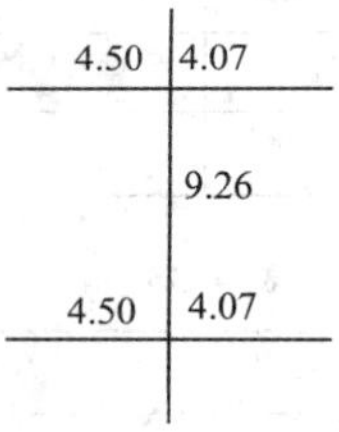

第 2 层 Ⓑ-③柱及与其相连的梁的相对线刚度如图 4-37 所示,由表 4-8《节点转动影响系数系数 α_c》可得梁柱线刚度比 K 为

```
          4.50 │ 4.07
          ─────┼─────
               │
               9.26
               │
          4.50 │ 4.07
```

图 4-37　Ⓑ—③柱及相邻梁的线刚度

$$K=\frac{4.50\times2+4.07\times2}{9.26\times2}=0.925,\quad \alpha=\frac{K}{2+K}=\frac{0.925}{2+0.925}=0.316$$

由式(4-27)可得

$$D=\alpha\frac{12i_c}{h_j^2}=0.316\times\frac{12\times9.26}{3.5^2}=2.866(10^4\text{N·mm})$$

表 4-29　　　　　　　　　　边框架柱侧移刚度 D 值　　　　　　　　单位:10^4 N·mm

层次	边柱 A-1,A-8,D-1,D-8			中柱 B-1,B-8,C-1,C-8			$\sum D_i$
	K	α_c	D_{i1}	K	α_c	D_{i2}	
2—6	0.347	0.148	1.342	0.694	0.258	2.338	14.72
1	0.464	0.391	1.726	0.883	0.480	2.116	15.368

表 4-30　　　　　　　　　　中框架柱侧移刚度 D 值　　　　　　　　单位:10^4 N·mm

层次	边柱(12 根)			中柱(12 根)			$\sum D_i$
	K	α_c	D_{i1}	K	α_c	D_{i1}	
2—6	0.463	0.188	1.704	0.925	0.316	2.869	54.876
1	0.618	0.427	1.884	1.177	0.528	2.329	50.556

表 4-31 横向框架层间侧移刚度

层次	1	2	3	4	5	6
$\sum D_i$	659 240	659 960	659 960	659 960	659 960	659 960

由表 4-31 可见，$\sum D_1 / \sum D_2 = 659\,240/659\,960 = 0.998 > 0.7$，故该框架为规则框架。

4.6.5 横向水平荷载作用下框架结构的内力和侧移计算

1. 横向水平地震作用下框架结构的内力和侧移计算

（1）横向自振周期计算。

计算地震作用时，建筑的重力荷载代表值应取结构和构配件自重标准值和各可变荷载组合值之和，其中雪荷载组合值系数取 0.5，楼面活荷载组合值系数取 0.5，计算结果见表 4-32。

$$s_k = \mu_r s_0 = 1.0 \times 4.0 = 0.4 \text{kN/m}^2$$

结构顶点的假想侧移计算过程见表 4-33。

表 4-32 重力荷载代表值

楼层	自重标准值/kN	可变荷载组合值/kN	重力荷载代表值/kN
6	4 303.03	80.81	4 383.84
5—2	4 400.04	404.04	4 804.08
1	4 824.24	404.04	5 228.28

表 4-33 结构顶点的假想侧移计算

层次	G_i/kN	V_{Gi}/kN	$\sum D_i$(N/mm)	Δu_i/mm	u_i/mm
6	4 383.84	4 383.84	659 960	6.64	149.74
5	4 804.08	9 187.92	659 960	13.92	143.09
4	4 804.08	13 992	659 960	21.20	129.17
3	4 804.08	18 796.08	659 960	28.48	107.97
2	4 804.08	23 600.16	659 960	35.76	79.49
1	5 228.28	28 828.44	659 240	43.73	43.73

计算基本周期 T_1，其中 μ_T 的量纲为 m，取 $\psi_t = 0.7$。则

$$T_1 = 1.7 \times 0.7 \times \sqrt{0.149\,7} = 0.461$$

（2）水平地震作用及楼层地震剪力计算。

本例中，结构高度不超过 40m，质量和刚度沿高度分布比较均匀，变形刚度沿高度分布比较均匀，变形以剪切型为主，故可用底部剪力法计算水平地震作用。结构总水平地震作用标准值计算，即

$$G_{eq} = 0.85 \sum G_i = 0.8 \times (4\,383.84 + 4\,804.08 \times 4 + 5\,228.28) = 28\,828.44 \text{kN}$$

$$\alpha_1 = \left(\frac{T_g}{T_1}\right)^{0.9} = \left(\frac{0.45}{0.461}\right)^{0.9} \times 0.16 = 0.157$$

$$F_{EK} = \alpha_1 G_{eq} = 0.157 \times 24\,504.17 = 3\,836.37 \text{kN}$$

因 $1.4T_g = 1.4 \times 0.45 = 0.63\text{s} > T_1 = 0.461\text{s}$，故不考虑顶部附加水平地震作用。

各质点的水平地震作用计算

$$F_i = F_{EK} \frac{G_i H_i}{\sum G_j H_j} = 3\,836.37 \frac{G_i H_i}{\sum G_j H_j}$$

具体计算过程见表 4-34，各楼层地震剪力计算，结果列入表 4-34。

表 4-34　　　　　各质点横向水平地震作用及楼层地震剪力计算表

层次	H_i/m	G_i/kN	$G_i H_i/\text{kN·m}$	$G_i H_i/\sum G_j H_j$	F_i/kN	V_i/kN
6	21.95	4 383.84	96 225.29	0.258	989.31	989.31
5	18.45	4 804.08	88 635.28	0.238	911.27	1 900.58
4	14.95	4 804.08	71 821.00	0.192	738.40	2 638.98
3	11.45	4 804.08	55 006.72	0.147	565.53	3 204.51
2	7.95	4 804.08	38 192.44	0.102	392.66	3 597.17
1	4.45	5 228.28	23 265.85	0.062	239.20	3 836.37

各质点水平地震作用及楼层地震剪力沿房屋高度的分布见图 4-38。

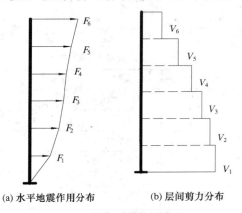

(a) 水平地震作用分布　　　　(b) 层间剪力分布

图 4-38　横向水平地震作用及楼层地震剪力

（3）水平地震作用下的位移验算。

水平地震作用下的层间侧移 Δu_i 和顶点位移 u_i，计算，计算过程见表 4-35。表中还计算了各层的层间弹性位移角 $\theta_e = \Delta u_i / h_i$。

表 4-35　　　　　横向水平地震作用下的位移验算

层次	V_i/kN	$\sum D_i/(\text{N·mm}^{-1})$	$\Delta u_i/\text{mm}$	u_i/mm	h_i/mm	$\theta_e = \Delta u_i/h_i$
6	989.31	659 960	1.50	24.50	3 500	1/2 335
5	1 900.58	659 960	2.88	23.00	3 500	1/1 215
4	2 638.98	659 960	4.00	20.12	3 500	1/875
3	3 204.51	659 960	4.86	16.13	3 500	1/720
2	3 597.17	659 960	5.45	11.27	3 500	1/642
1	3 836.37	659 240	5.82	5.82	4 450	1/764

由上表可见，最大层间弹性位移角发生在第二层，其值为 1/642＜1/550，满足要求。

（4）水平地震作用下框架内力计算。

以图 4-31 中⑤轴线横向框架内力计算为例，说明计算方法，其余框架内力计算从略。

框架柱端剪力及弯矩计算中 D_{ij} 取自表 4-30，$\sum D_{ij}$ 取自表 4-31，层间剪力取自表 4-34，各柱反弯点高度比 y 计算确定，其中 y_n 查表可得，本例中底层柱需考虑修正值 y_2，第 2 层柱需考虑修正值 y_1 和 y_3，其余柱均无修正。具体计算过程及结果见表 4-36。

表 4-36　　　　　　　　　　　**各层柱端弯矩及剪力计算**

层次	$h_i/$ mm	$V_i/$ kN	$\sum D_{ij}/$ (N·mm^{-1})	边　柱						中　柱					
				D_{i1}	V_{i1}	K	y	M_{i1}^{b}	M_{i1}^{u}	D_{i2}	V_{i2}	K	y	M_{i2}^{b}	M_{i2}^{u}
6	3.5	989.31	659 960	17 040	25.54	0.463	0.232	20.74	68.66	28 690	43.01	0.925	0.35	52.68	97.84
5	3.5	1 900.58	659 960	17 040	49.07	0.463	0.35	60.11	111.64	28 690	82.62	0.925	0.45	130.13	159.05
4	3.5	2 638.98	659 960	17 040	68.14	0.463	0.432	103.02	135.46	28 690	114.72	0.925	0.45	180.69	220.84
3	3.5	3 204.51	659 960	17 040	82.74	0.463	0.45	130.31	159.27	28 690	139.31	0.925	0.463	225.75	261.83
2	3.5	3 597.17	659 960	17 040	92.88	0.463	0.55	178.79	146.48	28 690	156.38	0.925	0.5	273.66	273.66
1	4.45	3 836.37	659 240	18 840	109.64	0.618	0.7	341.52	146.37	23 290	135.53	1.177	0.65	392.03	211.09

注：表中 M 量纲为 kN·m，V 量纲为 kN。

梁端弯矩、剪力及柱轴力的计算。其中梁线刚度取自表 4-25，具体计算过程见表 4-37。

表 4-37　　　　　　　　　　　**梁端弯矩、剪力及柱轴力计算**

层次	边梁				走道梁				柱轴力	
	M_{b}^{l}	M_{b}^{r}	l	V_b	M_{b}^{l}	M_{b}^{r}	l	V_b	边柱 N	中柱 N
6	68.66	51.38	6	20.01	46.47	46.47	2.8	33.19	−20.01	−13.18
5	132.38	111.18	6	40.59	100.55	100.55	2.8	71.82	−60.60	−44.42
4	195.57	184.29	6	63.31	166.68	166.68	2.8	119.06	−123.91	−100.16
3	262.30	232.36	6	82.44	210.16	210.16	2.8	150.11	−206.35	−167.83
2	276.60	262.23	6	89.81	237.18	237.18	2.8	169.41	−296.16	−247.44
1	325.16	254.54	6	96.62	230.22	230.22	2.8	164.44	−392.77	−315.26

注：1. 柱轴力中的负号表示拉力，当为左地震作用时，左侧两根柱为拉力，对应的右侧两根柱为压力。

2. 表中 M 单位为 kN·m，V 单位为 kN，N 单位为 kN，l 单位为 m。

水平地震作用下框架的弯矩图、梁端剪力图及柱轴力图如图 4-39 所示。

2. 横向风荷载作用下框架结构内力和侧移计算

（1）风荷载标准值。

风荷载标准值计算公式为

$$\omega_k = \beta_z \mu_s \mu_z \omega_0$$

① 确定各系数的值。因结构高度 $H = 21.95\text{m} < 30\text{m}$。高宽比 $H/B = 21.95/14.8 = 1.48 < 1.5\text{m}$，可取 $\beta_z = 1.0$；本例结构平面为矩形，由 4.1.3 节可知 $\mu_s = 1.3$。风压高度变化系数 β_z 可根据各楼层标高处的高度 H_i，由表 4-4 查的标准高度的 β_z 值，再用线性插值法求得所求各层高度的 β_z 值，查得的结果见表 4-38。

② 计算各楼层标高处的风荷载 $q(z)$。本例基本风压 $\omega_0 = 0.4\text{kN/m}^2$。仍取图 4-33 中的⑤轴横向框架梁，其负荷宽度为 3.9m，由式(4-13)得沿房屋高度的分布风荷载标准值：

$$q(z) = 3.9 \times 0.4 \beta_z \mu_s \mu_z = 1.56 \beta_z \mu_s \mu_z$$

根据各楼层标高处的高度 H_i，查得 β_z 代入上式，可得各楼层标高处的 $q(z)$ 见表 4-38，其

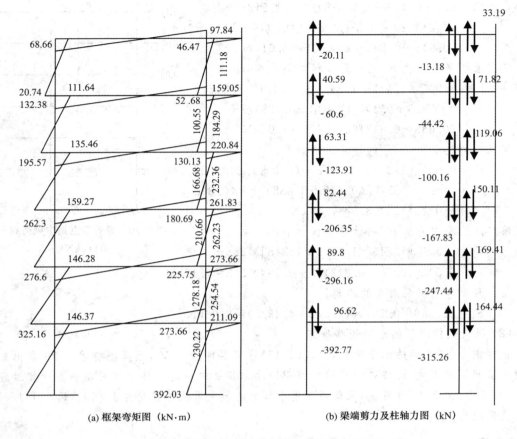

(a) 框架弯矩图（kN·m）　　　　(b) 梁端剪力及柱轴力图（kN）

图 4-39　在地震作用下框架弯矩图、梁端剪力及柱轴力图

中 $q_1(z)$ 为迎风面值，$q_2(z)$ 为背风面值。

表 4-38　　　　　　　　　　　　　风荷载计算

层数	H_i/m	μ_z	β_z	$q_1(z)/(kN \cdot m^{-1})$	$q_2(z)/(kN \cdot m^{-1})$
7(女儿墙)	22.95	1.300	1.00	1.622	1.014
6	21.95	1.283	1.00	1.601	1.000
5	18.45	1.216	1.00	1.518	0.948
4	14.95	1.139	1.00	1.421	0.888
3	11.45	1.041	1.00	1.300	0.812
2	7.95	1.000	1.00	1.248	0.780
1	4.45	1.000	1.00	1.248	0.780

（3）将分布荷载转换为节点集中荷载。按静力等效原理将分布荷载转换为节点集中荷载，如图 4-40 所示。例如，第六层，即屋面处的集中荷载 F_6 要考虑女儿墙的影响：

$$F_6 = 0.5 \times [(1.601+1.518)/2+1.601] \times 3.5/2 + (1.622+1.601)/2 \times 1.0 +$$
$$0.5 \times [(1.000+0.948)/2+1.000] \times 3.5/2 + (1.014+1.000)/2 \times 1.0$$
$$= 7.11kN$$

第五层的集中荷载 F_5 的计算过程如下：

$$F_5 = 0.5 \times [(1.601+1.518)/2 + (1.518 +$$
$$1.421)/2] \times 3.5 + 0.5 \times [(0.948+1)/2 +$$
$$(0.948+0.888)/2] \times 3.5 = 8.61\text{kN}$$

第四层的集中荷载 F_4 的计算过程如下：

$$F_4 = 0.5 \times [(1.421+1.3)/2 + (1.421+1.518)/$$
$$2] \times 3.5 + 0.5 \times [(0.948+0.888)/2 +$$
$$(0.888+0.812)/2] \times 3.5 = 8.05\text{kN}$$

第三层的集中荷载 F_3 的计算过程如下：

$$F_3 = 0.5 \times [(1.3+1.421)/2 + (1.3+1.248)/2]$$
$$\times 3.5 + 0.5 \times [(0.812+0.888)/2 + (0.812$$
$$+0.78)/2] \times 3.5 = 7.49\text{kN}$$

第二层的集中荷载 F_2 的计算过程如下：

$$F_2 = 0.5 \times [(1.248+1.3)/2 + 1.248] \times 3.5 +$$
$$0.5 \times [(0.78+0.812)/2 + 0.78] \times 3.5 = 7.17\text{kN}$$

第一层要考虑底层层高的不同：

$$F_1 = (1.248+0.78) \times (3.5/2 + 4.45/2) = 8.06\text{kN}$$

图 4-40　等效节点集中风荷载（单位：kN）

（2）风荷载作用下的水平侧移验算。

根据图 4-39 所示的水平荷载，由式（4-17）计算层间剪力 V_i，然后根据表 4-26 求出轴线框架的层间侧移刚度，再按式（4-33）和（4-34）计算各层的相对侧移和绝对侧移。计算过程见表 4-39 所示，由表 4-39 可见，风荷载作用下框架的最大层间位移角为 1/8091，远小于 1/550，满足规范规定。

表 4-39　　　　　　　　　　　**风荷载作用下框架层间剪力及侧移计算**

层次	1	2	3	4	5	6
F_i/kN	8.06	7.170	7.49	8.050	8.610	7.11
V_i/kN	46.49	38.430	31.26	23.770	15.720	7.11
$D_i/(\text{N} \cdot \text{mm}^{-1})$	84 260	91 460	91 460	91 460	91 460	91 460
$\Delta u_i/\text{mm}$	0.55	0.42	0.34	0.26	0.17	0.08
$\Delta u_i/h_i$	1/8 091	1/8 333	1/10 294	1/13 462	1/20 588	1/43 750

（3）风荷载作用下的内力计算。

风荷载作用下框架结构内力计算过程与水平地震作用下的相同，具体过程见以下内容，表 4-40 为反弯点计算各参数和风荷载下框架柱剪力。风荷载作用下的弯矩、梁端剪力及轴力图见图 4-41—图 4-43。

表 4-40　　　　　　　　　　　　　　　**反弯点高度计算**

层数	柱	k	y_0	y_1	α_2	y_2	α_3	y_3	y
6	边柱	0.463	0.23	0.00	0.00	0.00	1.00	0.00	0.23
	中柱	0.925	0.35	0.00	0.00	0.00	1.00	0.00	0.35
5	边柱	0.463	0.33	0.00	1.00	0.00	1.00	0.00	0.33
	中柱	0.925	0.4	0.00	1.00	0.00	1.00	0.00	0.4

续表

层数	柱	k	y_0	y_1	α_2	y_2	α_3	y_3	y
4	边柱	0.463	0.38	0.00	1.00	0.00	1.00	0.00	0.38
	中柱	0.925	0.45	0.00	1.00	0.00	1.00	0.00	0.45
3	边柱	0.463	0.45	0.00	1.00	0.00	1.00	0.00	0.45
	中柱	0.925	0.45	0.00	1.00	0.00	1.00	0.00	0.45
2	边柱	0.463	0.5	0.00	1.00	0.00	1.27	0.00	0.5
	中柱	0.925	0.5	0.00	1.00	0.00	1.27	0.00	0.5
1	边柱	0.618	0.7	0.00	0.79	0.00	0.00	0.00	0.7
	中柱	1.177	0.63	0.00	0.79	0.00	0.00	0.00	0.63

表 4-41　　　　　　　　　　风荷载下框架柱剪力　　　　　　　　　单位:kN

楼层	V_i	A 轴		B 轴	
		μ_{Ai}	V_{Ai}	μ_{Bi}	V_{Bi}
6	7.11	0.186	1.32	0.314	2.23
5	15.72	0.186	2.92	0.314	4.94
4	23.77	0.186	4.42	0.314	7.46
3	31.26	0.186	5.81	0.314	9.82
2	38.43	0.186	7.15	0.314	12.07
1	46.49	0.214	10.41	0.276	12.83

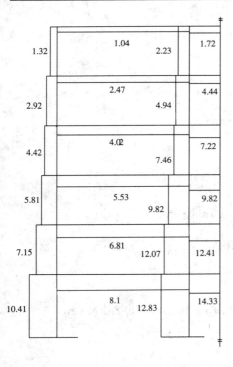

图 4-41　风荷载作用下的剪力图(单位:kN)

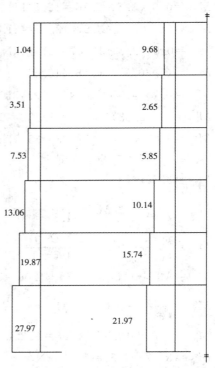

图 4-42　风荷载作用下的轴力(单位:kN)

① 风荷载作用下柱端弯矩计算过程。

$$M_c^t = (1-y)hV_{ij} \qquad M_c^b = yhV_{ij}$$

六层 $M_{CA}^t = (1-0.23) \times 3.5 \times 1.32 = 3.56\text{kN} \cdot \text{m}$

$M_{CA}^b = 0.23 \times 3.5 \times 1.32 = 1.06\text{kN} \cdot \text{m}$

$M_{CB}^t = (1-0.35) \times 3.5 \times 2.23 = 5.07\text{kN} \cdot \text{m}$

$M_{CB}^b = 0.35 \times .35 \times 2.23 = 2.73\text{kN} \cdot \text{m}$

五层 $M_{CA}^t = (1-0.33) \times 3.5 \times 2.92 = 6.85\text{kN} \cdot \text{m}$

$M_{CA}^b = 0.33 \times 3.5 \times 2.92 = 3.37\text{kN} \cdot \text{m}$

$M_{CB}^t = (1-0.4) \times 3.5 \times 4.94 = 10.37\text{kN} \cdot \text{m}$

$M_{CB}^b = 0.4 \times 3.5 \times 4.94 = 6.92\text{kN} \cdot \text{m}$

四层 $M_{CA}^t = (1-0.38) \times 3.5 \times 4.42 = 9.59\text{kN} \cdot \text{m}$

$M_{CA}^b = 0.38 \times 3.5 \times 4.42 = 5.88\text{kN} \cdot \text{m}$

$M_{CB}^t = (1-0.45) \times 3.5 \times 7.46 = 14.36\text{kN} \cdot \text{m}$

$M_{CB}^b = 0.4 \times 3.5 \times 7.46 = 11.75\text{kN} \cdot \text{m}$

三层 $M_{CA}^t = (1-0.45) \times 3.5 \times 5.81 = 11.18\text{kN} \cdot \text{m}$

$M_{CA}^b = 0.45 \times 3.5 \times 5.81 = 9.15\text{kN} \cdot \text{m}$

$M_{CB}^t = (1-0.45) \times 3.5 \times 9.82 = 18.9\text{kN} \cdot \text{m}$

$M_{CB}^b = 0.45 \times 3.5 \times 9.82 = 15.47\text{kN} \cdot \text{m}$

二层 $M_{CA}^t = (1-0.5) \times 3.5 \times 7.15 = 12.51\text{kN} \cdot \text{m}$

$M_{CA}^b = 0.5 \times 3.5 \times 7.15 = 12.51\text{kN} \cdot \text{m}$

$M_{CB}^t = (1-0.5) \times 3.5 \times 12.07 = 21.12\text{kN} \cdot \text{m}$

$M_{CB}^b = 0.5 \times 3.5 \times 12.07 = 21.12\text{kN} \cdot \text{m}$

一层 $M_{CA}^t = (1-0.7) \times 4.45 \times 10.41 = 13.9\text{kN} \cdot \text{m}$

$M_{CA}^b = 0.7 \times 4.45 \times 10.41 = 32.43\text{kN} \cdot \text{m}$

$M_{CB}^t = (1-0.63) \times 4.45 \times 12.82 = 21.12\text{kN} \cdot \text{m}$

$M_{CB}^b = 0.63 \times 4.45 \times 12.83 = 35.97\text{kN} \cdot \text{m}$

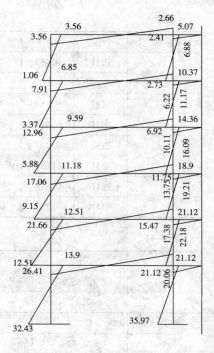

图 4-43 风荷载作用下的弯矩图
（单位：kN·m）

② 风荷载作用下梁端弯矩计算过程。

六层 $M_{AB}^l = 3.56\text{kN} \cdot \text{m}$

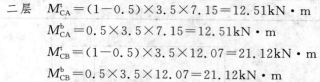

$$M_{AB}^r = \frac{i_{AB}}{i_{AB} + i_{BC}} \times M_{CB}^t = \frac{4.5}{4.5 + 4.07} \times 5.07 = 2.66\text{kN} \cdot \text{m}$$

$$M_{AB}^r = \frac{i_{BC}}{i_{AB} + i_{BC}} \times M_{CB}^t = \frac{4.07}{4.5 + 4.07} \times 5.07 = 2.41\text{kN} \cdot \text{m}$$

五层 $M_{AB}^l = M_{CA5}^t + M_{CA6}^b = 6.85 + 1.06 = 7.91\text{kN} \cdot \text{m}$

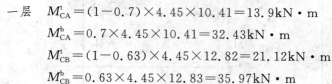

$$M_{AB}^r = \frac{i_{AB}}{i_{AB} + i_{BC}} \times (M_{c1} + M_{c2}) = \frac{4.5}{4.5 + 4.07} \times (2.73 + 10.37) = 6.88\text{kN} \cdot \text{m}$$

$M_{BC}^t = 2.73 + 10.37 - 6.88 = 6.22\text{kN} \cdot \text{m}$

四层 $M_{AB}^t = 3.37 + 9.59 = 12.96\text{kN} \cdot \text{m}$

$$M_{AB}^r = \frac{4.5}{4.5 + 4.07} \times (6.92 + 14.36) = 11.17\text{kN} \cdot \text{m}$$

$$M_{BC}^l = 6.92 + 14.36 - 11.17 = 10.11 \text{kN} \cdot \text{m}$$

三层　$M_{AB}^l = 5.88 + 11.18 = 17.06 \text{kN} \cdot \text{m}$

$$M_{AB}^r = \frac{4.5}{4.5 + 4.07} \times (11.75 + 18.9) = 16.09 \text{kN} \cdot \text{m}$$

$$M_{BC}^l = 11.75 + 18.9 - 16.09 = 13.75 \text{kN} \cdot \text{m}$$

二层　$M_{AB}^l = 9.15 + 12.51 = 21.66 \text{kN} \cdot \text{m}$

$$M_{AB}^r = \frac{4.5}{4.5 + 4.07} \times (21.12 + 15.47) = 19.21 \text{kN} \cdot \text{m}$$

$$M_{BC}^l = 21.12 + 15.47 - 19.21 = 17.38 \text{kN} \cdot \text{m}$$

一层　$M_{AB}^l = 12.51 + 13.9 = 26.41 \text{kN} \cdot \text{m}$

$$M_{AB}^r = \frac{4.5}{4.5 + 4.07} \times (21.12 + 21.12) = 22.18 \text{kN} \cdot \text{m}$$

$$M_{BC}^l = 21.12 + 21.12 - 22.18 = 20.06 \text{kN} \cdot \text{m}$$

4.6.6　竖向荷载作用下框架结构的内力计算

1. 计算方法的选用

本例恒载作用下的内力计算采用弯矩二次分配法。顶层结构荷载计算简图如图 4-44(a) 所示,中间层和底层的荷载计算简图如图 4-44(c) 所示。

2. 等效均布荷载的计算

图 4-44(a),(c)中梁上分布荷载由矩形和梯形两部分组成,在求固端弯矩时可直接根据图示荷载计算,也可根据固端弯矩相等的原则,先将梯形分布荷载及三角形分布荷载,化为等效均布荷载(图 4-44(b),(d)所示)。等效均布荷载的计算公式如图 4-45 所示。

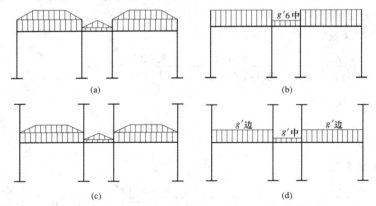

图 4-44　分层法计算单元简图

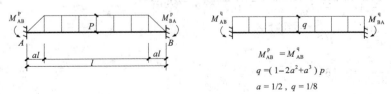

图 4-45　荷载的等效

梯形荷载化为等效均布荷载：

顶层　　$g'_{6边}=g_{6AB}+(1-2a^2+a^3)g_{6AB2}$

$\qquad\qquad=4.09+[1-2\times(1.950/6.000)^2+0.325^3]\times22.46=22.58\text{kN/m}$

$\qquad g'_{6中}=g_{6BC1}+5/8\times g_{6BC2}=3.05+5/8\times16.13=13.13\text{kN/m}$

中间层　　$g'_{边}=g_{AB1}+(1-2a^2+a^3)g_{AB2}$

$\qquad\qquad=12.56+[1-2\times(1.950/6000)2+0.3253]\times13.46=23.64\text{kN/m}$

$\qquad g'_{中}=g_{BC1}+5/8g_{BC2}=3.05+5/8\times9.66=9.09\text{kN/m}$

底层　　$g'_{边}=23.64\text{kN/m}$

$\qquad g'_{中}=9.09\text{kN/m}$

3. 用弯矩分配法计算梁、柱端弯矩

图 4-44(b)所示结构内力可采用弯矩分配法计算,注意到除底层外,柱的线刚度需要乘以修正系数 0.9。

线刚度的修正：　　　　　底层柱　$i=7.28\times10^{10}\text{N}\cdot\text{mm}$

　　其他层柱　$i=0.9\times9.26\times10^{-4}=8.334\times10^{10}\text{N}\cdot\text{mm}$

修正后的梁柱线刚度见表 4-42 所示。

表 4-42　　　　　　　　　　　　　　　梁柱线刚度表　　　　　　　　　　　　单位：$10^{10}\text{N}\cdot\text{mm}$

层　次	梁		柱
	$i_{AB}(i_{CD})$	i_{BC}	i_c
2—6	4.5	4.07	8.334
1	4.5	4.07	7.28

作为示例,本例只给出中间层结点的分配系数和固端弯矩的计算过程,其他层结点的分配系数以及固端弯矩计算计算过程略。

中间层 A 结点分配系数：

$$\mu_{上柱}=\frac{4i_{上柱}}{4i_{上柱}+4i_{下柱}+4i_{AB}}=\frac{8.334}{8.334\times2+4.5}=\frac{8.334}{21.168}=0.394$$

$$\mu_{下柱}=\frac{8.334}{21.168}=0.394$$

$$\mu_{AB}=\frac{4.5}{21.168}=0.212$$

中间层 B 结点分配系数：

$$\mu_{上柱}=\frac{4i_{上柱}}{4i_{上柱}+4i_{下柱}+4i_{BA}+2i_{BE}}=\frac{4\times8.334}{4\times8.334\times2+4\times4.5+4\times4.07}=\frac{4\times8.334}{100.952}=0.33$$

$$\mu_{下柱}=\frac{4i_{下柱}}{4i_{上柱}+4i_{下柱}+4i_{BA}+2i_{BE}}=\frac{4\times8.334}{100.952}=0.33$$

$$\mu_{BA}=\frac{4\times4.50}{100.952}=0.178$$

$$\mu_{BE}=\frac{4\times4.07}{100.952}=0.162$$

中间层固端弯矩计算：

$$M_{AB}=\frac{1}{12}g'_{边}\,l_{边}^2=\frac{1}{12}\times23.64\times6^2=70.92\text{kN}\cdot\text{m}$$

$$M_{BE} = \frac{1}{3}g'_{中}l_{中}^2 = \frac{1}{3} \times 9.09 \times 1.4^2 = 5.94 \text{kN} \cdot \text{m}$$

$$M_{EB} = \frac{1}{6}g'_{中}l_{中}^2 = \frac{1}{6} \times 9.09 \times 1.4^2 = 2.97 \text{kN} \cdot \text{m}$$

由纵向框架梁在边柱上的偏心距 e_0 引起的框架边节点附加偏心弯矩：

顶　层　$M_{6e_0} = G_{6A} \times e_0 = 43.84 \times (0.6-0.25)/2 = 7.67 \text{kN} \cdot \text{m}$

中间层　$M_{e_0} = G_A \times e_0 = 72.7 \times (0.6-0.25)/2 = 12.72 \text{kN} \cdot \text{m}$

底　层　$M_{e_0} = G_A \times e_0 = 72.7 \times (0.6-0.25)/2 = 12.72 \text{kN} \cdot \text{m}$

屋面雪载内力计算：

$$P_{6AB} = P_{6CD} = 0.4 \times 3.9 = 1.56 \text{kN} \cdot \text{m}$$

$$P_{6BC} = 0.4 \times 2.8 = 1.12 \text{kN} \cdot \text{m}$$

$$P_{6A} = P_{6D} = 0.5 \times 3.9 \times 3.9 \times 0.4/2 = 1.521 \text{kN}$$

即　顶　层　$q_2 = 1.56 \text{kN/m}$　$q'_2 = 1.12 \text{kN/m}$

$\qquad\qquad P_1 = 1.521 \text{kN}$　$P_2 = 2.921 \text{kN}$

　　标准层　$q_2 = 7.8 \text{kN/m}$　$q'_2 = 5.6 \text{kN/m}$

$\qquad\qquad P_1 = 7.61 \text{kN}$　$P_2 = 14.61 \text{kN}$

顶层

$$M_{AB} = \frac{1}{12}q_2 l_{AB}^2(1-2\alpha_2+\alpha_3) = \frac{1}{12} \times 1.56 \times 6^2\left[1-2\left(\frac{1.95}{6}\right)^2+\left(\frac{1.95}{6}\right)^2\right] = 3.85 \text{kN} \cdot \text{m}$$

$$M_{BC} = \frac{5}{96}q'_2 l_{BC}^2 = \frac{5}{96} \times 1.12 \times 2.8^2 = 0.457 \text{kN} \cdot \text{m}$$

标准层

$$M_{AB} = \frac{1}{12}q_2 l_{AB}^2(1-2\alpha_2+\alpha_3) = \frac{1}{12} \times 7.8 \times 6^2\left[1-2\left(\frac{1.95}{6}\right)^2+\left(\frac{1.95}{6}\right)^2\right] = 19.26 \text{kN} \cdot \text{m}$$

$$M_{BC} = \frac{5}{96}q'_2 l_{BC}^2 = \frac{5}{96} \times 5.6 \times 2.8^2 = 2.286 \text{kN} \cdot \text{m}$$

顶　层　$M_1 = P_1 e_0 = 1.521 \times (0.6-0.25)/2 = 0.266 \text{kN} \cdot \text{m}$

中间层　$M_1 = P_1 e_0 = 7.61 \times (0.6-0.25)/2 = 1.33 \text{kN} \cdot \text{m}$

计算结果汇总于表 4-43 和表 4-44。

表 4-43　　　　　　　　　横向框架恒载汇总表

层次	q_1	q'_1	q_2	q'_2	P_1	P_2	M_1	M_2
6	4.09	3.05	22.46	16.13	43.84	52.61	67.74	39.39
5—2	12.56	3.05	13.46	9.66	72.7	95.91	70.92	27.26
1	12.56	3.05	13.46	9.66	72.7	95.91	70.92	27.26

表 4-44　　　　　　　　　横向框架活载汇总表

层次	$q_2(q_3)$	q'_2	P_1	P_2	M_1	M_2
6	7.8(1.56)	5.6(1.12)	7.61(1.521)	14.61(2.921)	19.26(3.85)	10.5(2.1)
1—5	7.8	5.6	7.61	14.61	19.26	10.5

4. 内力计算

梁端、柱端弯矩采用弯矩二次分配法计算。弯矩计算过程如图 4-46，图 4-48 和图 4-51 所示，所得弯矩图如图 4-47，图 4-49 和图 4-50 所示。梁端剪力可根据梁上竖向荷载引起的剪力与梁端弯矩引起的剪力相叠加而得,具体内容见表4-45—表4-47。柱轴力可由梁端剪力和节点集中力叠加得到。计算柱底轴力还需考虑柱的自重。

上柱	下柱	右梁	左梁	上柱	下柱	右梁	左梁	上柱	下柱	右梁	左梁	下柱	上柱
	0.649	0.351	0.266		0.493	0.241	0.241		0.493	0.266	0.351	0.649	
	7.67	-67.74	67.74			-39.39	39.39			-67.74	67.74	-7.67	
	38.99	21.08	-9.54		-13.98	-6.83	6.83		13.98	9.54	-21.08	-38.99	
	11.46	-3.77	10.54		-7.2	3.41	-3.41		7.2	-10.54	3.77	-11.46	
	-4.99	-2.7	-1.8		-3.33	-1.63	1.63		3.33	1.8	2.7	4.99	
	45.46	-53.13	68.94		-24.51	-44.44	44.44		24.51	-68.94	53.13	-45.46	
0.394	0.394	0.212	0.178	0.33	0.33	0.162	0.162	0.33	0.33	0.178	0.212	0.394	0.394
	12.72	-70.92	70.92			-27.26	27.26			-70.92	70.92	-12.72	
22.93	22.93	12.34	-7.77	-14.41	-14.41	-7.07	7.07	14.41	14.41	7.77	-12.34	-22.93	-22.93
19.49	11.46	-3.88	6.17	-6.99	-7.2	3.53	-3.53	6.99	7.2	-6.17	3.88	-11.46	-19.49
-10.67	-10.67	-5.74	0.8	1.48	1.48	0.73	-0.73	-1.48	-1.48	-0.8	5.74	10.67	10.67
31.75	23.72	-68.2	70.12	-19.92	-20.13	-30.07	30.07	19.92	20.13	-70.12	68.2	-23.72	-31.75
0.394	0.394	0.212	0.178	0.33	0.33	0.162	0.162	0.33	0.33	0.178	0.212	0.394	0.394
	12.72	-70.92	70.92			-27.26	27.26			-70.92	70.92	-12.72	
22.93	22.93	12.34	-7.77	-14.41	-14.41	-7.07	7.07	14.41	14.41	7.77	-12.34	-22.93	-22.93
11.46	11.46	-3.88	6.17	-7.2	-7.2	3.53	-3.53	7.2	7.2	-6.17	3.88	-11.46	-11.46
-7.5	-7.5	-4.04	0.84	1.55	1.55	0.76	-0.76	-1.55	-1.55	-0.84	4.04	7.5	7.5
26.89	26.89	-66.5	70.16	-20.06	-20.06	-30.04	30.04	20.06	20.06	-70.16	66.5	-26.89	-26.89
0.394	0.394	0.212	0.178	0.33	0.33	0.162	0.162	0.33	0.33	0.178	0.212	0.394	0.394
	12.72	-70.92	70.92			-27.26	27.26			-70.92	70.92	-12.72	
22.93	22.93	12.34	-7.77	-14.41	-14.41	-7.07	7.07	14.41	14.41	7.77	-12.34	-22.93	-22.93
11.46	12.04	-3.88	6.17	-7.2	-7.53	3.53	-3.53	7.2	7.53	-6.17	3.88	-12.04	-11.46
-7.73	-7.73	-4.16	0.9	1.66	1.66	0.81	-0.81	-1.66	-1.66	-0.9	4.16	7.73	7.73
26.66	27.24	-66.62	70.22	-19.95	-20.28	-29.99	29.99	19.95	20.28	-70.22	66.62	-27.24	-26.66
0.414	0.362	0.224	0.186	0.345	0.301	0.168	0.168	0.345	0.301	0.186	0.224	0.362	0.414
	12.72	-70.92	70.92			-27.26	27.26			-70.92	70.92	-12.72	
24.09	21.07	13.04	-8.12	-15.06	-13.14	-7.33	7.33	15.06	13.14	8.12	-13.04	-21.07	-24.09
11.46		-4.06	6.52		-7.2	3.66	-3.66		7.2	-6.52	4.06		-11.46
-3.06	-2.68	-1.66	-0.55	-1.03	-0.9	-0.5	0.5	1.03	0.9	0.55	1.66	2.68	3.06
32.49	18.39	-63.6	68.77	-23.29	-14.04	-31.43	31.43	23.29	14.04	-68.77	-63.6	-18.39	-32.49
	↓				↓				↓			↓	
	9.2				-7.02				7.02			-9.2	

图 4-46　横向框架弯矩的二次分配法(恒载,M,单位:kN·m)

据此可作出叠加后整体结构的弯矩图,如图 4-47 所示。

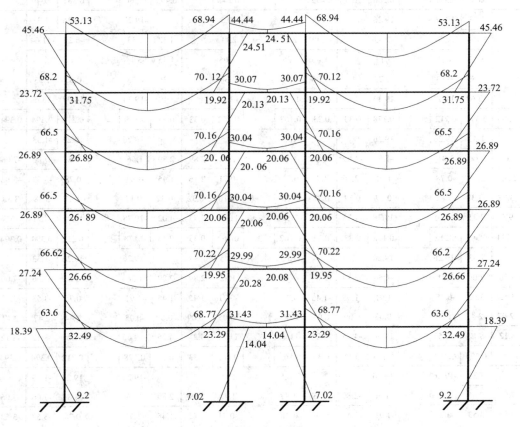

图 4-47　恒载作用下整体框架弯矩图(kN·m)

表 4-45　　恒载作用下梁端剪力及柱轴力　　单位:kN

层次	荷载引起的剪力		弯矩引起的剪力		总剪力			柱轴力			
	AB 跨	BC 跨	AB 跨	BC 跨	AB 跨		BC 跨	A 柱		B 柱	
	$V_A=V_B$	$V_B=V_C$	$V_A=-V_B$	$V_B=V_C$	V_A	V_B	$V_B=V_C$	$N_顶$	$N_底$	$N_顶$	$N_底$
6	57.75	15.56	−2.64	0	55.11	60.39	15.56	98.95	133.6	128.56	163.21
5	64.94	23.83	−0.32	0	64.62	65.26	23.83	270.92	305.57	348.21	382.86
4	64.94	23.83	−0.61	0	64.33	65.55	23.83	442.6	477.25	568.15	602.8
3	64.94	23.83	−0.61	0	64.33	65.55	23.83	614.28	648.93	788.09	822.74
2	64.94	23.83	−0.6	0	64.34	65.54	23.83	785.97	820.62	1 008.02	1 042.67
1	64.94	23.83	−0.86	0	64.08	65.8	23.83	957.4	992.05	1 228.21	1 262.86

上柱	下柱	右梁	左梁	上柱	下柱	右梁	左梁	上柱	下柱	右梁	左梁	下柱	上柱
	0.649	0.351	0.266		0.493	0.241	0.241		0.493	0.266	0.351	0.649	
	1.33	-19.26	19.26			-10.5	10.5			-19.26	19.26	-1.33	
	11.64	6.29	-2.33		-4.32	-2.11	2.11		4.32	2.33	-6.29	-11.64	
	3.53	-1.17	3.14		-1.45	1.05	-1.05		1.45	-3.14	1.17	-3.53	
	-1.53	-0.83	-0.73		-1.36	-0.66	0.66		1.36	0.73	0.83	1.53	
	13.64	-14.97	19.34		-7.13	-12.22	12.22		7.13	-19.34	14.97	-13.64	
0.394	0.394	0.212	0.178	0.33	0.33	0.162	0.162	0.33	0.33	0.178	0.212	0.394	0.394
	1.33	-19.26	19.26			-10.5	10.5			-19.26	19.26	-1.33	
7.06	7.06	3.81	-1.56	-2.89	-2.89	-1.42	1.42	2.89	2.89	1.56	-3.81	-7.06	-7.06
5.82	3.53	-0.78	1.91	-2.16	-1.45	0.71	-0.71	2.16	1.45	-1.91	0.78	-3.53	-5.82
-3.38	-3.38	-1.82	0.17	0.32	0.32	0.16	-0.16	-0.32	-0.32	-0.17	1.82	3.38	3.38
9.5	7.21	-18.05	19.78	-4.73	-4.02	-11.04	11.04	4.73	4.02	-19.78	18.05	-7.21	-9.5
0.394	0.394	0.212	0.178	0.33	0.33	0.162	0.162	0.33	0.33	0.178	0.212	0.394	0.394
	1.33	-19.26	19.26			-10.5	10.5			-19.26	19.26	-1.33	
7.06	7.06	3.81	-1.56	-2.89	-2.89	-1.42	1.42	2.89	2.89	1.56	-3.81	-7.06	-7.06
3.53	3.53	-0.78	1.91	-1.45	-1.45	0.71	-0.71	1.45	1.45	-1.91	0.78	-3.53	-3.53
-2.47	-2.47	-1.34	0.05	0.09	0.09	0.05	-0.05	-0.09	-0.09	-0.05	1.34	2.47	2.47
8.12	8.12	-17.57	19.66	-4.25	-4.25	-11.16	11.16	4.25	4.25	-19.66	17.57	-8.12	-8.12
0.394	0.394	0.212	0.178	0.33	0.33	0.162	0.162	0.33	0.33	0.178	0.212	0.394	0.394
	1.33	-19.26	19.26			-10.5	10.5			-19.26	19.26	-1.33	
7.06	7.06	3.81	-1.56	-2.89	-2.89	-1.42	1.42	2.89	2.89	1.56	-3.81	-7.06	-7.06
3.53	3.53	-0.78	1.91	-1.45	-1.45	0.71	-0.71	1.45	1.45	-1.91	0.78	-3.53	-3.53
-2.47	-2.47	-1.34	0.05	0.09	0.09	0.05	-0.05	-0.09	-0.09	-0.05	1.34	2.47	2.47
8.12	8.12	-17.57	19.66	-4.25	-4.25	-11.16	11.16	4.25	4.25	-19.66	17.57	-8.12	-8.12
0.394	0.394	0.212	0.178	0.33	0.33	0.162	0.162	0.33	0.33	0.178	0.212	0.394	0.394
	1.33	-19.26	19.26			-10.5	10.5			-19.26	19.26	-1.33	
7.06	7.06	3.81	-1.56	-2.89	-2.89	-1.42	1.42	2.89	2.89	1.56	-3.81	-7.06	-7.06
3.53	3.71	-0.78	1.91	-1.45	-1.51	0.71	-0.71	1.45	1.51	-1.91	0.78	-3.71	-3.53
-2.55	-2.55	-1.36	0.06	0.11	0.11	0.06	-0.06	-0.11	-0.11	-0.06	1.36	2.55	2.55
8.04	8.22	-17.59	19.67	-4.23	-4.29	-11.15	11.15	4.23	4.29	-19.67	17.59	-8.22	-8.04
0.414	0.362	0.224	0.186	0.345	0.301	0.168	0.168	0.345	0.301	0.186	0.224	0.362	0.414
	1.33	-19.26	19.26			-10.5	10.5			-19.26	19.26	-1.33	
7.42	6.49	4.02	-1.63	-3.02	-2.64	-1.47	1.47	3.02	2.64	1.63	-4.02	-6.49	-7.42
3.53		-0.82	2.01	-1.45		0.74	-0.74	1.45		-2.01	0.82		-3.53
-1.12	-0.98	-0.61	-0.24	-0.45	-0.39	-0.22	0.22	0.45	0.39	0.24	0.61	0.98	1.12
9.83	5.51	-16.67	19.4	-4.92	-3.03	-11.45	11.45	4.92	3.03	-19.4	16.67	-5.51	-9.83
	↓				↓				↓			↓	
	2.76				-1.52				1.52			-2.76	

图 4-48　横向框架弯矩的二次分配法(活载,M,单位:kN·m)

据此可作出整体结构的弯矩图,如图 4-49 所示。

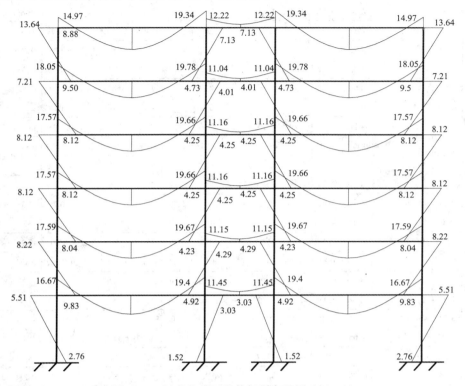

图 4-49　活载作用下整体框架弯矩图(kN·m)

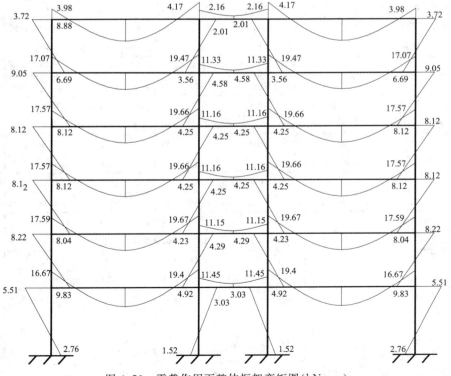

图 4-50　雪载作用下整体框架弯矩图(kN·m)

据此可作出整体结构的弯矩图，如图 4-51 所示。

上柱	下柱	右梁	左梁	上柱	下柱	右梁	左梁	上柱	下柱	右梁	左梁	下柱	上柱
	0.649	0.351	0.266		0.493	0.241	0.241		0.493	0.266	0.351	0.649	
	0.266	-3.85	3.85			-2.1	2.1			-3.85	3.85	-0.266	
	2.33	1.26	-0.47		-0.86	-0.42	0.42		0.86	0.47	-1.26	-2.33	
	3.53	-0.24	0.63		-1.45	0.21	-0.21		1.45	-0.63	0.24	-3.53	
	-2.14	-1.15	0.16		0.3	0.15	-0.15		-0.3	-0.16	1.15	2.14	
	3.72	-3.98	4.17		-2.01	-2.16	2.16		2.01	-4.17	3.98	-3.72	
0.394	0.394	0.212	0.178	0.33	0.33	0.162	0.162	0.33	0.33	0.178	0.212	0.394	0.394
	1.33	-19.26	19.26			-10.5	10.5			-19.26	19.26	-1.33	
7.06	7.06	3.81	-1.56	-2.89	-2.89	-1.42	1.42	2.89	2.89	1.56	-3.81	-7.06	-7.06
1.17	3.53	-0.78	1.91	-0.43	-1.45	0.71	-0.71	0.43	1.45	-1.91	0.78	-3.53	-1.17
-1.54	-1.54	-0.84	-0.14	-0.24	-0.24	-0.12	0.12	0.24	0.24	-0.17	0.84	1.54	1.54
6.69	9.05	-17.07	19.47	-3.56	-4.58	-11.33	11.33	3.56	4.58	-19.78	17.07	-9.05	-6.69
0.394	0.394	0.212	0.178	0.33	0.33	0.162	0.162	0.33	0.33	0.178	0.212	0.394	0.394
	1.33	-19.26	19.26			-10.5	10.5			-19.26	19.26	-1.33	
7.06	7.06	3.81	-1.56	-2.89	-2.89	-1.42	1.42	2.89	2.89	1.56	-3.81	-7.06	-7.06
3.53	3.53	-0.78	1.91	-1.45	-1.45	0.71	-0.71	1.45	1.45	-1.91	0.78	-3.53	-3.53
-2.47	-2.47	-1.34	0.05	0.09	0.09	0.05	-0.05	-0.09	-0.09	-0.05	1.34	2.47	2.47
8.12	8.12	-17.57	19.66	-4.25	-4.25	-11.16	11.16	4.25	4.25	-19.66	17.57	-8.12	-8.12
0.394	0.394	0.212	0.178	0.33	0.33	0.162	0.162	0.33	0.33	0.178	0.212	0.394	0.394
	1.33	-19.26	19.26			-10.5	10.5			-19.26	19.26	-1.33	
7.06	7.06	3.81	-1.56	-2.89	-2.89	-1.42	1.42	2.89	2.89	1.56	-3.81	-7.06	-7.06
3.53	3.53	-0.78	1.91	-1.45	-1.45	0.71	-0.71	1.45	1.45	-1.91	0.78	-3.53	-3.53
-2.47	-2.47	-1.34	0.05	0.09	0.09	0.05	-0.05	-0.09	-0.09	-0.05	1.34	2.47	2.47
8.12	8.12	-17.57	19.66	-4.25	-4.25	-11.16	11.16	4.25	4.25	-19.66	17.57	-8.12	-8.12
0.394	0.394	0.212	0.178	0.33	0.33	0.162	0.162	0.33	0.33	0.178	0.212	0.394	0.394
	1.33	-19.26	19.26			-10.5	10.5			-19.26	19.26	-1.33	
7.06	7.06	3.81	-1.56	-2.89	-2.89	-1.42	1.42	2.89	2.89	1.56	-3.81	-7.06	-7.06
3.53	3.71	-0.78	1.91	-1.45	-1.51	0.71	-0.71	1.45	1.51	-1.91	0.78	-3.71	-3.53
-2.55	-2.55	-1.36	0.06	0.11	0.11	0.06	-0.06	-0.11	-0.11	-0.06	1.36	2.55	2.55
8.04	8.22	-17.59	19.67	-4.23	-4.29	-11.15	11.15	4.23	4.29	-19.67	17.59	-8.22	-8.04
0.414	0.362	0.224	0.186	0.345	0.301	0.168	0.168	0.345	0.301	0.186	0.224	0.362	0.414
	1.33	-19.26	19.26			-10.5	10.5			-19.26	19.26	-1.33	
7.42	6.49	4.02	-1.63	-3.02	-2.64	-1.47	1.47	3.02	2.64	1.63	-4.02	-6.49	-7.42
3.53		-0.82	2.01	-1.45		0.74	-0.74	1.45		-2.01	0.82		-3.53
-1.12	-0.98	-0.61	-0.24	-0.45	-0.39	-0.22	0.22	0.45	0.39	0.24	0.61	0.98	1.12
9.83	5.51	-16.67	19.4	-4.92	-3.03	-11.45	11.45	4.92	3.03	-19.4	16.67	-5.51	-9.83
	↓				↓				↓			↓	
	2.76				-1.52				1.52			-2.76	

图 4-51　横向框架弯矩的二次分配法(雪载，M，单位：kN·m)

表 4-46　活载作用下梁端剪力及柱轴力　单位:kN

层次	荷载引起的剪力		弯矩引起的剪力		总剪力			柱轴力	
	AB 跨	BC 跨	AB 跨	BC 跨	AB 跨		BC 跨	A 柱	B 柱
	$V_A=V_B$	$V_B=V_C$	$V_A=-V_B$	$V_B=V_C$	V_A	V_B	$V_B=V_C$	$N_顶=N_底$	$N_顶=N_底$
6	15.8	3.92	−0.73	0	15.07	16.53	3.92	22.68	35.06
5	15.8	3.92	−0.29	0	15.51	16.09	3.92	45.82	69.68
4	15.8	3.92	−0.35	0	15.45	16.15	3.92	68.86	104.36
3	15.8	3.92	−0.35	0	15.45	16.15	3.92	91.92	139.04
2	15.8	3.92	−0.34	0	15.46	16.14	3.92	114.99	173.71
1	15.8	3.92	−0.46	0	15.34	16.26	3.92	137.93	208.5

表 4-47　雪载及活载作用下梁端剪力及柱轴力　单位:kN

层次	荷载引起的剪力		弯矩引起的剪力		总剪力			柱轴力	
	AB 跨	BC 跨	AB 跨	BC 跨	AB 跨		BC 跨	A 柱	B 柱
	$V_A=V_B$	$V_B=V_C$	$V_A=-V_B$	$V_B=V_C$	V_A	V_B	$V_B=V_C$	$N_顶=N_底$	$N_顶=N_底$
6	3.2	0.8	−0.03	0	3.17	3.23	0.8	4.69	6.95
5	15.8	3.92	−0.4	0	15.4	16.2	3.92	27.7	41.68
4	15.8	3.92	−0.35	0	15.45	16.15	3.92	50.76	76.36
3	15.8	3.92	−0.35	0	15.45	16.15	3.92	73.82	111.04
2	15.8	3.92	−0.34	0	15.46	16.14	3.92	96.89	145.71
1	15.8	3.92	−0.46	0	15.34	16.26	3.92	119.84	180.5

4.6.7　内力组合

　　根据以上内力计算的结果,即可进行框架结构梁柱各控制截面上的内力组合,其中梁的控制截面为梁端柱边及跨中。由于对称性,每层有五个控制截面,即图 4-52 梁中的 1,2,3,4,5 号截面。柱则分为边柱和中柱(即 A 柱、B 柱),每层每根柱有两个控制截面.因活荷载作用下内力计算采用分层法,故当三层梁和四层梁上作用有活荷载时,将对四层柱内产生内力。

　　本例在组合时综合考虑了"不利和可能"的组合原则,选择了三种内力组合方式,即 $1.2S_{Gk}+1.4S_{Qk}$,$1.35S_{Gk}+S_{Qk}$,$1.2S_{Gk}+1.26(S_{Qk}+S_{wk})$ 和 $1.2(S_{Gk}+0.5S_{Qk})+1.3S_{Ek})$。其他组合方式的结果对本多层框架结构设计不起控制作用,故不予考虑。

　　各层梁的内力组合结果见表 4-48,表中 S_{Gk} 和 S_{Qk} 两列中的梁端弯矩 M 为经过调幅后的弯矩(调幅系数取 0.8)。

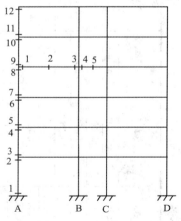

图 4-52　框架梁柱控制截面

表 4-48　框架梁内力组合表

层次	截面	内力	S_{Gk}	S_{Qk}	S_{Wk}	S_{Ek}	$1.2S_{Gk}+1.26(S_{Qk}+S_{wk})$ →	←	$1.2(S_{Gk}+0.5S_{Qk})+1.3S_{Ek}$ →	←	$1.35S_{Gk}+S_{Qk}$	$1.2S_{Gk}+1.4S_{Qk}$	$V=\gamma_{RE}[\gamma_{vb}(M_b^l+M_b^r)/l_n]+V_{Gl}$
一层	A	M	−50.88	−13.34	±26.41	±325.16	−44.59	−111.14	353.65	−491.77	−82.03	−79.73	
		V	64.08	15.34	±8.10	±96.62	86.02	106.43	−39.51	211.71	101.85	98.37	194.28
	B 左	M	−55.02	−15.52	±22.18	±254.54	−113.53	−57.63	−406.24	255.57	−89.80	−87.75	
		V	65.8	16.26	±8.10	±96.62	109.65	89.24	214.32	−36.89	105.09	101.72	252.93
	B 右	M	−25.14	−9.16	±20.06	±230.22	−16.43	−66.99	263.62	−334.95	−43.10	−42.99	
		V	23.83	3.92	±14.33	±164.44	15.48	51.59	−182.82	244.72	36.09	34.08	
	跨间	M_{AB}					123.56	132.62	365.16	268.12	155.88	157.5	
		M_{BC}					17.7	17.7	269.57	269.57			
二层	A	M	−53.3	−14.07	±21.66	±276.60	−54.40	−108.98	287.18	−431.98	−86.03	−83.66	
		V	64.34	15.46	±6.81	±89.81	88.11	105.27	−30.27	203.24	102.32	98.85	184.95
	B 左	M	−56.18	−15.74	±19.21	±262.23	−111.45	−63.04	−417.76	264.04	−91.58	−89.45	
		V	65.54	16.14	±6.81	±89.81	107.57	90.40	205.09	−28.42	104.62	101.24	258.1
	B 右	M	−23.99	−8.92	±17.38	±237.18	−18.13	−61.93	274.19	−342.47	−41.31	−41.28	
		V	23.83	3.92	±12.41	±169.41	17.90	49.17	−189.29	251.18	36.09	34.08	
	跨间	M_{AB}					130.47	136.82	299.25	276.85	157.78	159.42	
		M_{BC}					18.79	18.79	279.88	279.88			
六层	A	M	−42.5	−11.9(−13.34)	±3.56	±68.66	−61.61	−70.58	30.25	−148.26	−69.36	−67.77	
		V	55.11	15.07(3.17)	±1.04	±20.21	83.81	86.43	41.76	94.31	89.47	87.23	81.43
	B 左	M	−55.15	−15.4(−15.52)	±2.66	±51.38	−89.02	−82.32	−142.29	−8.70	−89.92	−87.84	
		V	60.39	16.53(3.23)	±1.04	±20.01	94.61	91.99	100.42	48.39	98.06	95.61	95.99
	B 右	M	−35.55	−9.78(−8.92)	±2.41	±46.47	−51.95	−58.02	12.40	−108.42	−57.77	−56.35	
		V	15.56	3.92(0.8)	±1.72	±33.19	21.44	25.78	−24.00	62.30	24.93	24.16	
	跨间	M_{AB}					139.31	159.13	86.56	76.56	143.74	145.15	
		M_{BC}					41.96	41.96	18.48	18.48	—	—	

下面以第一层 AB 跨梁考虑地震作用的组合为例，说明各内力的组合方法。对支座负弯矩按相应的组合情况进行计算，求跨间最大正弯矩时，可根据梁端弯矩组合值及梁上荷载设计值，由平衡条件确定。由图可得

$$V_A = -\frac{M_A + M_B}{l} + \frac{1}{2}q_1 l + \frac{(1-\alpha)l}{2}q_2$$

若 $V_A - \frac{1}{2}(2q_1 + q_2)\alpha l \leqslant 0$，说明 $x \leqslant \alpha l$，其中 x 为最大正弯矩截面至 A 支座的距离，则 x 可由公式 $V_A - q_1 x - \frac{1}{2}\frac{x^2}{\alpha l}q_2 = 0$ 求解得到。

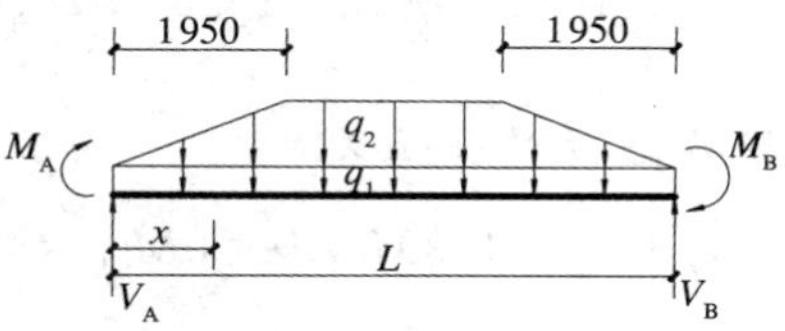

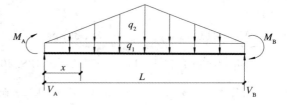

图 4-53 均布和梯形荷载下的计算简图

将求得的 x 值带入下式即可得跨间最大正弯矩值：

$$M_{\max} = M_A + V_A x - \frac{q_1}{2}x_2 - \frac{1}{6}\frac{x_3}{\alpha l}q_2$$

若 $V_A - \frac{1}{2}(2q_1 + q_2)\alpha l > 0$，说明 $x > \alpha l$，则

$$x = \frac{V_A + \frac{\alpha l}{2}q_2}{q_1 + q_2}$$

$$M_{\max} = M_A + V_A x - \frac{(q_1 + q_2)}{2}x^2 - \frac{1}{2}q_2\alpha l\left(x - \frac{1}{3}\alpha l\right)$$

若 $V_A \leqslant 0$，则 $M_{\max} = M_A$

同理，可求得三角形分布荷载和均布荷载作用下的 V_A, x 和 $M_{\max}$ 的计算公式：

$$V_A = -\frac{M_A + M_B}{l} + \frac{1}{2}q_1 l + \frac{l}{4}q_2$$

图 4-54 均布和三角形荷载下的计算简图

x 可由公式 $xq_1 + \frac{x^2}{l}q_2 = V_A$ 求解得到。

$$M_{\max} = M_A + V_A x - \frac{q_1}{2}x^2 - \frac{1}{3}\frac{x^3}{l}q_2$$

本例中，梁上荷载设计值：

$$q_1 = 1.2 \times 12.56 = 15.07 \text{kN/m}$$

$$q_2 = 1.2 \times (13.46 + 0.5 \times 7.8) = 20.83 \text{kN/m}$$

左震

$$V_A = -\frac{353.65 + 406.24}{6} + \frac{1}{2} \times 15.07 \times 6 + \frac{1}{2} \times \left(1 - \frac{1.95}{6}\right) \times 6 \times 20.83$$

$$= -39.26 \text{kN} < 0$$

则 $M_{\max}$ 发生在左支座。

$$M_{\max}=1.3M_{EK}+1.0M_{GE}=1.3\times325.16-(50.88-0.5\times13.34)=365.16\mathrm{kN\cdot m}$$

右震

$$V_A=\frac{491.77+255.57}{6}+\frac{1}{2}\times15.07\times6+\frac{1}{2}\times\left(1-\frac{1.95}{6}\right)\times6\times20.83=211.95\mathrm{kN}$$

$$211.95-\frac{1}{2}(2\times15.07+20.83)\times1.95=162.26$$

则 $M_{\max}$ 发生在左支座。

$$M_{\max}=1.3M_{EK}+1.0M_{GE}=1.3\times325.16-(50.88-0.5\times13.34)=365.16\mathrm{kN\cdot m}$$

$$x=\frac{211.95+0.5\times1.95\times20.83}{15.07+20.83}=6.47\mathrm{m}>6\mathrm{m}$$

说明 $M_{\max}$ 发生在右支座。

剪力计算：AB 净跨

$$l_n=6-0.6=5.4\mathrm{m}$$

左震

$$V_b^l=-39.51\mathrm{kN}\qquad V_b^r=214.32\mathrm{kN}$$

$$M_b^l=353.65-39.51\times0.3=341.8\mathrm{kN\cdot m}$$

$$M_b^r=-406.24+214.32\times0.3=-341.94\mathrm{kN\cdot m}$$

右震

$$V_b^l=211.71\mathrm{kN}\quad V_b^r=-36.89\mathrm{kN}$$

$$M_b^l=-491.77+211.71\times0.3=-428.26\mathrm{kN\cdot m}$$

$$M_b^r=255.57-36.89\times0.3=244.5\mathrm{kN\cdot m}$$

$$M_b^l+M_b^r=341.8+341.94=683.74\mathrm{kN\cdot m}>428.26+244.5=672.76\mathrm{kN\cdot m}$$

$$V_{Gb}=\frac{1}{2}\left(15.07\times5.4+20.83\times\frac{5.4+5.4-1.95\times2}{2}\right)=76.72\mathrm{kN}$$

则

$$V_A=1.2\times\frac{672.76}{5.4}+76.62=226.12\mathrm{kN}$$

$$V_A=1.2\times\frac{683.74}{5.4}+76.62=228.56\mathrm{kN}$$

$$V_{RE}V_A=0.85\times226.12=192.2\mathrm{kN}$$

$$V_{RE}V_B=0.85\times228.56=194.28\mathrm{kN}$$

表 4-49

横向框架 A 柱弯矩和轴力组合

层次	截面	内力	S_{Gk}	S_{Qk}	S_{wk}	S_{Ek}	$1.2S_{Gk}+1.26(S_{Qk}+S_{wk})$ →	←	$1.2(S_{Gk}+0.5S_{Qk})+1.3S_{Ek}$ →	←	$1.35S_{Gk}+S_{Qk}$	$1.2S_{Gk}+1.4S_{Qk}$	$\lvert M_{max}\rvert,N$	N_{min},M	N_{max},M
六层	柱顶	M	45.46	13.64(3.72)	∓3.56	∓68.66	67.25	76.22	146.04	−32.47	75.01	73.65	146.06	−32.47	75.01
		N	98.95	22.68(4.69)	∓1.04	∓20.01	146.01	148.63	147.57	95.54	156.26	150.49	147.57	95.54	156.26
	柱底	M	−31.75	−9.50(−6.69)	∓1.06	∓20.74	−48.73	−51.41	−69.08	−15.15	−52.36	−51.40	−69.08	−15.15	−52.36
		N	133.6	22.68(4.69)	∓1.04	∓20.01	187.59	190.21	189.15	137.12	203.04	192.07	189.15	137.12	203.04
五层	柱顶	M	23.72	7.21(9.05)	∓6.85	∓111.64	28.92	46.18	179.03	−111.24	39.23	38.56	179.03	−111.24	179.03
		N	270.92	45.80(27.7)	∓3.51	∓60.6	378.39	387.23	420.50	262.94	411.54	389.22	420.5	262.94	420.5
	柱底	M	−26.89	−8.12	∓3.37	∓60.11	−38.25	−46.75	−115.28	41.00	−44.42	−43.64	−115.28	41	−115.28
		N	305.57	45.80(27.7)	∓3.51	∓60.6	419.97	428.81	462.08	304.52	458.32	430.80	462.08	304.52	462.08
四层	柱顶	M	26.89	8.12	∓9.59	∓135.46	30.42	54.58	213.24	−138.96	44.42	43.64	213.24	−138.96	213.24
		N	442.6	68.86(50.76)	∓7.53	∓123.91	608.40	627.37	722.66	400.49	666.37	627.52	722.66	400.49	722.66
	柱底	M	−26.89	−8.12	∓5.88	∓103.02	−35.09	−49.91	−171.07	96.79	−44.42	−43.64	−171.07	96.79	−171.07
		N	477.25	68.86(50.76)	∓7.53	∓123.91	649.98	668.95	764.24	442.07	713.15	669.10	764.24	442.07	764.24
三层	柱顶	M	26.89	8.12	∓11.18	∓159.27	28.41	56.59	244.19	−169.91	44.42	43.64	244.19	−169.91	244.19
		N	614.28	91.92(73.82)	∓13.06	∓206.35	836.50	869.41	1049.68	513.17	921.20	865.82	1049.68	513.17	1049.68
	柱底	M	−26.66	−8.04	∓9.15	∓130.31	−30.59	−53.65	−206.22	132.59	−44.03	−43.25	−206.22	132.59	−206.22
		N	648.93	91.92(73.82)	∓13.06	∓206.35	878.08	910.99	1091.26	554.75	967.98	907.40	1091.26	554.75	1091.26
二层	柱顶	M	27.24	8.22	∓12.51	∓146.28	27.28	58.81	227.78	−152.54	44.20	44.20	227.78	−152.54	227.78
		N	785.97	114.99(96.89)	∓19.87	∓296.16	1063.02	1113.09	1386.31	616.29	1176.05	1104.15	1386.31	616.29	1386.31
	柱底	M	−32.49	−9.83	∓12.51	∓178.79	−35.61	−67.14	−277.31	187.54	−53.69	−52.75	−277.31	187.54	−277.31
		N	820.62	114.99(96.89)	∓19.87	∓296.16	1104.60	1154.67	1427.89	657.87	1222.83	1145.73	1427.89	657.87	1427.89
一层	柱顶	M	18.39	5.51	∓13.90	∓146.37	11.50	46.52	215.66	−164.91	30.34	29.78	215.66	−164.91	215.66
		N	957.4	137.94(119.84)	∓27.97	∓392.77	1287.44	1357.93	1731.39	710.18	1430.43	1342.00	1731.39	710.18	1731.39
	柱底	M	−9.2	−2.76	∓32.43	∓341.52	26.34	−55.38	−456.67	431.28	−15.18	−14.90	−456.67	431.28	−456.67
		N	992.05	137.94(119.84)	∓27.97	∓392.77	1329.02	1399.51	1772.97	751.76	1477.21	1383.58	1772.97	751.76	1772.97

注：表中 M 以左侧受拉为正，单位为 kN·m，N 以受压为正，单位为 kN。S_{Qk} 一列中括号内的数值为屋面作用雪荷载，其他层楼面作用活荷载对应的内力值。

表 4-50　　　横向框架 A 柱剪力组合

单位:kN

层次	S_{Gk}	S_{Qk}	S_{Wk}	S_{Ek}	$1.2S_{Gk}+1.26(S_{Qk}+S_{wk})$		$1.2(S_{Gk}+0.5S_{Qk})+1.3S_{Ek}$		$1.35S_{Gk}+S_{Qk}$	$1.2S_{Gk}+1.4S_{Qk}$	$\gamma_{RE}[\eta_{vc}(M_c^b+M_c^t)/H_n]$
					→	←	→	←			
6	-22.06	-6.61(-2.97)	±1.32	±25.54	-33.14	-36.46	4.95	-61.46	-36.39	-35.73	67.92
5	-14.46	-4.38(-4.91)	±2.92	±49.07	-19.19	-26.55	43.49	-84.09	-23.90	-23.48	92.92
4	-15.37	-4.64	±4.42	±68.14	-18.72	-29.86	67.35	-109.81	-25.39	-24.94	121.33
3	-15.3	-4.62	±5.81	±82.74	-16.86	-31.50	86.43	-128.69	-25.28	-24.83	142.20
2	-17.07	-5.16	±7.15	±92.88	-17.98	-35.99	97.17	-144.32	-28.20	-27.71	159.46
1	-6.2	-1.86	±10.41	±109.64	3.33	-22.90	133.98	-151.09	-10.23	-10.04	166.95

注:表中 V 以绕柱顺时针为正。

表 4-51

横向框架 B 柱弯矩和轴力组合

层次	截面	内力	S_{Gk}	S_{Qk}	S_{wk}	S_{Ek}	$1.2S_{Gk}+1.26(S_{Qk}+S_{wk})$ →	←	$1.2(S_{Gk}+0.5S_{Qk})+1.3S_{Ek}$ →	←	$1.35S_{Gk}+S_{Qk}$	$1.2S_{Gk}+1.4S_{Qk}$	$|M_{max}|,N$	N_{min},M	N_{max},M
六层	柱顶	M	-24.51	-7.13(-2.01)	∓5.07	∓97.84	-44.78	-32.01	-157.81	96.57	-40.22	-39.39	-157.81	-157.81	-40.22
		N	128.56	35.06(6.95)	∓0.68	∓13.18	197.59	199.30	141.31	175.58	208.62	203.36	141.31	141.31	208.62
	柱底	M	19.92	4.73(3.56)	∓2.73	∓52.68	33.30	26.42	94.52	-42.44	31.62	30.53	93.56	93.56	30.54
		N	163.21	35.06(6.95)	∓0.68	∓13.18	239.17	240.88	182.89	217.16	255.39	244.94	182.89	182.89	255.39
五层	柱顶	M	-20.13	-4.01(-4.58)	∓10.37	∓159.05	-42.27	-16.14	-233.67	179.86	-31.19	-29.77	-233.67	-233.67	-31.19
		N	348.21	69.68(41.68)	∓2.65	∓44.42	502.31	508.99	385.11	500.61	539.76	515.40	385.11	385.11	539.76
	柱底	M	20.06	4.25(4.25)	∓6.92	∓130.13	38.15	20.71	195.79	-142.55	31.33	30.02	195.79	195.79	31.33
		N	382.86	69.68(41.68)	∓2.65	∓44.42	543.89	550.57	426.69	542.19	586.54	556.98	426.69	426.69	586.54
四层	柱顶	M	-20.06	-4.25	∓14.36	∓220.84	-47.52	-11.33	-313.71	260.47	-31.33	-30.02	-313.74	-313.74	-31.33
		N	568.15	104.36(76.36)	∓5.85	∓100.16	805.90	820.64	597.39	857.80	871.36	827.88	597.39	597.39	871.36
	柱底	M	20.06	4.25	∓11.75	∓180.69	44.23	14.62	261.52	-208.28	31.33	30.02	261.52	261.52	31.33
		N	602.8	104.36(76.36)	∓5.85	∓100.16	847.48	862.22	638.97	899.38	918.14	869.46	638.97	638.97	918.14
三层	柱顶	M	-20.06	-4.25	∓18.90	∓261.83	-53.24	-5.61	-367.00	313.76	-31.33	-30.02	-367	-367	313.76
		N	788.09	139.04(111.04)	∓10.14	∓167.83	1108.12	1133.67	794.15	1230.51	1202.96	1140.36	794.15	794.15	1230.51
	柱底	M	19.95	4.23	∓15.47	∓225.75	48.76	9.78	319.95	-267.00	31.16	29.86	319.95	319.95	-267
		N	822.74	139.04(111.04)	∓10.14	∓167.83	1149.70	1175.25	835.73	1272.09	1249.74	1181.94	835.73	835.73	1272.09
二层	柱顶	M	-20.28	-4.29	∓21.12	∓273.66	-56.35	-3.13	-382.67	328.85	-31.67	-30.34	-382.67	-382.67	328.85
		N	1008.02	173.71(145.71)	∓15.74	∓247.44	1408.67	1448.33	975.38	1618.72	1534.54	1452.82	975.38	975.38	1618.72
	柱底	M	23.29	4.92	∓21.12	∓273.66	60.76	7.54	386.66	-324.86	36.36	34.84	386.66	386.66	-324.86
		N	1042.67	173.71(145.71)	∓15.74	∓247.44	1450.25	1489.91	1016.96	1660.30	1581.31	1494.40	1016.96	1016.96	1660.3
一层	柱顶	M	-14.04	-3.03	∓21.12	∓211.09	-47.28	5.95	-293.08	255.75	-21.98	-21.09	-293.08	-293.08	255.75
		N	1228.21	208.50(180.50)	∓21.97	∓315.26	1708.88	1764.24	1172.31	1991.99	1866.58	1765.75	1172.31	1172.31	1991.99
	柱底	M	7.02	1.52	∓35.97	∓392.03	55.66	-34.98	518.98	-500.30	11.00	10.55	518.98	518.98	-500.3
		N	1262.86	208.50(180.5)	∓21.97	∓315.26	1750.46	1805.82	1213.89	2033.57	1913.36	1807.33	1213.89	1213.89	2033.57

表 4-52　　横向框架 B 柱剪力组合

单位 : kN

层次	S_{Gk}	S_{Qk}	S_{wk}	S_{Ek}	$1.2S_{Gk}+1.26(S_{Qk}+S_{wk})$		$1.2(S_{Gk}+0.5S_{Qk})+1.3S_{Ek}$		$1.35S_{Gk}+S_{Qk}$	$1.2S_{Gk}+1.4S_{Qk}$	$\gamma_{RE}[\gamma_{vc}(M_c^b+M_c^t)/H_n]$
					$\rightarrow$	$\downarrow$	$\rightarrow$	$\downarrow$			
6	12.69	3.39(1.59)	∓2.23	∓43.01	22.31	16.69	72.10	−39.73	20.52	19.97	79.36
5	11.48	2.36(2.52)	∓4.94	∓82.62	22.97	10.53	122.69	−92.12	17.86	17.08	135.59
4	11.46	2.43	∓7.46	∓114.72	26.21	7.41	164.35	−133.93	17.90	17.15	181.62
3	11.43	2.42	∓9.82	∓139.31	29.14	4.39	196.27	−165.94	17.85	17.10	216.88
2	12.45	2.63	∓12.07	∓156.38	33.46	3.05	219.81	−186.78	19.44	18.62	242.89
1	4.73	1.02	∓12.83	∓135.53	23.13	−9.20	182.48	−169.90	7.41	7.10	201.65

注:表中 V 以绕柱顺时针为正。

4.6.8 截面设计

根据表 4-48 所示框架梁的内力组合结果,即可对框架梁进行截面配筋计算。本例楼盖为现浇钢筋混凝土楼盖,截面设计时一般先进行截面下部钢筋设计而后进行上部钢筋设计。设计梁下部的正弯矩钢筋时,应由梁的跨中及支座截面最大正弯矩值,根据单筋 T 形截面计算确定;设计梁的上部负弯矩钢筋时,则由梁支座负弯矩值根据双筋矩形截面计算确定。

根据表 4-49 和表 4-50 所示框架柱的内力组合结果,即可对框架柱进行截面配筋计算。框架柱属于偏心受压构件,截面内力有弯矩 M、轴力 N 和剪力 V。用弯矩 M 和轴力 N 进行柱的正截面受压承载力计算以确定柱的纵向钢筋;而用剪力 V 进行其斜截面受剪承载力计算,并考虑轴压力 N 对柱受剪承载力的提高作用,以确定柱的箍筋。

通过计算得到截面配筋以后,还应满足《混凝土结构设计规范》(GB 50010—2010)和《建筑抗震设计规范》(GB 50011—2010)所规定的相关构造要求,确定有关控制截面的配筋。

1. 框架梁

这里仅以第一层 AB 跨梁为例,说明计算方法和过程,其他层梁的配筋计算结果见表4-53 和表 4-54。

表 4-53 框架梁纵向钢筋计算表

层次	截面		$M/(kN \cdot m)$	ξ	As'/mm^2	As/mm^2	实配钢筋 As/mm^2	As'/As	$p/\%$
6	支座	A	-89.98	<0	763	471.59	2 ⊈ 18(509)	1.50	0.36
		Bl	-84.12	<0	763	440.88	2 ⊈ 18(509)	1.50	0.36
	AB 跨间		127.53	0.014		631.43	3 ⊈ 18(763)		0.54
	支座 Br		-67.3	<0	461	352.73	2 ⊈ 18(509)	0.91	0.49
	BC 跨间		25.7	0.006		126.74	3 ⊈ 14(461)		0.44
2	支座	A	-278.26	0.034	1256	1458.39	4 ⊈ 22(1520)	0.83	1.08
		Bl	-267.17	0.018	1256	1400.26	4 ⊈ 22(1520)	0.83	1.08
	AB 跨间		214.38	0.024		1066.66	4 ⊈ 20(1256)		0.89
	支座 Br		-200.34	0.018	941	1050	4 ⊈ 22(1520)	0.83	1.47
	BC 跨间		166.16	0.04		833.5	4 ⊈ 20(1256)		1.21
1	支座	A	-321.19	0.028	1520	1683.39	5 ⊈ 22(1900)	0.8	1.35
		Bl	-256.46	0.015	1520	1344.13	4 ⊈ 22(1520)	1	1.08
	AB 跨间		261.75	0.029		1305.87	4 ⊈ 22(1520)		1.08
	支座 Br		-196.15	0.015	941	1028.04	4 ⊈ 22(1520)	0.83	1.47
	BC 跨间		159.88	0.038		801.37	4 ⊈ 20(1256)		1.21

表 4-54　　　　　　　　　　　**框架梁箍筋数量计算表**

层次	截面	$\gamma_{RE}V/\mathrm{kN}$	$0.2\beta_c f_c bh_0$ /kN	$\dfrac{A_{sv}}{s}=\dfrac{\gamma_{RE}V-0.42f_t bh_0}{f_{yv}h_0}$	实配钢筋	
					梁端加密区	非加密区
6	A,Bl	69.22	403.98>$\gamma_{RE}V$	$-0.077<0$	双肢Φ8@100	双肢Φ8@150
	Br	81.59	296.73>γ_{REV}	0.129	双肢Φ10@100	双肢Φ10@100
2	A,Bl	157.21	403.98>$\gamma_{RE}V$	0.356	双肢Φ8@100	双肢Φ8@150
	Br	219.39	296.73>$\gamma_{RE}V$	1.051	双肢Φ10@100	双肢Φ10@100
1	A,Bl	165.14	403.98>$\gamma_{RE}V$	0.395	双肢Φ8@100	双肢Φ8@150
	Br	214.99	296.73>$\gamma_{RE}V$	1.022	双肢Φ10@100	双肢Φ10@100

注:表中 V 为换算至支座边缘处的梁端剪力。

（1）梁的正截面受弯承载力计算。

从表 4-48 中分别选出 AB 跨跨间截面及支座截面的最不利内力,并将支座中心处的弯矩换算为支座边缘控制截面的弯矩进行配筋计算。

支座弯矩

$$M_A=491.77-211.71\times0.3=428.26\mathrm{kN\cdot m}$$

$$\gamma_{RE}M_A=0.75\times428.26=321.19\mathrm{kN\cdot m}$$

$$M_B=406.24-214.32\times0.3=341.94\mathrm{kN\cdot m}$$

$$\gamma_{RE}M_B=0.75\times341.94=256.46\mathrm{kN\cdot m}$$

跨间弯矩取控制截面,即支座边缘处的正弯矩。并可求得相应的剪力

$$V=1.3V_{EK}-1.0V_{GE}=1.3\times96.62-1.0\times(64.08+0.5\times15.34)=53.86\mathrm{kN}$$

则支座边缘处

$$M_{max}=365.16-53.86\times0.3=349\mathrm{kN\cdot m}$$

$$\gamma_{RE}M_{max}=0.75\times349=261.75\mathrm{kN\cdot m}$$

当梁下部受拉时,按 T 形截面设计,当梁上部受拉时,按矩形截面设计。

翼缘计算宽度当按跨度考虑时,$b_f'=\dfrac{l}{3}=\dfrac{6}{3}=2\mathrm{m}=2\,000\mathrm{mm}$;按梁间距考虑时,$b_f'=b+S_n$ $=250+3\,650=3\,900\mathrm{mm}$;按翼缘厚度考虑时 $h_0=h-a_s=600-35=565\mathrm{mm}$

$b_f'/h_0=100/565=0.177>0.1$,此种情况不起控制作用,$b_f'=2000\mathrm{mm}$。

梁内纵向钢筋选 HRB400 级钢($f_y=f_y'=360\mathrm{N/mm^2}$),$\xi_b=0.518$。下部跨间截面按单筋 T 形截面计算。因为

$$\alpha_1 f_c b_f' h_f'\left(h_0-\frac{h_f'}{2}\right)=1.0\times14.3\times2000\times100\times(565-100/2)=1\,472.9\mathrm{kN\cdot m}>261.75\mathrm{kN\cdot m}$$

属第一类 T 形截面

$$\alpha_s=\frac{M}{\alpha_1 f_c b_f' h_0^2}=\frac{261.75\times10^6}{1.0\times14.3\times2000\times565^2}=0.029$$

$$\xi=1-\sqrt{1-2\alpha_s}=0.029$$

$$A_s=\xi\alpha_1 f_c b_f' h_0/f_y=\frac{0.029\times1.0\times14.3\times2000\times565}{360}=1\,301.7\mathrm{mm^2}$$

实配钢筋 4Φ22($A_s=1\,520\mathrm{mm^2}$),$\rho=\dfrac{1\,520}{250\times565}=1.07\%>0.25\%$,满足要求。

将下部跨间截面的 4 Φ 22 钢筋伸入支座,作为支座负弯矩作用下的受压钢筋($A'_s = 1520\text{mm}^2$),再计算相应的受拉钢筋 A_s,即支座 A 上部

$$\alpha_s = \frac{321.19\times10^6 - 360\times1520\times(565-35)}{1.0\times14.3\times250\times565^2} = 0.027$$

$$\xi = 1-\sqrt{1-2\alpha_s} = 1-\sqrt{1-2\times0.027} = 0.028 < 2a'_s/h_0 70/565 = 0.124$$

说明 A'_s 富裕,且达不到屈服。可近似取

$$A_s = \frac{M}{f_y(h_0-a'_s)} = \frac{321.19\times10^6}{360\times(565-35)} = 1683.4\text{mm}^2$$

实取 5 Φ 22($A_s = 1900\text{mm}^2$)。

支座 B_l 上部

$$A_s = \frac{M}{f_y(h_0-a'_s)} = \frac{256.46\times10^6}{360\times(565-35)} = 1344.1\text{mm}^2$$

实取 4 Φ 22,$\rho = \dfrac{1520}{250\times565} = 1.08\% > 0.3\%$,$A'_s/A_s = 0.8 > 0.3$,满足要求。

(2) 梁斜截面受剪承载力计算。

AB 跨:

$$\gamma_{RE}V = 194.28\text{kN} < 0.2\beta_c f_c bh_0 = 0.2\times1.0\times14.3\times250\times565 = 403.98\text{kN}$$

故截面尺寸满足要求。

梁端加密区箍筋取双肢 Φ 8@100,箍筋用 HRB400 级钢筋($f_{yv} = 360\text{N/mm}^2$),则

$$0.6\alpha_{cv}f_t bh_0 + f_{yv}\frac{A_{sv}}{s}h_0 = 0.6\times0.7\times1.43\times250\times565 + 360\times\frac{100.6}{100}\times565 = 289.46\text{kN}$$

$$>165.14kN$$

加密区长度取 0.9m,非加密区箍筋取双肢 Φ 8@150,箍筋设置满足要求。

BC 跨:若梁端箍筋加密区取双肢 Φ 10@100,则其承载力为

$$0.6\times0.7\times1.43\times250\times415 + 360\times\frac{157}{100}\times415 = 296.81\text{kN} > \gamma_{RE}V = 214.99\text{kN}$$

由于非加密区长度较小,故全跨均可按加密区配置。

2. 框架柱

(1) 剪跨比和轴压比验算。

表 4-55 给出了框架柱各层剪跨比和轴压比计算结果,其中剪跨比 λ 也可取 $H_n/(2h_0)$。注意,表中的 M^c,V^c 和 N 都不应考虑承载力抗震调整系数。由表 4-55 可见,各柱的剪跨比和轴压比均满足规范要求。

表 4-55　　　　　　　　　　　　　**柱的剪跨比和轴压比验算**

柱号	层次	b/mm	h_0/mm	f_c/(N·mm^{-2})	M^c/(kN·m)	V^c/kN	N/kN	$\dfrac{M^c}{V^c h_0}$	$\dfrac{N}{f_c bh}$
A 柱	6	600	560	14.3	146.04	79.91	147.57	3.26>2	0.029<0.8
	2	600	560	14.3	277.31	187.6	1427.89	2.64>2	0.277<0.8
	1	600	560	14.3	456.57	196.41	1772.97	4.15>2	0.344<0.8
B 柱	6	600	560	14.3	157.81	93.37	141.31	3.02>2	0.027<0.8
	2	600	560	14.3	386.66	285.75	1016.96	2.42>2	0.198<0.8
	1	600	560	14.3	518.98	237.23	1213.89	3.91>2	0.236<0.8

（2）柱正截面承载力验算。

以第一层 B 轴柱为例说明，根据 B 柱内力组合表，将支座中心处的弯矩换算至支座边缘，并与柱端组合弯矩的调整值比较后，选出最不利内力，进行配筋计算。

二层 B 节点左、右梁端弯矩

$$-406.24+214.32\times0.3=-341.94\text{kN}\cdot\text{m}$$

$$263.62-182.82\times0.3=208.77\text{kN}\cdot\text{m}$$

二层 B 节点上、下柱端弯矩

$$386.66-219.81\times0.1=364.68\text{kN}\cdot\text{m}$$

$$-293.08+182.48\times(0.6-0.1)=208.77\text{kN}\cdot\text{m}$$

$$\sum M_{B柱}=364.68+201.84=566.52\text{kN}\cdot\text{m}$$

$$\sum M_{B梁}=341.94+208.77=550.71\text{kN}\cdot\text{m}$$

$$M_{B柱}/M_{B梁}=566.52/550.71=1.03$$

$$1.5\sum M_{B梁}=1.5\times550.71=826.07\text{kN}\cdot\text{m},\Delta M_B=826.07-566.52=259.55\text{kN}\cdot\text{m}$$

在节点处将其按弹性弯矩分配给上、下柱端，即

$$M_{B上柱}=826.07\times\frac{365.68}{364.68+208.77}=525.33\text{kN}\cdot\text{m}$$

$$M_{B下柱}=826.07\times\frac{-208.77}{364.68+208.77}=-300.74\text{kN}\cdot\text{m}$$

一层柱底端弯矩

$$M_{柱底}=1.5\times518.98=778.47\text{kN}\cdot\text{m}$$

γ_{RE}-承载力抗震调整系数，是考虑地震作用下构件承载力的调整，横向框架弯矩主要是水平地震作用产生的，所以计算过程中需要调整，轴力主要是竖向荷载产生的，计算过程中不予调整，即截面配筋计算时内力可取为 $\gamma_{RE}M$ 和相应的 N，本例为 $0.8\times778.47=622.78\text{ kN}\cdot\text{m}$，$1\,213.89\text{kN}$。

$$i=\sqrt{\frac{I}{A}}=\sqrt{\frac{\frac{1}{12}\times600\times600^3}{600\times600}}=173.2$$

$$i_c=1.25H_n=3.5\times1.25=4.375$$

$$l_c/i=4\,375/173.2=25.3<34-12(M_1/M_2)=34+12\times300.74/778.47$$

故可以不用考虑附加弯矩的影响。

e_a 取 20mm 和偏心方向截面尺寸的 1/30 两者中的较大值，即 $600/30=20$mm，故取 $e_a=20$mm。

$$h_0=600-40=560\text{mm}$$

$$e_0=\frac{M}{N}=\frac{622.78\times10^3}{1\,213.89}=513\text{mm}$$

$$e_i=e_0+e_a=513+20=533\text{mm}$$

$$\xi=\frac{N}{\alpha_1 f_c bh_0}=\frac{1\,213.89\times10^3}{1.0\times14.3\times600\times560}=0.253<\xi_b=0.518,$$

为大偏心受压情况。

$$e=e_i+\frac{h}{2}-a_s=533+300-40=793$$

$$A_s = A_s' = \frac{Ne - \alpha_1 f_c b h_0^2 \xi(1 - 0.5\xi)}{f_y(h_0 - a_s')}$$

$$= \frac{1213.89 \times 10^3 \times 793 - 1.0 \times 14.3 \times 600 \times 560^2 \times 0.253 \times (1 - 0.5 \times 0.253)}{360 \times (560 - 40)}$$

$$= 1965.7\text{mm}^2$$

故选配 $4 \oplus 25 (A_s = 1964\text{mm}^2)$

（3）柱斜截面受剪承载力计算。

以第一层中柱为例进行计算，由前可知，上柱柱端弯矩设计值

$$M_c^t = M_{B下柱} = 300.74\text{kN} \cdot \text{m}$$

对二级抗震等级，柱底弯矩设计值

$$M_{柱底} = 1.5 \times 518.98 = 778.4\text{kN} \cdot \text{m}$$

则框架柱的剪力设计值可由式（4-67）计算：

$$V = 1.3 \times \frac{M_c^t + M_c^b}{H_n} = 1.3 \times \frac{300.74 + 778.47}{4.45} = 315.27\text{kN}$$

由公式（4-57）验算截面限制条件：

$$\frac{\gamma_{RE} V}{\beta_c f_c b h_0} = \frac{0.85 \times 315.27 \times 10^3}{1.0 \times 14.3 \times 600 \times 560} = 0.06 < 0.2（满足要求）$$

$$\lambda = \frac{M^c}{V^c h_0} = \frac{518.98 \times 10^3}{237.23 \times 560} = 3.91 > 3，（取 \lambda = 3.0）$$

$$N = 1213.89\text{kN} < 0.3 f_c bh = 0.3 \times 14.3 \times 600^2 = 1544.4\text{kN}，$$

取 $N = 1213.89\text{kN}$。

由公式（4-71）计算配箍率：

$$\frac{A_{sv}}{s} = \frac{\gamma_{RE} V_c - \frac{1.05}{\lambda + 1} f_t b h_0 - 0.056 N}{f_{yv} h_0}$$

$$= \frac{0.85 \times 315.27 \times 10^3 - \frac{1.05}{3 + 1} \times 1.43 \times 600 \times 560 - 0.056 \times 1213.89 \times 10^3}{360 \times 560} = 0.366$$

加密区选配 4 肢箍 $\oplus 10@100$。

轴压比 $n = 0.236$，查混凝土规范表 11.4.17 可知，$\lambda_v = 0.08$。

$$\rho_{v \min} = \lambda_v \frac{f_c}{f_{yv}} = 0.08 \times \frac{14.3}{360} = 0.318\%$$

$$\frac{A_{sv}}{s} > \frac{\rho_v A_{cor}}{\sum l_i} = \frac{0.318 \times 550 \times 550}{100 \times 8 \times 550} = 0.219$$

3. 框架梁柱节点核心区截面抗震验算

以一层中节点为例，由节点两侧梁的受弯承载力计算节点核心区的剪力设计值，因节点两侧梁不等高，计算时取两侧梁的平均高度，即

$$h_b = (600 + 450)/2 = 525\text{mm}，\quad h_{b0} = (565 + 415)/2 = 490\text{mm}$$

本例框架为二级抗震等级，应按式（4-79）计算节点的剪力设计值，其中 H_c 为柱的计算高度，取节点上、下柱反弯点间的距离，即 $H_c = 3.5 \times 0.5 + 4.45 \times 0.35 = 3.31\text{m}$

$$\sum M_b = 406.24 + 263.26 = 669.86\text{kN} \cdot \text{m}$$

剪力设计值

$$V_j = \frac{\eta_{jb} \sum M_b}{h_{b0} - a'_s} \left(1 - \frac{h_{b0} - a'_s}{H_c - h_b} \right) = \frac{1.35 \times 669.86 \times 10^3}{490 - 35} \left(1 - \frac{490 - 35}{3\,310 - 525} \right) = 1\,662.79 \text{kN}$$

因 $b_b < \dfrac{b_{c1}}{2} = 300 \text{mm}$，故取 $b_j = b_b + 0.5 b_c = 250 + 0.5 \times 600 = 550 \text{mm}$

$h_j = h_c = 600 \text{mm}$，$\eta_j = 1.0$

$$\frac{1}{\gamma_{RE}} (0.3 \eta_j f_c b_j h_j) = \frac{1}{0.85} (0.3 \times 1.0 \times 14.3 \times 550 \times 600) = 1\,665.5 \text{kN} > V_j = 1\,662.79 \text{kN}$$

满足要求。

节点核心区的受剪承载力按式(4-82)计算，N 取二层柱底轴力 $N = 1\,016.96 \text{kN}$ 和 $0.5 f_c A = 0.5 \times 14.3 \times 600 \times 600 = 2\,574 \text{kN}$ 两者中较小者，故取 $N = 1\,016.96 \text{kN}$。设节点区配箍为 4 肢箍 $\Phi 14 @100$，则有

$$\frac{1}{\gamma_{RE}} \left(1.1 \eta_j f_t b_j h_j + 0.05 \eta_j N \frac{b_j}{b_c} + f_{yv} A_{svj} \frac{h_{b0} - a'_s}{s} \right) =$$

$$\frac{1}{0.85} - \left(1.1 \times 1.0 \times 1.43 \times 550 \times 600 + 0.05 \times 1.0 \times 1\,016.96 \times 10^3 \times \frac{550}{600} + 360 \times 4 \times 153.9 \times \frac{490 - 35}{100} \right)$$

$$= 1\,851.83 \text{kN} > V_j = 1\,662.79 \text{kN}$$

故承载力满足要求。

本章小结

(1) 现浇多层框架是常用的一种承重结构形式。本章重点介绍非地震区钢筋混凝土框架结构的设计方法和步骤，最后给出一个设计实例，把本章内容加以贯穿运用。

(2) 框架结构布置应力求做到平面和体型简单规则，并符合有关规范的规定。

(3) 设计框架结构房屋时，可取出有代表性的区段作为计算单元。框架的计算简图既要符合原结构的特点，又要便于计算，计算简图是以梁柱截面的形心线作为杆件轴线的。考虑到板参与梁工作，现浇和装配整体的框架梁，其截面抗弯刚度可适当增大。

(4) 在竖向荷载作用下，框架内力近似计算法有分层法、弯矩二次分配法。弯矩二次分配法的主要步骤是：①根据各杆件的线刚度计算各节点的杆端弯矩分配系数，并计算竖向荷载作用下各跨梁的固端弯矩；②计算框架各节点的不平衡弯矩，并对所有节点的不平衡弯矩同时进行第一次分配(其间不进行弯矩传递)；③将所有杆端的分配弯矩同时向其远端传递(对于刚接框架，传递系数均取 1/2)；④将各节点因传递弯矩而产生的新的不平衡弯矩进行第二次分配，使各节点处于平衡状态。至此，整个弯矩分配和传递过程即告结束，将各杆端的固端弯矩、分配弯矩和传递弯矩叠加，即得各杆端弯矩。

(5) 水平荷载作用下框架结构内力的近似计算可采用反弯点法或 D 值法。反弯点法的基本要点是：假定横梁刚度无穷大，柱所受的剪力按柱的抗剪刚度进行分配，柱的反弯点在柱的中央，底层柱的反弯点在 2/3 柱高处，这样就可求得柱端弯矩，再通过节点平衡求得梁的弯矩，反弯点法适用于梁刚度较大且规则的低层框架，也可用于结构初步设计和内力的估算。D 位法是对反弯点法的改进(柱的抗剪刚度及反弯点位置的修正)，可以适用于大多数多高层的规则框架。

(6) 框架内力组合应按照不利和可能的原则进行组合。当活荷载不太大时，可采用满布荷载法。当竖向活荷载所占的比例较大时，求最不利内力时应进行竖向活荷载的不利布置。

（7）可以利用钢筋混凝土结构的内力重分布特性，进行竖向荷载作用下的弯矩调整，以降低支座控制截面的弯矩值。

（8）截面设计时，框架柱的计算长度应考虑整体结构的侧向刚度加以修正。纵向钢筋和箍筋除满足计算要求外，尚应满足钢筋直径、间距、根数、接头长度、弯起和截断以及节点配筋等相关规范的构造要求。

思考题

4-1 框架结构一般在哪些情况下采用？

4-2 现挠框架结构设计的主要内容和步骤是什么？

4-3 框架结构的布置原则是什么？有几种布置形式？各有何优缺点？

4-4 在多层框架结构中如何设置伸缩缝和沉降缝？

4-5 如何初步确定框架梁、柱的截面尺寸？计算梁的惯性矩时如何考虑楼板的影响？

4-6 如何选取框架结构的计算单元？计算简图如何确定？

4-7 多层框架结构主要受哪些荷载作用？它们各自如何取值？

4-8 框架梁、柱的主要内力有哪些？框架内力有哪些近似计算方法？各在什么情况下采用？

4-9 为什么说分层法、反弯点法、D 值法是近似计算法？在计算中各采用了哪些假定？

4-10 D 值法中，D 值的物理意义是什么？与反弯点法中的 d 有何不同？两种方法分别在什么情况下采用？

4-11 水平荷载作用下框架柱中反弯点的位置与哪些因素有关？D 值法是如何考虑这些因素的？框架顶层、中间层和底层的反弯点位置变化有什么特点？

4-12 试分析某一单层单跨框架结构在水平荷载作用下，当梁柱刚度比由零变到无穷大时，柱反弯点高度是如何变化的？

4-13 采用分层法计算内力时应注意什么？最终弯矩如何叠加？

4-14 分层法、反弯点法有哪些主要计算步骤？

4-15 用反弯点法或修正反弯点法（D 值法）求得框架柱弯矩后，如何求框架梁的弯矩？

4-16 如何根据框架的弯矩图绘出相应的剪力图和轴力图？

4-17 分别画出一个三跨三层框架在各跨满布竖向力和水平节点力作用下的弯矩、剪力、轴力图。

4-18 如何计算框架结构在水平荷载作用下的位移？

4-19 试画出多层多跨框架在水平风荷载作用下的弹性变形曲线？

4-20 如何计算框架梁、柱控制截面上的最不利内力？

4-21 活荷载应怎样布置？如果不进行活荷载的不利布置，对控制截面的内力有什么影响？

4-22 框架结构设计时一般可对梁端负弯矩进行调幅，现浇框架梁与装配整体式框架梁的负弯矩调幅系数取值是否一致？哪个大？为什么？

4-23 框架梁、柱内力组合原则是什么？如何确定梁柱控制截面的最不利内力组合？

4-24 框架梁、柱控制截面的最不利内力是如何确定的？

4-25 如何确定框架柱的计算长度？

4-26 框架梁、柱的配筋已由计算得到，为什么在配置钢筋时尚应满足一些构造要求？

习 题

4-1 试用分层法绘制习题图 4-1 所示框架的弯矩图。括号内的数字为梁柱相对线刚度值。

4-2 试用 D 值法作习题图 4-2 所示框架的弯矩图。括号内的数字为梁柱相对线刚度值。水平荷载为风荷载。

4-3 用反弯点法作习题图 4-2 所示框架的弯矩图,并与 D 值法计算结果进行比较。

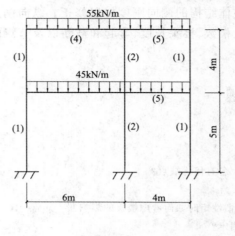

习题图 4-1

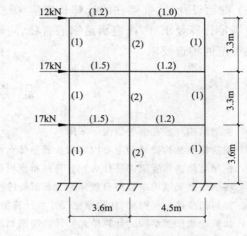

习题图 4-2

参考文献

[1] 《单层厂房建筑设计》教材编写组. 单层厂房建筑设计[M]. 北京:中国建筑工业出版社,1979.

[2] 罗福午. 单层工业厂房结构设计[M]. 2版. 北京:清华大学出版社,1990.

[3] 彭少民. 混凝土结构(下)[M]. 武汉:武汉工业大学出版社,2001.

[4] 建筑结构构造资料集编委会. 建筑结构构造资料集(上、下册)[M]. 北京:中国建筑工业出版社,1990.

[5] 侯治国. 混凝土结构[M]. 武汉:武汉工业大学出版社,1997.

[6] 袁必果. 钢筋混凝土及砖石结构[M]. 武汉:武汉大学出版社,1992.

[7] 沈蒲生,罗国强,熊丹安. 混凝土结构(下册)[M]. 北京:中国建筑工业出版社,1997.

[8] 侯治国. 混凝土结构[M]. 武汉:武汉工业大学出版社,1997.

[9] 廉晓飞. 钢筋混凝土及砖石结构[M]. 北京:中央广播电视大学出版社,1986.

[10] 天津大学,同济大学,东南大学. 混凝土结构[M]. 2版. 北京:中国建筑工业出版社,1998.

[11] A. H. 尼尔逊,G. 温特尔著,过镇海等校译. 混凝土结构设计[M]. 北京:中国建筑工业出版社,1994.

[12] 程文瀼,李爱群. 混凝土楼盖设计[M]. 北京:中国建筑工业出版社,1998.

[13] 王传志,滕智明主编. 钢筋混凝土结构理论[M]. 北京:中国建筑工业出版社,1985.

[14] PARK R and PAULAY T. Reinforced concrete structure. New York:John Wiley and Sons,1975.

[15] 东南大学,同济大学,天津大学合编. 清华大学主审. 混凝土建筑结构设计[M]. 2版. 北京:中国建筑工业出版社,2003.

[16] 滕智明,罗福午,施岚青. 钢筋混凝土基本构件[M]. 2版. 北京:清华大学出版社,1987.

[17] 彭少明主编. 混凝土结构(下册)[M]. 武汉:武汉工业大学出版社,2002.

[18] 梁兴文,史庆轩,童岳生. 钢筋混凝土结构设计[M]. 北京:科学技术文献出版社,1999.

[19] 邱登莽,沈蒲生. 混凝土结构(下册)[M]. 长沙:湖南科学技术出版社,1994.

[20] 梁兴文,史庆轩. 土木工程专业毕业设计指导[M]. 北京:科学出版社,2002.

[21] 沈蒲生. 混凝土结构设计[M]. 北京:高等教育出版社,2003.

[22] 王墨耕. 新编多层及高层建筑钢筋混凝土结构设计手册[M]. 合肥:安徽科学技术出版社,1992.

[23] 周克荣,顾祥林,苏小卒. 混凝土结构设计[M]. 上海:同济大学出版社,2001.

[24] 朱彦鹏. 混凝土结构设计原理[M]. 2版. 重庆:重庆大学出版社,2003.

[25] 朱彦鹏. 钢筋混凝土与砌体结构[M]. 兰州:甘肃科技出版社,1999.

[26] 朱彦鹏. 特种结构[M]. 2版. 武汉:武汉理工大学出版社,2003.

[27] 龚思礼. 建筑抗震设计手册[M]. 2版. 北京:中国建筑工业出版社,2002.

[28] 包世华,方鄂华. 高层建筑结构设计[M]. 2版. 北京:清华大学出版社,1990.

[29] 吕西林等. 建筑结构抗震设计理论与实例[M]. 2版. 上海:同济大学出版社,2002.

[30] 唐维新. 高层建筑结构简化分析与实用设计[M]. 北京:中国建筑工业出版社,1991.

[31] 方鄂华. 多层及高层建筑结构设计[M]. 北京:地震出版社,1992.

[32] 邱洪兴等. 建筑结构设计[M]. 南京:东南大学出版社,2002.

[33] 原长庆. 高层建筑结构设计[M]. 哈尔滨:黑龙江科学技术出版社,2000.

[34] 唐维新. 高层建筑结构简化分析与实用设计[M]. 北京:中国建筑工业出版社,1991.

[35] 包世华. 新编高层建筑结构[M]. 北京:中国水利电力出版社,2001.

[36] 丁大钧. 现代混凝土结构学[M]. 北京:中国建筑工业出版社,2000.

[37] 赵西安. 钢筋混凝土高层建筑结构设计[M]. 北京:中国建筑工业出版社,1995.

[38]　郭继武.建筑抗震设计[M].北京:中国建筑工业出版社,2002.

[39]　兰宗建.混凝土结构[M].南京:东南大学出版社,2003.

[40]　沈聚敏,周锡元.抗震工程学[M].北京:中国建筑工业出版社,2000.

[41]　PAULAY T,PRIESTEY M J N. Seismic design of reinforced concrete and masonry buildings[M]. New York:John Wiley and Sons. Inc,1992.

[42]　EDMMD B D A. Concrete structures in earthquake regions. design and analysis[M]. New York:John wiley and Sons. Inc,1994.

[43]　中华人民共和国国家标准.厂房建筑模数协调标准(GBJ 6—86)[S].北京:中国建筑工业出版社,2002.

[44]　中华人民共和国国家标准.建筑结构荷载规范(GB 50009—2001)(2006 版)[S].北京:中国建筑工业出版社,2002.

[45]　中华人民共和国国家标准.混凝土结构设计规范(GB 50010—2010)[S].北京:中国建筑工业出版社,2011.

[46]　中华人民共和国国家标准.建筑抗震设计规范(GB 50011—2010)[S].北京:中国建筑工业出版社,2010.

[47]　中华人民共和国行业标准.高层建筑混凝土结构技术规程(JG J3—2010)[S].北京:中国建筑工业出版社,2002.

[48]　中华人民共和国行业标准.建筑地基基础规范(GB 50007—2010)[S].北京:中国建筑工业出版社,2012.